高等学校机械设计制造及自动化专业系列教材

机械 CAD/CAM

欧长劲　编著
邬义杰　主审

西安电子科技大学出版社

内 容 简 介

本书系统地阐述了机械 CAD/CAM 的基础理论、基本方法、关键技术及应用系统。全书分为10章，具体内容包括绪论，机械 CAD/CAM 系统环境，机械 CAD/CAM 几何建模技术，CAD/CAM 装配建模技术，数字化制造基础，计算机辅助数控程序编制，计算机辅助工艺过程设计，计算机辅助工程分析，机械 CAD/CAM 集成技术，机械 CAD/CAM 技术的发展。

本书内容新颖，体系完整，系统性强，注重基本原理、方法和典型应用的介绍，并力求反映机械 CAD/CAM 技术最新的发展趋势。

本书可作为高等学校机电工程类专业本科学生的教材，也可供相关专业的本科生、研究生以及工程技术人员参考。

★本书配有电子教案，需要者可登录出版社网站，免费下载。

图书在版编目(CIP)数据

机械 CAD/CAM/欧长劲编著. —西安：西安电子科技大学出版社，2007.8
(2023.7 重印)
ISBN 978-7-5606-1868-5

Ⅰ. ①机…　Ⅱ. ①欧…　Ⅲ. ①机械设计：计算机辅助设计—高等学校—教材
②机械制造：计算机辅助制造—高等学校—教材　Ⅳ. TH122

中国版本图书馆 CIP 数据核字（2007）第 107653 号

策　　划　毛红兵
责任编辑　邵汉平　毛红兵
出版发行　西安电子科技大学出版社(西安市太白南路 2 号)
电　　话　(029)88202421　88201467　　邮　　编　710071
网　　址　www.xduph.com　　电子邮箱　xdupfxb001@163.com
经　　销　新华书店
印刷单位　西安日报社印务中心
版　　次　2023 年 7 月第 1 版第 6 次印刷
开　　本　787 毫米×1092 毫米　1/16　印张　15.75
字　　数　368 千字
定　　价　43.00 元
ISBN 978-7-5606-1868-5/TH
XDUP　2160001-6

高 等 学 校

机械设计制造及自动化专业

系列教材编审专家委员会名单

前　　言

机械 CAD/CAM 技术是随着计算机技术和数字信息化技术的发展而形成的一项高新技术，是 20 世纪最杰出的工程成就之一，同时它也是数字化、信息化制造的基础。该项技术的迅速发展和广泛应用，给制造业从产品设计到加工制造的整个生产过程带来了深刻和根本性的变革，并已成为企业技术创新、开拓市场的强有力的技术手段。因此，了解和掌握机械 CAD/CAM 技术成为了工程技术人员面临的重要任务，同时该技术也成为了工程类专业学生的必修知识。

机械 CAD/CAM 技术所涉及的内容十分广泛，学科跨度很大；同时，机械 CAD/CAM 技术本身的发展也非常迅速，新的概念和技术不断涌现，内容的深度和内涵都在不断变化中。作为一本机械 CAD/CAM 教材，如何针对教学需求在众多的技术内容中提取精华、突出重点，少而精地奉献给读者，是本书的编写重点和难点。为此，本书在内容上做了精心组织，力求理论叙述通俗易懂，注重理论与实际应用相结合，同时尽可能反映机械 CAD/CAM 技术研究发展的最新成果。

机械 CAD/CAM 是一门理论和实际应用结合非常紧密的技术，对学生机械 CAD/CAM 工程软件知识的掌握与应用能力的培养显得极为重要。目前，众多世界顶级的主流 CAD/CAM 软件在国内的应用日趋广泛，它们既反映了机械 CAD/CAM 的应用现状，在某种意义上又代表了机械 CAD/CAM 的发展方向。因此，本教材的示例选材都以这些主流 CAD/CAM 软件为背景，目的是帮助学生加深对内容的理解，增强学生理论联系实际和实践动手能力的培养。另外，作为加强学生机械 CAD/CAM 实践能力培养的补充，满足机械 CAD/CAM 上机训练的教学需求，作者专门编写了与本教材配套的《机械 CAD/CAM 上机指导及练习教程》，从而构成了较完整的理论与实践教学配套体系，以适应高等教育改革的发展和应用型高级人才培养的需求。

本书可作为高等学校机电工程类专业本科学生的教材，也可供相关专业的本科生、研究生及工程技术人员参考。

全书由浙江大学邬义杰教授主审，在此表示衷心的感谢。

本书在编写过程中得到了浙江工业大学机电学院有关领导和同事们的关心和支持，在此表示感谢。

在本书编写过程中参阅了大量的文献资料，在此向有关作者一并表示感谢。

限于作者水平和经验，加之时间仓促，书中疏漏与欠妥之处在所难免，恳请读者批评指正。

编　者

2007 年 3 月

目　　录

第1章 绪 论

随着市场经济的发展，用户对各类产品的质量，产品更新换代的速度，产品从设计、制造到投放市场的周期等的要求越来越高，致使企业之间的竞争空前激烈。为适应这一高效率、高技术竞争的时代，各类企业均通过采用一系列先进的技术来提高企业在市场中的竞争力，其中应用计算机技术是最引人注目的趋势之一。计算机技术与设计、制造技术的相互结合与渗透，产生了计算机辅助设计与制造(CAD/CAM)这一综合性的应用技术，它具有高智力、知识密集、综合性强、效益高等特点。本章主要介绍机械 CAD/CAM 的基本概念、基本功能、发展历史、应用状况及发展趋势。

1.1 CAD/CAM 技术的基本概念

1.1.1 CAD/CAM 技术的定义

产品的生产从市场需求分析开始，需经过产品设计和制造等过程，才能将产品从抽象的概念变成具体的最终产品。这一过程具体包括产品设计、工艺设计、数控编程、加工、装配、检测等阶段。

计算机辅助设计与制造(Computer Aided Design & Computer Aided Manufacturing)简称 CAD/CAM，是指以计算机作为主要技术手段，帮助人们处理各种信息，进行产品设计与制造等活动的总称。CAD/CAM 能够将传统的设计与制造这两项彼此相对独立的工作作为一个整体来考虑，实现信息处理的高度一体化。CAD/CAM 的定义范畴如图 1.1 所示。

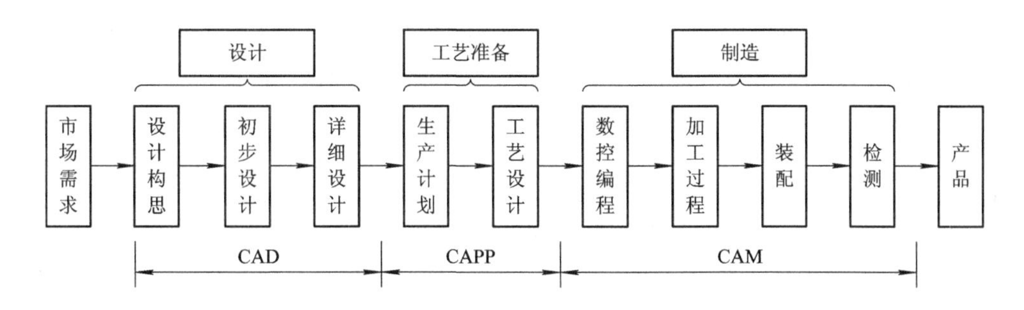

图 1.1 CAD/CAM 的定义范畴

由图可知，CAD 的概念涉及设计构思、初步设计和详细设计；CAPP 的概念涉及生产计划和工艺设计；CAM 的概念涉及数控编程、加工过程、装配和检测等。

CAD(Computer Aided Design，计算机辅助设计)是指工程技术人员以计算机为工具，用各自的专业知识，对产品进行的总体设计、绘图、分析和编写技术文档等设计活动的总称。一般认为，CAD 的功能包括草图设计、零件设计、装配设计、工程分析、自动绘图、真实感显示及渲染等。

CAPP(Computer Aided Process Planning，计算机辅助工艺设计)是指工程技术人员以计算机为工具，根据产品设计所给出的信息，对产品的加工方法和制造过程进行的工艺设计。一般认为，CAPP 的功能包括毛坯设计、加工方法选择、工艺路线制定、工序设计和工时定额计算等。其中，工序设计又包含装夹设备的选择或设计，加工余量分配，切削用量选择，机床、刀具和夹具的选择，必要的工序图生成等。

CAM(Computer Aided Manufacturing，计算机辅助制造)目前尚无统一的定义，一般而言，是指计算机在产品制造过程中有关应用的总称。CAM 有广义和狭义之分。

狭义 CAM 通常仅指数控程序的编制，包括刀具路径的规划、刀位文件的生成、刀具轨迹仿真以及 NC 代码的生成等。

广义 CAM 一般是指利用计算机辅助从毛坯到产品制造过程中的直接和间接的活动，可分为 CAM 直接应用(也称在线应用)和 CAM 间接应用(也称离线应用)。CAM 的直接应用主要包括计算机对制造过程的监视与控制。CAM 的间接应用包括计算机辅助工艺设计、计算机辅助工装设计与制造、NC 自动编程、计算机辅助物料需求计划编制、计算机辅助工时定额和材料定额编制、计算机辅助质量控制等。

1.1.2　CAD/CAM 集成技术

在实际生产中，设计和制造是密切相关的，制造阶段所需的信息和数据大多来自设计阶段，因此，对制造和设计来说，这些数据和信息应该是共享的。但是，CAD 和 CAM 两项技术在相当长的时间里是按照各自的轨迹独立发展起来的，在它们的形成和发展过程中，针对不同的应用领域、用户需求和技术环境，表现出了不同的发展水平和构造模式。二者在数据结构、软件组织结构、数据标准方面存在很大差异，各系统之间很难自动完成数据交换，由 CAD 生成的设计信息往往需要手工转录到 CAPP、CAM 系统中，这样不但效率低下，且难免发生错误，从而严重阻碍了 CAD、CAPP、CAM 效益的发挥。

为此，自 20 世纪 70 年代后期，业界就开始研究 CAD、CAPP 和 CAM 之间的信息和数据的传递、转换与共享技术，将 CAD、CAPP、CAM 集成起来，形成一体化的 CAD/CAM 集成系统，这就是 CAD/CAM 集成技术。自 20 世纪 80 年代起，出现了一大批工程化的 CAD/CAM 集成软件系统，其中较著名的有 CATIA、UG Ⅱ、I-DEAS、Pro/E 等，它们在机械、航空航天、造船等领域得到了广泛的应用。特别是自 20 世纪 90 年代以来，CAD/CAM 系统的集成度不断增加，使得 CAD/CAM 系统能够发挥更高的效益。

理想的 CAD/CAM 集成化系统的模式如图 1.2 所示。所有的 CAD/CAM 功能都应该与一个公共数据库相连，应用程序使用存储在公共数据库里的信息，实现产品设计、工艺规程编制、生产过程控制、质量控制、生产管理等产品生产全过程的信息集成。

CAD/CAM 集成技术作为工业技术界公认的重要课题之一，得到了广泛的研究并取得了很大的进展，有些技术已达到了实用的水平。

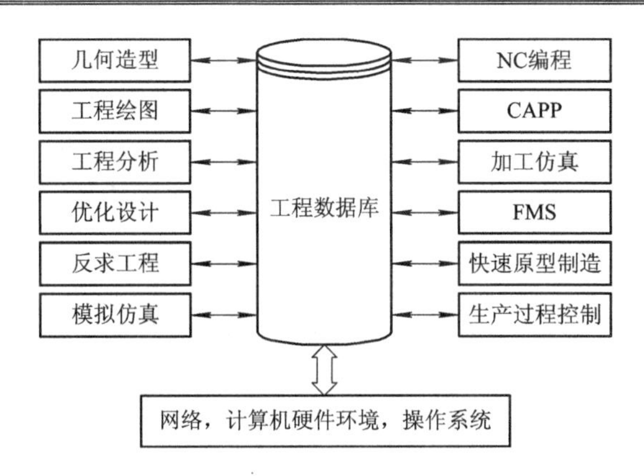

图 1.2　CAD/CAM 集成系统的总体模式

1.2　现代产品的 CAD/CAM 过程与 CAD/CAM 的功能

1.2.1　现代产品的 CAD/CAM 过程

从计算机科学的角度而言，设计与制造的过程是一个关于产品信息的产生、处理、交换和管理的过程。人们利用计算机作为主要技术手段，对产品从构思到投放市场的整个过程中的信息进行分析和处理，生成和运用各种数字信息和图形信息，进行产品的设计和制造。CAD/CAM 技术不仅是传统设计、制造流程和方法的简单映像，而且该技术的应用使得产品的设计制造模式发生了变化，形成了现代产品 CAD/CAM 模式。该模式如图 1.3 所示。

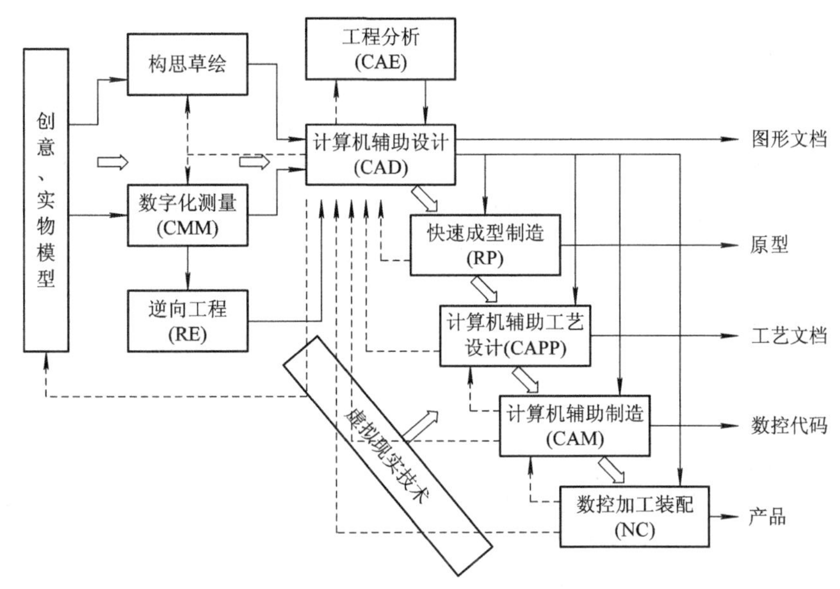

图 1.3　现代产品的 CAD/CAM 模式

1．创意

该环节进行需求分析，并生成产品的概念和功能创意。

2. 构思、草绘

该环节进行总体方案设计、原理设计和工业设计。方案设计和原理设计在条件具备时可以由方案设计专家系统辅助完成；工业设计可在 2D 和 3D 工业设计软件的辅助下，结合人工的创造性工作完成产品外观造型。

3. 计算机辅助设计与工程分析

该环节应用 CAD 技术展开详细设计、分析与计算，包括装配设计、零件造型设计、工程计算与有限元分析等。这是现代产品开发模式中最有代表性的活动。

4. 快速成型制造

在传统的产品设计制造中，产品只有在接近完成时才能成为看得见摸得着的产品，而快速成型制造(也称快速原型制造)应用数字化制造原理提供了一种廉价和快速产生接近于真实的产品的方法。在快速成型制造中，人们利用快速成型设备，以非切削加工的方法，直接根据计算机设计的产品数据，快速而廉价地生成和实际设计的产品形状、尺寸一致的产品模型，供人们分析和评价，借此发现设计问题和进行多个设计方案比较。

5. 计算机辅助工艺设计

该环节应用计算机取代工艺人员设计并编写产品的加工和装配工艺，这样编制的工艺更合理，工艺文件更规范，提高了质量和效率。

6. 计算机辅助制造

现代产品的制造手段和传统加工方法的重要区别，是大量采用数控机床进行零件的加工。数控机床的各种加工动作靠数控程序设置并通过计算机来控制，计算机自动编程技术的应用，可以实现数控代码的自动生成和正确性检验，大大提高了数控编程的质量和效率。各种数控加工设备和装配机器人的使用，使得产品加工和装配过程的效率、质量相对于传统方法都有着质的提高。

7. 逆向工程与数字化测量

逆向工程也称为反求工程，是指设计和制造者在只有实物样件而没有图纸或 CAD 模型数据的情况下，通过对已有实物的数字化测量和工程分析，得到重新制造产品所需的几何模型、物理和材料特性数据，从而复制出已有产品的过程。这种从实物样件获取产品数字模型的技术，已发展成为 CAD/CAM 技术中相对独立的重要技术。

可用三维数字化测量的方法对产品样件或创作的实物原型进行测量，从而获得计算机数据，以便进行后续的各种分析、设计和计算。三维数字化测量工作目前主要在坐标测量设备上完成。典型的坐标测量设备有接触式三坐标测量仪、接触式多自由度测量臂、激光测量仪等。这些测量设备上配备有功能强大的测量软件系统，可完成各类测量任务。

8. 虚拟现实技术的运用

虚拟现实(Virtual Reality，VR)技术可以使人们“沉浸”在计算机创建的虚拟环境中，对产品进行构思、设计、制造、测试和分析。VR 技术的应用，为 CAD/CAM 提供了真实感更强的工作环境，为创新产品设计开发提供了良好的运行条件与机制。图 1.4 所示是虚拟现实设备的应用。

图 1.4　虚拟现实设备的应用

现代产品的CAD/CAM过程有如下特点：

(1) 建立了产品设计制造活动的并行机制。通过自上而下的关联和自下而上的反馈机制，现代产品的CAD/CAM过程可确保设计制造活动的整体正确性。例如，在开展产品设计时，就可以分析该产品的可装配性与可制造性(DFA & DFM)。同时，因为设计和制造的过程是集成的，所以能及时发现各过程和环节中的问题并进行修改。这种机制由图1.3中各实线和虚线箭头表示。

(2) 每项设计制造活动无论在广度上还是深度上，其能力都得到大大加强。例如：设计中普遍采用三维造型技术开展零部件的设计；采用虚拟装配技术在计算机上完成装配设计与仿真；采用有限元技术对结构进行深入分析；采用分析与仿真技术开展产品机构的运动设计和分析。

(3) 一系列新技术的不断产生和应用(如逆向工程、快速原型制造、三维数字化测量、模拟仿真、虚拟现实等)，为产品的设计制造提供了有力的保证。

CAD/CAM过程的基本特征如下所述：

(1) 产品设计制造环境的计算机化和网络化。几乎每一项设计制造活动都是借助计算机来实现的，同时在不同人员、不同部门、不同地点之间，通过计算机网络实现了统一的设计制造平台，建立了密切的联系。

(2) 设计制造对象的数字化。产品的设计制造模型在计算机中以电子数据的形式保存，各个设计制造活动都是对计算机内的产品数据进行操作、处理，并生成新的数据。

(3) 制造过程的数字化。CAD/CAM使产品的加工、成型、装配、测量等制造过程实现了数字指令控制，产生了“无纸化”制造。

1.2.2 CAD/CAM的主要功能

为了实现现代产品的CAD/CAM过程，需要对产品设计、制造全过程的信息进行处理，这些处理包括设计、制造中的数值计算、设计分析、绘图、工程数据库的管理、工艺设计、加工仿真等各个方面。一般而言，CAD/CAM应具备的基本功能如下。

1．产品的计算机辅助几何建模

几何建模功能是CAD/CAM的核心功能。几何建模所提供的有关产品设计的各种信息是后续作业的基础。几何建模包括以下三部分内容：

(1) 零件的几何造型：在计算机中构造出零件的三维几何结构模型，并能够以真实感很强的方式显示零件的三维效果，供用户随时观察、修改模型。现阶段对CAD/CAM的几何造型功能的要求是，不但应具备完善的实体造型和曲面造型功能，更重要的是应具备很强的参数化特征造型功能。

(2) 产品的装配建模：在计算机中构造产品及部件的三维装配模型，解决三维产品模型的复杂的空间布局问题，完成三维数字化装配并进行装配及干涉分析，分析和评价产品的可装配性，避免真实装配中的种种问题；对运动机构进行机构内部零部件之间及机构与周围环境之间的干涉碰撞分析检查，避免各种可能存在的干涉碰撞问题。

(3) DFX分析：包括DFA(面向装配的设计)、DFM(面向制造的设计)、DFC(面向成本的设计)、DFS(面向服务的设计)等。在零部件设计时，运用DFX技术在计算机中分析和评价产品的可装配性和可制造性，可以避免一切导致后续制造困难或制造成本增加等不合理的设计。

2．产品模型的计算机辅助工程分析

采用产品的三维几何模型和装配模型可以对产品进行深入准确的分析，这种分析的深度和广度是手工设计方法无法比拟的，并且，可以采用丰富多彩的手段把分析结果表示出来，非常形象直观。常用的工程分析内容包括：

(1) 运动学、动力学分析(Kinematics & Dynamics)。对机构的位移、速度、加速度以及关节的受力进行自动分析，并以形象直观的方式在计算机中进行运动仿真，从而全面了解机构的设计性能和运动情况，及时发现设计问题，进行修改。

(2) 有限元分析(Finite Element Analysis)。结构分析常用的方法是有限元法，用有限元法对产品结构的静/动态特性、强度、振动、热变形、磁场、流场等进行分析计算。

(3) 优化设计(Optimization)。为了追求产品的性能，不仅希望设计的产品是可行的，而且希望设计的产品是最优的，比如，体积最小、重量最轻、寿命最合理，等等。因此，CAD/CAM 应具有优化设计功能。优化包括总体方案的优化、产品零件结构的优化、工艺参数的优化等。

3．工程绘图

在现阶段，产品设计的结果往往需要用产品图样形式来表达，因此，CAD/CAD 系统的工程绘图功能必不可少。CAD/CAM 系统应具备处理二维图形的能力，包括基本视图的生成、标注尺寸、图形的编辑及显示控制等功能，以保证生成合乎生产实际要求、符合国家标准的产品图样。

目前三维 CAD 逐渐成为主流，这要求 CAD/CAM 系统应具有二、三维图形的转换功能，即从三维几何造型直接转换为二维图形，并保持二维图形与三维造型之间的信息关联。

4．计算机辅助工艺规程设计

计算机辅助工艺规程设计是连接 CAD 与 CAM 的桥梁。CAPP 系统应能根据建模后生成的产品信息及制造要求，自动决策出加工该产品所应采用的加工方法、加工步骤、加工设备及加工参数。CAPP 的设计结果一方面能被生产实际采用，生成工艺卡片文件；另一方面能直接输出一些信息，为 CAM 中的 NC 自动编程系统接收、识别，直接转换为刀位文件。

5．NC 自动编程

CAD/CAM 系统应具备三、四、五坐标机床的加工产品零件的能力，能够直接产生刀具轨迹，完成 NC 加工程序的自动生成。

6．模拟仿真

模拟仿真是根据建立的产品数字化模型进行产品的性能预测、产品的制造过程和可制造性分析的重要手段。通过模拟仿真软件代替、模拟真实系统的运行，避免了现场调试带来的人力、物力的投入以及加工设备损坏的风险，减少了成本并缩短了产品设计周期。

7．工程数据处理和管理

CAD/CAM 工作时涉及大量种类繁多的数据，既有几何图形数据，又有产品定义数据、生产控制数据，既有静态标准数据，又有动态过程数据，结构相当复杂。因此，CAD/CAM 系统应能提供有效的管理手段，采用工程数据库系统作为统一的数据环境，实现各种工程数据的管理，支持工程设计与制造全过程的信息流动与交换。

1.3 CAD/CAM 技术的发展和应用

1.3.1 CAD/CAM 技术的产生与发展

CAD/CAM 技术是随着电子技术、计算机技术和自动控制技术的发展而逐步发展起来的。值得注意的是，计算机辅助制造(CAM)和计算机辅助设计(CAD)是相对独立地先后发展起来的。

20 世纪 50 年代初期，美国麻省理工学院伺服机构实验室采用 Whirlwind 计算机研制成功了第一台数控铣床，并实施 APT(Automatically Programmed Tools，自动编程系统)的开发。APT 的出现被认为是 CAM 的起源。

20 世纪 60 年代初，CAD 的创始人之一、年仅 24 岁的 MIT 研究生 I. E. Sutherland 在美国计算机联合会年会上宣读了题为“Sketchpad——人机交互系统”的论文，文中提出了对 CAD 的设想：设计师坐在交互式制图机的显示器前，通过人机对话的方式，实现从概念设计到技术设计的整个过程，并首次提出了 CAD 术语。这标志着 CAD 技术的诞生。

CAD/CAM 的整个发展过程大致可分为以下几个阶段：

1．研究初始阶段(20 世纪 50～60 年代)

该阶段主要提出了 CAD/CAM 的设想，并为 CAD/CAM 的应用进行硬、软件准备。1951 年，美国麻省理工学院研制成功第一台数控铣床和自动数控程序 APT，被认为是实施 CAM 的起点；1956 年发明了 CRT 显示装置；1957 年巴克斯(Backus)创建了 FORTRAN 语言，同年有人发明了大尺寸的自动绘图机；1958 年发明了数控作图机。这些成就使得 CAD/CAM 具有了一定的硬、软件基础。

2．工程研究阶段(20 世纪 60～70 年代)

该阶段以 CAD/CAM 进入工程实际应用的研究与开发为主要特征。1963 年，CAD 的创始人之一 Sutherland 研制出 Sketchpad 程序，实现了人机图形交互系统；60 年代中期，美国 MIT、通用汽车(GM)、贝尔电话实验室(Bell Telephone Lab.)、当时的洛克希德飞机公司(Lockheed Aircraft)以及英国剑桥大学等都投入大量精力从事计算机图形学的研究。美国通用汽车公司研制出 DAC-1 系统，使汽车工业首先进入 CAD 时代；1964 年，IBM 公司公布了计算机图像仪终端 IBM2250 显示装置；1965 年，洛克希德加里福尼亚分公司研制出对话式图像仪；1966 年，由上述两种系统发展而成的对话式计算机图像仪系统(CADAM 系统)问世。1964 年，麦道公司开发了一个由计算机控制、采用阴极射线管显示、功能较强的三维计算机辅助设计图像仪系统(CADD 系统)，并于 1970 年 3 月首次在 F-15 飞机研制中投入使用。在制造领域，1962 年，在机床数控技术的基础上研究成功了工业机器人，实现了物料搬运的自动化；1966 年，出现了大型计算机控制多台数控机床的 DNC 系统。

3．CAD/CAM 开发应用阶段(20 世纪 70～80 年代)

随着大规模和超大规模集成电路的出现，计算机的硬件性能得以大幅度提高而使成本下降，外围设备日趋完善，工作站和微机进入了市场，这些都为开发和应用 CAD/CAM 技术提供了良好的条件。这一时期是 CAD/CAM 技术研究的黄金时代，CAD/CAM 技术日趋成熟，CAD/CAM 的功能模块已基本形成，各种建模方法及理论得到了深入研究，CAD/CAM 的单元技术及功能得到了较广泛的应用。但就技术及应用水平而言，CAD/CAM 各功能模块的数据结构尚不统一，集成性较差。该阶段 CAD/CAM 的发展具有如下特点：

(1) 小型成套系统(Turnkey Systems)的出现使 CAD/CAM 进入了廉价的工业实用开发阶段。

(2) 三维几何造型和仿真软件迅速发展，开发了许多面向中小企业的商品化 CAD/CAM 系统。

(3) 快速绘图技术得到发展。

(4) 有限元分析、优化设计、数据库技术等商品化软件的发展，使 CAD/CAM 从用于产品设计发展到用于工程设计。

(5) 发展了与制造过程相关的计算机辅助技术，比如 CAQ、MRP 等。

(6) 计算机集中控制的自动化制造系统——柔性制造系统(FMS)得以发展和应用。

自 20 世纪 80 年代起，CAD/CAM 技术的研究重点不再局限于三维几何设计、加工编程、仿真分析等单元技术的提高，而进入了将各种单元技术集成起来，提供更完整的工程设计、分析和开发环境的时期。

4. 完善提高阶段(1990 年至今)

自 20 世纪 90 年代起，各种集成的 CAD/CAM 商品化软件日趋成熟，应用越来越广泛。CAD/CAM 技术已不停留在过去单一模式、单一功能、单一领域的水平，而向着标准化、集成化、网络化、智能化的方向发展。随着计算机软、硬件及网络技术的发展，PC＋Windows 操作系统、工作站＋UNIX 操作系统以及以太网(Ethernet)为主的网络环境构成了 CAX 系统的主流平台。同时，CAX 系统的功能日益增强，接口趋于标准化，GKS、IGES、STEP 等国际或行业标准得到了广泛应用，实现了不同 CAX 系统之间的信息兼容和数据共享，有力地促进了 CAX 技术的普及。

特别应指出的是，20 世纪 90 年代以后，随着改革开放的深入和经济全球化步伐的加快，我国在 CAD/CAM 领域与世界迅速接轨，UG、CATIA、Pro/E、I-DEAS、ANSYS、SolidWorks、SolidEdge、MasterCAM、Cimatron 等世界领先的 CAD/CAM 软件纷纷进入我国，并在生产中得到广泛应用。

1.3.2 CAD/CAM 技术的应用

科学技术的迅速发展和市场竞争的日益加剧，促使制造业发生了根本性的变革。其显著特点是产品向着机电一体化、智能化和精密化方向发展，其生产组织方式从传统的大批量、少品种的刚性生产结构向着多品种、中小批量的柔性生产结构转变。与此同时，设计与制造的手段和方法也随之改变，以 CAD/CAM 为代表的现代设计制造技术正以惊人的速度向前发展。这一切预示着制造业的发展开始进入一个崭新的时代。CAD/CAM 技术的普及已给企业带来了巨大的经济效益。1989 年，美国权威科学家评出的 25 年间当代 10 项最杰出的工程技术成就中，CAD/CAM 技术名列第 4(如表 1.1 所示)。

表 1.1 当代 10 项最杰出的工程技术成就

登月	应用卫星	微处理器	CAD/CAM	CT	高级复合材料	喷气客机	激光	光纤通信	遗传工程

1991 年 3 月 20 日，即海湾战争结束后的第三周，美国政府发表了跨世纪国家关键技术发展战略，列举了与美国国家安全和经济繁荣至关重要的 6 大技术领域的 22 项关键项目，其中就有两大领域的 11 个项目与 CAD/CAM 技术密切相关。

CAD/CAM 充分发挥计算机及其外围设备的能力，将计算机技术与工程领域中的专业技术结合起来，实现产品的设计、制造，这已成为新一代生产技术发展的核心技术。随着计算机硬件和软件的不断发展，CAD/CAM 系统的性能价格比不断提高，使得 CAD/CAM 技术的应用领域也在不断扩大。据统计，到 20 世纪 90 年代初，CAD/CAM 技术的应用已进入近百个工业领域。

航空航天、造船、汽车和机械制造等都是国内外应用 CAD/CAM 技术较早的工业部门。应用 CAD/CAM 系统可首先进行飞机、船体、汽车和机械产品零部件的外形设计；然后进行一系列的分析计算，如结构分析、优化设计、仿真模拟，并根据 CAD 的几何数据与加工要求生成数控加工纸带；最后采用数控机床、加工中心等高效加工设备完成产品的制造。CAD/CAM 技术在这些行业的应用已取得了明显的效益。比如在机械制造行业，应用 CAD/CAM 系统进行产品的设计和制造，可实现对用户要求的快速响应设计与制造，缩短生产周期，提高产品质量。而在飞机制造和汽车工业中，CAD/CAM 技术的应用更为普遍，使得国际上一些著名的企业已完全实现了无图纸化生产。例如，美国波音 777 客机已 100%实现数字化三维设计和制造，实现了无图纸化生产。

CAD/CAM 技术在其它领域中的应用也得到迅速发展。比如，电子工业应用 CAD/CAM 技术进行印刷电路板生产，以至于现在不采用 CAD/CAM 根本无法实现集成电路的生产。除此之外，CAD/CAM 技术还在建筑、轻纺、服装设计、制造等许多领域得到了广泛的应用。

1.4 CAD/CAM 技术的发展趋势

随着信息技术、计算机网络技术和先进制造技术的发展，企业内部、企业之间、区域之间实现了资源信息共享，异地、协同、虚拟设计和制造开始成为现实，这些都不断推进着 CAD/CAM 技术向更高的水平发展。当今，CAD/CAM 发展的重要趋势是集成化、智能化、网络化。

1. 集成化 CAD/CAM 技术

集成化问题一直是 CAD/CAM 技术研究的重点。目前，为适应现代制造技术发展的趋势，CAD/CAM 的集成化正向着深度和广度发展，从 CAD/CAM 的信息集成、功能集成，发展为可实现整个产品生命周期的过程集成，进而向企业动态集成、虚拟企业发展。信息集成主要实现单元技术自动化孤岛的连接，实现其信息交换与共享；过程集成通过并行工程等实现产品设计制造过程的优化；企业动态集成通过敏捷制造模式来建立虚拟企业(动态联盟)，达到提升产品和企业整体竞争力的目的。

计算机集成制造(Computer Integrated Manufacturing，CIM)是 CAD/CAM 集成技术发展的必然趋势。CIM 的最终目标是以企业为对象，借助于计算机和信息技术，使企业的经营决策、产品开发、生产准备到生产实施及销售过程中有关人、技术、经营管理三要素及其形成的信息流、物流和价值流有机集成，并优化运行，从而达到产品上市快、高质、低耗、服务好、环境清洁，进而为企业赢得市场竞争的目的。CIMS(Computer Integrated Manufacturing System)则是一种基于 CIM 哲理构成的复杂的人机系统，从第 10 章关于 CIMS 的内容可以看出，作为 CIMS 的主要子系统，CAD/CAM 及其集成系统是实现 CIMS 的重要一步。

2. 智能化 CAD/CAM 技术

设计和制造是一项创造性活动，在这一活动过程中，很多工作是非数据、非算法的，所以，应用人工智能技术实现产品生命周期(设计、制造、销售、售后服务到报废)各个环节的智能化显得尤为重要。将人工智能技术、专家系统应用于 CAD/CAM 系统中，形成智能的 CAD/CAM 系统，使其具有人类专家的经验和知识，具有学习、推理、联想和判断功能及智能化的视觉、听觉、语言能力，从而解决那些以前必须由人类专家才能解决的问题。这是一个具有巨大潜在意义的发展方向，它可以在更高的创造性思维活动层次上给予设计人员有效的辅助。

将智能技术运用于CAD领域目前已取得了令人瞩目的进展，智能CAD(Intelligent CAD，ICAD)已作为新的 CAD 概念迅速崛起。近几年来，国内外在开发 ICAD 方面做了大量工作，其应用研究已遍及建筑、工程设计、机械产品设计等许多领域，新的思想和方法不断出现，已成为现代 CAD 研究的热门领域之一。

在制造方面，人们一直着力于研究智能技术在制造领域的应用，比如应用智能控制实现对制造系统的控制，智能机器人的研究，作业的智能调度与控制，制造质量信息的智能处理系统，智能监测与诊断系统等。这些研究已取得了许多重要的进展。智能制造系统作为制造系统新的发展方向，其前景非常广阔。

另外，智能化和集成化两者之间存在着密切联系，要实现系统集成，智能化是不可缺少的研究方向。

3. 网络化 CAD/CAM 技术

自 20 世纪 90 年代以来，计算机网络已成为计算机发展进入新时代的标志。计算机网络特别是 Internet 正在以令人惊奇的深度和广度影响着制造业，对 CAD/CAM 技术的影响则更为巨大。引入网络技术，把 Internet 作为系统的扩展部分，是所有 CAD/CAM 系统的发展方向。

现代制造企业往往分散于不同地域，产品的设计开发需要各地的工程师密切合作。大型 CAD/CAM 系统为适应这种分布式设计制造模式而提供了许多基于网络的解决方案。通过 Internet/Intranet，可以让身处不同地理位置的工程师实时观察、操作同一产品模型，进行并行设计，加快产品开发速度。为此，支持团队协同设计及并行设计是 CAD/CAM 系统所必须解决的首要问题，这已成为目前 CAD/CAM 系统重点研究与开发的功能。

随着基于 Internet 网络的支持异地设计制造的 CAD/CAM 技术迅速发展和敏捷制造理念的应用，可针对某一特定产品，将分散在不同地区的现有智力资源和生产设备资源迅速整合，建立动态联盟制造体系。这种分散网络化制造体系是人们正在研究和探索的一种生产模式，用以适应全球化制造的发展趋势。

4．并行工程

并行工程(Concurrent Engineering)是随着CAD/CAM和CIMS技术的发展而提出的一种新哲理和系统工程方法。这种方法的思路就是并行地、集成地开展产品设计、开发及加工制造。它要求产品开发人员在设计阶段就应考虑产品整个生命周期的所有要求，包括质量、成本、进度、用户要求等，以便最大限度地提高产品开发效率及一次成功率。并行工程的发展对CAD/CAM技术也提出了更高的要求，特别是作为并行工程主要使能工具的DFX技术的迅速发展，使得支持DFX的CAD/CAM技术的研究日趋活跃。

DFX指的是面向某一领域的设计，它代表了当代的一种产品开发技术，能有效地应用于产品开发，实现产品质量的提高、成本的下降和设计周期的缩短。DFX具体包含有面向装配的设计(DFA)、面向制造的设计(DFM)、面向成本的设计(DFC)、面向服务的设计(DFS)、面向可靠性的设计(DFR)和面向继承性的设计(DFE)等。

DFA的目标是在设计时通过对零部件的控制来降低装配时的复杂性，也就是通过消除或合并零部件的方式，使制造商达到减少装配时间和降低装配成本的目的。对每一个零部件都考虑是否有必要单独设计或者与其它零部件融合在一起以减少装配数，以此为指导，实现设计产品系统的简化。

DFM的主要思想是在产品设计时不但要考虑功能和性能要求，同时要考虑制造的可能性、高效性和经济性，即产品的可制造性。其目标是要求设计人员在产品设计阶段就尽早地考虑与产品制造有关的约束，在设计过程中完成可制造性分析与评价，使产品结构合理、制造简单，在保证功能和性能的前提下使制造成本最低。在这种设计与制造工艺同步考虑的情况下，不仅很多隐含的工艺问题能够及早暴露出来，避免了设计返工，而且通过对不同的设计方案的可制造性进行评估取舍，能显著地降低成本，增强产品的竞争力。

DFC是指在满足用户需求的前提下，尽可能地降低成本的设计方法。通过分析和研究产品制造过程及其相关的销售、使用、维修、回收、报废等产品全生命周期中的各个部分的成本组成情况，进行相关的评价，对原设计中影响产品成本的过高费用部分进行修改，以达到降低成本的目的。其主要思想是将费用(成本)作为一个与技术、性能、进度和可靠性等要求同等重要的参数给予确定，确定准确的生产、使用和维护等阶段中的DFC参数(如每单位的装配成本、每单位的使用成本等)，并使得这些参数与进度、性能、可靠性等参数之间达到一种最佳平衡。DFC主要的内容包括：建立目标成本说明书和对照表，根据目标成本，通过材料选择、加工设备选择等方法来降低成本；研究成本分配情况，依据市场情况进行设计和成本的平衡，寻求最佳的性能价格比。

DFS是为实现产品高效的维护和维修而提供的一种产品设计方法。它为具体的每一款产品服务建立一套操作顺序，根据具体维护方式的难易程度，区分出维护时哪一部分零部件需废弃或是可替代的，在产品设计时就需考虑维护、维修操作中的拆卸顺序规范、时间消耗以及拆卸后的再装配顺序和时间消耗等因素。

习题与思考题

1. 简述CAD/CAM的基本定义和概念。

2. 简述 CAD/CAM 的产生、发展历程及各阶段的特点。
3. 简述现代产品的 CAD/CAM 过程。
4. 简述 CAD/CAM 系统的基本功能。
5. 现代产品 CAD/CAM 过程的特点及采用的主要技术有哪些?
6. 集成化 CAD/CAM 技术的主要内涵是什么?
7. 智能化 CAD/CAM 技术有哪些应用方向?
8. 在分散网络化制造体系中，CAD/CAM 技术的作用是什么?
9. 简述 DFX 的含义，说明其意义。
10. 通过市场调研，分析目前企业应用 CAD/CAM 技术的状况。
11. 通过查阅、整理最新资料，分析总结 CAD/CAM 技术的最新发展趋势。

第2章　机械 CAD/CAM 系统环境

CAD/CAM 系统由一系列的硬件和软件系统组成。硬件系统由计算机、外围设备及生产设备组成，包括主机、存储器、输入/输出设备、网络通信设备及各种数控生产设备；软件系统包括系统软件、支撑软件和应用软件。CAD/CAM 系统的组成如图 2.1 所示。

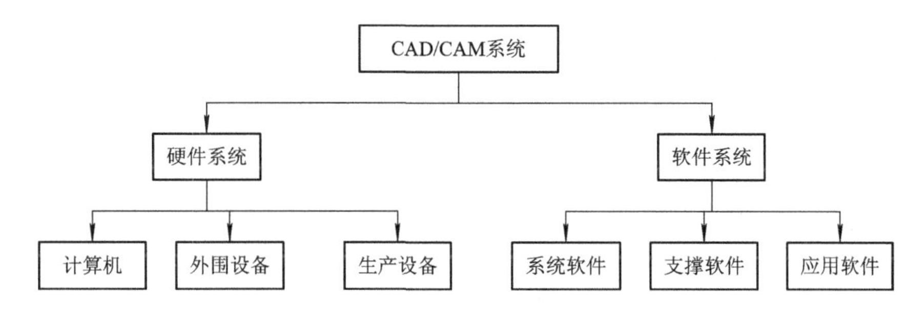

图 2.1　CAD/CAM 系统的组成

2.1　CAD/CAM 硬件系统

硬件是指 CAD/CAM 系统中的有形的物理设备。对于一个 CAD/CAM 系统而言，可根据系统的应用范围和相应的软件规模，选用不同规模、不同功能的硬件系统。

2.1.1　CAD/CAM 硬件系统的组成

1. 典型 CAD/CAM 硬件系统的组成

一个典型的 CAD/CAM 硬件系统如图 2.2 所示。该系统的具体组成有：

(1) 计算机(主机)。

(2) 图形终端和字符终端。

(3) 外存储器，如软盘、硬盘和光盘等。

(4) 输入装置，如鼠标、键盘、数字化仪、扫描仪等。

(5) 输出装置，如打印机、绘图机等。

(6) 生产装备，如数控机床、机器人、搬运机械和自动测试装置等。

(7) 计算机网络。网络将以上各个硬件连接在一起，以实现硬、软件资源共享以及各设备之间的通信和信息交换。

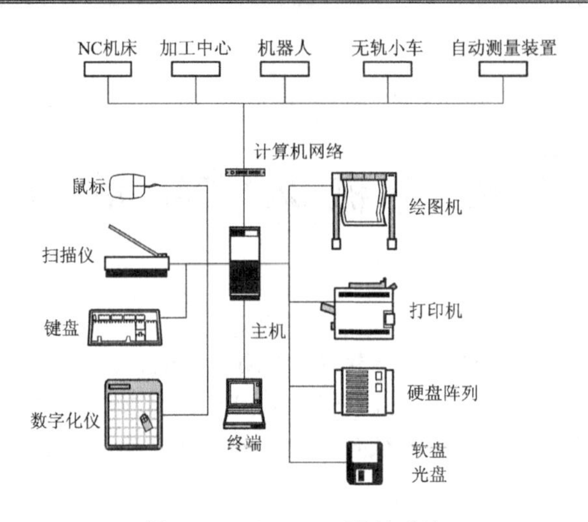

图 2.2　CAD/CAM 硬件系统

2.1.2　硬件系统配置

目前，CAD/CAM 硬件系统的主流配置方案采用分布式网络系统的结构，如图 2.3 所示。

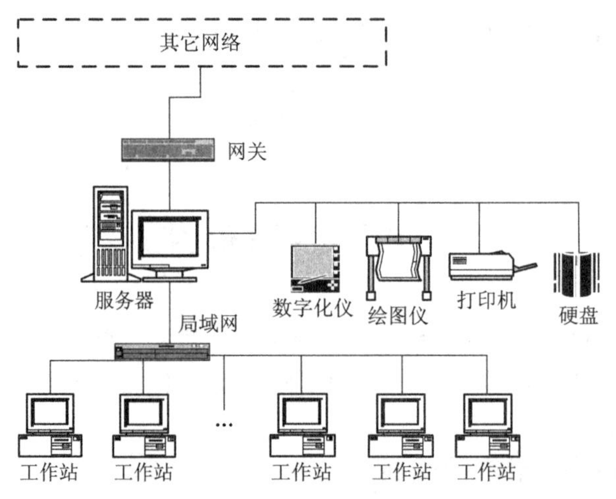

图 2.3　CAD/CAM 硬件系统配置

这种系统把多个独立工作的工作站(包括 PC 机)组织在高速局域网中，形成分布式计算机网络，局域网通过网关(Gatway)还可以和其它局域网和大型主机互连，构成远程计算机网络。网络上的各个结点是工作站和外部设备。系统通常采用基于客户(Client)/服务器(Server)的体系结构。分布式系统的特点是系统的软、硬件资源分布在各个结点上，每个结点都有自己的 CPU 和外围设备，使用速度不受网络上其它结点的影响。通过网络软件提供的通信功能，每个结点上的用户可以享用其它结点上的资源，如大型绘图机、激光打印机等硬件设备，也能共享网络应用软件及公共数据库中的数据。系统配置和开发可分块进行，由小到大，由简到繁，逐步投资，符合投资者的心理。

在这个系统配置中，除了传统意义上的工作站外，个人计算机(PC 机)已经成为系统的主要组成部分之一。目前，PC 机的性能已经达到了较高的水平，完全可以胜任三维

CAD/CAM 的要求，许多原先在工作站上运行的 CAD/CAM 软件也被移植到了 PC 机上，在这种状况下，PC 机作为 CAD/CAM 网络的一个结点，将发挥越来越重要的作用。

2.1.3　CAD/CAM 系统典型硬件设备

CAD/CAM 系统中的硬件除计算机(主机)外，还有输入设备、输出设备、外存储设备、计算机网络设备和生产设备等几类。下面仅简单介绍其中典型的几类设备。有关计算机网络设备可参阅 2.4 节。有关数控机床、自动检测和控制等生产设备可参阅第 5 章和有关资料。

在 CAD/CAM 环境下的作业是通过人机交互完成的，因而需要各种性能优良、功能各异的输入和输出设备，这些设备除了常用的键盘、鼠标器、显示器外，还包括光笔、扫描仪、绘图机等。另外，随着虚拟现实技术在 CAD/CAM 中的应用，一些 VR 专用的输入/输出设备如数据手套、位置传感器等的应用逐渐增多。

1．典型的输入设备

1) 扫描仪

工程扫描仪是 CAD/CAM 系统中常用的图形扫描输入设备。常用的扫描仪的工作幅面是 A2、A3 幅面，大型扫描仪能扫描 A0 幅面的图纸。系统工作时，首先用扫描仪扫描图纸，得到一个光栅图像文件，接着进行矢量化处理，将光栅图像文件变成一种格式紧凑的二进制矢量文件，针对某种 CAD/CAM 系统做相应矢量文件的格式转换，产生最终的矢量图。

扫描技术输入方便，速度快，且输入数据准确，不易出错，可以快速地将大量图纸输入计算机，比其它录入方法节省了大量人力与时间，是建立大型图库的有效方法。这种扫描输入技术的缺点是矢量识别的正确率不是很理想，需进一步提高。

2) 语音输入设备

该设备能够将人类说话的语音直接输入计算机。声音通过话筒变成模拟信号，再将模拟信号通过调制，变成数字信号输入计算机。语音输入的难点是如何理解、识别语音。其目前的水平处于定量词汇、定人语音识别的程度。

3) 数据手套

数据手套是近年来随着虚拟现实技术发展起来的一种输入装置，也是虚拟现实系统中最常用的输入装置。数据手套的结构如图 2.4 所示。数据手套可以帮助计算机测试人手的位置与指向，可以实时地生成手与物体接近或远离的图像。

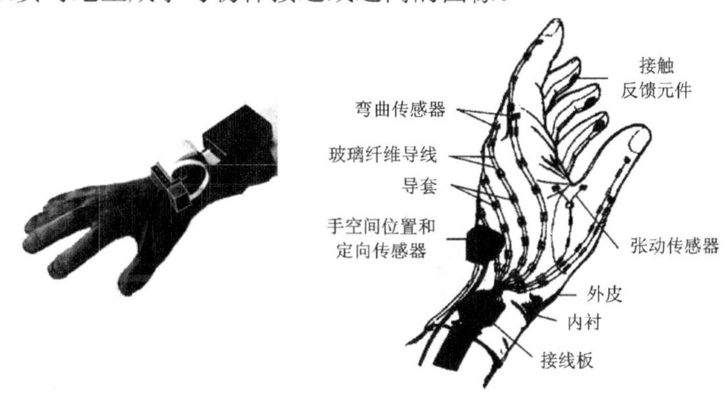

图 2.4　数据手套

4) 位置传感器

在应用虚拟现实技术的 CAD/CAM 系统中，为了提高真实感，必须知道浏览者在三维空间中的位置，尤其是必须知道浏览者头部的位置与方向。位置传感器用于检测和确定浏览者的位置和方向。常用的位置传感器包括电磁场式、超声波式、机电式、光学式等。

位置传感器的主要性能参数包括：刷新率(每秒的测量次数)、延迟(从物体对象动作到传感器检测出结果之间的时间间隔)、精确度(实际位置与测量位置的差别)、分辨率(传感器可以检测到的物体最小的位置变化)等。

2. 典型的输出设备

输出设备主要用于在输出媒介上生成图像，这些输出媒介包括图纸、聚酯薄膜、感光胶片等。输出设备包括显示器、立体显示器、绘图仪、打印机等。

1) 显示器

目前采用的图形显示器主要是阴极射线管(CRT)和液晶显示器(LCD)。对于一般用途的 CAD/CAM 系统，采用对角线尺寸为 19～21 英寸左右、分辨率为 1024×768 或 1280×1024 的显示器即可较好地满足使用要求。除上述分辨率和显示尺寸指标外，一些图形显示器有局部图形“智能”，即根据一些简单命令就能生成各种几何形状(如圆、椭圆、曲线和矩形)、多边形填充以及图形编辑处理功能等。

图形显示器的图形处理速度通常以每秒内可处理并显示的三维矢量个数和三维填充多边形的个数来衡量。高档图形工作站采用专门设计的处理器执行如剪裁、坐标变换、光照等图形计算，这样大大加快了图形的生成过程。

图形显示器与主机之间的联系通过显示适配器(图形卡)来实现。图形卡采用专门的微处理器并行处理指令来输出图形。一些图形卡以硬件支持三维图形的输出和真实感显示，通过深度缓冲器(Z-buffer)来实现三维图形的消隐。

2) 打印机

打印机是一种主要的输出设备。根据打印机的打印机理的不同，打印机可分为针式点阵打印机、静电打印机、喷墨打印机和激光打印机等。

3) 绘图仪

绘图仪是把由计算机生成的图形输出到图纸(或其它介质)上的硬拷贝设备。绘图仪有笔式、喷墨式和光电式几类。笔式绘图仪又分为平板式和滚筒式两种。

4) 立体显示器

在使用虚拟现实技术的 CAD/CAM 系统中，立体显示器提供逼真的三维视觉，使用户尽可能地沉浸在虚拟环境中。立体显示设备主要包括头盔显示器(HMD)、立体眼镜及 3D 立体投影仪等。其中较常用的是头盔显示器，如图 2.5 所示。

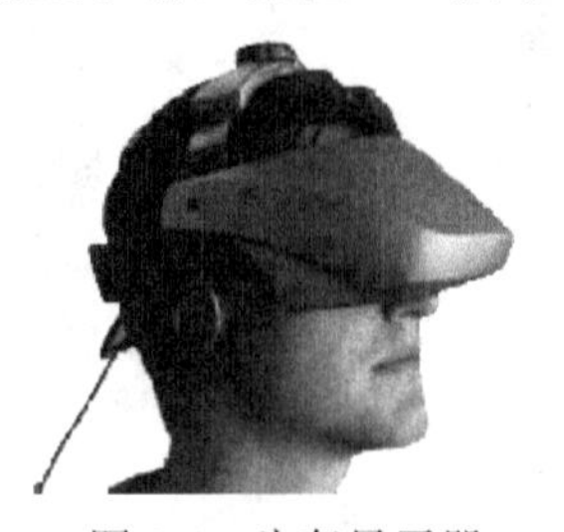

图 2.5　头盔显示器

2.2　CAD/CAM 的软件系统

2.2.1　CAD/CAM 软件系统的分类和组成

软件是 CAD/CAM 系统的核心。从 CAD/CAM 系统的发展趋势来看，软件占据着愈来愈重要的地位，软件的购置成本目前也大大超过了硬件。

CAD/CAM 软件系统可以分为三个层次，即系统软件、支撑软件和应用软件，如图 2.6 所示。

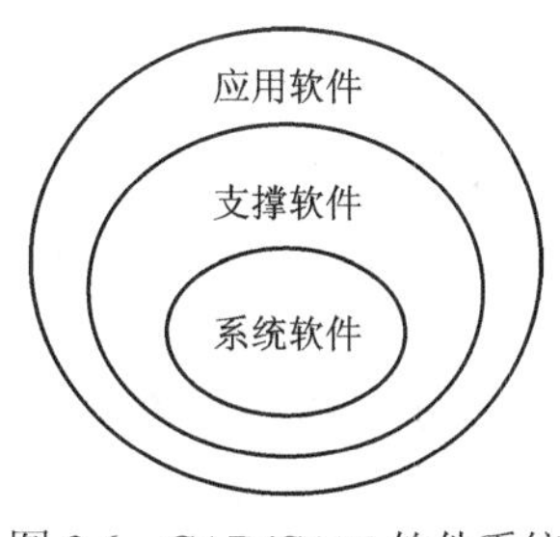

图 2.6　CAD/CAM 软件系统

1. 系统软件

系统软件包括操作系统、高级语言编译系统等。系统软件是与计算机硬件直接关联的软件，一般由软件专业人员研制。它起着扩充计算机的功能和合理调度与运用计算机的作用。系统软件有两个特点：一是公用性，无论哪个应用领域都要用到它；二是基础性，各种支撑软件及应用软件都需在系统软件支撑下运行。

2. 支撑软件

支撑软件是在系统软件基础上研制的，它包括进行 CAD/CAM 作业时所需的各种通用软件。开发 CAD/CAM 应用软件时需要有特殊的支撑软件环境。支撑软件包括图形支撑软件、有限元分析软件和数据库管理系统等。

系统软件和支撑软件是同计算机一起购进的，可形成 CAD/CAM 系统的二次开发环境，用户在此环境下移植或自行开发所需要的 CAD/CAM 应用软件来完成特定的设计和制造任务。

3. 应用软件

应用软件则是在系统软件及支撑软件的支持下，为实现某个应用领域内的特定任务而编制的软件。CAD/CAM 系统的功能和效益最终反映在 CAD/CAM 应用软件的水平上，而高水平的 CAD/CAM 应用软件又必须以高水平的开发环境为基础。

2.2.2　系统软件

1. 操作系统

1) 操作系统的概念

操作系统是对计算机系统硬件资源及各种软件资源进行全面控制和管理的底层软件，负责计算机系统内所有软件和硬件资源的监控和调度，使其协调一致、高效率地运行。

操作系统的基本功能包括：内存管理，作业和进程控制，文件管理，外围设备管理等。

计算机操作系统的发展趋势是开放式系统，即尽可能遵照流行的或已被行业部门公认的标准来组建系统，以便于扩充和互相兼容。

2) 常用操作系统

(1) UNIX 系统。UNIX 系统是由 AT&T 公司利用与机器无关的 C 语言开发的一个多用户、多任务的分时操作系统。其特点是功能强、规模小、可移植性好，是工程工作站广泛采用的操作系统。目前，从微型机，小型机到大、中型机都可采用 UNIX 系统，但不同版本的 UNIX 系统并不完全兼容。UNIX 操作系统加上 X-Windows 窗口系统，是工作站上最流行的软件运行平台和开发环境。

X-Windows 是一个可以在分布式网络环境下工作的多任务多窗口系统。X-Windows 最早是由美国 MIT(麻省理工学院)开发的，后来成为了 ANSI 标准。其图形用户接口符合开放式的工业标准，可在网络环境下及各种独立的计算机上运行，适应能力很强。

(2) MS-Windows 系统。MS-Windows 是国内目前应用最广泛的操作系统。MS-Windows 界面友好，便于使用，是最受欢迎的个人计算机软件运行平台和开发环境。该系统发展至今有多个版本，如 Windows 95、Windows 98、Windows 2000、Windows XP 等。值得一提的是，近些年，许多以前仅能在工作站上运行的大型商品化 CAD/CAM 集成系统如 UG、CATIA 等，都纷纷推出了 Windows 平台版本，以适应 CAD/CAM 普及和应用的需求。

2. 编译系统与开发工具

高级语言是开发计算机程序的基本工具。设计和开发 CAD/CAM 系统时，可采用各种程序设计语言。编译系统的作用是将用高级语言编写的程序，翻译成计算机能够直接执行的机器指令。因此，编译系统是开发 CAD/CAM 软件基本的系统软件环境。

目前，国内外广为应用的高级语言有 FORTRAN、BASIC、C、PASCAL、C++、LISP 和 JAVA 等。其中，C 和 C++语言非常简洁，由其生成的可执行程序运行效率高、功能强，受到专业编程人员的喜欢。因此，C 和 C++语言现已成为 CAD/CAM 软件中最流行的程序设计语言。

2.2.3 支撑软件

支撑软件是 CAD/CAM 软件系统中的核心，它是为了满足 CAD/CAM 工作中的共同需要而开发的通用软件。二十多年来，计算机的应用领域迅速扩大，支撑软件的开发研制有了很大的进展，种类繁多的商品化支撑软件层出不穷。其中比较通用的支撑软件有图形支撑软件、分析和优化软件、数据库管理系统和网络系统软件。

1. 图形支撑软件

计算机图形系统是 CAD/CAM 技术的核心，从某种程度上讲，图形支撑软件功能的强弱是评价一个 CAD/CAM 系统很重要的指标。图形支撑软件主要包括绘图软件和三维几何造型软件。

1) 绘图软件

绘图软件是 CAD/CAM 系统最基本的图形支撑软件，主要用来生成产品设计中符合工程要求的零件工作图和装配图。绘图软件的基本功能包括图形生成、图形编辑(对图形增删、缩放、平移等)、标注尺寸、拼装图形、输出打印工程图等。生成图形的方式既可用人机交互绘图生成，也可通过三维几何模型的投影变换获得。商品化的交互绘图软件种类很多，包括国内目前广泛使用的 AutoCAD 及大量的国产软件。而商品化的 CAD/CAM 系统一般都具有一个制图模块来完成自动绘图。

2) 三维几何造型软件

三维几何造型软件提供几何造型、曲面造型和参数化特征造型等基本功能。它可以为

CAD/CAM 系统建立产品完整的几何描述及特征描述，为产品的设计和制造提供统一的产品信息模型，支持 CAD/CAM 系统的后续各环节工作。目前，国际上主流的三维造型核心软件是 Parasolid 和 ACIS，大部分商品化 CAD/CAM 软件均采用它们作为三维造型核心。

为了真实地表现设计对象的形态，三维造型系统一般具有真实感显示功能，例如消除隐藏线(面)、着色、色彩明暗处理和各种渲染功能等。

为了输出二维的工程图纸的需要，三维几何造型软件具备从三维模型生成二维图形的功能，并保持二维图形与三维造型模型在设计修改过程中数据的关联性，即所谓的二、三维联动功能。

2. 分析和优化软件

分析软件主要包括有限元分析软件、机械运动分析软件、动力学分析软件等。其中，有限元分析软件是最重要的分析软件，不但可以进行结构的静态、动态分析，还可进行流体力学、电磁场分析等。目前商品化的分析软件很多，流行的有 ADAMS、ADINA、NASTRAN、ANSYS 等。

优化设计软件运用最优化数学理论和现代数值计算技术来寻求设计的最优方案解。国内外有许多优化、分析和仿真软件，包括大量的解决诸如解微分方程、线性代数方程、数值积分、有限差分、优化算法以及曲线曲面拟合等数学问题的工具。MATLAB 是其中非常典型的分析仿真软件。

3. 数据库管理系统

对于 CAD/CAM 数量庞大的数据处理和信息交换的需要，数据库管理系统(Database Management System，DBMS)是十分重要的支撑软件之一。当前国内流行的商品化数据库管理系统有 VFP、SQL Server、ORACLE 等，它们均属于关系型数据库管理系统，适用于商业及事务管理，但并不适用 CAD/CAM 的工程数据的管理。该问题常采用两种方法来解决：一种是在商用数据库管理系统(DBMS)上建立一套面向 CAD/CAM 工程应用的软件接口，对商用 DBMS 进行扩充和修改，使它适用于 CAD/CAM 工程领域；另一种是从头开始研制一个完善的工程数据库管理系统(EDBMS)，这是目前尚在努力解决的重大课题。

4. 网络系统软件

基于网络的 CAD/CAM 系统已成为目前 CAD/CAM 的主要使用环境之一。在基于网络的 CAD/CAM 系统中，网络系统软件是必不可少的。常见的网络系统软件有 Windows NT、NetWare 等，它包括服务器操作系统、文件服务器软件、通信软件等。应用这些软件可进行网络文件系统管理、存储器管理、任务调度、用户间通信、软/硬件资源共享等工作。

2.2.4 应用软件

应用软件主要有两类：

一类是典型意义上的应用软件。这类软件是在系统软件、支撑软件的基础上，针对某一专门应用领域而研制的软件，通常可由用户根据专业设计需要而自行研究开发，此项工作又称为“二次开发”。这类软件种类繁多，内容涉及专业计算与算法、专用图形生成、专用设备控制接口等多方面，比如一些专用模具设计软件、电器设计软件、机械零件设计软件、机床设计软件，以及汽车、船舶、飞机设计制造专用软件等。它们的特点是针对特定问题，具有很强的针对性和专用性。

另一类比较常见的 CAD/CAM 应用软件是一些专业软件公司开发的具有较广用途的通用商品化 CAD/CAM 系统。这类系统一般规模较大、功能齐全，可应用于多个工业领域，具有较高的知名度。

2.2.5 常见主流 CAD/CAM 软件简介

1. UG 软件

UG 是 UNIGRAPHICS Ⅱ的简称，起源于美国的麦道(MD)公司，20 世纪 90 年代起归属于全球最大的信息技术(IT)服务公司——EDS 公司。UG 是一个集 CAD、CAE 和 CAM 于一体的计算机辅助设计与制造集成系统，适合于航空航天器、汽车、通用机械以及模具等的设计、分析及制造。UG 的显著特点是其工程背景具有很强的设计制造功能，是混合建模技术的提倡者和首先使用者，也是第一个将 CAQ 和智能 CAD(ICAD)集成到系统中的软件。UG 的 CAM 功能被认为是业界中最好和最具代表性的。UG 系统独到、统一的数据库真正实现了 CAD、CAE、CAM 各模块之间的无数据交换的自由切换，便于实施并行工程。

在几何建模方面，UG 采用基于约束的特征建模和实体建模无缝地结合成一体的混合建模技术，并具有很强的曲面建模功能和强大的自由曲面模型编辑功能，对于逆向工程，可通过曲线/点网格来定义形状或通过点云来拟合形状。

UG 的装配建模功能支持并行的、自上而下的产品开发方法，具有动态装配过程仿真功能。

UG 提供了很好的工程制图功能，设计者可以直观地从三维实体模型得到二维工程图，并可保证随着实体模型的改变而同步更新工程图尺寸。

强大的 NC 编程功能是 UG 的一大特点，UG 提供了包括车削、铣削、线切割等在内的各种加工方法，可以进行 2 轴～5 轴联动的复杂曲面的加工(详见第 6 章)。

UG 提供了方便有效的 CAE 分析功能，如有限元分析、机构分析、注塑流动分析(Moldflow)等。

此外，UG 还提供了一系列实用性很强的其它功能模块，比如钣金件设计(Sheet Metal Design)、电气配线(Harness)、快速成型(Rapid Prototyping)、产品数据管理(Manager)、数据交换等。

2. Pro/Engineer(Pro/E)软件

Pro/Engineer 是美国参数技术公司(PTC)的著名软件产品，采用了先进的基于特征的参数化设计技术，使设计工作十分灵活和简便。Pro/E 备有统一的数据库，并具有较强的参数化设计、组装管理、加工过程及刀具轨迹生成等功能。它还提供各种现有标准交换格式的转换器以及与著名的 CAD、CAE 系统进行数据交换的专用转换器，所以也具备集成化功能。

Pro/Engineer 提供了 70 多个模块供用户选择配置适合自己的系统。其中，主要模块功能包括：三维造型；参数化功能定义；零件组装造型；工程图的生成输出；二维或三维装配图组装设计及参数化装配管理；复杂形状特征造型和复杂型面造型的功能；实体模型的有限元网络自动生成及有限元分析；数控自动编程及刀具路线轨迹仿真。Pro/E 软件的主要特点表现在基于特征参数化设计方面，其实体特征或曲面特征一般是通过一个或几个剖面创建的。剖面是由以参数化草图为基础的二维轮廓构成的，包括尺寸、几何约束或尺寸参数关系式等，修改剖面尺寸会产生新的特征形状。其三维实体模型和二维工程图是关联的，同时与零件装配、零件加工等其它相关数据也具有关联性。Pro/E 提供了与其它 CAD/CAM 系统间各种标准数据的交换功能；同时还具有模具设计、钣金设计、电缆布线等专门模块。

3. CATIA 软件

CATIA(Computer-Graphics Aided Three-Dimensional Interactive Applications)即计算机辅助三维图形交互应用软件包，是法国达索公司研制开发的三维几何造型功能很强的交互式 CAD/CAM 软件。它本身具有三维设计、高级曲面、工程绘图、数控加工编程、结构设计和钢结构件、有限元计算分析等方面的功能；能方便地实现二维元素与三维元素之间的转换；具有平面或空间机构运动学方面的模拟及分析功能。它的主要特点是提供用户从概念设计、风格设计、详细设计、工程分析、制造到应用软件开发等面向过程的设计思想和解决方案；采用 1～15 次 Bezier 曲线面和非均匀有理 B 样条计算方法，具有很强的三维复杂曲面造型和加工编程能力，适用于飞机、汽车等复杂机械产品的外形几何设计和数控加工编程；同时提供统一的用户界面数据管理和丰富的应用程序接口。

4. SolidWorks 软件

SolidWorks 是由美国 SolidWorks 公司研制开发的基于特征的实体建模技术机械 CAD 系统，也是最早在 Windows 平台下开发的商品化系统。它采用参数化设计技术，可以用来进行零件设计、装配设计和工程绘图。SolidWorks 使用的特征分为草图和应用型特征两类。草图特征以 2D 设计为基础，一般地，这种草图可以通过拉伸、旋转、扫描转化为实体。应用型特征是直接在实体模型上生成倒角和沟槽等。SolidWorks 支持 Visual Basic、Visual C++ 或任何支持 OLE 的程序设计语言来做二次开发。

5. Cimatron 软件

Cimatron 软件是以色列 Cimatron 软件公司开发的著名的 CAD/CAM 软件。该软件提供了产品的装配设计、零件设计、工程图输出、NC 加工编程、模具设计和电极设计等众多模块，在汽车、航空航天、电子、消费类商品等多个行业得到了广泛应用。特别是最近推出的 Cimatron E 版本，比原先在 DOS 环境下的 Cimatron it 版本的操作界面更友好，更便于操作。

Cimatron E 的零件造型采用混合建模技术，融合了线框、曲面和实体造型的功能，结合参数化和特征技术，提供一个高效的、参数化的造型设计模块用于零件模型的建立。Cimatron E 的工程绘图模块可方便地将三维几何模型转换成工程图纸，同时提供了装配树管理、自动 BOM 表单生成、坐标标注等功能。

Cimatron E 的加工编程功能非常有特色，并在国内拥有众多的用户。该软件提供的智能化 2～5 轴数控加工编程功能，支持数控铣削、车削、钻、镗、线切割的加工编程；具有基于残留毛坯、曲面轮廓、等高分层、环绕等距、曲面流线、角落清根等多种刀具轨迹控制方式；同时，系统提供了刀具轨迹编辑修改、加工仿真、后置处理等功能。

另外，Cimatron E 提供了具有特色的专业模具设计和电极设计功能，利用拆模向导可快速完成分模设计；同时，还提供了强大的参数化设计的标准件生成工具及通用的标准模架库。系统的快速电极设计功能使用户可在电极向导工具的引导下，简便地制作出进行复杂模具型腔加工所需的电极，并生成电极工程图。

6. DELCAM 软件

DELCAM 是英国 Delcam International 公司开发的 CAD/CAM 集成软件，适用于复杂形体零件及工模具的设计与制造。它广泛应用于航空航天、汽车、船舶、内燃机、家用电器、轻工业产品等行业，特别在塑料模、压铸模、橡胶模、锻模、大型覆盖件冲压模、玻璃模具的设计与制造方面具有比较明显的优势。其主要模块有：

(1) Power MILL：具有智能化、面向模型、面向工艺特征的 CAM 加工系统(2～5 轴)。

(2) Power SHAPE：由概念设计到产品制造的综合设计系统，它将曲面建模与特征实体建模结合起来，发挥曲面建模与实体建模双重优势。

(3) Power INSPECT：在线检测系统。与三坐标测量机、检测臂及 CNC 数控设备集成，可用于对具有复杂曲面的精密零件进行在线检测，并与原始数据进行对比分析。

此外，目前国内常用的三维 CAD/CAM 软件还有许多，如美国 Autodesk 公司的 MDT 和 Inventor、美国 CNC 公司的 Master CAM 等。近些年来，国内开发的部分 CAD/CAM 软件的用户群也在不断扩大，如北京北航海尔软件公司的 CAXA 系列软件等。

2.3 CAD/CAM 的网络环境

2.3.1 计算机网络概述

计算机网络是计算机技术和通信技术相结合的产物。计算机网络是利用通信线路将地理位置分散的、具有独立功能的许多计算机系统连接起来，按照某种协议进行数据通信，以实现资源共享的信息系统。

1. 计算机网络的构成

一个典型计算机网络由四种组件组成：服务器、客户机、介质和协议，如图 2.7 所示。

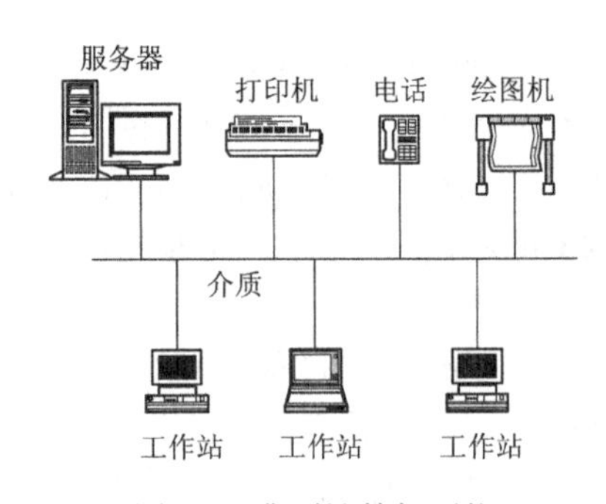

图 2.7 典型计算机网络

(1) 服务器。服务器是一台计算机。服务器允许网络上的多个用户访问其软件程序和数据文件，同时提供各种网络服务并肩负网络管理的功能。按服务器主要提供的网络资源的不同，可将服务器分为文件服务器、数据库服务器、Web 服务器、电子邮件服务器和打印机服务器等。

(2) 客户机。客户机是指一个享用服务器共享资源的计算机。要成为客户机的计算机，必须安装相应的硬件和网络通信软件。例如，具有通用功能的客户机需要安装能够访问服务器文件和共享打印服务的软件；电子邮件服务器要求其客户机装有特定的电子邮件客户端软件。一台计算机可以同时成为许多服务器的客户端。

(3) 介质。网络中各结点之间的通信和数据交换通过传输介质来进行。计算机网络使用多种介质，最普通的是电缆、光纤、微波等。常见的电缆包括同轴电缆和双绞线。

(4) 协议。在任何时候，当两个实体开始通信时，它们必须使用一种双方都能理解的语言，这种网络通信所使用的语言就叫做协议。协议如同词汇和语法规则。

2. 计算机网络的种类

计算机网络具有多种不同的分类方式，根据不同的建网原理和目的，可得到不同类型的计算机网络。

按网络结点分布分类，可将网络分为局域网 LAN(Local Network)、广域网 WAN(Wide Network)和城域网 MAN(Metropolitan Network)。

按网络的拓扑结构分类，可将网络分为星型网络、总线型网络、环型网络、网状型网络和混合型网络。

按交换方式分类，可将网络分为线路交换网络(Circuit Switching)、报文交换网络(Message Switching)和分组交换网络(Packet Switching)。

按采用的协议分类，可将网络分为以太网(Ethernet)、令牌环网(Token Ring)、FDDI 网络、X.35 分组交换网络、TCP/IP 网络、SNA 网络和异步传输模式网络(ATM)等。

另外，在 CAM 应用中，以现场总线为代表的工业控制网的使用日趋广泛。所谓现场总线，是指连接智能现场设备和自动化系统的全数字、双向、多站的网路通信系统。通过现场总线构成工厂底层控制网络，可使控制设备具有通信功能，实现工业现场的智能化仪器仪表、控制器、执行机构等现场设备间的数字通信以及现场控制设备和高级控制系统之间的信息传递。

3. 计算机网络的功能

计算机网络以共享为目的，概括地说，它应包括以下基本功能：

(1) 数据通信。该功能为计算机网络的基本功能，用于实现计算机与终端、计算机与计算机之间的数据传输和信息交换。

(2) 资源共享。资源共享是计算机网络的核心目标。通过计算机网络，实现对硬件(如打印机、扫描仪、绘图仪等)、软件和信息的共享，可最大限度地降低成本和提高效率。

(3) 远程传输。通过计算机网络实现信息的远程异地传输和协同工作。

(4) 均衡负荷。通过网络控制中心的实时检测和动态分配机制，实现不同计算机系统的负荷均衡，以提高工作效率。

(5) 分布式处理。计算机网络的发展使得分布式处理成为可能，通过对大型项目的分布式处理，可达到提高效率的目的。

4. 网络通信协议

计算机网络系统是由各种各样的计算机和终端设备通过通信线路连接起来的复杂系统。在这个系统中，要使通信的各方能以协同方式进行通信，必须解决各方共同遵守约定标准等问题，这就是计算机网络的体系结构和协议问题。

为了减少协议设计的复杂性，大多数网络都按层或级的方式来组织：每一层都建立在它的下层之上；每一层的目的都是向它的上一层提供一定的服务，而把如何实现这一服务的细节对上一层加以屏蔽。

一台机器上的第 n 层与另一台机器上的第 n 层进行对话时，通话的原则就是第 n 层协议。不同机器里包含对应层的实体叫对等进程。换言之，正是对等进程利用协议进行通信。

1) 开放系统互连模型(ISO/OSI)

国际标准化组织提出了开放系统互连模型(OSI)，这是一个定义连接异种计算机标准的主体结构，它为连接分布式处理的开放系统提供了基层。

OSI 参考模型的基本构造技术是分层技术，利用层次结构，将开放系统的信息交换问题分解到一系列较易控制和实现的层次中，每个层次都在完成信息交换的任务中充当一个相对独立的角色，具有特定的功能。OSI 参考模型具有 7 层结构，如图 2.8 所示。

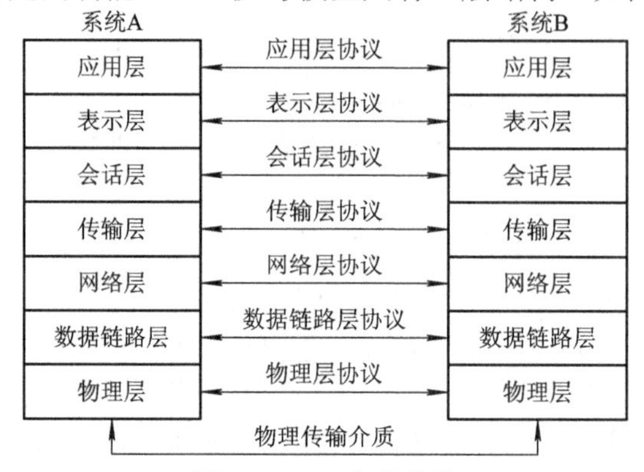

图 2.8　OSI 参考模型

(1) 物理层：提供为建立、维护和拆除物理连接所需要的机械的、电气的、功能的和规程的特性，给出有关在物理链路上传输的位流及物理链路故障检测指示。

(2) 数据链路层：为网络层实体提供传送数据的功能，提供数据链路的流控、检测，并校正物理链路产生的差错。

(3) 网络层：控制分组传送操作，即路由选择、拥塞控制、网络互连等。

(4) 传输层：提供建立、维护和拆除传输连接的功能，选择网络层提供的最适宜的服务，在系统间提供可靠的透明的数据传输，提供端到端的流控制和错误恢复。

(5) 会话层：提供两个进程间建立、维护和结束会话连接的功能，提供交互会话的管理功能。

(6) 表示层：表示应用进程数据，协商数据语法，完成数据格式转换和文本压缩。

(7) 应用层：提供 OSI 用户服务，例如事务处理程序、文件传送协议和网络管理等。

2) TCP/IP 参考模型

TCP/IP 是 20 世纪 70 年代中期，美国国防部为其 ARPANET 广域网开发的网络体系结构和协议标准。到 20 世纪 80 年代，它被确认为因特网的通信协议。TCP/IP 虽不是国际标准，但它是为全世界广大用户和厂商接受的网络互连的事实标准。TCP/IP 参考模型是将多个网络进行无缝连接的体系结构，其模型如图 2.9 所示。

TCP/IP 是一组通信协议的代名词，是由一系列协议组成的协议族。它本身只有两个协议集：TCP 为传输控制协议，IP 为互联网协议。

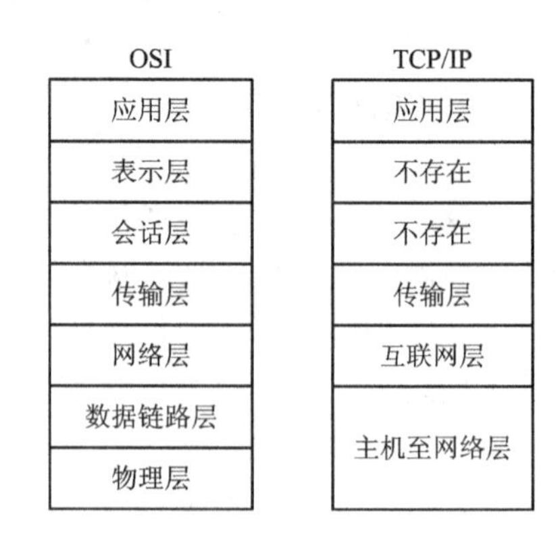

图 2.9　TCP/IP 协议模型(与 OSI 协议对照)

(1) 互联网层。它提供了无缝连接的分组交换服务。它的主要功能是使主机可以把分组发往任何网络并使分组独立地传向目标(可能经由不同的网络)。互联网层定义了正式的分组格式和协议，即 IP 协议。互联网层的功能就是要把 IP 分组发送到应该去的地方。定义分组路由和避免阻塞是该层的主要工作。

(2) 传输层。它的功能是使源端和目的端主机上的对等实体可以进行会话。这里定义了两个端到端的协议。第一个是传输控制协议 TCP，它是一个面向连接的协议，允许从一台机器发出的字节流无差错地发往互联网上的其他机器。第二个是用户数据描述协议(User Datagram Protocol，UDP)，它是一个不可靠的无连接协议，用于不需要 TCP 的排序和流量控制能力而由自己完成这些功能的应用程序。

(3) 应用层。TCP/IP 模型没有会话层和表示层。传输层的上面是应用层，它包含了所有的高层协议，如虚拟终端协议、文件传输协议和电子邮件协议等。

(4) 主机至网络层。TCP/IP 参考模型没有真正描述这一部分，只是指出主机必须使用某种协议与网络连接，以便能在其上传递 IP 分组。这个协议未被定义，并且随主机和网络的不同而不同。

TCP/IP 提供了许多网络服务，目前大多数 CAD/CAM 网络均把它作为实用的网络协议。

3) MAP/TOP 协议

MAP/TOP 协议是两个协议的总称。MAP(Manufacturing Automatic Protocol)是美国通用汽车公司(General Motor，GM)提出的专门用于生产自动化的局域网协议。TOP(Technology and Office Protocol)是美国波音公司研制与开发的一种用于办公自动化的协议。两者的开发背景相似，都采纳了 ISO/OSI 的七层协议模型，并在许多层次上有相同的定义。

MAP 网络协议的目标是在不同厂家生产的计算机、可编程控制器和数控机床、机器人等设备之间有效地实现传输数据文件、NC 程序、控制指令和状态信号等信息功能。而 TOP 协议期望在不同厂家的计算机和可编程设备间提供文字处理、文件传输、电子邮件、图形传输、数据库访问和事务处理等服务功能。MAP/TOP 正好从工厂两大主要信息交换领域即技术、管理信息和生产控制信息方面规定了相应的通信协议。MAP 适用于生产车间、单元控制级，TOP 适用于工厂管理及工程设计。

MAP/TOP 3.0 版本的主要功能分为应用层、表示层、网络层、数据链路层等。与 TCP/IP 相比，MAP/TOP 增加了会话层并实现了表示层协议，还包括了应用层的多种服务，因而有成为 CIMS 网络主要协议的趋势，有着广泛的应用前景。但 ISO/OSI 协议模型及 MAP/TOP 网仍处于发展完善之中，目前国内应用尚不普遍。

2.3.2　Internet/Intranet 技术

1．Internet

Internet 是信息技术和现代通信技术的产物。它是一个开放的、互联的、遍及全世界的计算机网络系统，是一个使世界上不同类型的计算机能交换各类数据的通信媒介。在当今的计算机网络应用中，它是最受重视、发展最快、对人类社会影响最大的一项新技术，是所有基于 TCP/IP 的计算机网络的集合。Internet 的内涵及特点如下：

(1) Internet 的通信协议基于 TCP/IP 协议。

(2) Internet 是构筑于现代通信技术之上并且持续发展的全球化数字信息库。这个信息库提供了创立、浏览、访问、搜索、阅读和交流信息等服务。

(3) Internet 是一个逻辑上的概念，它不同于局域网(LAN)、ATM 网等。因为局域网和 ATM 网等都是基于物理概念的，而 Internet 是一个超越国界、面向公众并由许许多多的资源、知识与信息所组成的全球网络。

(4) Internet 是世界上最大、最为流行的计算机网络，同时也是目前影响最大的一种全球性、开放性的信息资源网，是信息时代的基础，是未来社会的信息命脉。

Internet 的主要信息服务方式有以下几种：

(1) 电子邮件(E-mail)。

(2) 远程登录(Telnet)。远程登录使用支持 Telnet 协议的软件。Telnet 协议是 TCP/IP 通信协议的终端机协议。Telnet 使用户能通过注册的方式从与 Internet 连接的一台主机进入 Internet 上的任何一台计算机系统。

(3) 文件传送(FTP)。FTP 是文件传输的主要工具，它可以传输任何格式的数据文件。用 FTP 可以访问 Internet 的各种 FTP 服务器。

(4) Web。Web 是传输各种文档(包括文件、图形、语音、视频等)给远程访问者的平台。WWW 是目前使用最广泛的 Internet 服务，它采用超文本(hypertext)的或超媒体的信息结构，使用 WWW 时，是按照超文本的链指针查找和浏览信息的。

(5) News。Internet 上有许多消息群(newsgroup)，每个消息群讨论一个特定主题，用户可以在上面互相讨论问题，交流各自的想法。除此之外，还包括电子公告牌、电子论坛、名录服务、网上交谈等服务。

2. Intranet

Intranet 泛指企业内部网，是企业将 Internet 中的 Web 技术、浏览器/服务器模式应用于本企业的网络而形成的企业“内联网”。Intranet 的概念是 Internet 在全球发展到一定程度的背景下提出的。它是指在有限的范围内，利用 Internet 的系列成熟标准构筑企业内部的网络系统。它充分利用 Internet 的软/硬件技术，以 TCP/IP 协议和 Web 模型作为标准平台，构建起企业内的各类业务信息系统。

Intranet 是用 Internet 的技术和标准(如 TCP/IP、HTTP、SMTP、HTML 等)来建立的企业 Internet。当前业界公认的 Intranet 所包括的 8 项服务是：Web 电子出版、目录服务、电子邮件、安全性管理、广域网络互联、文件、打印和网络管理。

由于 Intranet 是建立在企业内部范围内的，因而外来者的访问要受到“防火墙”的限制。防火墙(Network Firewall)可以是一个概念，也可以是一个软件产品。无论是否选用防火墙软件，企业内联网的安全都要包括诸如 IP 层的隔离、客户端的授权、用户授权、传输层的加密等基本内容。图 2.10 是典型的防火墙体系结构。防火墙可以指定哪些用户或数据是经过授权的，它能够禁止未授权的用户或数据进、出整个企业网络或其中的某个局域网。

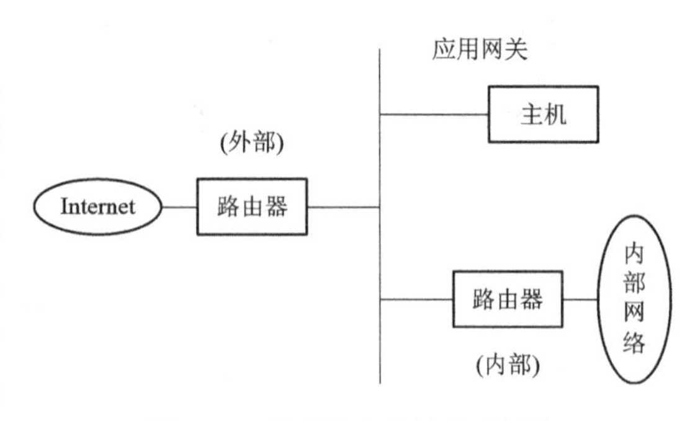

图 2.10　典型的防火墙体系结构

Intranet的重要意义在于它为企业提供了一套建立企业信息系统的完整的、开放的、易于应用和开发的框架。所谓开放，是指基于国际通用的Internet标准协议建立网络应用，从而使用户的应用程序可以运行在各种网络环境和终端上，使各种应用程序可以非常容易地共享信息资源。所谓完整，是指所有信息交流的基本问题(信息分布和共享、信息传递、讨论交流、安全传输、远程访问等)均有成熟的、基于开放标准的解决方案和相关技术产品，当用户建立企业内联网框架后，就无需顾忌任何具体的低层技术实现问题，从而可以把精力集中于应用程序的设计和开发上。

2.3.3 网络化CAD/CAM系统

Internet/Intranet技术的发展为网络化CAD/CAM系统提供了软、硬件环境，使实施并行产品设计及制造和基于Internet的异地设计/异地制造成为可能。

1. 网络化CAD/CAM系统基本特征

网络化是实现异地不同的CAD/CAM系统之间信息、资源、技术传输、集成以及交互和共享机制的关键方法。针对网络化CAD/CAM系统的定义，其基本特征包括：

(1) 网络化CAD/CAM系统的组织结构应具备异构性和地理位置上的分布性。网络化CAD/CAM系统延伸了传统CAD/CAM系统的概念和内涵，其各分系统之间均由异构自治的CAD、CAPP、CAM软件构成，并且在地理位置上具有分散性。

(2) 网络化CAD/CAM系统构筑在Internet/Intranet之上并采用典型的TCP/IP等通信协议实现相互通信和信息或资源的传输与集成。

(3) 网络化CAD/CAM系统的各分系统之间的信息和资源的传输采用标准的产品数据建模语言进行，典型的如采用STEP标准和XML语言集成的方案，可实现数据在各分系统之间的传输。

(4) 网络化CAD/CAM系统的工作模式是采用同步/异步协同的方式进行的。具备一定权限的设计人员、工艺人员可采用基于电子白板在线交流以及集成音/视频等机制的协同工作模式进行产品的在线设计和制造。

2. 网络化CAD/CAM系统的工作逻辑

网络化CAD/CAM系统是基于Internet/Intranet的跨企业、跨地域的协同式新型CAD/CAM系统，其工作逻辑较传统的CAD/CAM系统有大的差异。下面通过一种采用B/S结构的网络化协同CAD系统来说明其工作逻辑。

采用协同式工作模式的网络化CAD系统的工作逻辑如图2.11所示，图中所示为网络环境下多个终端用户对同一零件进行协同设计的过程。其工作逻辑是：首先，客户机5通过同步白板将所绘制的虚圆送至服务器端；其次，服务器通过与Web数据库连接，查找客户机所属的客户组；最后，服务器在查找出相应的客户组以后，将虚圆信息发送到该客户组内所有的其他客户机，以执行协同式CAD过程。

网络化CAD/CAM系统的各子系统产生的数据信息具有异构性，因此，必须采用统一的产品数据模型以实现各子系统之间的信息传输和共享。一般网络化CAD/CAM系统在现阶段通常采用XML与STEP标准相结合的方法来实现。

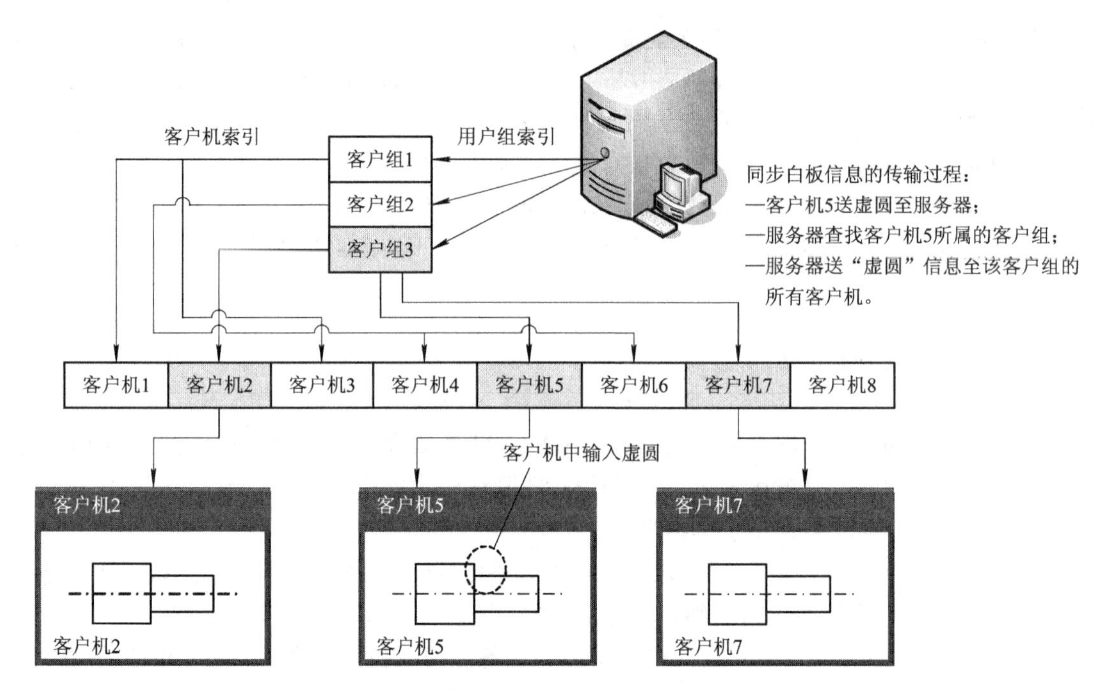

图 2.11　基于 B/S 结构的协同 CAD 工作逻辑

习题与思考题

1. 简述 CAD/CAM 系统环境的基本构成。
2. 简述 CAD/CAM 硬件系统的组成。
3. 简述 CAD/CAM 系统硬件的配置形式。
4. 简述 CAD/CAM 软件系统的组成。
5. 简述系统软件的作用。CAD/CAM 系统所用的系统软件有哪几类？
6. CAD/CAM 支撑软件主要有哪几类？
7. 简述计算机网络的组成和分类。
8. 简述计算机网络协议的概念与种类。
9. 简述 Internet/Intranet 的概念与组成。
10. 网络化 CAD/CAM 系统的工作逻辑如何？

第 3 章　机械 CAD/CAM 几何建模技术

计算机辅助设计过程首先要涉及产品各种信息的描述与定义，其中几何形状的定义与描述是 CAD 的核心技术，也是后续设计、结构分析、工艺规程的生成以及加工制造的基础。

早期的 CAD 系统以二维图形作为产品的主要描述和定义手段，以传统的三视图来表达零件，这就是二维计算机绘图技术。从产品设计的角度看，通常在设计人员思维中首先建立起来的是产品真实的几何形状或实物模型，这些都是三维的。因此，依据三维模型进行设计、分析与计算，将更有利于设计的进行，在制造过程中也同样如此。目前，随着 CAD 技术的发展，三维 CAD 设计已逐渐成为 CAD 设计的主流。

通常，当人们看到三维的客观世界中的物体时，便会对其产生一定的认识，将这种认识描述到计算机内部，让计算机理解，这个过程称为建模。而几何建模指的是以计算机能够理解的方式，对几何实体进行确切定义，赋予一定的数学描述，再以一定的数据结构形式对所定义的几何实体数据进行组织与存储，从而在计算机内部构造出几何实体的信息模型的过程。

通过几何建模过程所定义和描述的几何实体必须是完整的、唯一的，并且能够从该模型上提取实体生成过程中的全部信息。模型一般是由数据、结构和算法三部分组成的。所以，CAD/CAM 几何建模技术就是研究产品几何数据模型在计算机内部的建立方法、过程及采用的数据结构和算法。

3.1　三维几何建模

3.1.1　三维几何建模的基本概念

1．三维形体的几何信息与拓扑信息

在几何建模中，对几何形体的描述与表达是建立在形体的几何信息与拓扑信息的基础上的。几何信息一般是指形体在欧氏空间中的形状、位置和大小。拓扑信息是指形体各分量的数量及相互间的连接关系。

1) 几何信息

三维物体的几何信息包括有关点、线、面、体的信息，这些信息可以用几何分量方式表示。

例如，常见的几何元素的定义如下：

三维空间中的点：$P(x, y, z)$

直线：$(x-x_0)/A=(y-y_0)/B=(z-z_0)/C$

平面：$Ax+By+Cz+D=0$

自由曲面：常用 Coons 曲面、B 样条曲面、Bezier 曲面、NURBS 曲面等(参数方程表示)。

但是，仅用几何信息表示形体并不充分，会出现形体表示上的二义性，为了保证描述形体的完整性和数学的严密性，必须同时给出几何信息和拓扑信息。

2) 拓扑信息

拓扑信息是指形体各分量(点、边、面)相互间的连接关系，比如形体的某个边由哪几个顶点构成，而某个面又是由哪几个边构成，等等。各种几何元素相互间关系的总和构成了形体的拓扑信息。如果拓扑信息不同，即使几何信息相同，则最终构造的形体可能完全不同。一个立方体的几何元素(点、边、面)间可能存在的九种拓扑关系如图 3.1 所示。这九种关系并不是独立的，由一种关系可以导出其它几种关系，这样在表达形体时，可以视具体要求，选择不同的拓扑描述方法。

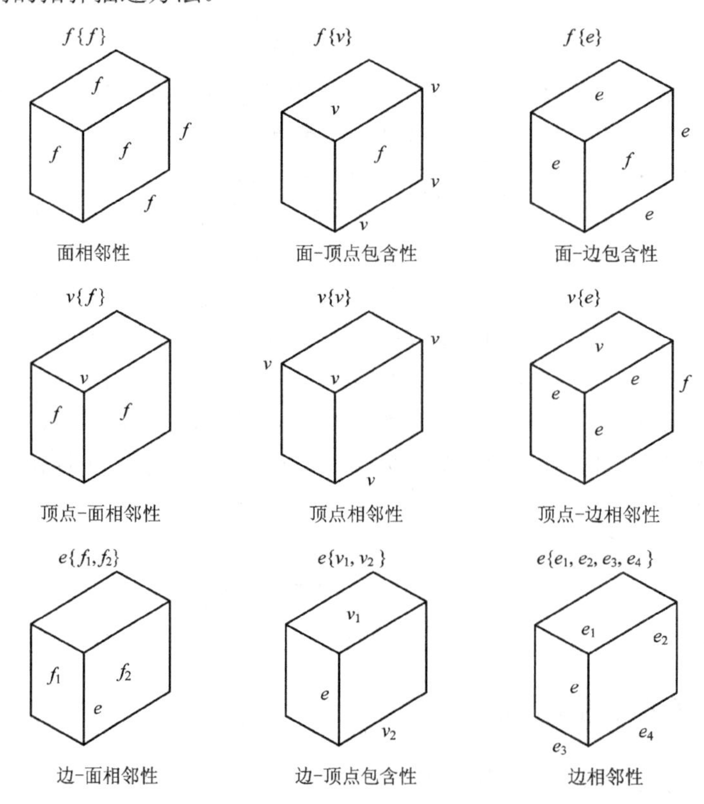

图 3.1　多面体元素间的拓扑关系

欧拉提出的关于描述形体的几何元素和拓扑关系的检验公式，可作为检验形体描述正确与否的经验公式，公式如下：

$$f+v-e=2+r-2h$$

式中：f 为面数，e 为边数，v 为顶点数，r 为面中的孔洞数，h 为体中的空穴数。

欧拉检验公式是验证生成几何形体边界表示数据结构是否正确的有效工具，也是检验形体描述正确与否的重要依据。

不同的应用对不同的拓扑关系感兴趣。对画线式图形系统来说，知道这些拓扑关系就可以知道从顶点如何连接成边、面等几何单元；在消去隐藏线和面的算法中，则希望知道面的相邻性；而在形体拼合运算中，则希望知道顶点的邻接面等。显然，已知一些拓扑关系，可以导出另外一些拓扑关系。

2. 形体的定义

形体在计算机内通常采用六层拓扑结构进行定义，如图 3.2 所示。同时规定，形体及其几何元素均定义在三维欧氏空间中。各层结构的含义如下：

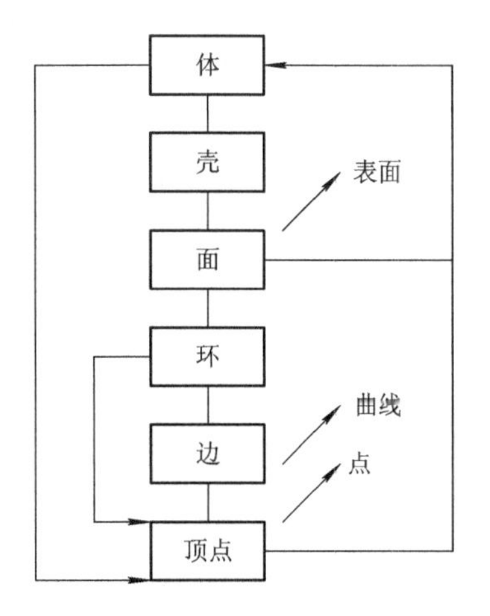

图 3.2　形体的表示

(1) 体。体是由封闭表面围成的有效空间，其边界是有限个面的集合，而外壳是形体的最大边界。

(2) 壳。壳是由一组连续的面围成的封闭边界。实体的边界称为外壳。如果壳所包围的空间是个空集，则为内壳。

(3) 面。面是由一个外环和若干个内环界定的有界、不连通的表面。面具有方向性，面的方向用垂直于面的法矢表示，法矢向外的面为正面，反之为反面。法矢的方向由外环的旋向按右手法则确定。

(4) 环。环是由有序、有向的边组成的封闭边界。环中各条边不能自交，相邻两边共享一个端点。环的概念和面的概念密切相关。环有内环、外环之分，确定面的最大边界的环称为外环，而确定面内孔或者凸台边界的环称为内环。内环的方向与外环相反，外环通常规定逆时针方向为其方向，内环通常规定顺时针方向为其方向。

(5) 边。边是形体中两个相邻面的交界。一条边只能有两个相邻的面，一条边有两个端点定界，分别称为该边的起点和终点。边可以是空间直线，也可以是空间曲线。曲线边则由一系列型值点和控制点表示，也可用显式或隐式方程表示。

(6) 点。点是边的端点，点不允许出现在边的内部，也不能孤立地存在于形体内、形体外或面内。点是几何造型中最基本的元素，它可以是形体的顶点，也可以是曲线、曲面的控制点、型值点、插值点。

值得一提的是，在几何建模中还有两个常用的概念：顶点和体素。

(1) 顶点。顶点是指面中两条不共线线段的交点。顶点不能孤立存在于实体内、外或面和边的内部。

(2) 体素。体素是指可由若干个参数描述的基本形体，如方块、圆柱、球、环等。体素也可以是由定义的轮廓沿指定迹线扫描生成的空间。

3. 几何建模的关键问题

由于客观事物大多是三维的、连续的，而在计算机内部的数据均为一维的、离散的、有限的，因此，为了在计算机中表达与描述三维实体，必须解决以下两个问题：

(1) 确定合适的形体描述方法，实现对几何实体准确、完整和唯一的定义，建立起形体的信息模型。

(2) 选择合适的数据结构描述有关数据，使存取方便自如，确定计算机内部的数据结构与存储结构。

4. 几何模型的种类

在几何建模的过程中，设计对象的几何形状可由点、线、面和体等基础几何元素构成，选择不同类型的基础几何元素可以产生不同类型的几何模型。根据描述方法、存储的几何信息和拓扑信息的不同，传统的三维几何造型系统主要有三种类型：线框模型(Wire Frame Model)、实体模型(Solid Model)和表面模型(Surface Model)。近些年来，在实体模型的基础上发展了新一代的特征建模技术，形成了新的特征模型(Feature Model)。目前，主流的CAD/CAM 系统(如 UGⅡ、PRO/E 等)都是基于特征的参数化实体建模系统。几何建模技术的发展及代表性系统如图 3.3 所示。

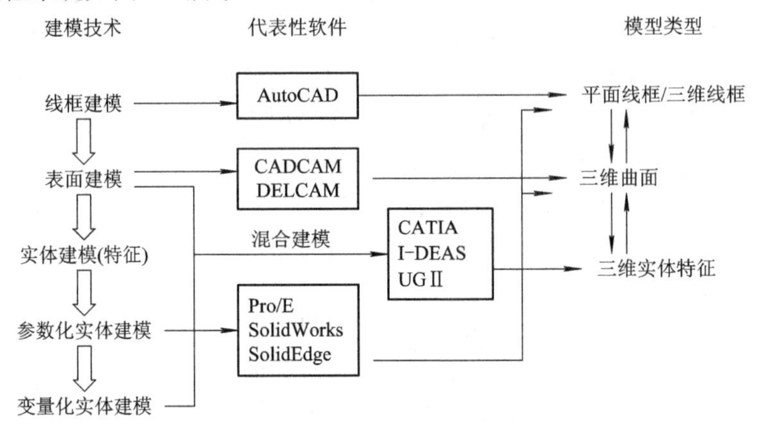

图 3.3　建模技术的发展

3.1.2　线框建模

线框建模采用线框模型描述三维形体，是 CAD/CAM 发展过程中应用最早、也是最简单的一种建模方法。线框建模利用基本线素来定义设计目标的棱线部分，构成立体框架图。用这种方法生成的三维模型是由一系列的直线、圆弧、点及自由曲线组成的，描述的是产品的轮廓外形，在计算机中生成三维映像，还可以实现视图变换及空间尺寸的协调。图 3.4(a)即为一形体的线框图。图 3.4(b)是消除了隐藏线的显示状态。

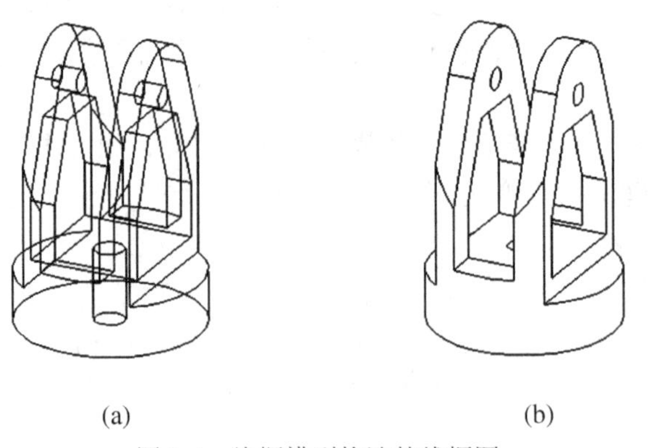

图 3.4　线框模型构造的线框图

线框模型的数据结构是网状结构。在计算机内部的存储结构是表结构，将实体的几何信息和拓扑信息记录在顶点表及边表中。表 3.1 和表 3.2 所示为图 3.5 所示形体的顶点表、边表。表中完整地记录了各顶点的编号、顶点坐标、边的序号、边上各端点的编号，它们构成了该形体线框模型的全部信息。

表 3.1　顶 点 表

点 号	x	y	z	点 号	x	y	z
p_1	0	0	1	p_5	0	0	0
p_2	0	1	1	p_6	0	1	0
P_3	1	1	1	p_7	1	1	0
p_4	1	0	1	p_8	1	0	0

表 3.2　边　　表

线 号	线上端点号		线 号	线上端点号	
k_1	p_1	p_2	k_7	p_7	p_8
k_2	p_2	p_3	k_8	p_8	p_5
k_3	p_3	p_4	k_9	p_1	p_1
k_4	p_4	p_1	k_{10}	p_2	p_6
k_5	p_5	p_6	k_{11}	p_3	p_7
k_6	p_6	p_7	k_{12}	p_4	p_8

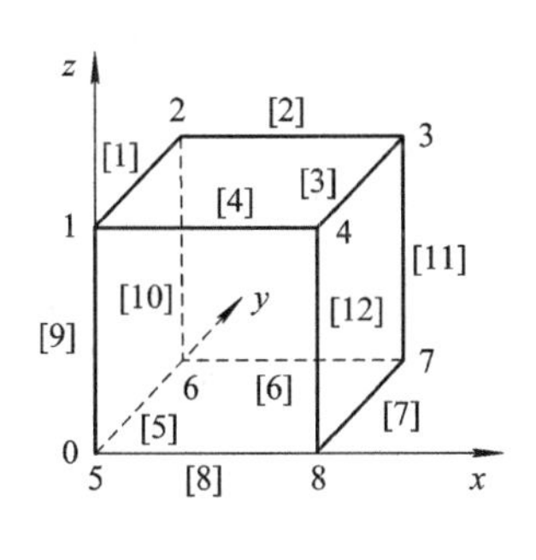

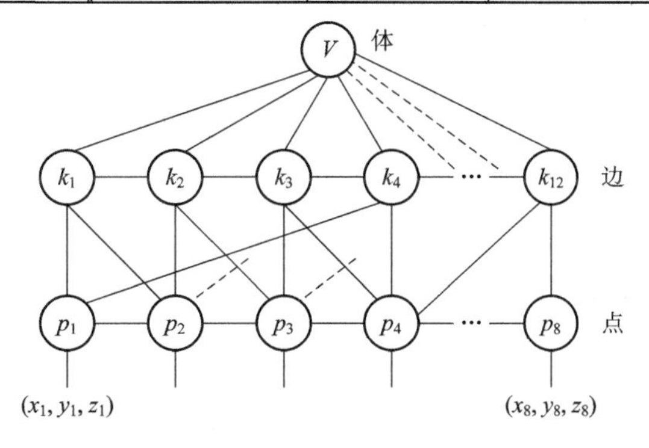

图 3.5　物体的线框模型

线框建模的特点如下：

(1) 线框建模的描述方法所需信息最少，数据运算简单，数据结构简单，所占的存储空间也比较小，对硬件的要求不高，容易掌握，处理时间较短。

(2) 容易生成三视图，绘图处理容易，速度快。

(3) 对于曲面体，线框建模表示不准确。例如表示圆柱形状时，需添加母线。

(4) 当零件形状复杂时容易产生多义性。这种模型没有构成面的信息，不存在内、外表面的区别，由于信息表达不完整，因而容易对形体形状的判断产生多义性，如图 3.6 所示。

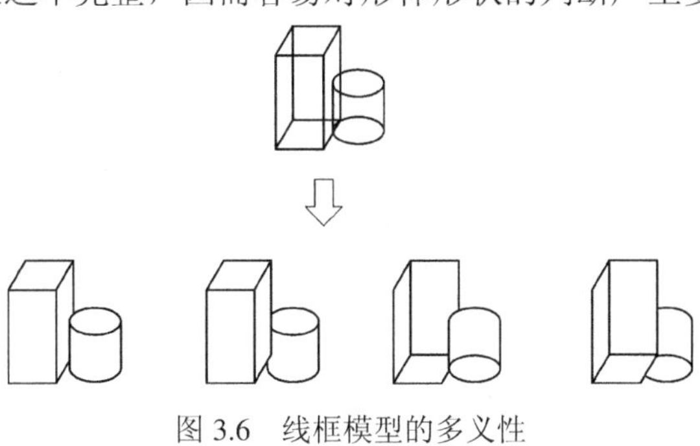

图 3.6　线框模型的多义性

(5) 不能进行物性分析和形体几何特性计算(如重量、重心、惯性矩等)

线框模型不适用于需要进行完整信息描述的场合。由于它有较好的响应速度，因而适合于仿真技术或中间结果的显示，例如运动机构的模拟、干涉检验以及有限元网格划分后的显示等。另外，线框模型可以在建模过程中快速显示某些中间结果。

3.1.3　表面建模

表面建模采用表面模型描述三维形体。表面模型通过物体各表面(或曲面)的定义来描述三维物体。表面建模是将物体分解为组成物体的表面、边线和顶点，用顶点、边线和表面的有限集合来表示和建立物体的计算机内部模型。

在计算机内部，表面建模的数据结构仍是网状结构，存储结构也是表结构。除了给出边线及顶点的信息之外，还提供了构成三维物体各组成面素的信息，即除顶点表和边表之外，还存储有面表。表 3.3 即为图 3.7 所示物体的表面模型中的面表，表中记录了面号、组成面的线数及线号等构成几何面的信息，其顶点表与边表如表 3.1、3.2 所示。

表 3.3　面　表

面　号	面上线号	线　数
1	1，2，5，6	4
2	1，2，3，4	4
3	3，4，7，8	4
4	5，6，7，8	4
5	1，4，5，8	4
6	2，6，3，7	4

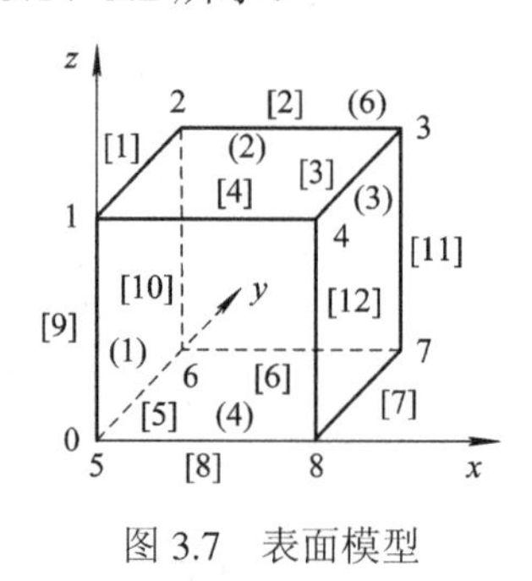

图 3.7　表面模型

表面建模的特点如下：

(1) 表面建模以面的信息为基础，能够比较完整地定义三维物体的表面，在提供三维物体信息的完整性、严密性方面，表面建模比线框建模更进了一步。利用表面模型可以对表面作剖面、消隐、着色、表面积计算等多种操作，在图形终端上生成逼真的彩色图像，以便用户直观地从事产品的外形设计，从而避免表面形状设计的缺陷。

(2) 表面建模所描述的仅是实体的外表面，并没有完整地表示三维实体及其内部结构，也就无法表示零件的实体属性。例如，很难确定一个经过表面建模生成的三维物体是一个实心的物体还是一个具有一定壁厚的壳，这种不确定性会给物体的质量特性分析带来困难。

表面模型适用于描述具有曲面型面的物体，如汽车、飞机、船舶等均具有自由曲面型面。对于这些复杂曲面，一般是通过给出的离散数据来构造的，使曲面通过或逼近这些离散数据点。目前已研究和发展了很多种插值、逼近、拟合的算法，进而产生了多种表达自由曲面的参数方程，如费格森(Ferguson)曲面、孔斯(Coons)曲面、贝赛尔(Bezier)曲面、B 样条(B-Spline)曲面等。图 3.8 所示为孔斯(Coons)曲面。

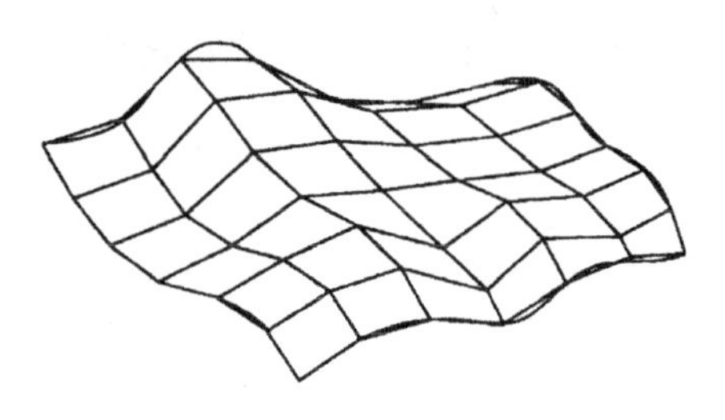

图 3.8　孔斯(Coons)曲面

应用表面建模方法构造曲面也称为曲面造型，关于曲面造型将在 3.2 节中详细介绍。

3.1.4　实体建模

从 CAD 出现起，实体建模就一直是人们追求的目标，并提出了实体造型的概念。但由于当时理论研究和实践都不够成熟，因而实体建模技术发展缓慢。直到 20 世纪 70 年代后期，实体造型技术在理论、算法和应用方面逐渐成熟，并推出实用的实体造型系统，从此，三维实体模型在 CAD 设计、物性计算、有限元分析、运动学分析、空间布置、计算机辅助 NC 程序的生成和检验、部件装配、机器人等方面得到广泛的应用。目前实体建模技术已成为 CAD/CAM 几何建模的主流技术。

1．实体建模的原理

实体建模是以立方体、圆柱体、球体、锥体、环状体等多种体素为单元元素，通过集合运算(拼合或布尔运算)，生成各种复杂的几何形体的一种建模技术。

实体建模包括两部分内容：一是体素定义和描述；二是体素之间的布尔运算(并、交、差)。布尔运算是构造复杂实体的有效工具。

2．体素的定义及描述

体素(Primitive)是现实生活中具有完整的几何信息、真实而唯一的三维实体。体素的定义及描述方法有两种：基本体素和扫描体。

1) 基本体素

现有造型系统为用户提供了一套形式简洁、数目有限的基本体素，这些体素的尺寸、形状、位置可由用户输入较少的参数值来确定。目前的 CAD/CAM 系统所提供的体素有长方体、圆柱体、球体、圆锥体和圆环体等。比如，UG Ⅱ系统中提供的基本体素如图 3.9 所示，而主要参数则通过对话框输入。以圆柱体素为例，可输入圆柱体的直径、高度，如图 3.10 所示。

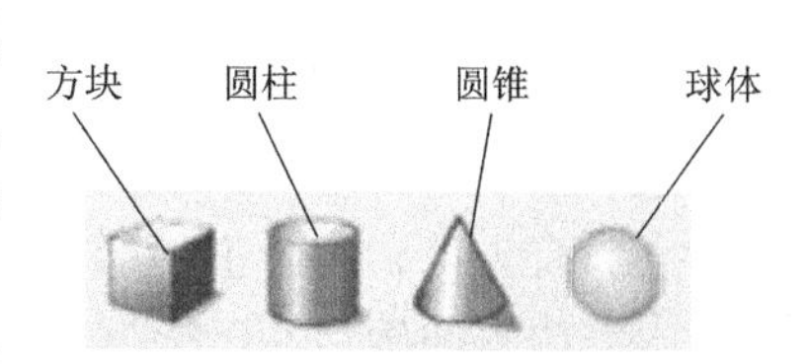

图 3.9　UG 中的基本体素

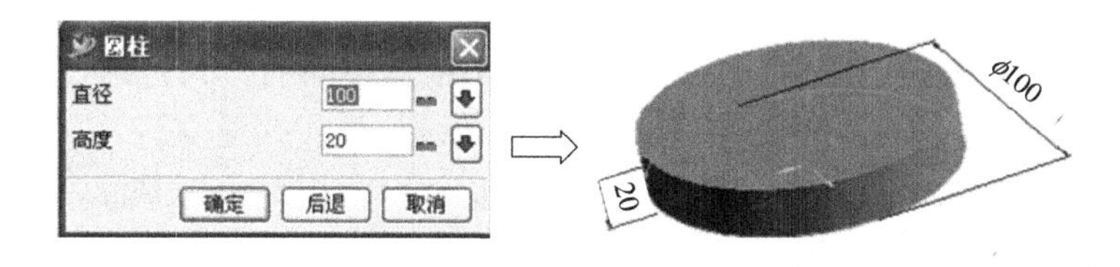

图 3.10　圆柱体体素的参数设定

2) 扫描体

产生扫描体的基本思路是一个二维轮廓在空间平移或旋转即可扫掠出一个实体。建立扫描体的前提是一个封闭的平面轮廓，这一封闭的平面轮廓沿着某一坐标方向移动或绕给定的某一坐标轴旋转，便形成了不同的扫描体，如图 3.11(a)所示。用扫描法构造体素易于理解、易于执行。对于某些扫描法实体造型来说，除了平面轮廓扫描外，还可以进行整体扫描，此时，用来扫描的形体是一个实体，使其在空间作不同的扫描运动即可产生新的不同实体体素，如图 3.11(b)所示。

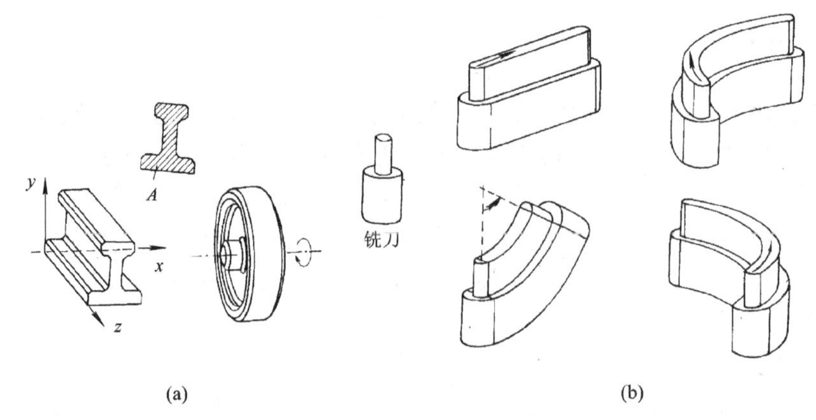

图 3.11　两种扫描体

3. 布尔运算

布尔运算又称集合运算。布尔运算包括并、交、差，相应的集合算子及其作用为：

并	$A \cup B$	取 A 和 B 的并集
交	$A \cap B$	取 A 和 B 的交集
差	$A - B$	从 A 中减去 A 和 B 的交集

为了保证实体造型的可靠性和可加工性，要求参与布尔运算的形体是正则形体。正则形体具有如下性质：

(1) 刚性。一个正则形体的形状与其位置和方向无关，始终保持不变。

(2) 维数的均匀性。正则形体的各部分均是三维的，不可有悬点、悬边和悬面。

(3) 有界性。一个正则形体必须占有一个有效的空间。

(4) 边界的确定性。根据一个正则形体的边界可区别出实体的内部和外部。

(5) 可运算性。一个正则形体经过任意序列的正则运算后，仍为正则形体。

一般情况下，由正则形体通过集合运算而生成的形体不一定仍然是正则的，因而早期的实体造型理论特别引入了正则集合运算的概念，相应的正则集合算子有正则并($\cup^*$)、正则交($\cap^*$)、正则差($-^*$)。

正则集合算子的作用与上述普通集合算子的作用是相同的，只是通过正则集合运算而生成的形体一定是正则的。例如设两个几何体 A、B，如果作普通交运算，其结果中可能含有一个悬面，如图 3.12(b)所示；而如果作正则交运算，当出现上述悬面，就将其删除，结果中将不含悬面，如图 3.12(c)所示。

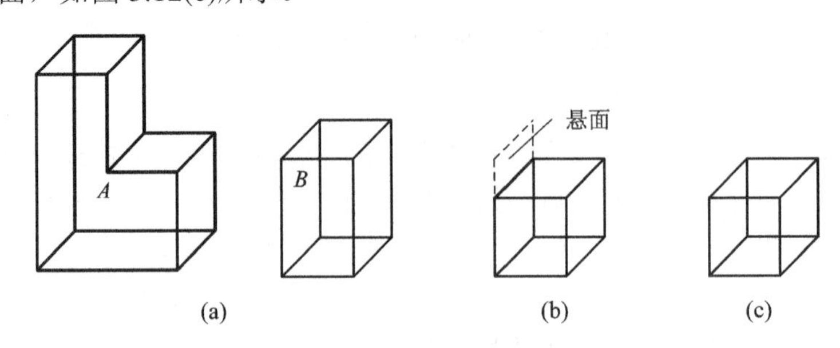

图 3.12　交运算与正则交运算

(a) 几何体 A、B；(b) $A \cap B$；(c) $A \cap^* B$

3.1.5　三维实体建模中的计算机内部表示

现实世界中的物体是三维的连续实体，而在计算机内部的数据是一维的离散描述，如何利用一维离散来描述现实世界的三维实体，并保证数据的准确性、完整性、统一性，是计算机内部表示所研究的内容。按实体建模原理生成的实体模型，必须采用合适的表示方法实现在计算机内部的表示。目前三维实体模型的计算机内部表示方法有许多，并且正向多重模式发展。下面仅介绍应用最为广泛的几种表示方法。

1. 边界表示法

边界表示法(Boundary-representations，B-rep)是以实体边界为基础来定义和描述三维实体的方法，这种方法能给出实体完整、显式的边界描述。其原理是：每个实体都由有限个面构成，每个面(平面或曲面)由有限条边围成的有限个封闭域来定义。

在边界表示法中，实体可以通过它的边界(面的子集)表示，每一个面又可通过边，边通过点，点通过三个坐标来定义。因此，边界模型的数据结构是网状关系，如图 3.13 所示。边界表示法的核心信息是面，同时，通过环表示的信息来标识面的法线方向，也就容易区别某一个面是内表面还是外表面。

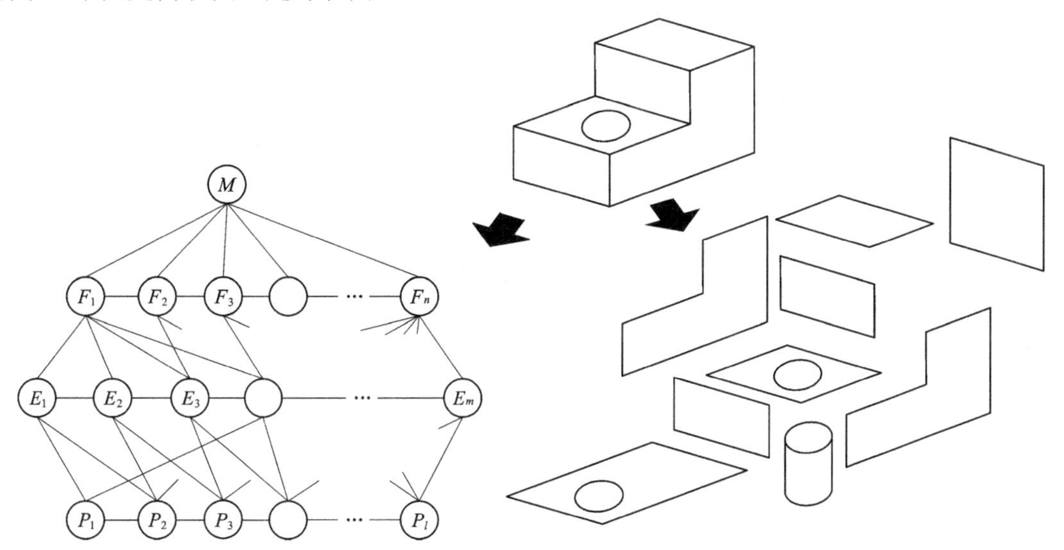

图 3.13　边界表示法

边界表示法在计算机内的存储结构用体表、面表、环表、边表、顶点表五个层次的表来描述。

体表描述的是几何体包含的基本体素名称以及它们之间的相互位置和拼合关系。

面表描述的是几何体包含的各个面及面的数学方程。每个面都有且只有一个外环，如果面内有孔，则还有内环。

环表描述的是环由哪些边组成。

边表中有直边、二次曲线边、三次样条曲线边以及各种面相贯后产生的高次曲线边。

顶点描述的是边的端点或曲线型值点，点不允许孤立地存在于几何的内部或外部，只能存在于几何体的边界上。

边界表示法中允许绝大多数有关几何体结构的运算直接用面、边、点定义的数据实现。这有利于生成和绘制线框图、投影图及有限元网格的划分和几何特性计算，容易与二维绘图软件衔接。但是，边界表示法模型的内部结构及关系与实体的生成描述无关，因而无法提供实体的生成信息。

实体建模的边界表示法与表面模型的区别在于：边界表示法的表面必须封闭、有向，各个表面之间具有严格的拓扑关系，从而构成一个整体；表面模型的表面可以不封闭，不能通过面来判别物体的内部与外部；此外，表面模型也没有提供各个表面之间的连接信息。

通常，边界表示法一般都采用翼边数据结构(见图 3.14)。翼边数据结构由美国 Stanford 大学最先提出。它以边为核心，通过某条边可以检索到该边的左面和右面、该边的两个端点及上下左右的四条邻边，从而确定各元素之间的连接关系。

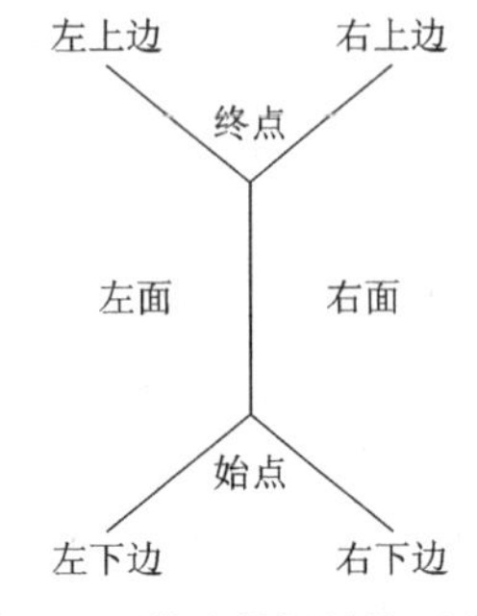

图 3.14　翼边数据结构示意图

2. 构造实体几何法

构造实体几何法(Constructive Solid Geometry，CSG)在计算机内部通过基本体素和它们的布尔运算来表示实体，即通过布尔模型生成二叉树数据结构。

CSG 模型是有序的二叉树，树的叶结点是体素或几何变换参数，中间结点是集合运算操作或几何变换操作，树根表示最终生成的几何实体。例如有 A、B、C 三个实体(体素)，则实体 $D=(A\cup B)-C$ 的 CSG 树是一个有序的二叉树，如图 3.15 所示。

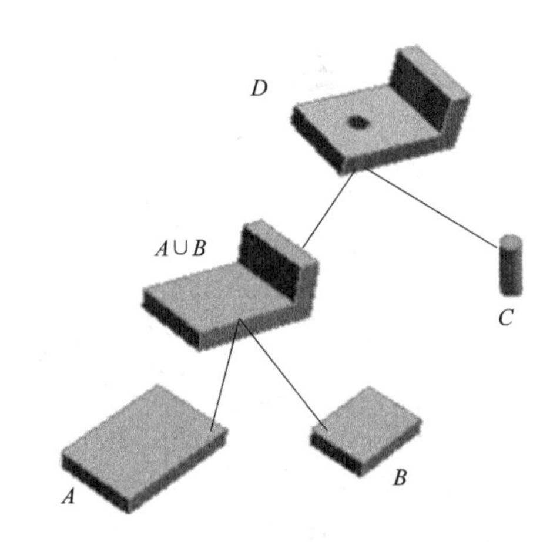

图 3.15　形体的二叉树

一般情况，CSG 树可定义为：

<CSG 树>::=<体素>

<CSG 树>::=<CSG 树><几何变换><参数>

<CSG 树>::=<CSG 树><正则集合运算><CSG 树>

CSG 表示的几何体具有唯一性和明确性，但由于它是一个过程模型，因此，实体的 CSG 表示和描述方式却不是唯一的。它与实体的描述和生成顺序密切相关，不同生成顺序产生不同的 CSG 树。图 3.16 所示为同一实体的两种完全不同的 CSG 结构描述。

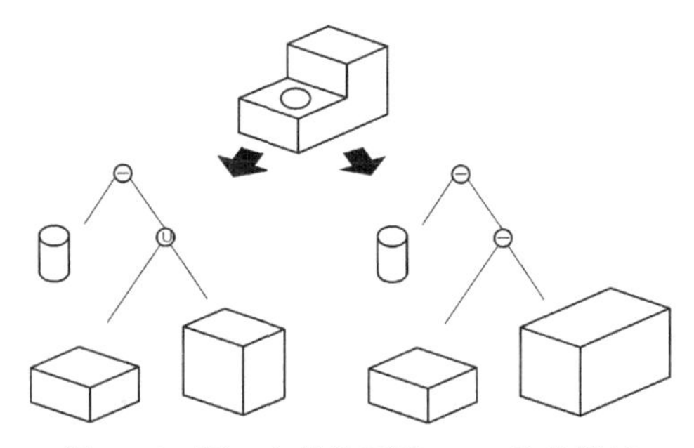

图 3.16　同一实体的两种 CSG 结构描述

CSG 法构成实体模型非常简单，其基本定义单位是体，不具备面、环、边、点的拓扑关系，数据结构比较简单。但是，由于 CSG 表示法未建立完整的边界信息，因此，难以直接转换以显示工程图。同时，CSG 模型的最小单元是体素，在数据存储结构中，参与布尔运算的各个基本体素不再分解，这给局部修改带来一定的困难。

3. CSG 与 B-rep 混合表示法

由于 CSG 和 B-rep 表示法各有所长，因此许多系统采用两者综合的方法来表示实体，即混合表示法。用混合表示法表示实体的数据模型，可以利用 CSG 信息和 B-rep 信息的相互补充，确保几何模型信息的完整与精确。

混合表示法由两种不同的数据结构组成，当前应用最多的是在原有 CGS 树的结点上再扩充一级边界数据结构，如图 3.17 所示。因此，混合模式可理解为是在 CGS 模式基础上的一种逻辑扩展，其中，起主导作用的是 CGS 结构，再结合 B-Rep 的优点，可以完整地表达实体的几何、拓扑信息。

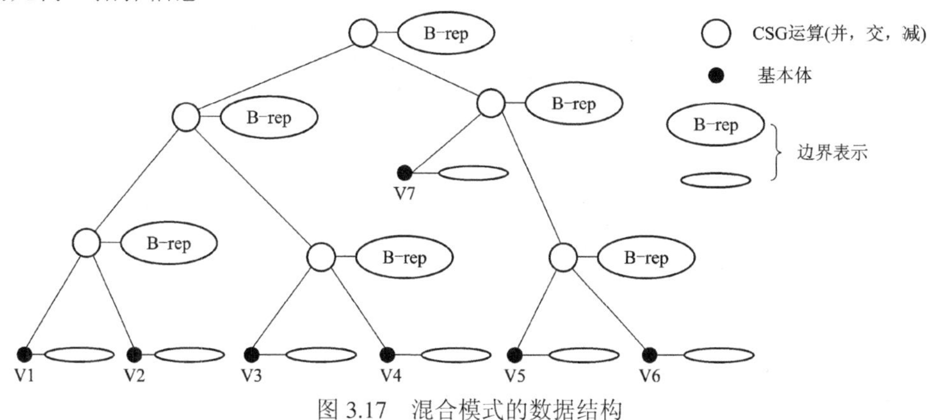

图 3.17　混合模式的数据结构

4. 空间单元表示法

空间单元表示法也称分割法，其基本思想是将一个三维实体有规律地分割成有限个单元，这些单元均为具有一定大小的立方体，如图 3.18 所示。

空间单元表示法在计算机内部通过定义各个单元的位置是否填充来建立整个实体的数据结构。这个数据结构通常采用八叉树来表示。八叉树是一种层次数据结构，其形成过程是：

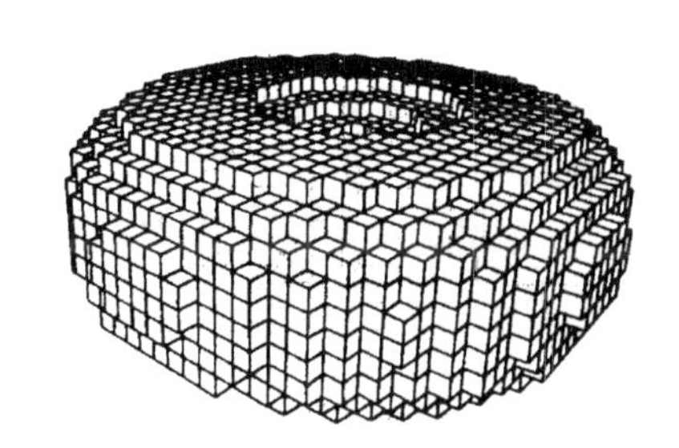

图 3.18　用空间单元表示圆环

首先在空间中定义一个能够包含所表示物体的立方体，如果所要表示的物体就是这一立方体，算法结束。否则，将立方体等分为 8 个子块，每块仍是一个小立方体，将这 8 个小立方体依次编号为 1，2，…，8。若某一小立方体的体内空间全部被所表示的物体占据，则将此立方体标识为“满”；若它与所表示的实体无交，则标识为“空”；否则，将它标识为“部分占有”。对于“空”或“满”的部分，不再继续分割。而对“部分占有”可继续分割下去，直到分割的一小立方体的边长为 1 时，停止分割。至此就完成了物体的八叉树表示算法，如图 3.19 所示，图中“满”的小立方体涂黑，“部分占有”画剖面线，“空”表示无交。

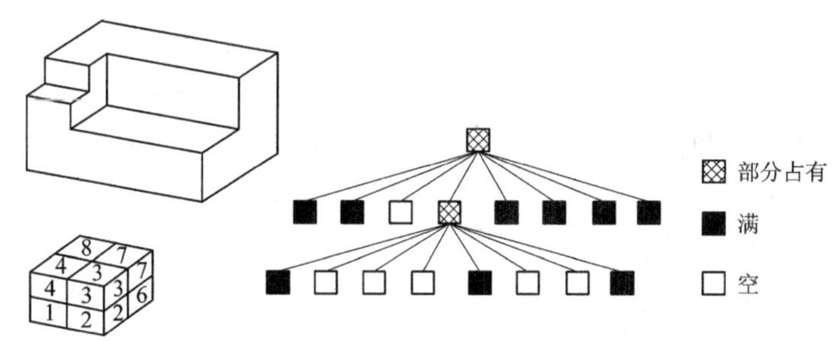

图 3.19　三维实体的八叉树描述

采用八叉树表示后，物体之间的集合运算十分简单，物体的体积计算也十分简单，并且大大简化了隐藏线和隐藏面的消除算法。但是，八叉树表示物体占用存储量较大，对计算机的要求高，目前应用较少。然而，由于八叉树结构能表示现实世界中物体的复杂性，因此它日益受到人们的重视。

3.2　曲面造型技术

20 世纪 70 年代，在法国人 Bezier 提出的贝塞尔算法的基础上，法国达索公司基于此算法开发出以曲面造型为特点的三维造型系统 CATIA，实现了用计算机完整描述曲面零件的信息，改变了以往只能借助油泥模型来近似表达曲面的工作方式，也使得曲面 CAD 技术有了实现的基础。长期以来，曲面造型一直是 CAD/CAM 和计算机图形学中研究最活跃的领域之一。

随着研究的深入和大量生产实践的促进，在曲线、曲面的参数化数学表示及 CAD/CAM 应用等方面都取得了很大的进展，出现了多种曲线、曲面的理论及构造方法，并被广泛应用。

3.2.1　参数曲面

1．贝塞尔(Bezier)曲线与曲面

Bezier 曲线、曲面是 Bezier 在 1962 年提出的一种构造曲线、曲面的方法。图 3.20(a)所示为三次曲线的形成原理，这是由四个位置矢量 Q_0、Q_1、Q_2、Q_3 定义的曲线。通常将 Q_0，Q_1，…，Q_n 组成的多边形折线称为 Bezier 控制多边形，多边形的第一条折线和最后一条折线代表曲线的起点、终点的切线方向，其它折线用于定义曲线的阶次与形状。

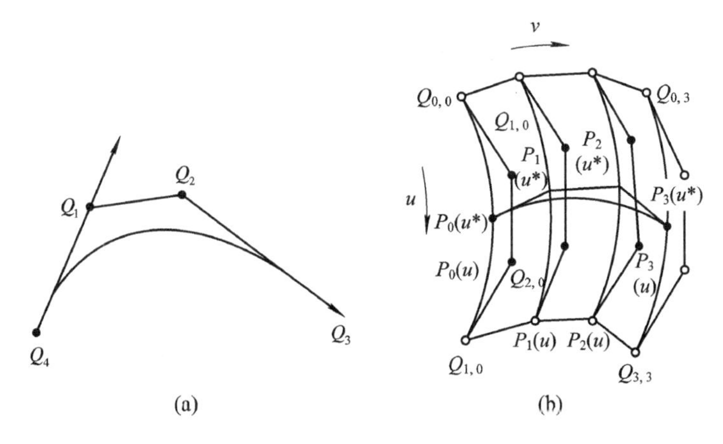

图 3.20　三次 Bezier 曲线及双三次 Bezier 曲面

Bezier 曲线的一般数学表达式为

$$P(t)=\sum_{i=0}^{n}B_{i,n}(t)Q_i \qquad (0\leqslant t\leqslant 1) \tag{3-1}$$

式中，Q_i 为各顶点的位置矢量，$B_{i,n}(t)$ 为伯恩斯坦(Bernstein) 基函数，并有

$$B_{i,n}(t)=\frac{n!}{i!(n-i)!}t^i(1-t)^{n-i} \qquad (i=0，1，2，\cdots，n) \tag{3-2}$$

当 $n=3$ 时，上式变为

$$P(t)=(1-t)^3Q_0+(1-t)^2Q_1+3t^2(1-t)Q_2+t^3Q_3$$

写成矩阵形式则为

$$P(t)=\begin{bmatrix}t^3 & t^2 & t & 1\end{bmatrix}\begin{bmatrix}-1 & 3 & -3 & 1\\ 3 & -6 & 3 & 0\\ -3 & 3 & 0 & 0\\ 1 & 0 & 0 & 0\end{bmatrix}\begin{bmatrix}Q_0\\ Q_1\\ Q_2\\ Q_3\end{bmatrix} \tag{3-3}$$

此式表达的曲线称为三次 Bezier 曲线。三次 Bezier 曲线是应用最广泛的曲线。由于高次 Bezier 曲线还有些理论问题待解决，因此通常都用分段的三次 Bezier 曲线来代替。

Bezier 曲线具有直观，使用方便，便于交互设计等优点。但 Bezier 曲线和定义它的特征多边形有时相差很远，同时，当修改一个顶点或者改变顶点数量时，整条曲线形状都会发生变化，所以曲线局部修改性比较差。

用一个参数 t 描述的向量函数可以表示一条空间曲线，用两个参数 u，v 描述的向量函数可以表示一个曲面，直接由三次 Bezier 曲线的定义推广可得双三次 Bezier 曲面的定义，如图 3.20(b)所示。图中有四条 Bezier 曲线 $P_i(u)$ $(i=1，2，3，4)$，它们分别以 $Q_{i,j}$ 为控制顶点$(j=1，2，3，4)$。当四条曲线的参数 $u=u^*$ 时，形成四点 $P_0(u^*)$ 、$P_1(u^*)$ 、$P_2(u^*)$ 、$P_3(u^*)$，由这四点构成 Bezier 曲线方程为

$$P(u^*,v)=\sum_{j=0}^{3}B_{j,3}(v)P_j(u^*)$$

当 u^* 从 0～1 发生变化时，$P(u^*,v)$ 为一条运动曲线，构成的曲面方程为

$$P(u,v)=\sum_{j=0}^{3}B_{j,3}(v)\sum B_{i,3}(u)Q_{i,j}=\sum_{i=0}^{3}\sum_{j=0}^{3}B_{i,3}(u)B_{j,3}(v)Q_{i,j} \tag{3-4}$$

即为双三次 Bezier 曲面方程，写成矩阵形式为

$$\boldsymbol{P}(u,v)=\boldsymbol{U}\boldsymbol{M}_B\boldsymbol{B}\boldsymbol{M}_B^{\mathrm{T}}\boldsymbol{V}^{\mathrm{T}} \tag{3-5}$$

式中：$\boldsymbol{U}=\begin{bmatrix}u^3 & u^2 & u & 1\end{bmatrix}$，　$\boldsymbol{V}=\begin{bmatrix}v^3 & v^2 & v & 1\end{bmatrix}$

$$\boldsymbol{M}_B=\boldsymbol{M}_B^{\mathrm{T}}=\begin{bmatrix}-1 & 3 & -3 & 1\\ 3 & -6 & 3 & 0\\ -3 & 3 & 0 & 0\\ 1 & 0 & 0 & 0\end{bmatrix}\quad \boldsymbol{B}=\begin{bmatrix}Q_{0,0} & Q_{0,1} & Q_{0,2} & Q_{0,3}\\ Q_{1,0} & Q_{1,1} & Q_{1,2} & Q_{1,3}\\ Q_{2,0} & Q_{2,1} & Q_{2,2} & Q_{2,3}\\ Q_{3,0} & Q_{3,1} & Q_{3,2} & Q_{3,3}\end{bmatrix}$$

2. B 样条曲线与曲面

B 样条曲线继承了 Bezier 曲线的优点，仍采用特征多边形及权函数定义曲线，所不同的是，权函数不采用伯恩斯坦基函数，而采用 B 样条基函数。B 样条基函数的定义为

$$E_{i,n}(t)=\frac{1}{n!}\sum_{j=0}^{n-1}(-1)^j C^j_{n+1}(t+n-i-j)^n \qquad (0\leqslant t\leqslant 1) \tag{3-6}$$

式中，i 是基函数的序号，i=0，1，2，…，n；n 是样条的次数；j 表示一个基函数是由哪几项相加。例如，将 n=3 代入式(3-6)中得：

$$E_{0,3}(t)=\frac{1}{6}(-t^3+3t^2-3t+1) \qquad E_{1,3}(t)=\frac{1}{6}(3t^3-6t^2+4)$$

$$E_{2,3}(t)=\frac{1}{6}(-3t^3+3t^2+3t+1) \qquad E_{3,3}(t)=\frac{1}{6}t^3$$

因此，三次 B 样条曲线的矩阵表达式为

$$\boldsymbol{P}(t)=\frac{1}{6}\begin{bmatrix}t^3 & t^2 & t & 1\end{bmatrix}\begin{bmatrix}-1 & 3 & -3 & 1\\ 3 & -6 & 3 & 0\\ -3 & 3 & 0 & 0\\ 1 & 0 & 0 & 0\end{bmatrix}\begin{bmatrix}Q_0\\ Q_1\\ Q_2\\ Q_3\end{bmatrix} \tag{3-7}$$

B 样条曲线与特征多边形十分接近，同时便于局部修改。与 Bezier 曲面生成过程相似，由 B 样条曲线可以很容易推广到 B 样条曲面。如图 3.21 所示的特征网络，它是由 16 个顶点 $P_{i,j}(i,j=0，1，2，3)$唯一确定的双三次 B 样条曲面片，曲面方程为

$$P(u,v)=\sum_{i=0}^{3}\sum_{j=0}^{3}E_{i,3}(u)E_{j,3}(v)P_{i,j} \tag{3-8}$$

推广到任意次 B 样条曲面，设一组点 $P_{i,j}(i=0,1,2,3,\cdots,m;\ j=0,1,2,\cdots n)$，则通用 B 样条曲面方程为

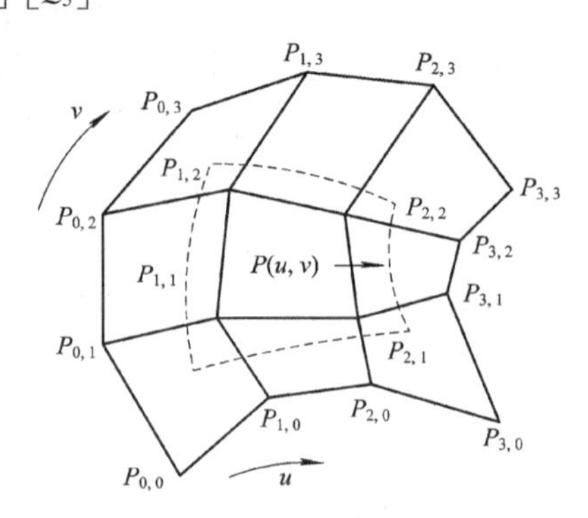

图 3.21　B 样条曲面

$$P(u,v)=\sum_{i=0}^{m}\sum_{j=0}^{n}Ei_{i,m}(u)E_{j,n}(v)P_{i,j} \tag{3-9}$$

B样条方法比Bezier方法更具一般性，同时B样条曲线、曲面具有局部可修改性和很强的凸包性，因此较成功地解决了自由曲线、曲面的描述问题。

3. 非均匀有理B样条(NURBS)曲线、曲面

近年来随着实体建模技术不断成熟，需要有将曲面实体融为一体的表示方法，因而，非均匀有理B样条(Non-Uniform Rational B-spline，NURBS)技术获得了较快的发展和应用。其主要原因在于NURBS技术提供了对标准解析几何和自由曲线、曲面的统一数学描述方法，它可通过调整控制顶点和权因子，方便地改变曲面的形状，同时也可方便地转换成对应的Bezier曲面。因此，NURBS方法已成为曲线、曲面建模中最为流行的技术。值得注意的是：在STEP(产品数据转换规范)中将NURBS作为曲面几何描述的唯一方法，足以说明NURBS方法的优势和生命力。

非均匀有理B样条(NURBS)曲线的定义如下：

给定$n+1$个控制点P_i($i=1$，2，…，n)及权因子W_i($i=1$，2，…，n)，则k阶$k-1$次NURBS曲线表达式为

$$C(u)=\frac{\sum_{i=0}^{n}N_{i,k}(u)W_iP_i}{\sum_{i=0}^{n}N_{i,k}(u)W_i} \tag{3-10}$$

其中，$N_{i,k}(u)$为非均匀B样条基函数，按照deBoor-Cox公式递推：

$$N_{i,1}(u)=\begin{cases}1 & \text{当}(u_i\leqslant u\leqslant u_{i+1})\\ 0 & \text{其他}\end{cases}$$

$$N_{i,k}(u)=\frac{(u-u_i)N_{i,k-1}(u)}{u_{i+k-1}-u_i}+\frac{(u_{i+k}-u)N_{i+1,k-1}(u)}{u_{i+k}-u_{i+1}}$$

NURBS曲面定义与NURBS曲线定义相似，给定一张$(m+1)(n+1)$的网络控制点，P_{ij}($i=0$, 1, 2, …, n； $j=1$, 2, …, m)，以及各网络控制点的权值W_{ij}($i=0$, 1, 2, …，n； $j=0$, 1, 2, …, m)，则其NURBS曲面的表达式为

$$S(u,v)=\sum_{i=0}^{n}\sum_{j=0}^{n}N_{i,k}(u)N_{j,l}(v)W_{ij}P_{ij}\Big/\sum_{i=0}^{n}\sum_{j=0}^{n}N_{i,k}(u)N_{j,l}(v)W_{ij} \tag{3-11}$$

式中，$N_{i,k}(u)$为NURBS曲面u参数方向的B样条基函数，$N_{j,l}(v)$为NURBS曲面v参数方向的B样条基函数；k、l为B样条基函数的阶次。

3.2.2 曲面造型方法

在CAD/CAM系统中，常用的曲面造型方法有多种，其主要方法有线性拉伸面、旋转面、直纹面、扫描面、放样面、网格曲面和等距曲面。

1. 线性拉伸面

将一条剖面线$C(u)$沿D方向移动而扫掠形成的曲面，称为线性拉伸面，如图3.22所示。

2．旋转面

旋转面的生成方法是先在某个坐标平面内定义一条母线 Q，将 Q 沿着某一旋转轴旋转即可得到旋转面，如图 3.23 所示。若绕旋转轴旋转 360°，则得到一完整的旋转面。若只是绕旋转轴旋转了某个角度，则得到一不完整的旋转面。

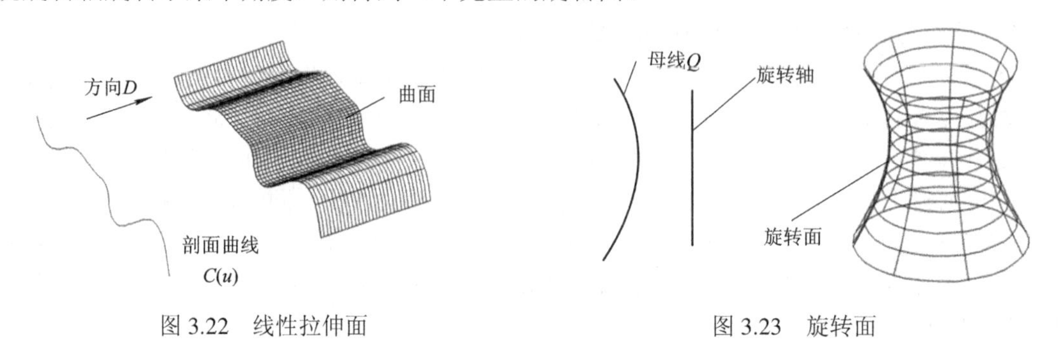

图 3.22　线性拉伸面　　图 3.23　旋转面

3．直纹面

两条形状相似的曲线 $C1$ 和 $C2$，且两者具有相同的次数和相同的结点矢量，将这两条曲线上参数相同的对应点用直线段相连，便构成直纹面，如图 3.24(a)所示。圆柱面、圆锥面都是直纹面。图 3.24(b)所示为直纹面构成的五角星。

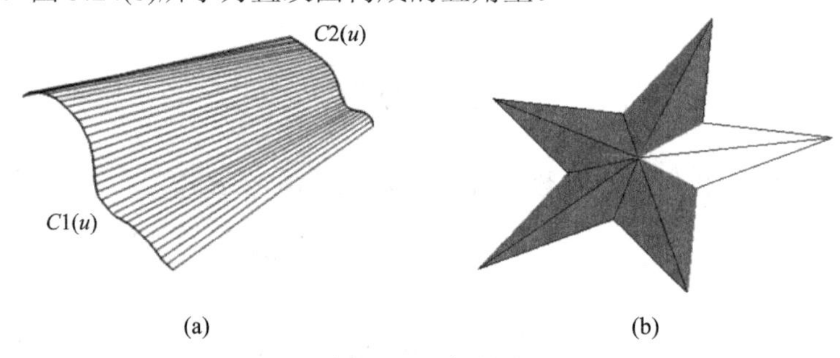

图 3.24　直纹面

当构成直纹面的两条边界曲线具有不同的阶数和不同的节点分割时，需要首先运用升阶公式将次数较低的一条曲线提高到另一条曲线的相同次数，然后插入节点，使两条曲线的节点序列相等。同时，构成直纹面的两条曲线的走向必须相同，否则曲面将会出现扭曲。

4．扫描面

生成扫描面的方法很多，最简单的方法是用一条截面(剖面)线沿着另一曲线(引导线)扫描而形成曲面，它适用于具有相同构形规律的场合，如图 3.25 所示。除此之外，可使用多条截面线和多条引导线，截面线形状可以不同，可以封闭，也可不封闭，生成扫描面时，软件会自动过渡，生成光滑连续的曲面。

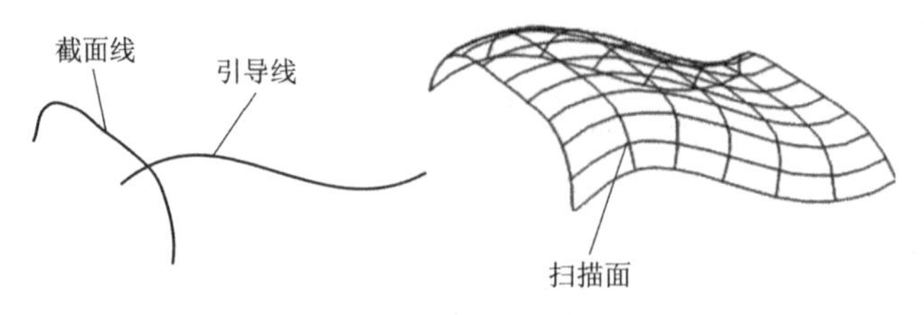

图 3-25　扫描面

图 3.26 中给出了两条截面线和一条引导线生成的扫描面，要求生成的曲面从截面线 1 光滑过渡到截面线 2。这时构造曲面带有灵活性，因为光滑过渡没有唯一的定义。

图 3.27 中给出了一个瓶子造型例子，瓶体是由一条截面线和三条引导线生成的扫描面。

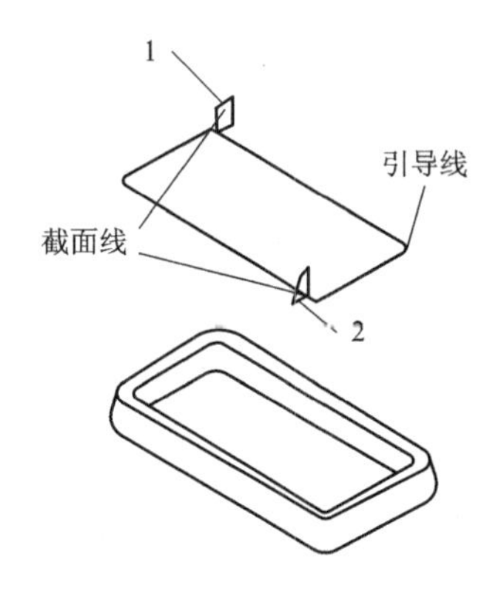

图 3.26　两截面和一条引导线生成的扫描面

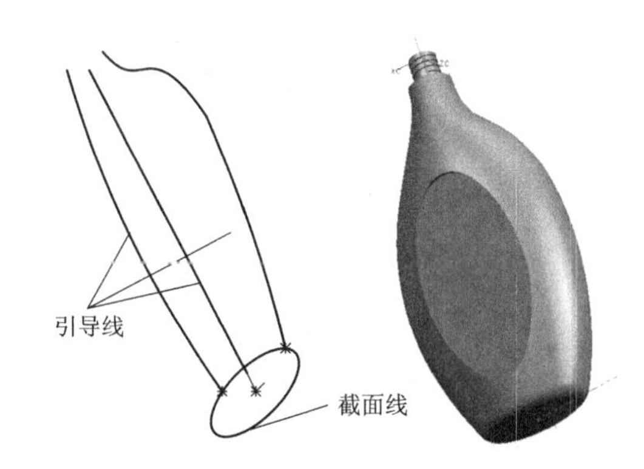

图 3.27　瓶体扫描面

5. 放样面

放样面是以一系列曲线为骨架进行形状控制，过这些曲线蒙面生成的曲面。放样面一般用 NURBS 表示，如图 3.28 所示。在放样面中，第一条和最后一条骨架曲线都可以是曲面的边界，放样面在通过每一条骨架曲线的同时，能够使曲面保持光滑相接。

图 3.29 中给出了一个瓶子造型例子，瓶体是由四条截面线构成的放样面。

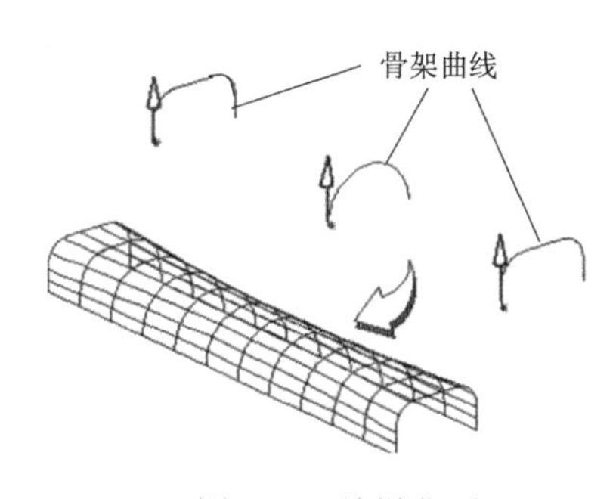

图 3.28　放样曲面

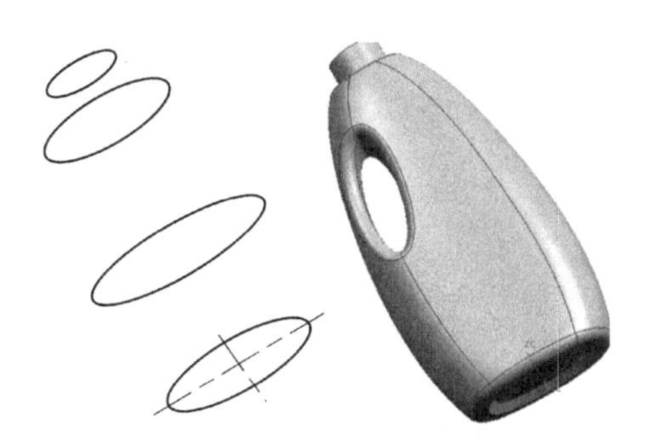

图 3.29　瓶体放样曲面

6. 网格曲面

网格曲面是在两组相互交叉而形成一张网格骨架的截面曲线上生成的曲面。

网格曲面生成的思想是：首先构造出曲面的特征网格线(U，V 线)，比如用曲面的边界线和曲面的截面线来确定曲面的初始骨架形状，然后用自由曲面插值特征网格线生成曲面，如图 3.30 所示。

由于采用不同方向上的两组截面线来形成一个网格骨架，控制两个方向的变化趋势，因此使特征网格线能基本反映出设计者想要的曲面形状，在此基础上插值网格骨架生成的曲面必将满足设计者的要求。图 3.31 是网格曲面的例子。

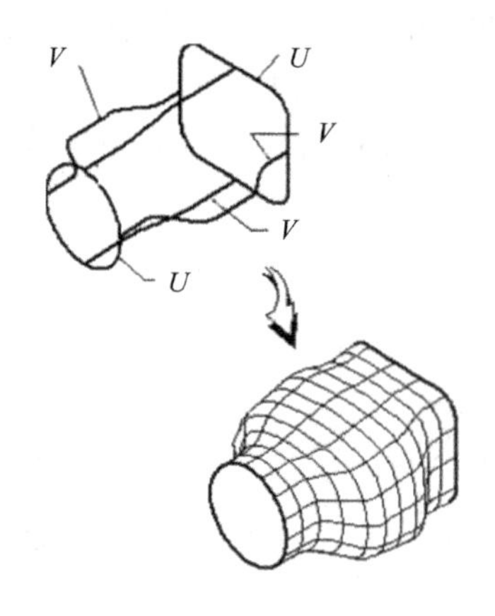

图 3.30　网格曲面

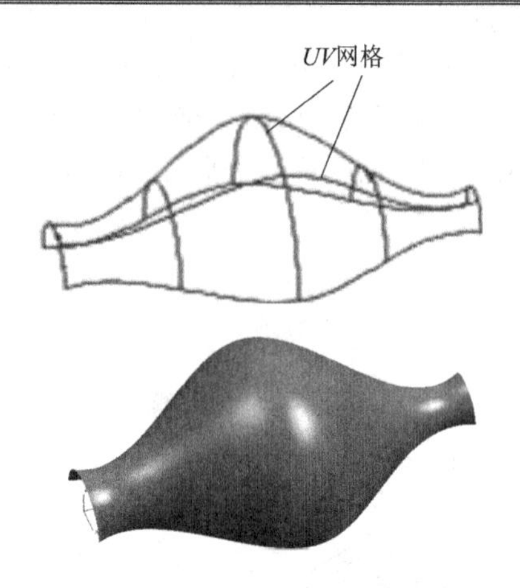

图 3.31　网格曲面例子

7．等距曲面

机械加工或钣金零件在装配时为了得到光滑的外表面，往往需要确定一个曲面的等距曲面。例如，数控加工时使用球头铣刀，铣刀中心的走刀轨迹求解即为构成被加工曲面的等距面。

目前常用的等距面的生成方法一般是先将原始曲面离散细分，然后求取原始曲面离散点上的等距点，最后将这些等距点拟合成等距面。构造等距面的例子如图 3.32 所示。

构造等距面尚有不少难点：等距面不一定唯一存在；等距面可能出现退化情况，即原始面的一部分在等距面上消失(图 3.33(a)所示)；等距面产生自相交现象(如图 3.33(b)所示)。当遇到这些特殊情况时，需要做出特殊处理。

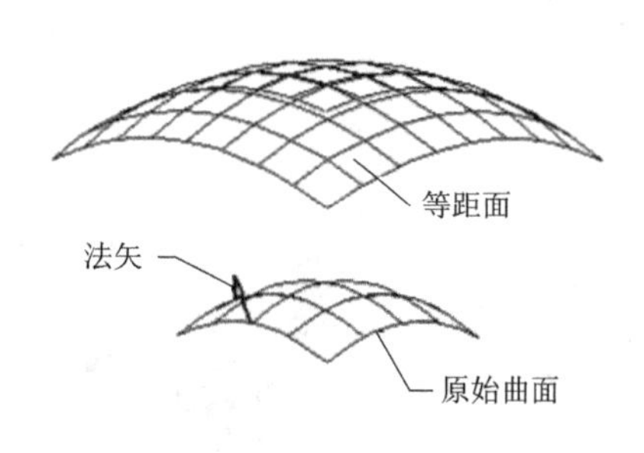

图 3.32　生成等距面

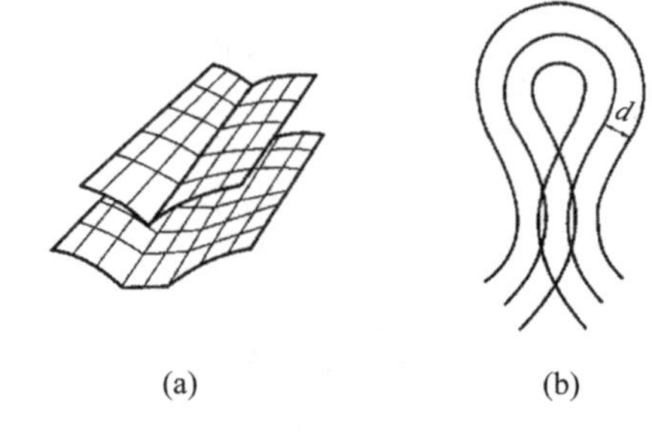

图 3.33　等距面退化和自相交

3.2.3　曲面处理

曲面造型在研究、描述和构造曲面的过程中，需进行各种曲面处理。曲面处理是一个非常复杂、涉及面广的问题，在此仅简要介绍一些基本曲面处理问题。

1．曲面光顺

光顺泛指光滑、顺眼，除了从数学意义上要求曲线和曲面具有 G^2 或 C^2 连续，无多余拐点和曲率变化均匀外，还有行业上的特殊要求，如：飞机、汽车和造船业过去都要 1∶1 地画出产品外形线，有经验的放样人员凭观察就可以看出外形放样中的光顺状况。

曲线、曲面光顺的方法很多，有最小二乘法、能量法、回弹法、基样条法、圆率法、磨光法等。各种光顺方法的主要区别在于使用不同的目标函数以及每次调整型值点的数量不同。整体光顺是每次调整所有的型值点，而局部光顺则每次只调整个别坏点。早期的目标函数大都建立在模拟弹性梁的样条曲线的各支点剪力跃度的基础上，现在有转向能量法的趋势，其指导思想是用曲线、曲面的应变势能来代替剪力跃度，由此推出目标函数。目标函数的线性化较复杂，因此很多应用中只光顺曲面的网格曲线，同时配合使用光照模型等辅助手段交互修正曲面形状。这方面的理论研究工作还在进行之中。

由于生产中对曲面的光顺性有较高的要求，因此目前功能比较强的商品化 CAD/CAM 系统一般都提供曲面光顺功能，供用户在曲面造型时进行曲面和曲线的自动光顺数学处理，同时还提供了方便的交互检查和修改曲面形状的工具。图 3.34 反映了一条曲线在光顺前后的曲率变化。也有的 CAD/CAM 系统提供了利用彩色图和光照模型直观检查曲面光顺性的功能。图 3.34 所示为 UG 软件提供的斑马线曲面光顺性检查的情况，图 3.35(a)和图 3.35(b)所示为光顺前、后斑马线的变化情况。

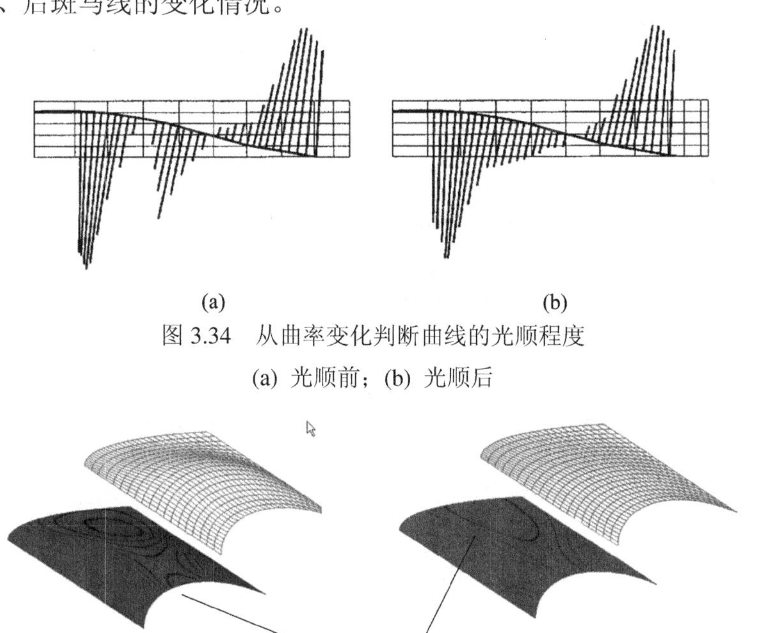

(a)　(b)

图 3.34　从曲率变化判断曲线的光顺程度

(a) 光顺前；(b) 光顺后

(a)　(b)

图 3.35　斑马线曲面光顺分析

(a) 光顺前；(b) 光顺后

2. 曲面求交

曲面求交指求出两曲面间的交线。由于产品外形通常难以用一张曲面表示，而是由一系列相交的曲面表示，因此，在产品设计、显示、绘图、生成加工数据等过程中都将遇到曲面求交问题。例如，在加工曲面时，为了不使刀具切去相邻曲面，往往需要计算出两曲面的交线，以产生正确的加工轨迹。此外，曲面裁剪、曲面过渡等均以曲面求交为基础。所以，曲面求交是曲面造型处理的最基本问题之一。

3. 曲面裁剪

曲面裁剪是指将一张曲面上不需要的那部分去掉的操作。在工程中，许多产品的某些外表面不能或不便于用完整的曲面来表示，用多张曲面拼接这类表面在造型上又满足不了要求或过于繁琐与困难，因此，往往采用曲面裁剪的处理方法得到所要求的曲面。

两张曲面相贯后，交线往往构成原有曲面的新边界，前面讨论的几种曲面求交方法中实际上都是求出交线上的一系列离散点，在裁剪曲面的边界线表示中可以将这些离散点连成折线，也可以拟合成样条曲线，但不管用哪种方法，这些折线和样条曲线都只能是原始交线的一种逼近。对于参数曲面，一般以参数平面上的交线表示为主，模型空间中的三维表示为辅，后者可从前者计算得到。图 3.36 所示是曲面裁剪的例子。

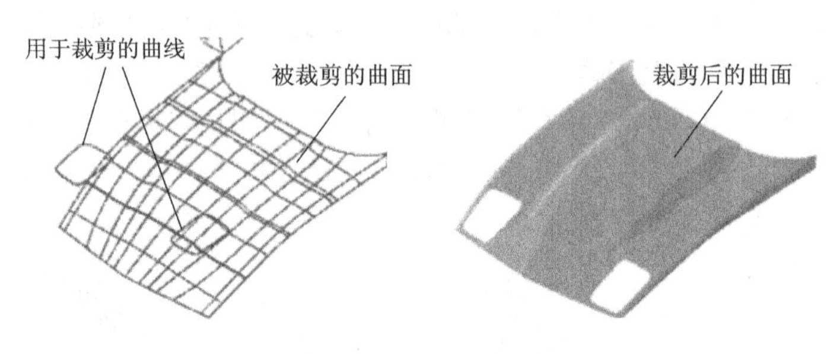

图 3.36　曲面裁剪的例子

4. 曲面延伸

曲面延伸是指将一张曲面在某一方向上延伸出去。在工程中常会遇到原有曲面短一块而无法满足要求或进行一些操作的情况，这就需要将曲面的某条边延伸出去。曲面延伸就是针对这种情况进行的曲面处理操作。图 3.37 所示为典型的部分曲面延伸。

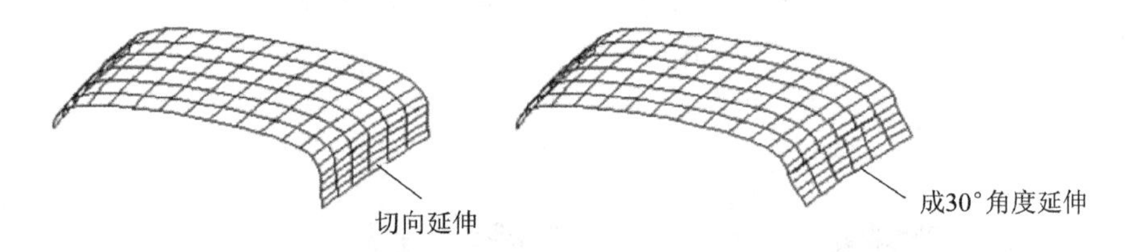

图 3.37　曲面延伸

5. 曲面拼接

曲面拼接是指把两个或多个曲面拼接连接成一个曲面。曲面的拼接是有条件的。例如，两张双三次 Coons 曲面的相邻两片曲面光滑拼接的条件为：曲面片共边界且在相邻两角点处的坐标、U 向切矢、V 向切矢、法矢分别相等；再如对 Bezier 曲面：两张双三次 Bezier 曲面片在相邻边界处的相邻的控制网格共边且在同一平面上。图 3.38 所示为曲面拼接的例子。

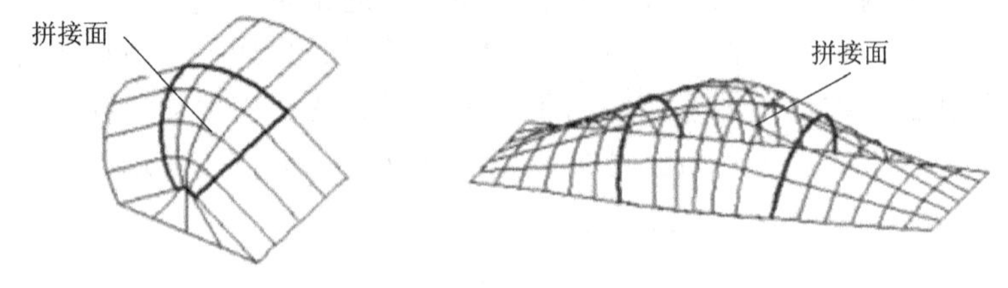

图 3.38　曲面拼接

3.3　参数化设计技术

传统的 CAD 技术都用固定的尺寸值定义几何元素，所输入的每一个几何元素都有确定的位置，要修改这些元素很不方便。而在新产品的概念设计阶段，新产品的设计不可避免地要多次反复修改，进行零件形状和尺寸的综合协调、优化。这就要求 CAD 系统具有参数化设计和变量化设计功能，从而使得产品设计图可以随着某些结构尺寸的修改而自动生成和修改相关的图形。本节讨论的参数化设计的概念可以看做这类建模的总概念，对一个参数化造型而言，还是要区分参数化方法和变量化方法之间的差别。

3.3.1　参数化设计的概念

参数化设计最初是由美国麻省理工学院 Gossard 教授在 20 世纪 80 年代初提出的，但在当时并未引起 CAD 界的重视。直到 1987 年底，Parametric Technology 公司推出了以参数化为基础的新一代实体造型软件 Pro/Engineer 后，参数化、变量化设计才在 CAD/CAM 系统中得到广泛的应用。

参数化设计的基本思想是使用约束来定义和修改几何模型。约束包括尺寸约束、拓扑约束和工程约束(如应力、性能约束等)，这些约束反映了设计时要考虑的因素。实现参数化的那组参数与这些约束保持一定的关系，初始设计的形体自然要满足这些约束，而当输入参数的新值时，也将保持这些约束关系并获得一个新的几何模型。

概括起来，参数化设计的主要技术特点有：

(1) 基于约束。参数化设计是基于约束的。约束是指利用一些法则或限制条件来规定实体元素之间的关系。

(2) 尺寸驱动。参数化设计的实体或图形是基于尺寸驱动的。当通过约束推理确定需要修改某一尺寸参数时，系统自动检索出此尺寸对应的数据结构，找出相关参数计算的方程组并计算出参数，驱动几何形状改变。

(3) 全数据相关。对形体某一模块尺寸参数的修改导致相关模块中的相关尺寸得以全盘更新。这彻底改变了自由建模的无约束状态，几何形状被尺寸控制，如打算修改零件形状时，只需编辑一下尺寸的数值即可实现形状上的改变。

(4) 基于特征。将某些具有代表性的平面几何形状定义为特征，并将其所有的尺寸存为可调参数，进而形成实体，以此为基础来进行更为复杂的几何形体的构造。

1. 参数化造型设计

参数化造型设计先用一组参数来定义几何图形尺寸数值并约定尺寸关系，然后提供给设计者进行几何造型使用。参数与设计对象的控制尺寸有明显的对应关系，参数的求解较简单，设计结果的修改受到尺寸驱动，故这类系统也称为尺寸驱动的系统。

参数化造型设计的原理如图 3.39 所示。参数设计的几何模型由几何形体、尺寸约束和拓扑约束三部分组成。当修改某一尺寸时，系统自动检索与该尺寸相关的几何形体，使它们按新尺寸值进行调整，得到新模型；接着，通过求解根据设计对象的工程原理而建立的方程组来检查所有几何形体是否满足约束，如不满足，则让拓扑约束不变，按尺寸约束递归修改几何模型(实例匹配)，直到满足全部约束条件为止。

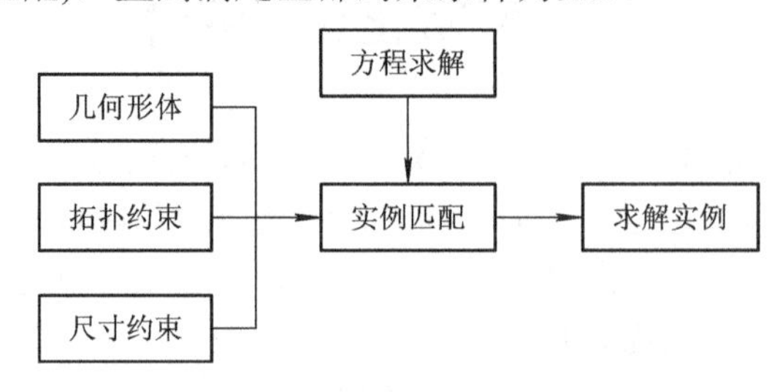

图 3.39　参数化设计原理

参数设计只考虑物体的几何约束(尺寸及拓扑)，而不考虑工程约束，常用于设计对象的结构形状比较定型的产品，如生产中常见的系列化标准件。

2．变量化造型设计

变量化设计考虑所有的约束，不仅考虑几何约束，而且考虑与工程应用有关的约束，设计对象的修改具有更大的自由度，通过求解一组约束方程来确定产品的尺寸和形状。约束方程可以是几何关系，也可以是工程计算条件。约束结果的修改受到约束方程的驱动。变量化设计可以应用于公差分析、运动机构协调、设计优化、初步方案设计选型等更广泛的工程设计领域。

图 3.40 所示为变量设计的原理图。图中几何形体指构成物体的直线、圆等几何图形要素；几何约束包括尺寸约束及拓扑约束；几何尺寸指每次赋给的一组具体值；工程约束表达设计对象的原理、性能等；约束管理用来确定约束状态，识别约束不足(欠约束)或过约束等问题；约束分解可将约束划分为较小的方程组，通过联立求解得到每个几何元素特定点的坐标，从而得到一个具体的几何模型。Gossard 教授采用非线性约束方程组联立求解的方法，在设定初值后用牛顿迭代法精化。这种方法的最大优点在于约束方程的内容不限，除了几何约束外还可以引入力学、运动学、动力学等关系。目前随着变量化技术的发展，使得约束求解的方法日趋丰富，如基于推理的方法等。

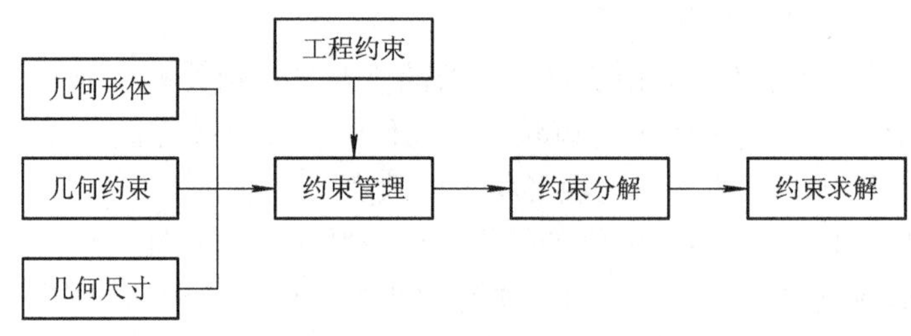

图 3.40　变量化设计原理

从发展的角度看，变量化技术既保持了尺寸驱动技术的原有优点，同时又克服了它的许多不足之处，它的成功应用为 CAD 建模技术的发展提供了更大的空间和机遇。但是就目前而言，基于变量化设计的 CAD 系统还有许多有待解决的问题。

3．参数化造型与变量化造型的技术特点

作为目前流行的主流造型技术，参数化造型和变量化造型技术都属于基于约束的实体造型系统，都强调基于特征的设计、全数据相关，并可实现尺寸驱动设计修改，也都提供相应的方法和手段来解决设计时所必须考虑的几何约束和工程关系等问题。在目前流行的各种CAD/CAM系统中，这两种技术的应用处于混合使用的状态，致使不少用户常常对这两种技术不加区分。事实上，这两种技术存在着明显的区别，两种技术的特点见表3.4。

表3.4　参数化造型与变量化造型的技术特点

项　目	参数化造型	变量化造型
约束处理	形状和尺寸联合起来一并考虑，通过尺寸约束实现形状约束	形状约束和尺寸约束分开考虑
约束类型	工程关系不直接参与约束	工程关系可作为约束直接与几何方程耦合
约束方式	要求全约束，方程式为显函数，方程顺序求解	不一定要求全约束，各种约束、方程求解无顺序要求
造型过程	严格按软件运行机制和规则限制，不允许尺寸欠约束，不可逆序求解	可先形状后尺寸设计，允许不完全尺寸约束，不必关心软件的运行机制和规则限制
特征管理	特征具有先后序列并具有明确的依附关系，特征顺序前后不当操作易引起数据库混乱	采用历史树表达，各特征与全局坐标系建立联系，保持全过程相关性，
动态导航器技术	不具备	采用动态导航器(Dynamic Navigator)技术
主模型技术	不具备	采用主模型(Master Model)技术
拖放造型技术	不具备	拖放造型(Drag-and-Drop Modeling)技术是变量化设计的非常有前景的应用

参数化造型与变量化造型技术在CAD建模技术发展过程中具有里程碑意义，从技术的理论深度而言，变量化造型技术是参数化造型技术的更高层次的发展。两种技术的最根本区别在于是否要全约束以及用什么形式来施加约束。它们的应用领域也有所差异，参数化造型技术更适合于零配件和系列化产品设计，而变量化造型技术更适合于创新产品的开发和老产品的改型创新设计。目前，参数化造型与变量化造型技术还都在不断的丰富和完善自身，两种技术也将共同存在相当长一段时间。但明显可看出，变量化技术的发展空间更为广阔，未来的CAD/CAM系统都会将变量化造型作为其基本的造型设计功能。

4. 轮廓

参数化设计系统引入了轮廓的概念。轮廓由若干首尾相接的直线或曲线组成，用来表达实体模型的截面形状(Section)或扫描路径(Trajectory)。轮廓的线段不能断开、错位或者交叉；整个轮廓可以封闭，也可不封闭。虽然轮廓与生成轮廓的原始线段看上去相似，但它们有本质的区别。轮廓上的线段不能随便被移到别处，而生成轮廓的线段可以随便地被拆散和移走。

5. 尺寸驱动与变量化驱动

尺寸驱动是指当设计人员改变了轮廓尺寸数值大小时，轮廓形状将随之自动发生相应的变化，如图3.41所示。当改变零件的长度尺寸(由90变为60)时，零件的轮廓形状将发生相应的改变，如果不断变化指定的尺寸，则该零件的几何形状也会不断变化，好像被尺寸数据所驱动而发生了变化。尺寸驱动的机制是基于对图形数据的操作，可以对几何数据进行参数化修改，但是在修改几何参数的时候，需满足图形的拓扑关系不变。

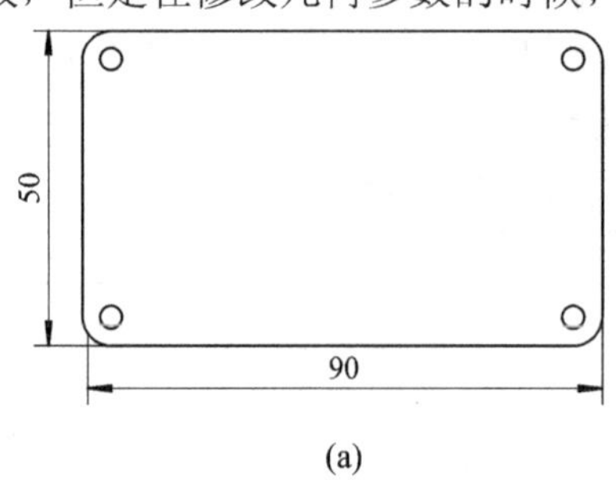

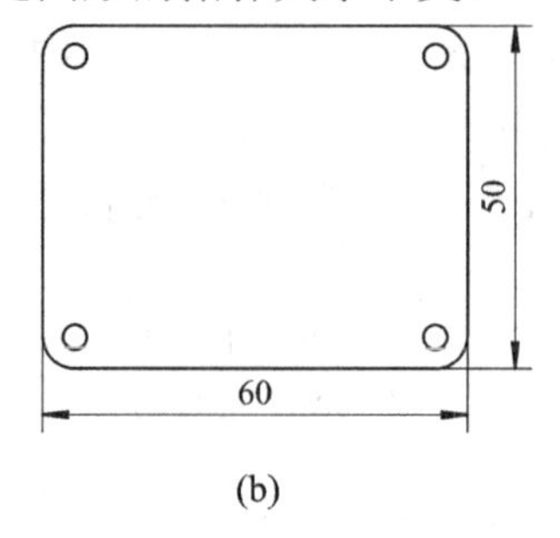

图 3.41　参数化尺寸驱动

作为参数化方法的基础，尺寸驱动将直接对数据库进行操作。通过约束关系确定需要改变某一尺寸参数时，系统自动检索出该尺寸参数对应的数据结构，找出相关参数计算的方程组并计算出参数，驱动几何图形改变，并同时进行相关模块中相关尺寸的全盘更新。

变量化驱动将所有的设计要素如尺寸、约束条件、工程计算条件甚至名称都视为设计变量，同时允许用户定义这些变量之间的关系式以及程序逻辑，从而使设计的自动化大大提高。变量驱动扩展了尺寸驱动技术，给设计对象的修改增加了更大的自由度。

例如，在法兰面的一圆周上均匀分布若干紧固螺栓连接孔，如图 3.42 所示。该处连接螺栓的直径及数目是由法兰的连接强度决定的，而连接强度则由专业的工程设计规范决定，因此，螺栓的直径和数目最终受该工程计算条件约束。在变量化设计中，该工程约束条件可以作为螺栓孔的直径和数目的设计变量，当根据工程设计规范确定了连接强度时，法兰面上的螺栓孔的直径、数目及分布即可通过预先设定的工程设计公式计算得到，CAD 系统会准确反映出这种设计上的变化。此时，螺栓孔的直径和个数不再仅仅是简单的几何尺寸约束问题，而是受制于法兰连接强度工程设计规范确定的工程约束。

又如图 3.43 所示，假设要设计一个具有一定面积要求和最大宽度的椭圆形管道时，设计人员可以工程设计规范的要求确定管道横截面约束变量，根据不同的安装要求，按关系式 $H=\dfrac{4S-\pi D^2}{D}$ 计算 H 和 S，并自动生成图形；但当面积相对过小时，按照设计约束，轮廓退化为一个圆，计算机将使用新的轮廓。

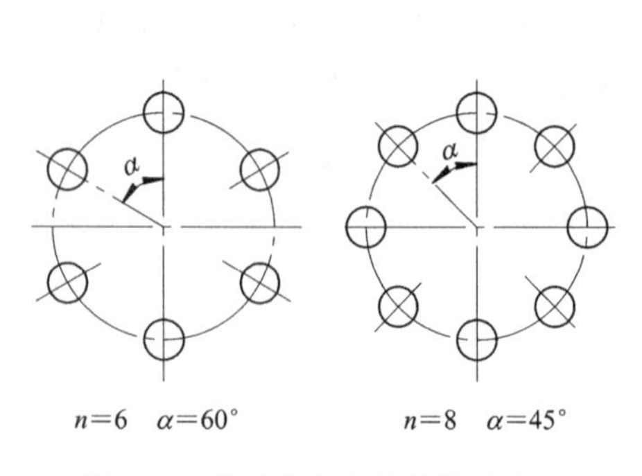

图 3.42　设计均匀分布的螺纹孔

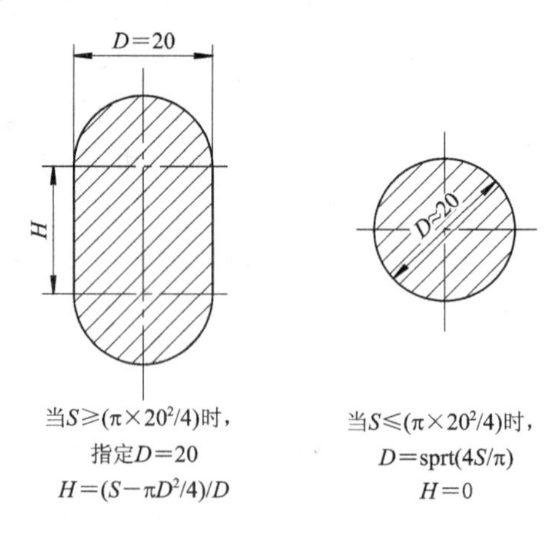

图 3.43　设计给定面积和宽度的管道

3.3.2　参数化设计的约束

1. 约束概念

参数化的本质是添加约束和约束满足。图 3.41 所示的几何轮廓图形可以标出几个尺寸，该过程是添加约束，所添加的尺寸之间必须符合约束关系。若改变其中某一尺寸约束，则四边形的原有封闭状态不会遭到破坏，参数化模型将自动调整形状来保持原有图形的封闭状态，该过程称为约束满足。同样，上述图形的约束满足过程中，也必须保持轮廓图形元素之间规定的相互位置关系(如垂直、同心和水平等)，这方面的约束关系我们称之为几何拓扑约束。在参数化尺寸驱动的过程中，几何位置的约束关系也同时必须得到满足。因此，在参数化造型设计中，如果给轮廓加上必要的几何拓扑约束和尺寸约束，则参数化模型就可根据这些约束控制轮廓的形状、位置和大小。

2. 约束种类

1) 尺寸约束

给线段标注尺寸的过程就是加入尺寸约束。按尺寸标注方式的不同把尺寸约束分为以下几种：

① 水平尺寸约束(Horizontal)；

② 竖直尺寸约束(Vertical)；

③ 正交尺寸约束(Perpendicular)；

④ 平行尺寸约束(parallel)；

⑤ 直径尺寸约束(Diameter)；

⑥ 半径尺寸约束(Radius)；

⑦ 角度尺寸约束(Angular)；

⑧ 周长尺寸约束(Perimeter)。

图 3.44 所示是 UG Ⅱ 中的尺寸约束的菜单工具。

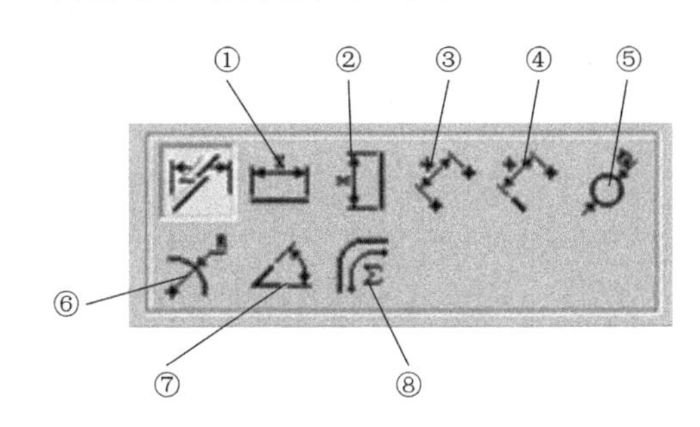

图 3.44　UG Ⅱ 中的尺寸约束

2) 几何约束

几何约束是几何拓扑约束的简称，它是规定几何对象之间的连接关系和相互位置关系的约束。几何约束保证了轮廓图形尺寸改变后能保证原有的设计意图，使图形能大致保持原来的形状，并保证尺寸链的完整性。

常见的 CAD/CAM 系统具有大致相同的几何约束类型。常见的几何约束有：① 水平线(Horizontal line)；② 竖直线(Vertical line)；③ 平行线(Parallel line)；④ 垂直线(Perpendicular line)；⑤ 等半径和等直径(Equal Radius and Diameter)；⑥ 相切(Tangent)；⑦ 对称(Symmetry) ⑧ 共线(Collinearity)；⑨ 等长度线(Equal Segment Lengths)；⑩ 固定(Fix)等。图 3.45 所示为 UG Ⅱ 中主要的几何约束类型。

图 3.45　UG Ⅱ 中主要的几何约束类型

3. 关系表达式

关系表达式是指由用户建立的数学表达式，用来反映轮廓尺寸或参数之间的数学关系，这种数学关系本质上反映了专业知识和设计意图。在参数化设计中，关系表达式像尺寸约束一样，可以驱动设计模型，关系表达式发生变化以后，模型也将发生变化。关系式是尺寸约束的重要补充，利用尺寸只能约束两条相邻的边，而利用关系表达式可以使得两个边保持特定的函数关系。

1) 关系表达式的类型

关系表达式包括等式、不等式。例如：HD=(HZ+COS(beta))/2；(D1+D2)> (D3+5.6)。

2) 关系表达式中的参数

关系表达式中的参数主要有：

① 尺寸符号：包括轮廓尺寸、零件尺寸、装配尺寸、参考尺寸等符号。

② 公差符号：包括公差及偏差符号。

③ 用户自定义参数：包括用户按一定的命名规则定义的参数。例如：周长=PI*DH。

3) 函数

参数化设计软件的关系式中涉及大部分常见的初等函数。例如：SIN()、COS()、LN()、EXP()、ABS()等。

4) 方程组

在参数化设计软件中，可利用方程组来计算设计参数。例如，矩形面积=100，周长=50，据此条件可建立方程组：

$$D1*D2=100$$

$$2*(D1+D2)=50$$

解该方程组可得出满足上述条件边长为 D1 和 D2 的矩形轮廓。

5) 关系式的建立与管理

参数化造型设计系统一般均提供关系式功能窗口供用户建立和管理关系式。该功能窗口类似于文本行编辑器，允许用户添加、修改、浏览关系式；有的系统可使用 Windows 的记事本来建立和修改关系式。图 3-46(a)和(b) 所示分别是 UG Ⅱ 和 Solidworks 中的关系表达式窗口。

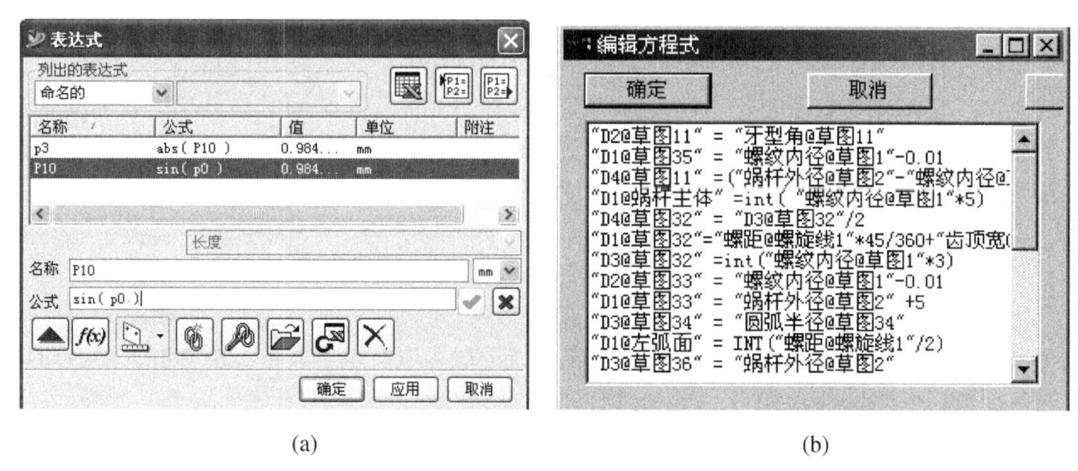

(a)　　　　　　　　(b)

图 3-46　关系表达式窗口

3.3.3　参数化设计的动态导航技术

动态导航技术利用从工程制图标准抽象出来的规则预测下一步操作的可能，提供了一种指导性的参数化作图手段，利用动态导航技术和其他草图技术可以快速生成二维轮廓，大大方便了参数化操作。动态导航技术根据当前光标的位置能推测出用户的意图，然后用直观的图形符号将推测的约束显示在有关图形的附近，当光标到达图形上的一些特征位置时，屏幕上会自动出现相应的导航信息，帮助设计者决策。如图 3.47 所示，动态导航可以捕捉已有图形的端点、中点、圆心、水平或垂直于某一图素等特征点。动态导航是一个智能化的操作参谋，它以直观的交互形式与用户进行同步思考，在光标所指之处，可自动拾取、判断模型的种类及相对空间位置，自动增加有利的约束，理解设计者的意图，记忆常用的步骤，并预计下一步要做的工作。由此，动态导航将与设计人员达成某种默契，可大大提高设计效率。目前常见的 CAD/CAM 系统均采用该技术。

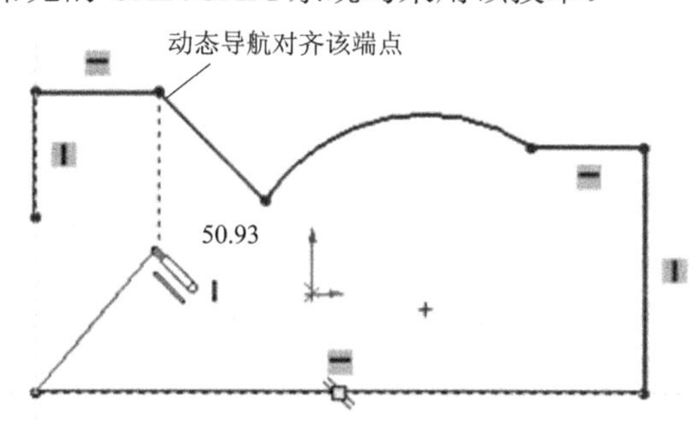

图 3.47　轮廓生成时的动态导航

3.3.4　参数化的表驱动技术

1．设计变量

零件特征上的每一个尺寸在系统内部都对应着一个变量，这些变量称为设计变量。变量的符号可以由系统自动分配，也可以由用户设定。改变这些变量的数值，就可改变零件的形状。

根据设计变量的性质不同，可以把设计变量划分为两类：局部变量和全局变量。所谓全局变量，是指该变量的变化不仅会影响到该零件自身的变化，同时与之相配合的其它零件的相关尺寸也需随之自动发生变化(例如配合尺寸、通用件的公称尺寸都可以作为全局尺寸)。反之，那些只影响零件内部结构的尺寸是局部变量。

变量的赋值方式有两种：

(1) 直接赋值：例如，对变量 A，直接输入数据 A=100。

(2) 间接赋值：即用上述的关系表达式赋值输入，例如，可输入方程 A= (b+c)/d。另外，也可采用电子表格方式，现有的 CAD/CAM 系统一般内嵌有电子表格。图 3.48 所示为 UG 中的电子表格(微软的 Excel)。

	A	B	C	D
1	***Name***	***Formula***	***Value***	
2	_P10	=sin(p0)	0.984808	
3	_p0	100	100	
4	_p1	20	20	
5	_p3	=abs(P10)	0.984808	
6				
7				

图 3.48　UG 中的电子表格

标注尺寸时，系统默认的赋值方式为直接赋值，并取实际的尺寸数据。

2．表驱动零件设计

采用电子表格方式将变量的数据保存在一个电子表格内，然后将该电子表格与当前的零件建立链接关系，即可把该电子表格中的数据输送到零件模型中，得到与表格中的数据相对应的零件。如果要修改零件的尺寸，则只需修改这个表格中的变量值, 零件模型随即发生改变。这就是表驱动零件设计。

如果将同一个电子表格与多个零件建立链接关系，那么同一个表格中的数据就可以驱动不同零件中的相同变量，实现数据驱动。

对同一组设计变量可以分配不同的数据，称之为零件的不同配置(也称为不同版本)。零件的不同配置由配置管理器管理，显示在零件的配置树结构中。选择不同配置，就可以根据该配置的变量数据更新零件尺寸，从而得到不同配置的零件。图 3.49 所示为 Solidworks 的配置管理器的配置树结构。

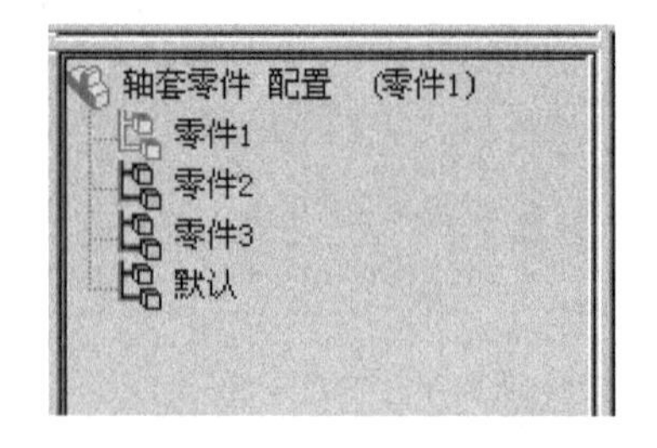

图 3.49　Solidworks 的配置管理器

表驱动零件设计在系列化零件的设计中非常方便。目前不少 CAD 系统都具有该项功能，所链接的电子表格常用 Microsoft 公司的 Excel。

例：表驱动零件设计的操作过程。

(1) 分析零件造型，合理确定变量。通过分析零件图样，确定哪些尺寸为变量。例如图 3.50 所示的轴套零件，轴套的外径、孔内径和台肩长度及总长度可设定为变量。

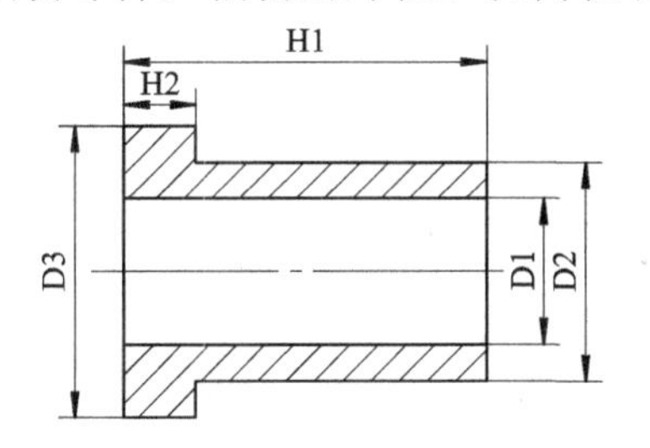

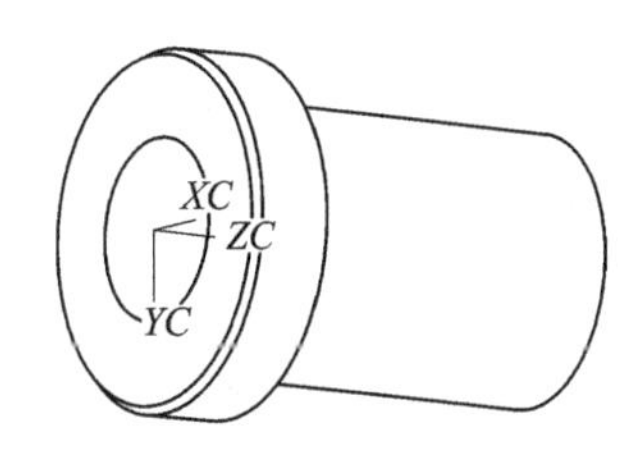

图 3.50　轴套零件

(2) 设置设计变量。通过专门命令建立设计变量表，该表记录了变量名、变量取值、变量表达式和变量注释，如表 3.5 所示。

表 3.5　设 计 变 量 表

变量名	变量取值	变量表达式	注释	变量名	变量取值	变量表达式	注释
D1	40	40	孔内径	H1	100	100	套总长
D2	60	60	套外径	H2	20	20	台肩高度
D3	80		台肩外径				

说明：此表中变量表达式均为数字方式，但也可以是表达式方式。

(3) 分配设计变量。利用尺寸编辑功能把零件中的尺寸标记改为变量表中的对应变量标记。

(4) 设计电子表格。采用专门命令设计电子表格，该表格与变量表对应：表的列对应设计变量表中的变量，表的行对应零件的不同设计版本，即变量的不同取值状态，如表 3.6 所示。

表 3.6　电 子 表 格

	D1	D2	D3	H1	H2
零件 1	40	60	80	100	20
零件 2	45	65	90	100	25
零件 3	50	70	2* D1	2×D1+10	30

表 3.6 中各零件变量的取值均不同。另外，零件 3 的变量取值为表达式，这样零件 3 的几个变量之间就建立了尺寸驱动关系，只要其中尺寸 D1 修改了，其它有关尺寸将自动修改。

图 3.51 所示为该零件在 Solidworks 中的电子表格。

(5) 链接变量表和图形文件，即把变量表与零件联系起来，使变量取值作用到零件上，从而通过变量表中的数据改变零件。

(6) 如果要修改某一个版本的零件设计变量，则只需重新打开电子表格，修改其中相应版本的变量的值，再将该表格重新保存并更新链接即可。

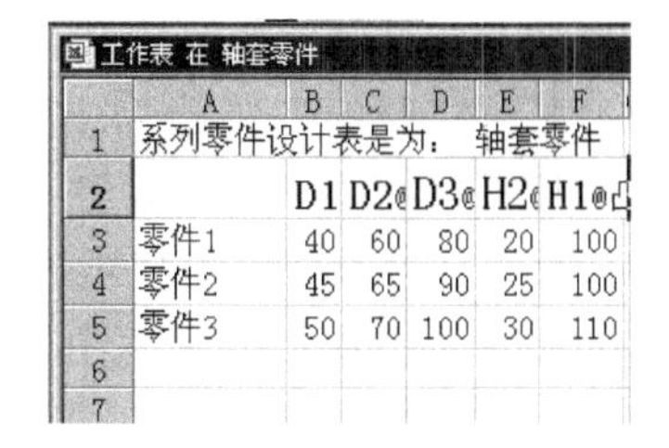

工作表 在 轴套零件

	A	B	C	D	E	F
1	系列零件设计表是为：　轴套零件					
2		D1	D2@	D3@	H2@	H1@
3	零件1	40	60	80	20	100
4	零件2	45	65	90	25	100
5	零件3	50	70	100	30	110
6						
7						

图 3.51　Solidworks 电子表格

3.4　特征造型技术

近十余年出现和发展的特征建模技术是 CAD 建模技术的新的里程碑，它使 CAD/CAPP/CAM 实现真正的集成化成为可能，为解决当代从产品设计到制造的一系列问题奠定了理论和技术基础。

特征是一个综合的概念，它是设计者对设计对象的功能、形状、结构、制造、装配、检验和管理等信息及其关系具有确切工程含义的高层次描述。

基于特征的零件信息模型主要由一系列特征类信息组成，包括：

(1) 形状特征类：用于描述有一定工程意义的几何形状信息，如孔特征、槽特征等。形状特征是精度特征和材料特征的载体。

(2) 精度特征类：用于描述几何形状和尺寸的许可变动量或误差，例如尺寸公差、几何形位公差和表面粗糙度等。

(3) 装配特征类：用于表达零件在装配过程中应该具备的信息。

(4) 材料特征类：用于描述材料的类型与性能以及热处理等信息。

(5) 管理特征类：用于零件的宏观信息描述，如零件号、在部件中的数量、版本、材料及制造性标识等。

(6) 性能分析特征类：用于表达零件在性能分析时所使用的信息，如有限元网格划分等。

(7) 附加特征类：根据需要，用于表达一些与上述特征无关的其他信息。

基于特征的零件信息模型一方面符合设计者进行构思、创造的习惯；另一方面通过在设计阶段就考虑满足零件结构形状和加工精度的加工方法、加工工艺、加工设备，还能保证零件的可加工性。本节主要介绍基于形状特征的特征造型设计技术。

3.4.1　形状特征的概念

1. 形状特征的定义

形状特征定义认为：形状特征是具有属性并含有与设计和制造活动相关的工程意义的基本几何实体或信息的集合。这个定义有两方面的含义：

(1) 形状特征是与设计活动和制造有关的几何实体，应该是面向设计和制造的。

(2) 特征含有工程语义信息，可反映设计者和制造者的意图，即对应于零件上的一个和多个功能，并能够被固定方法加工成型。

基于特征的实体造型技术将特征作为零件描述的基本单元，将零件描述为特征的集合。每个特征又有若干属性，这些属性中不仅有描述该特征的长、宽、直径、角度等几何形状的属性，还有描述特征拓扑关系的属性，如特征的层次、特征之间的关系等。

如从特征造型的角度出发，任何一个零件的几何模型可以看成是由一系列的特征堆积而成，改变特征的形状或位置，就可以改变零件的几何模型。

例如，对于图3.52所示的零件，可以把该零件看成是由5类特征所构成，其中：1是反映零件基本特点的主要形体特征；2是一组台阶通孔；3是一个斜凸台；4是一个盲孔；5是一个矩形槽。这些特征不光具有确定的结构和形状，它们还与加工方法有一定的对应关系。其中：台阶孔特征可用孔加工方法进行加工(钻、扩、铰)，槽的加工方法一般是铣加工，凸台的加工方法也主要是铣削和磨削。

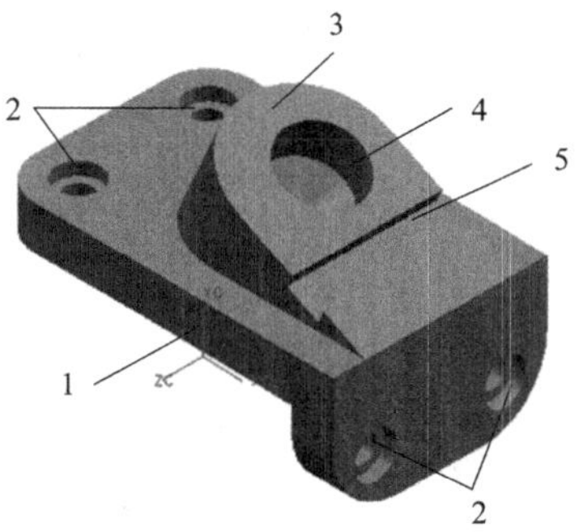

图3.52　零件的特征构成

2. 形状特征分类

形状特征可分为基本形状特征和附加形状特征两类。

(1) 基本形状特征是指表达一个零件总体形状的特征。基本形状特征可以单独存在。

(2) 附加形状特征是指对零件局部形状进行修改的特征。附加形状特征不能单独存在，它必须与基本形状特征或其它附加形状特征发生联系。

一个零件可由一个基本形状特征和若干个附加形状特征来描述。基本形状特征与附加形状特征又可进一步细分为许多子类，如图3.53所示。

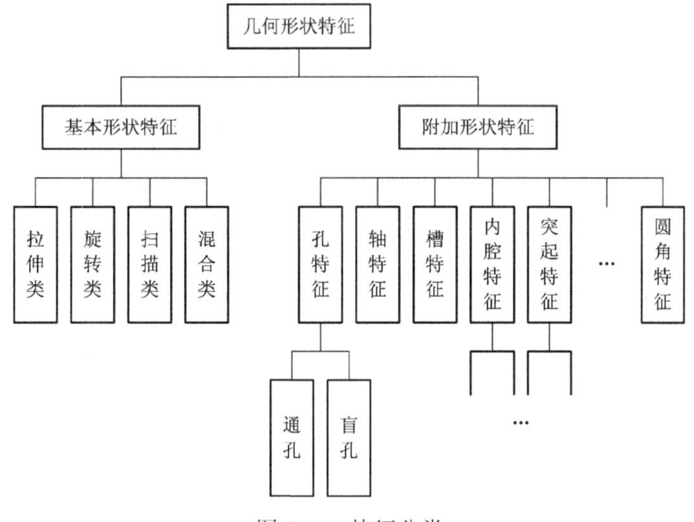

图3.53　特征分类

除了上述常见的分类外，在实际工程应用中还可根据不同的应用领域定义一些应用特征。例如注塑模设计中的部分应用特征：分模面、分模线、拔模斜度、腹板、隔墙、浇口等。

3. 特征描述树

在特征造型中，零件模型由一系列基本特征和附件特征集合而成，这些特征之间存在着相互依从的关系，如果对一个零件模型进行特征分解，则这些特征呈现出一种层次结构，即树状层次关系。这种树状层次也常称为特征描述树或特征树。因此，特征树是用来描述一个零件的特征构成及它们之间的关系的工具。

特征树有两种基本关系：相邻关系和父子关系。相邻关系表示两个特征是并列的，它们依附于共同的父特征。父子关系表示两个特征之间存在依附关系，一个特征依附在另一个特征之上，被依附的特征称为父特征，修改父特征会对子特征产生影响。如果删除父特征，则子特征也将被删除。

图 3.54 所示是一个零件的特征结构，图 3.55 为该零件的特征描述树。图 3.56 为该零件在 UG Ⅱ 中的特征树，图 3.57 为该零件在 Solidworks 中的特征树。

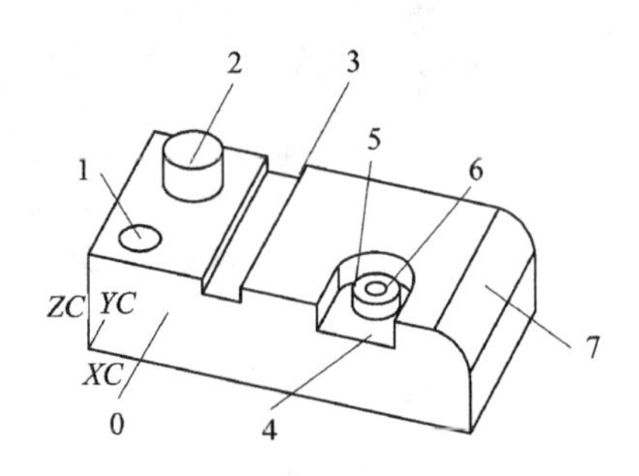

图 3.54　零件的特征结构

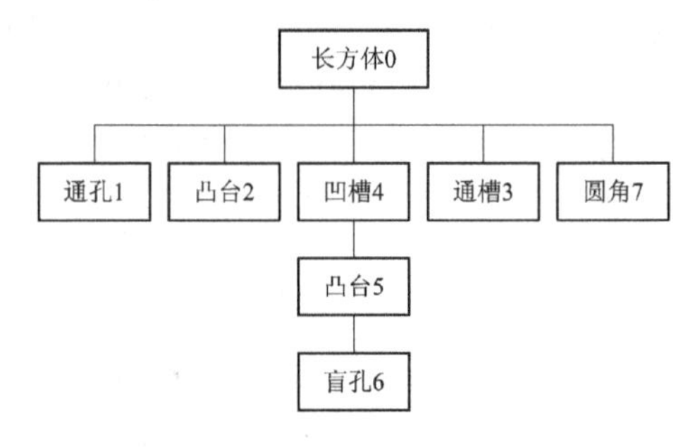

图 3.55　零件的特征树

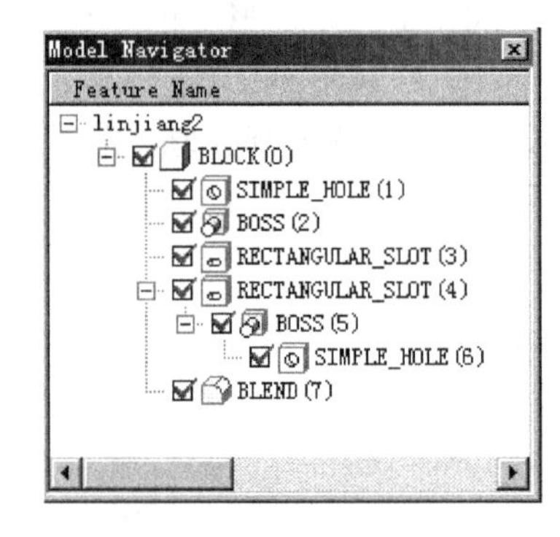

图 3.56　UG 中的特征树

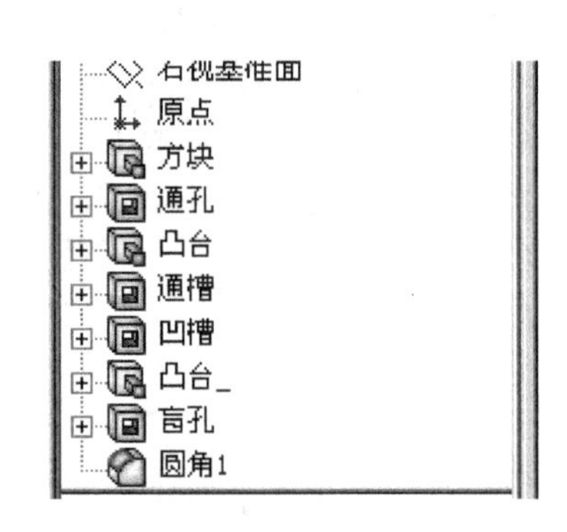

图 3.57　Solidworks 中的特征树

特征树是现代基于特征的 CAD/CAM 造型系统中一个非常有用的工具，现代 CAD/CAM 系统均提供了特征树管理器或特征树导航器(如图 3.56，3.57 所示)，在这些窗口中呈现的特征树清晰地显示零件的特征构成及其各特征之间的关系，供设计者分析和参考。同时，设计者也可通过特征树非常方便对特征进行管理和操作(详见 3.4.3 节)。

3.4.2　特征造型技术的应用

1. 特征造型设计的一般过程

在基于特征的造型系统中，零件是由特征构成的，因此零件的造型过程就是不断地生成特征的过程。其大致都要经过以下几个步骤：

(1) 规划零件。分析零件的特征组成和零件特征之间的相互关系，分析特征的构造顺序以及特征的构造方法。

(2) 创建基本特征。创建其它附加特征，再根据零件规划结果逐一添加上其它附加特征。

(3) 编辑修改特征。在特征造型中的任何时候都可以修改特征，包括修改特征的形状、尺寸、位置，或是特征的从属关系，甚至可以删除已经建好的特征。

2. 特征造型的实例

下面通过图 3.58 所示零件说明特征造型的过程，该例用 UG Ⅱ 造型。

1) 特征分析

首先通过特征分解分析零件的特征组成，需要创建哪些特征，考虑按照什么顺序创建这些特征。其次确定特征的构造方法，不同的特征有不同的构造方法，同一个特征也有不同的构造方法。

图 3.58 所示的支架零件由六种特征组合而成，一个弯板形物体，一个斜凸台，四个阶梯孔，一个槽，一个盲孔和若干倒圆角。各特征的构造顺序也比较清楚，其中弯板应该最早构造，其次是斜凸台，其余特征构造顺序无特殊要求。从特征构造方法考虑，弯板和斜凸台采用轮廓拉伸方法，其余阶梯孔、槽、盲孔和圆角均采用 UGⅡ提供的特征工具创建。创建斜凸台时，需采用 UGⅡ中的称为基准平面(Datam Plane)的特征，该类特征属参考特征。

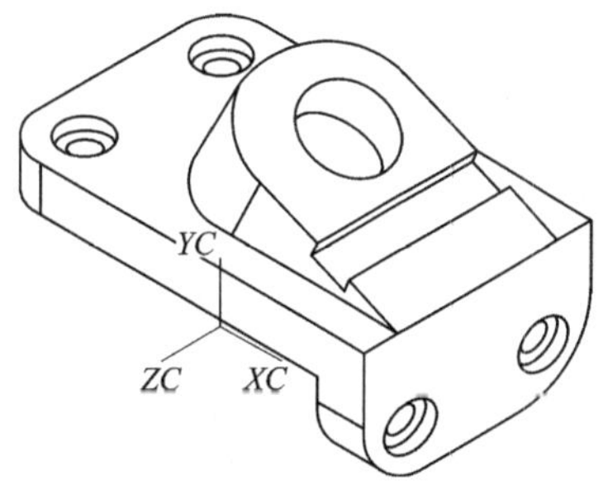

图 3.58　支架零件

2) 创建基本特征

首先创建弯板特征。弯板特征是一个拉伸特征，先创建一个草图轮廓，再沿指定方向拉伸(如图 3.59 所示)。斜凸台也是一个拉伸特征，它与弯板上表面呈 30° 角倾斜，为此先相对弯板上表面作 30° 倾角的基准平面特征，在该基准平面上创建草图轮廓，再将该轮廓拉伸至弯板特征的上表面(如图 3.59 所示)。

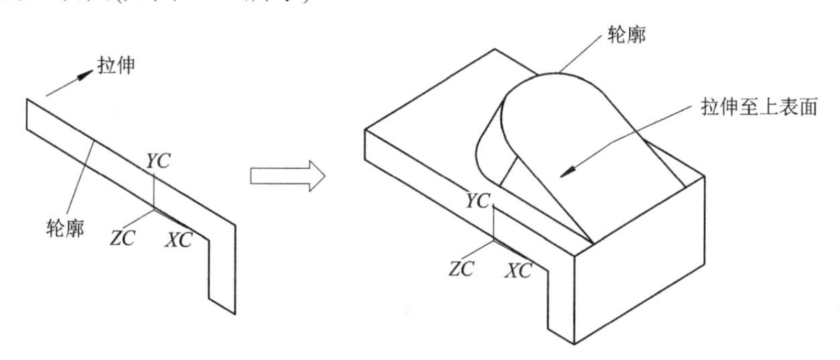

图 3.59　零件基本特征创建

3) 创建其它附加特征

创建圆角特征，创建四个阶梯孔特征，如图 3.60(a)所示。然后，创建位于斜凸台特征上的盲孔。最后，创建斜凸台上的通槽，如图 3.60(b)所示。

这样就完成了整个零件的造型设计。

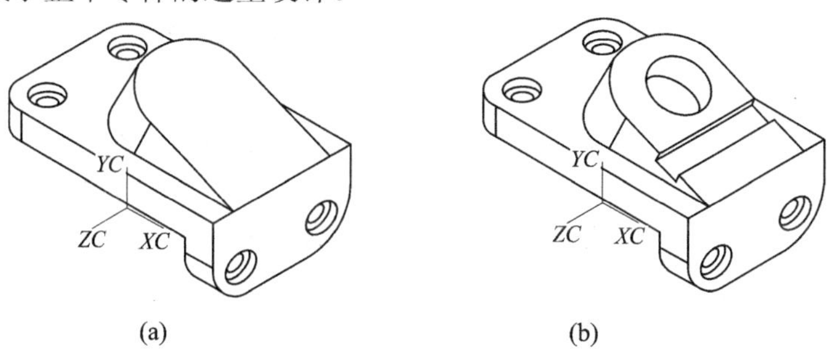

图 3.60　附加特征的创建过程

3.4.3　特征管理

基于特征技术的造型过程中，需对大量的特征进行管理和操作。特征的管理通过特征树的操作实现。特征树不仅可以表达特征的构成和相互关系，而且还会自动记录特征的构造顺序及其构造过程，因此，通过特征树可对零件模型的特征进行方便灵活的管理和编辑。目前，大多数基于特征技术的 CAD 系统一般均提供一个专门窗口来显示特征树，该窗口称为特征树管理器或特征树导航器。图 3.61(a)所示为 UGⅡ的特征树管理器，图 3.61(b)所示为 Solidworks 的特征树管理器。

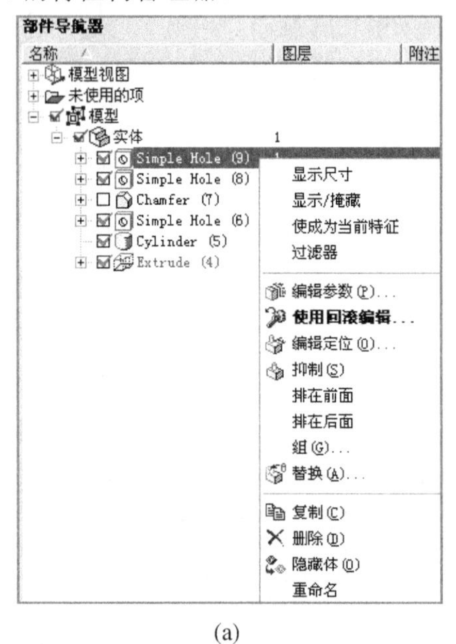

(a)

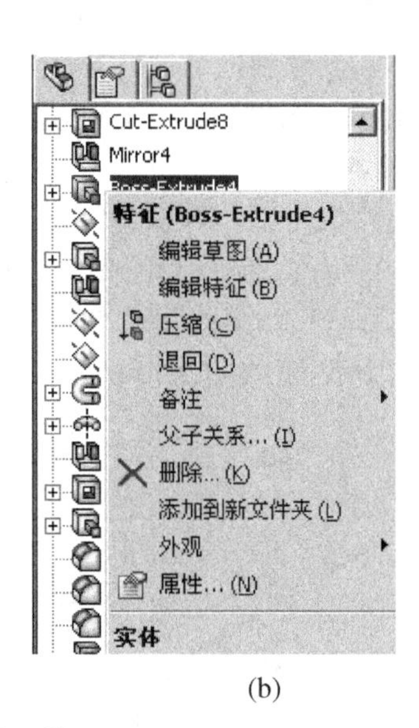

(b)

图 3.61　特征树管理器

在 UG 的特征树管理器中允许用户进行如下操作：

(1) 选择特征。利用特征树管理器来帮助选择特征，这在复杂模型中尤其有用，因为复杂模型的特征太多，以至于在图形窗口中很难分别和拾取，此时，可以用鼠标在特征树管理器中选择特征。在特征树管理器可一次选择多个特征。

(2) 删除特征。选择特征以后，可以删除该特征，在删除特征时，附加在该特征之上的特征也会被删除。

(3) 重新命名。在构造特征时，系统会自动对特征进行命名，但是该特征名可以随意更改，可以给特征取一些有特点的名称，以便与其它设计人员进行交流。

(4) 移动特征。可以直接在特征树中拖动特征，改变特征在特征树中的位置，从而改变特征的先后顺序。但是必须注意两点：① 特征先后顺序的改变有时会改变零件的结构；② 子特征不能拖放到父特征之前的位置，例如倒角特征必须在被倒角特征的后面。

(5) 抑制特征和非抑制特征。当特征非常多而且复杂时，可以采用特征抑制(Suppress)功能暂时冻结所不关心的特征，这时所选择的特征及附加特征不显示、不参与运算。非抑制(Unsuppress)操作就是解除已经抑制特征的抑制状态。

(6) 特征复制。在零件特征树上，可以选定一个已知特征，并把它拷贝到特征树的另一个位置上去，也可以把另一个零件上的特征拷贝到当前零件上的某一个位置上。

(7) 编辑特征。由于一般特征造型系统的所有特征都是参数化的，因此在特征造型过程中的任何时候，都可以通过编辑特征操作来修改特征的所有尺寸。

(8) 特征回放。特征回放功能是指按照特征造型的顺序，逐一地把特征的造型过程连续地显示出来，这样可以形象地观察一个零件模型从无到有的构造过程。目前不少特征造型系统提供该功能。

3.5 反求建模

3.5.1 逆向工程概述

1. 逆向工程的概念

按照传统的设计和工艺流程，产品的设计从概念设计开始，借助 CAD 软件建立产品的三维模型，进而完成产品的制造。这样一种开发产品的过程可称为“顺向工程”(Forward Engineering)。而在很多情况下，设计和制造者面对的只有实物样件，而没有图纸或 CAD 模型数据，需要通过一定的途径将这些实物转化为 CAD 模型，使之能利用 CAD/CAM/RPM 等技术进行进一步的制造等过程。这种从实物样件获取产品三维几何模型并完成产品的制造的过程及其相关技术，已发展成为 CAD/CAM 中相对独立的一个范畴，称为“逆向工程”。

至今，对逆向工程还没有一个统一的定义。有观点认为：逆向工程是指以实物(或样件)为依据进行产品设计和制造的过程，包括实物的三维数字化测量，对测量数据构造三维 CAD 模型，在产生刀具轨迹后，送至 CNC 加工机床制作所需实物样件，或者送到快速成型机将样品模型制作出来。另外也有观点认为：逆向工程是指由实物零件反求其设计的概念和数据的过程，也就是将实物零件转变为产品的三维 CAD 几何模型的过程。

就目前而言，逆向工程的研究基本上局限于由实物样件或模型反求其三维 CAD 几何模型的过程，所以上述将“由实物样件反求其几何模型”作为逆向工程的定义的观点被普遍认可。因此，逆向工程(或者称反求建模)就成为 CAD/CAM 几何建模的重要内容之一。

全自动数字化测量机的发展与应用较好地解决了实物测量问题，同时，相应的反求建模软件的开发为 CAD/CAM 的反求建模提供了有力的手段。目前比较常用的反求建模工程软件有美国 Imagware 公司的 Surfacer、英国 DELLCAM 公司的 CopyCAD、美国 Raindrop 公司的 Geomagic、中国浙江大学的 RE_soft、中国台湾智泰科技公司的 Digisurf、中国西安交通大学的 StlModel 2000 等。另外，法国 MDTV 公司的 STRIM 软件的曲面重建模块和 UG 软件的测量造型模块等都能对测得的数字化点进行处理，生成高质量曲面。这一切都使反求建模的研究日益深入，应用越来越广泛。

2. 反求建模的关键技术

反求建模的关键技术主要是：

(1) 物体表面三维坐标数据的测量技术，或称三维物体数字化测量技术，即如何快速、准确地测出实物零件或模型的三维轮廓坐标数据。

(2) 曲面重构技术，根据三维轮廓数据重构曲面，并建立完整、正确的 CAD 模型。

3.5.2　反求建模的流程

反求建模技术是基于一个可以获得的实物模型来构造出它的设计概念，进而通过调整相关参数来达到对实物模型的逼近和修改，建立起 CAD 几何模型的过程。其流程如图 3.62 所示。

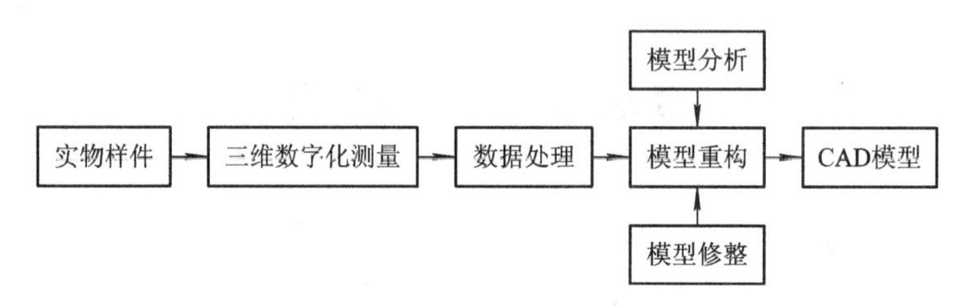

图 3.62　反求建模流程图

1) 三维数字化测量

利用三坐标测量设备对实物样件模型进行三维数字化测量，可得到产品模型的空间拓扑离散点数据。数字化测量扫描方式可以是点扫描，即人为地测量一些定位点、边界点，也可以通过线扫描方式测量曲面上的一些边界线、直纹面母线或轮廓线等，还可以采用面扫描方式对曲面及其部分区域进行扫描采样。扫描轨迹可采用行扫描或环行扫描方式，具体视模型重构的数据采样要求而定。扫描测量点样本的分布和大小的制定应首先要满足精度要求，其次使样本尽可能小，以节省测量时间。

目前常采用的一种方式为进行基于 CAD 的三坐标自动测量过程，即先通过粗略采样反求模型，并利用 CAD 系统生成的初步模型来进行曲面分析，对于曲率变化特别大的区域和难加工区域，制定相关的数控检测程序，对这些区域进行补充插值检测，在交互情况下，实现模型的不断求精逼近和优化。

2) 模型重构

根据所测的空间拓扑离散点数据，应用专业反求软件(或 CAD 软件)反求产生产品的三维 CAD 模型，并对模型进行逼近调整和优化。

3) 模型分析与修整

模型分析主要是进行曲面分析。曲面分析的手段很多，比如可对曲面上的曲率变化进行详细分析，求得曲面上曲率变化大的区域，并将这些区域记录存储在数据库中，供制定 CMM 自动测量路径、编制 NC 加工代码和安排加工工艺时调用。除了曲面分析外，如需要也可对反求的 CAD 模型进行有限元分析或仿真分析。通过分析和修整，最终获得满意的模型。

3.5.3　三维数字化测量设备

三维数字化测量是通过坐标测量技术得到离散的三维坐标数据的过程。常用的三维数字化测量方法有接触式三坐标测量和非接触式的激光扫描测量等。

1．三坐标测量机

1) 三坐标测量机的组成

三坐标测量机(Coordinate Measuring Machine，CMM)是目前应用最广泛的三维数字化测量设备。三坐标测量机的基本结构由机械系统和电子系统两大部分组成，如图 3.63 所示。

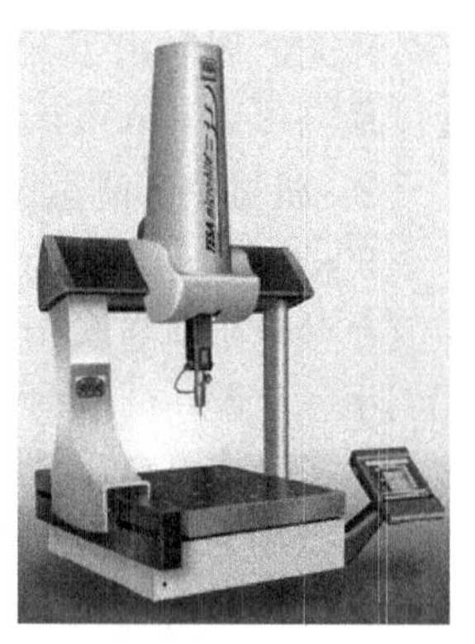

图 3.63　三坐标测量机

电子系统主要由电子计算机、控制系统、驱动系统、检测传感系统等组成。它主要完成对测量机的控制和对测量数据的采集和处理等工作，不同的测量机其电子系统的组成不尽相同。

机械系统由三个正交的直线运动轴构成空间直角坐标系。CMM 的机体结构要求开敞性好、刚度大，而且要长期保证结构的稳定性好，因此，CMM 的测量工作台、导轨等都用高质量的花岗岩制成。导轨应用最多的是气浮导轨，摩擦力极小，无磨损。三坐标测量机电机驱动的传动机构要求工作平稳，且双向运动时无间隙。

2) 测头系统

测头是进行数字化测量的核心部件，它对测量的速度、精度和系统的结构起着重要的影响。测头的常见类型如图 3.64 所示。

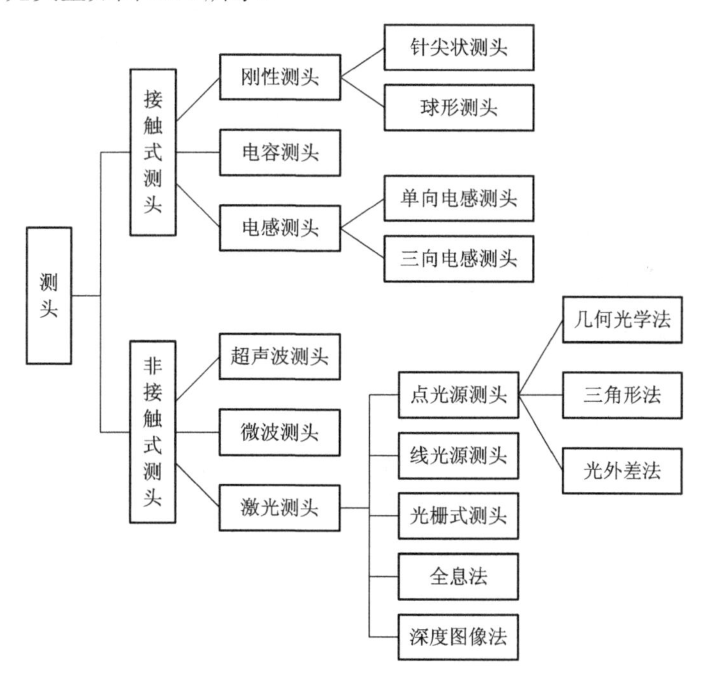

图 3.64　测头的分类

用于测量的测头有接触式和非接触式两类。测头安装在测量机运动部件的主轴中。探头一般用红宝石制成，其中以球形探头用途最广。

常用的测头有电感式和差动变压器式两种，前者精度高，后者量程范围大。

早期的三坐标测量机多采用硬式探头，每一次获取曲面上一个点的坐标(x，y，z)，测量速度极慢，而且很难测得全面的曲面信息，但由于此种探头成本很低，至今仍被广泛采用。20 世纪 90 年代初，英国的 Renishaw 公司和意大利的 DEA 公司等著名的坐标测量机生产厂家先后研制出了三点接触触发式探头，该探头可以连续获取表面的坐标信息，其扫描速度最高可达 8 m/min。

2．机械手臂测量仪

机械手臂测量仪为一关节机构，具有多个自由度，其结构类似工业机器人，传感器可装置在其爪部，各关节的旋转角度可由旋转编码器获取，由机构学原理可求得传感器在空间的坐标位置。机械手臂不受方向限制，可在空间做任意方向的测量。图 3.65 是 Perceptron 公司的接触式机械手臂测量仪，其精度可达±0.005 mm。图 3.66 是激光扫描机械手臂测量仪，激光测头的重量只有 340 g，采样速度可达 23 040 点/s。

图 3.65　接触式机械手臂测量仪

图 3.66　激光扫描机械手臂测量仪

3.5.4　三维数字化测量方法

反求建模所采用的数字化测量按其特性与应用一般也分为接触式测量和非接触式测量两大类，这两类测量方法各有其特点及适用范围。

1．接触式测量

最常见的接触式测量设备是三坐标测量机(CMM)和机械手臂测量仪。

接触式测量的优点是：① 准确性及可靠性高；② 对被测物体的材质和反射特性无特殊要求，不受工件表面颜色及曲率的影响。

接触式测量的缺点是：① 测量速度慢；② 接触头易磨损，故需经常校正探头直径；③ 不能对软质材料和超薄物件进行测量，而且对细微部分的扫描受到限制(当扫描头直径大于间隙宽度时)等。

2．非接触式测量

非接触式测量方法的种类很多，新的原理和方法不断涌现，是近些年发展快速的测量方法。就目前而言，相对比较成熟和应用较多的测量方法主要有激光扫描测量和断层扫描测量等。

1) 激光扫描测量

激光扫描测量是近几年发展非常迅速的一种测量技术。它的最大特点是速度快，如激光线扫描的速度已达到 15 000 点/s，测得的点的数据量非常大，可以充分表示零件的表面信息。此外，采用激光扫描测量时扫描探头不接触零件表面，因而可进行高精密的软质、簿形等工件的测量。激光扫描测量法不必做探头半径补正，很适合于测量大尺寸的具有复杂外部曲面的零件。

激光扫描测量的缺点是：① 易受工件表面反射特性(如颜色、曲率、粗糙度等)的影响；② 易受环境光及杂质的影响，杂信(noise)较高，对边、线、凹腔及不连续形状的处理较困难等。

激光扫描测量的原理主要有三角测量法(Triangulation)、结构光法(Structured Lighting)、数字图像处理(Digital image Processing)或图像分析(Image Analysis)法等。

三角测量法是目前应用最普遍的一种测量技术。其基本原理是：从光源投射一亮点或直线条纹于待测物体的表面，从CCD(Charge Coupled Device，阵列式光电耦合检像器)摄像机中获得光束影像，由CCD内成像位置及光束的角度等，根据三角几何关系即可求出待测点的距离或位置坐标等资料，如图3.67所示。

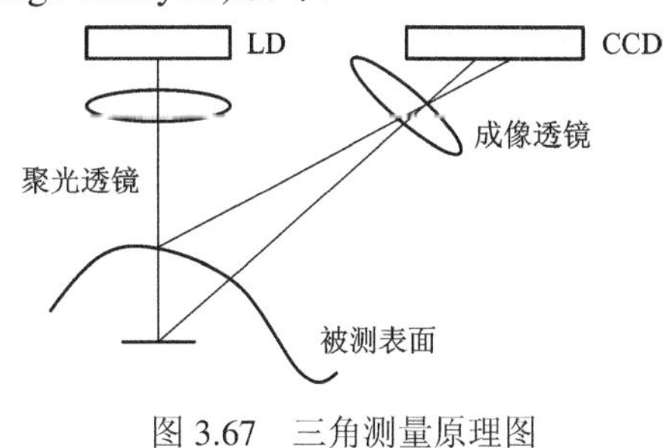

图3.67　三角测量原理图

结构光法的大致过程是：使用普通光或激光为光源，将一个已知的图案按已知的角度投射至物体上，根据被曲面反射后的图像，经由简单的三角几何计算，得到曲面上点的三维坐标。结构光的图案可以是点(或点阵列)、线(或线阵列)及网格等。单光条的结构光测量法也称为光切法(light-sectioning method)。该方法以其快速、灵活和实用性强等特点，备受人们偏爱。

2) *断层扫描测量*

断层扫描测量是一种新兴的测量技术，可同时对零件的表面和内部结构进行精确测量，并不受测量体复杂程度的限制，所获得的数据密集、完整，测量结果包括了零件的拓扑结构。典型的断层扫描测量方法有超声波、工业CT(Industrial Computer Tomgraph)，工业计算机断层扫描成像MRI(magnetic resonance imaging)和层析法等。

(1) 基于工业CT断层扫描图像法。这种测量方法对被测物体进行断层截面扫描，以X射线的衰减系数为依据，经处理重建断层截面图像，根据不同位置的断层图像可建立物体的三维信息。该方法可以对被测物体内部的结构和形状进行无损测量。该方法造价高，测量系统的空间分辨率低，获取数据时间长，设备体积大。美国LLNL实验室研制的高分辨率工业CT系统测量精度为0.01 mm。

(2) 层析法。该测量方法是用特制的浇注树脂将被测零件的相对位置精确定位，制成测量模型，在高精度数控测量机上用机械去除(铣削或磨削)薄片层，由高分辨率的数字化线阵扫描器测量每层断面的二维信息，利用图像处理中的边缘提取技术精确提取每层断面零件内、外轮廓边缘数据，将三维测量转换为二维测量。最后，由计算机将所有断层零件的内、外轮廓边缘数据和断层厚度信息合成，得到零件的三维数据。层的厚度可以根据精度的要求而定，一般在20～250 μm之间。如何从带有噪声的层析图像中提取零件内、外轮廓边缘信息是该技术的关键。层析法的优点在于任意形状、任意结构的零件的内、外轮廓均可进行测量，但测量方式是破坏性的。

断层扫描测量方法的缺点是：超声波、CT、MRI等测量方法成本较高，而采用层析法则破坏了被测零件。

3.5.5 反求模型重建技术

实物原形在经过数字化测量后形成一系列的空间离散点，模型重建就是要在这些离散点的基础上，应用 CAD 技术构造实物原形的 CAD 模型。对于含有自由曲面的复杂型面，通过测量的数据进行曲面模型重建是反求的核心技术之一。

曲面重建所用的一些基本的曲线、曲面数学模型与表达方法仍然是常用方法，如 Bezier、B-Spline、NURBS 等。但在逆向工程中，曲面重建有其自身特点，因为测量数据具有大规模、散乱的特点，且曲面对象的边界和形状有时极其复杂，因而一般不便运用常规的曲面构造方法。比如，用一张曲面来拟合所有的数据点是不可行的，一般首先按照原形所具有的特征，将测量数据点分割成不同的区域，各个区域分别拟合出不同的曲面，然后应用曲面求交或曲面间过渡的方法将不同的曲面连接起来构成一个体。图 3.68 为曲面反求建模的示例。

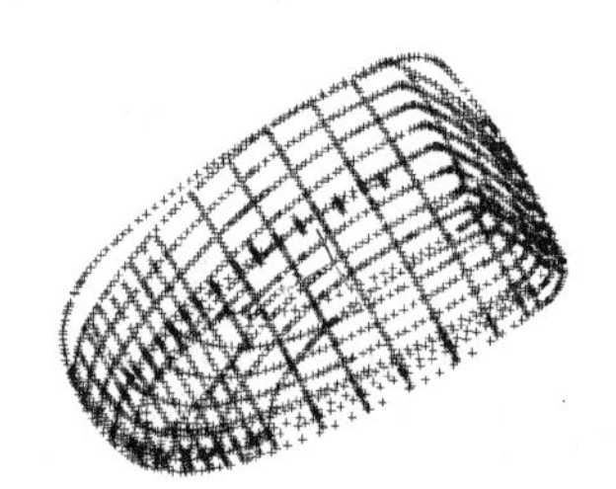

图 3.68　曲面反求建模

1. 三维测量数据的分割技术

物体表面测量数据的分割方法一般可以分为两类，一类是基于边界的分割法，一类是基于区域的分割法。

基于边界的分割法首先估计出测量点的法向矢量或曲率，然后将法向矢量或曲率的突变处判定为边界的位置，并经边界跟踪等处理方法形成封闭的边界，将各边界所围区域作为最终的分割结果。由于在分割过程中只用到边界局部数据，以及存在微分运算，因此这种方法易受到测量噪声的影响，特别是对于型面缓变的曲面，该方法将不再适用。

基于区域的分割法是将具有相似几何特征的空间点划为同一区域，由于这种方法的分割依据具有明确的几何意义，因此是目前较为常用的分割方法。

2. 曲面的拟合技术

根据实际情况，有的拟合曲面用隐形方程的形式表示，有的用参数方程的形式表示。采用隐形方程表示的曲面一般是无界的，需要人为限定其范围。其优点在于对于拟合曲面的离散数据点的分布形式没有提出要求，进行求交运算比较方便。其主要缺点在于不能用统一的方程表示所有类型的曲面。

参数曲面由一定的基函数和控制点来定义，如 Bezier 曲面、B-Spline 曲面等。参数曲面作为形状数学描述的标准形式广泛应用于对曲面的表达中，但参数曲面一般要求拟合区域的形状是较为规整的四边形，对于分割获得的任意 N 边形区域，需作进一步插值划分处理以获得若干较为规整的四边形。此外，参数曲面(线)要求区域内数据点大体上呈矩形网格状的分布形式，因此，对于区域内散乱分布的数据点，通常采用局部插值的方法来计算出规则的网格数据。

曲面拟合可以分为插值和逼近两种方式。使用插值方法拟合曲面时需通过所有数据点，它适合于测量设备精度高，数据点坐标比较精确的场合。使用逼近方法所拟合的曲面不一定通过所有的数据点，适用于测量数据较多，测量数据含噪声较高的情况。

目前主要有 3 种曲面构造方案：① 以 B-Spline 或 NURBS 曲面为基础的曲面构造方案；② 以三角 Bezier 曲面为基础的曲面构造方案；③ 以多面体方式来描述曲面物体。

在曲面重建过程中，多张曲面的延伸、过渡、裁剪以及对“多视数据”的多视拼合问题等已成为越来越多的 CAD 研究者研究的重点问题。

3. 基于特征的 CAD 建模

使用点集和参数曲面的方式表达零件的几何形状时，对描述零件的位置信息是基本合适的，但不能表达零件对象更高层次的结构特征信息。因此，基于特征的反求建模是近几年所发展的建模方法之一。该方法通过特征建模的原理，尽可能地对零件承担的功能进行分析，提取其几何特征及特征之间的拓扑关系，最终建立基于特征的 CAD 模型。

4. 曲面分析

曲面拟合以后，需对曲面进行编辑，包括裁剪、延伸、过渡等，同时还要进行曲面分析。

在反求模型重构中，为减少曲面的控制顶点数，并不是所有的曲面都严格地通过每个测量点，而是用拟合误差来控制曲面的生成。也就是说，拟合的曲面与测量点数据之间存在一定的误差。曲面分析的目的是了解误差的分布，以便让设计人员根据误差的分布来适当修改曲面。

曲面分析的基本方法是曲面误差分析，其基本原理是测量点向曲面做法向投影，以测量点和投影点间的距离作为该点与曲面的误差量，以数学形式表示为

$$e_i = P_i - P_i^{'}$$

其中：$P_i^{'}$ 为 P_i 在曲面上的投影点，e_i 为该测量点的误差值。

一般地讲，测量点在曲面上的投影点等于或近似等于该点到曲面的最短距离点，所以，测量点到曲面的误差可以用该点到曲面的最短距离来表示。假设曲面的方程为 $S(u,v)$，则最短距离为

$$F = (S(u,v) - P)^2$$

得公式：

$$\frac{\partial F}{\partial u} = \frac{\partial F}{\partial v} = 0$$

利用牛顿法解出 u, v 曲面参数，得到投影点的位置。

曲面分析的另外一个工具是曲面的曲率分析。通过曲率分析，可以考察拟合的曲面的品质，由于测量误差或错误存在，拟合的曲面可能出现局部扭曲或曲面不光滑，因而根据曲率分析可确定曲面的平滑状态，以决定是否修改曲面。曲率分析时通常用到曲面的平均曲率 H 或高斯曲率 K。根据平均曲率和高斯曲率，可以计算曲面的最大主曲率和最小主曲率。

3.5.6　反求建模的应用

1. 产品仿制

在没有设计图纸或者设计图纸不完整以及没有 CAD 模型的情况下，对零件原形进行反求建模以获得零件的 CAD 模型，并以此为依据生成数控加工的 NC 代码，加工复制出一个相同的零件。

2. 新产品外形美观化设计

在产品造型中针对产品外形的美观化设计，常需具有美工背景的设计师们构想出创新的美观外形，再以手工方式制造出样件，如木材样件、石膏样件、黏土样件、橡胶样件、塑料样件、玻璃纤维样件等，然后通过反求建模构建出产品的 CAD 模型。

3. 旧产品的改进设计

许多新产品的设计都是从对旧产品的改进开始的通过反求建模获得原产品的 CAD 模型，然后在原产品的基础上进行改进设计。

4. 产品试验模型的反求

通过反求建模产生需要实验测试的产品模型。比如航天航空领域，为了满足产品对空气动力学等要求，要求在初始设计模型的基础上，经过各种性能测试(如风洞实验等)建立符合要求的产品模型，并对其进行仿真实验，确定各种设计参数。这种实验模型将成为设计这类产品的依据。

另外，反求建模在工艺美术、物品修复、计算机图形和动画及医疗康复工程等领域也获得了大量的应用。

习题与思考题

1. 三维几何建模的方式有哪几种？各有什么特点？
2. 简述实体建模的原理和主要方法。
3. 简述三维实体建模中常用的 B-rep 法和 CSG 法的特点。
4. 用 CSG 表示一个几何实体是否具有唯一性？
5. 选择一个简单零件，用 CSG 法分析它由哪些体素构成，画出 CSG 树。
6. 试述常见的曲面造型方法。
7. 常见的曲面处理方法有哪些？
8. 简述参数化设计的概念。
9. 分析参数化造型设计与变量化造型设计的区别与联系。
10. 什么是特征？主要的特征类有哪些？
11. 特征的工程意义和作用是什么？形状特征分为哪几类？
12. 简述特征建模与实体建模的联系与区别。
13. 参数化特征造型的一般过程如何？
14. 简述反求建模的概念和工作过程。

15. 反求建模的特点及主要关键技术是什么?
16. 三维数字化测量设备有哪些?
17. 简述三坐标测量机的结构及组成。
18. 三维数字化测量的方法有哪些? 各有什么特点?
19. CAD 模型重建技术的主要内容有哪些?
20. 反求建模的主要应用有哪些?

第 4 章 CAD/CAM 装配建模技术

产品的设计过程是一个复杂的创造性活动，不仅要求设计零件的几何形状和结构，而且还要设计零件之间的相互联接和装配关系。这就要求新一代的 CAD/CAM 系统必须具备装配层次上的产品建模功能，即装配建模。装配建模和装配模型的研究是 CAD/CAM 建模技术发展的必然。本章主要介绍装配建模及 CAD/CAM 装配设计中的基本技术。

4.1 装配建模概述

产品的设计过程中不仅要设计产品的各个组成零件，而且要建立装配结构中各种零件之间的联接关系和配合关系。在产品的 CAD/CAM 过程中，同样要进行完整的装配设计工作，即在零件造型的基础上，采用装配设计的原理和方法在计算机中形成装配方案，实现数字化预装配，建立起产品的装配模型。这种在计算机中将产品的零部件装配组合在一起形成一个完整的数字化装配模型的过程叫装配建模或装配设计。

装配建模的主要内容包括如下几个方面：

(1) 概念设计到结构设计的映射。产品方案设计阶段所得到的原理解，只是一些抽象的概念，装配设计的基本内容便是从这些概念出发，进行技术上的具体化，包括关键零部件的构型设计，装配结构尺寸、零件数量和空间相互位置关系的确定等，从而实现产品从概念设计到结构设计的映射。必须指出的是，这种映射往往是“一对多”的关系，也就是说，能够实现某一原理解的装配结构方案很可能会有多个。这就需要对不同的结构方案进行分析、评价和优选。

(2) 数字化预装配。运用装配设计的原理和方法在计算机中进行产品数字化预装配，建立产品的数字化装配模型，并对该模型进行不断的修改、编辑和完善，直到完成满意的产品装配结构。该过程也可称之为虚拟装配。

(3) 可装配性分析与评价。可装配性是指产品及其装配元件(零件或子装配体)容易装配的能力和特性，是衡量装配结构优劣的根本指标。可装配性分析与评价是产品装配设计的重要内容之一，这种评价应兼顾技术特性、经济特性和社会特性。

4.2 装 配 模 型

装配模型是装配建模的基础，建立产品装配模型的目的在于建立完整的产品装配信息表达，一方面使系统对产品设计能进行全面支持，另一方面它可以为新型 CAD/CAM 系统中的装配自动化和装配工艺规划提供信息源，并对设计进行分析和评价。

装配模型的研究至今已有 20 多年。最早的尝试是 Liberman 和 Wesley 等人在开发 AUTOPASS 时做出的，在他们的研究中，零件和装配体被表达为图结构中的结点，图中的分支代表部件间的装配关系，如“装配”、“约束”、“附属”等，同时在每个分支上存有一个空间变换矩阵，用来确定部件间的相对位置以及其他非几何信息。De Fazio 和 Whitney 提出了优先联系图(Precedence Relation Graph)方法，他们认为，任何一个装配动作都必须与其他的装配动作有优先关系，因此可以定义一组优先规则，通过图排序可得到装配序列。Homem de Mello 和 Sanderson 提出与或图(AND/OR Graph)来描述装配体，图中每个叶子结点表示装配体最底层的部件和零件，根结点表示最终的产品，它是通过拆分装配体几何模型得到的，有些类似于 CSG 结构。Lee 和 Gossard 在与或图的基础上提出了真正意义上的层次建模方法，他们将装配体按层次分解成由部件组成的树状结构，部件既可以是零件，也可以是子装配体，树的顶端是产品装配体，末端是不可拆分的零件，其余的部分是由概念设计确定的子装配体。这种装配树的概念已广泛应用于目前的 CAD/CAM 系统中。

4.2.1　装配模型的特点与结构

1. 装配模型的特点

产品装配模型是一个支持产品从概念设计到零件设计，并能完整、正确地传递不同装配体设计参数、装配层次和装配信息的产品模型。它是产品设计过程中数据管理的核心，是产品开发和支持设计灵活变动的强有力工具。

装配模型具有以下特点：

(1) 能完整地表达产品装配信息。装配模型不仅描述了零部件本身的信息，而且描述了零部件之间的装配关系及拓扑结构。

(2) 可以支持并行设计。装配模型不但完整地表达了产品的信息，而且描述了产品设计参数的继承关系及其变化约束机制，保证了设计参数的一致性，并能支持产品的并行设计。

2. 集成化产品装配模型

从现代产品开发观点看，理想的装配模型应该是一种集成化的信息模型，支持面向全生命周期产品设计过程中与装配相关的所有活动和过程，包括产品定义、生产规划和过程仿真中与装配相关的各个子过程，如图 4.1 所示。

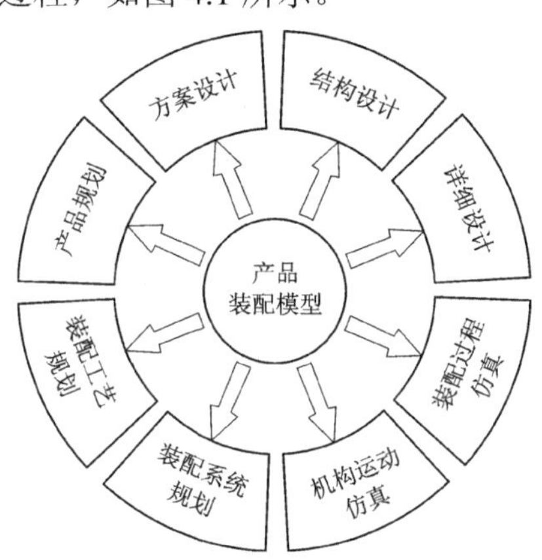

图 4.1　集成化装配模型

3. 装配模型的结构

产品装配结构往往是通过相互之间的装配关系表现出来的，因此，装配模型的结构应能有效地描述产品零部件之间的装配关系。主要的装配关系有层次关系、装配关系和参数约束关系。

1) *层次关系*

机械产品是由具有层次关系的零部件组成的系统，表现在装配次序上，就是先由零件组装成子装配体(部件或子部件)，再参与整机的装配。产品零部件之间的层次关系可以表示成如图 4.2 所示的树结构。在图中，边表示父结点与子结点之间的所属关系，结点表示装配件的具体描述。

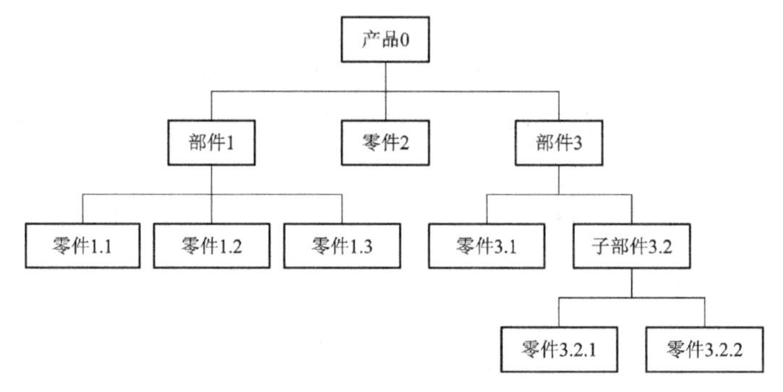

图 4.2　产品结构的装配层次关系

2) *装配关系*

装配关系是零件之间的相对位置和配合关系的描述，它反映零件之间的相互约束关系。装配关系的描述是建立产品装配模型的基础和关键。根据机械产品的特点，可以将产品的装配关系分为三类：几何关系、连接关系和运动关系，如图 4.3 所示。

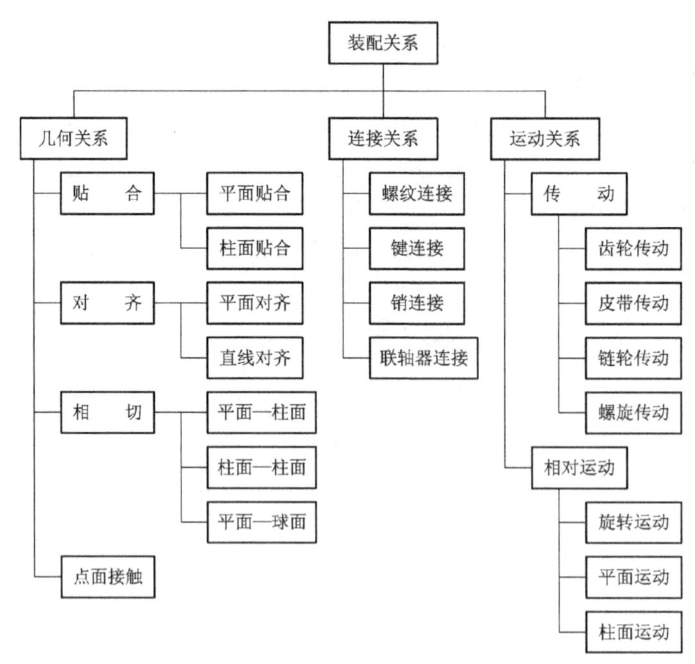

图 4.3　装配关系

几何关系主要描述实体模型的几何元素(点、线、面)之间的相互位置和约束关系。几何关系分为四类：贴合、对齐、相切和点面接触。

连接关系是描述零部件之间的位置和约束的关系，主要包括螺纹连接、键连接、销连接、联轴器连接及焊接、粘接和铆接等。

运动关系是描述零件之间的相对运动的一种关系，分为传动关系和相对运动关系。

3) 参数约束关系

设计过程中，其中一类参数是由上层传递下来的，本层设计部门无权直接修改，将这类参数称之为继承参数。另一类参数既可以是从继承参数中导出的，也可以是根据当前的设计需要制定的，将这类参数统称为生成参数。当继承参数有所改变时，相关的生成参数也要随之调整。产品的装配信息模型中需要记录参数之间的这种约束关系和参数制定依据的信息，根据这些信息，当参数变化时，其传播过程能够显式给出或由特定的推理机制完成。

4.2.2　装配模型的信息组成

装配模型不仅要处理设计系统的输入信息，还应能处理设计过程的中间信息和结果信息，因此，装配模型中的信息应随设计过程的推进而逐渐丰富和完善。这些信息主要由六个方面的内容组成，如图4.4所示。

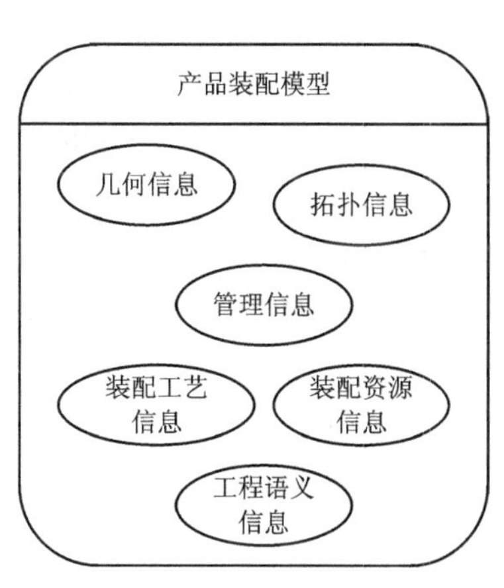

图4.4　产品装配模型的信息组成

1) 管理信息

管理信息是指与产品及其零部件管理相关的信息。管理信息相当于众所周知的BOM信息，包括产品各构成元件的名称、代号、材料、件数、技术规范或标准、技术要求，以及设计者和供应商、设计版本等信息。它们是在产品设计过程中逐渐形成的，主要作用是为产品设计过程以及产品生命周期后续过程的管理提供参考和基本依据。

2) 几何信息

几何信息是指与产品的几何实体构造相关的信息。它们决定装配元件和整个产品装配体的几何形状与尺寸大小，以及装配元件在最终装配体内的位置和姿态。由于现有的商用CAD/CAM系统已具备较完善的几何建模功能，因此，产品装配模型所需的几何构造信息可直接从相关的内部数据库提取。

3) 拓扑信息

拓扑信息包括两类信息。

一类信息为产品装配的层次结构关系。这类信息与具体应用领域有关，往往因“视图”的不同而有所差别。例如，对于同一个产品来说，如分别从功能、装/拆操作、机构运动等角度分析，其层次结构组成关系很可能是不同的。

另一类信息为产品装配元件之间的几何配合约束关系。常见的关系有贴合(Mate)、对齐(Align)、同向(Orient)、相切(Tangent)、插入(Insert)和坐标系重合(Coord Sys)等。这类信息取决于静态装配体的构造需求，与应用领域无关。

4．工程语义信息

工程语义信息是指与产品工程应用相关的语义信息。工程语义信息主要包括以下五类：

(1) 装配元件的角色类别，如螺栓螺钉、垫圈垫片、销钉、轴承、弹簧、卡紧件、密封件和一般结构件等及其相关信息。

(2) 装配元件的聚类分组(Clustering)，如一般簇(含螺钉、销钉、卡紧件等的元件簇)、特殊簇(具有过盈配合、胶接、焊接等关系的元件簇)以及簇的嵌套等。

(3) 装配元件装/拆的强制优先(Priorities)关系，包括基体定义、强制领先和强制滞后关系。

(4) 装配元件之间的工艺约束和运动约束等关系。

(5) 装配元件之间的设计参数约束和传递关系。

前 3 类信息可用于建立装/拆优先关系，第 4 类信息可用于构造产品与相关应用领域的结构层次关系，第 5 类信息则确保设计参数在设计过程中的协调一致。

5．装配工艺信息

装配工艺信息是指与产品装/拆工艺过程及其具体操作相关的信息。装配工艺信息包括各装配元件的装配顺序、装配路径，以及装配工位的安排与调整、装配夹具的利用、装配工具(如扳手、螺丝刀等)的介入、操作和退出等信息。它们主要为装配工艺规划和装配过程仿真服务，包括相关活动和子过程的信息输入、中间结构的存储与利用、最终结果的形成等。

6．装配资源信息

装配资源信息是指与产品装配工艺过程具体实施相关的装配资源的总和，主要指装配系统设备的组成与控制参数。装配资源信息包括装配工作台与设备的选择、装配夹具与工具的类别和型号，以及它们各自的有关控制参数如形状、尺寸、比例、大小等。这些信息用于构造虚拟的装配工作环境，是实施产品数字化预装配必不可少的内容。

4.2.3　装配树

1．装配树的概念

由装配模型的结构的层次关系可知，机械产品是由具有层次关系的零部件组成的系统。一个复杂机器是由多个部件所组成的，每个部件又可继续划分为下一级的子部件，依此类推，直至零件。这种装配模型的层次关系可以用装配树的概念清晰地加以表达。整个装配模型构成一个树状结构，顶层为整个装配体(树根)，下一层依次为相应的子装配体(Subassembly)或零件。这种树状层次被称为装配描述树或装配树。因此，装配树是用来描述一个产品的装配结构及其层次关系的工具。装配树完整地记录了零部件之间的全部结构关系和装配约束关系，是装配模型的一种形象的表达形式。图 4.5 所示的曲柄传动装配结构，其装配树如图 4.6 所示。其中第 2 层的两个装配体均为子装配体和部分零件，第 3 层为零件。装配树的概念已广泛应用于目前的 CAD/CAD 系统中。图 4.7 所示是 UG 装配导航器(Assembly Navigator)中的装配树。

图 4.5　曲柄传动装配结构

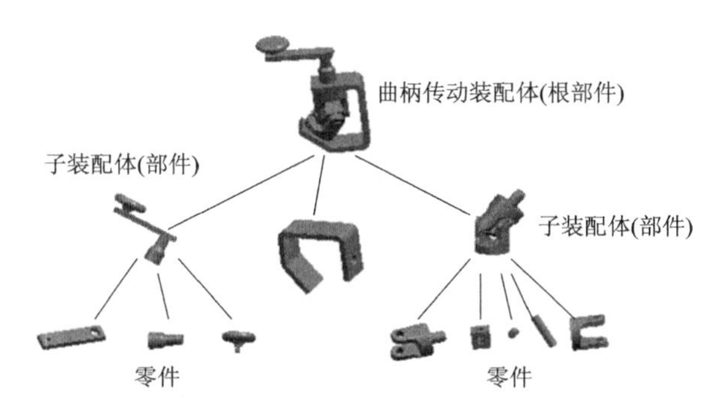

图 4.6　曲柄传动装配树

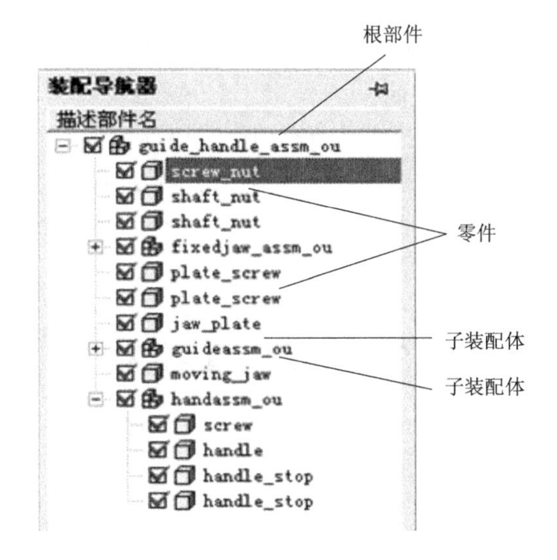

图 4.7　UG 中的装配树

2．装配树中的构件

1) 根部件

根部件(Base Component)是装配模型的最顶层结构，也是装配模型的存储文件名或称为根目录。当创建一个新装配模型文件时，根部件就自动产生，此后引入该文件的任何零件都会跟在该根部件之后。图 4.6 中的“曲柄传动装配体”和图 4.7 装配导航窗口中的 guide_handle_assm_ou 即为根部件。

2) 部件

装配模型中的子装配体或零件统称为部件。部件可以是一个零件，也可以是由一系列零件装配而成的零件组合，在装配模型的逻辑上附属于上层体系。部件可以嵌套，即部件中还可含有子部件。部件既可以在当前的装配文件中创建或驻留，也可以在外部装配模型文件中创建和驻留，然后引用到当前文件中。

第一个引入到装配模型中的部件称为基础部件，在装配模型中，它是默认不动的，可认为它的自由度为零而无需施加约束。其后引用的各个零部件在装配树中都要依次向后排列，并需对部件施加装配约束，伴随着这个过程，装配树在不断扩大，直至完成整个装配。

3) 内部装配部件和外部装配部件

内部装配部件是指在本装配模型内部创建的部件。内部装配部件可以外部化，即可以把部分或全部的内部装配部件保存为专门的文件，供其他文件调用。

外部装配部件是指存放在外部文件中的装配模型中的部件。外部装配部件可以引入到当前装配文件中，并参与当前的装配建模。

4) 部件样本

一个零件有可能在装配模型中使用多次，这时可以对该零件制作多个拷贝。这样的拷贝也可称为部件样本，习惯上把部件样本的使用称为部件引用。

部件样本有以下性质：

(1) 当在同一个装配模型中需要多次引用同一个零件时，如要在当前装配模型中的几个不同的地方用到相同的螺栓和螺母，只需在模型系统中存储一个该零件的图形文件即可，这样大大减少了模型占用的磁盘空间。

(2) 当对某个部件定义进行修改时，所有引用过该部件样本的装配模型都会自动刷新，无须逐个修改，从而大大减少了工作量，同时避免了因为修改遗漏所带来的错误。

(3) 相同的零件可以应用到不同的装配文件中，在不同的装配模型中采用外部引用的方式，不需要重复构造就可以在文件之间反复引用。

4.3　装配约束技术

4.3.1　装配约束分析

装配建模过程建立不同部件之间的相对位置关系，一般通过装配约束、装配尺寸和装配关系式等三种手段将各零部件组合成装配体。装配约束是最重要的装配参数，有的系统把约束和尺寸共同参与装配的操作也归入装配约束。

1．零件自由度

尚未参与装配的零件在三维空间中的位置是任意的，我们可以用自由度DOF(Degree of Freedom)来描述零件的位置状态。三维空间中一个自由零件(刚体)的自由度是6个，即3个绕坐标轴的转动和 3 个沿坐标轴的移动。此时，该零件能够运动到空间的任何位置，并达到任何一种姿态，如图4.8(a)所示。但是，当给零件的运动施加一系列限制时，零件运动的自由度将减少。例如，规定该零件的下表面必须在*XY*面上，此时零件就只能在*XY*平面内作平面运动，它的DOF就减少到3个：即2个移动(沿*X*，*Y*轴)和1个转动(绕*Z*轴)，如图4.8(b)所示。如果继续规定该零件的一个侧面不能离开*XZ*面，此时零件就只能沿X轴作移动了，DOF减少到1个。如果继续规定该零件不能离开原点，那么该零件的DOF等于0，如图4.8(c)所示，此时零件在三维空间坐标系中的位置就完全确定了。

由此可见，根据零件在空间位置的确定程度，零件的自由度在0～6之间变化。

实际上，装配建模的过程可以看成是对零件的自由度进行限制的过程。限制零件自由度的主要手段是对零件施加各种约束，通过约束来确定两个零件或多个零件之间的相对位置关系以及它们的相对几何关系。

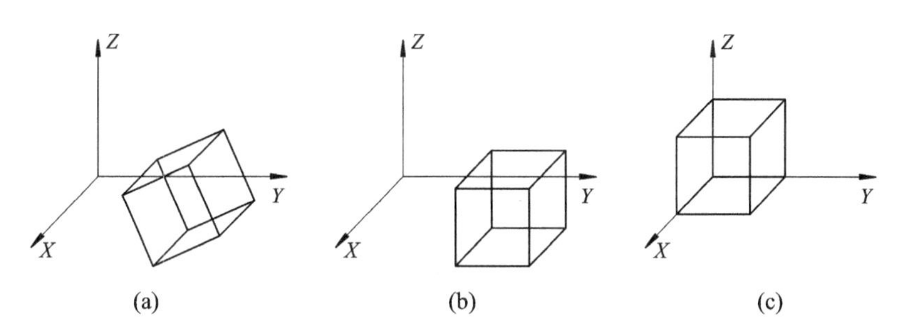

图 4.8　零件的自由度(DOF)

2. 装配约束类型

在装配建模中经常使用的装配约束类型有多种，不同的 CAD 系统大同小异。下面介绍最常见的几种。

1) 贴合

贴合是一种最常用的装配约束，它可以对所有类型的物体进行定位安装。使用贴合约束可以使一个零件上的点、线、面与另一个零件上的点、线、面贴合在一起。

由生产实践可知，实际装配过程中零件大多采用面进行约束，所以面的贴合用得最普遍。两个面贴合时，它们的法线方向相反，如图 4.9 所示。对于圆柱面，要求相配的圆柱面的直径相等时才能对齐轴线。对于点、边缘和线，贴合与对齐基本类似。

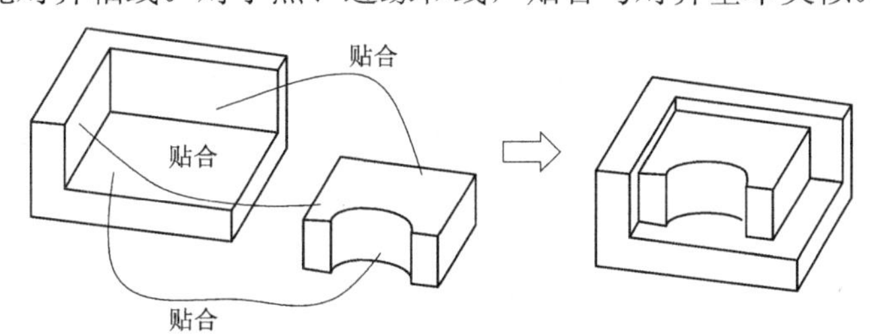

图 4.9　面贴合

2) 面偏离

面偏离是指两个部件上的两个面相互平行并且偏离一定的距离，如图 4.10 所示。两平行平面间的距离称为偏离量，相当于装配间隙。偏离量可以像尺寸一样被修改，它可以是正数，也可等于 0。当偏离量为 0 时，面偏离与面贴合相同。可见，面偏离可转化为面贴合，但面贴合不能转化为面偏离。

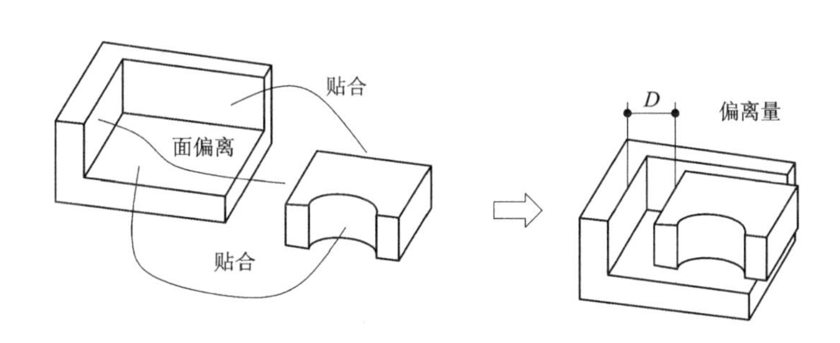

图 4.10　面偏离

3) 对齐

使用对齐约束可以使两个零件产生共面位置关系。对齐约束使一个零件上的某个面与另一个零件上的某个面实现同向共面对齐，它和面贴合的区别是两个面“同向”，也就是两个面的法线方向相同，如图 4.11 所示。

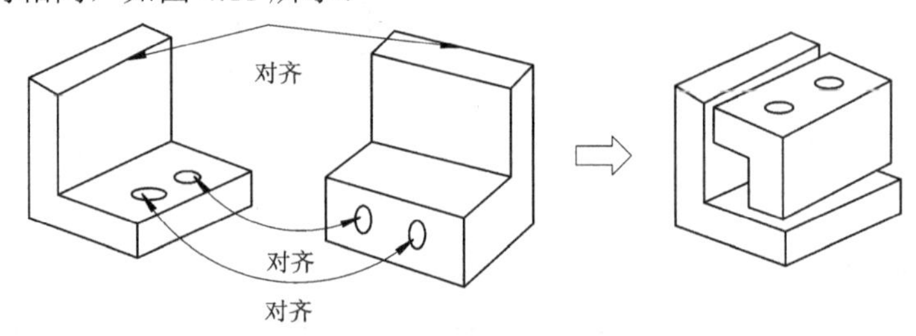

图 4.11　对齐

有的 CAD 系统把圆柱面的中心线的对齐作为专门的约束而单独规定了一种约束类型，称为同心或中心对齐，其原理是一样的。

4) 平行

平行约束可以使两个零件上的指定的平面生成同向平行联系，它规定了两个面平行且朝着同一方向，如图 4.12 所示。平行规定了平面的方向，但并不规定平面在其垂直方向上的位置。

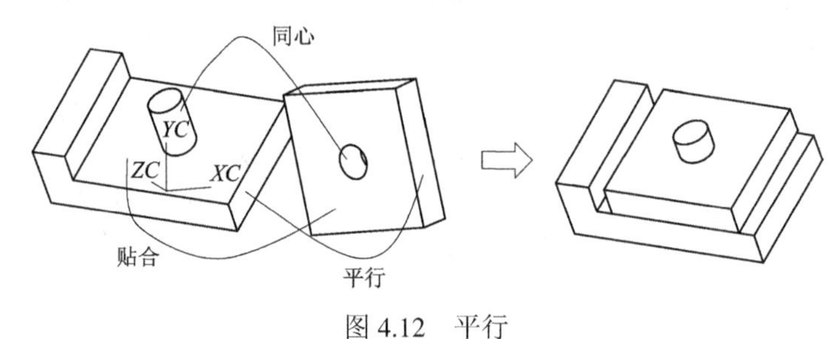

图 4.12　平行

5) 相切

相切是指两个曲面以相切的方式相接触，如图 4.13 所示。

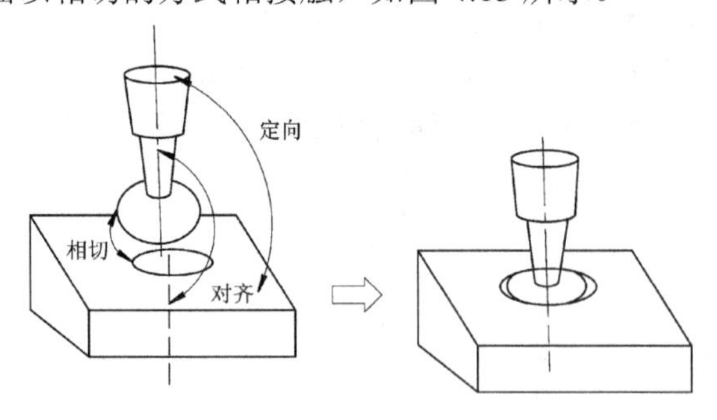

图 4.13　相切

6) 角度

角度约束在两个零件的相应对象之间定义角度约束，使相配合零件具有一个正确的方位。角度是两个对象的方向矢量的夹角，如图 4.14 所示。两个对象的类型可以不同，如可以在面和边缘之间指定一个角度约束。

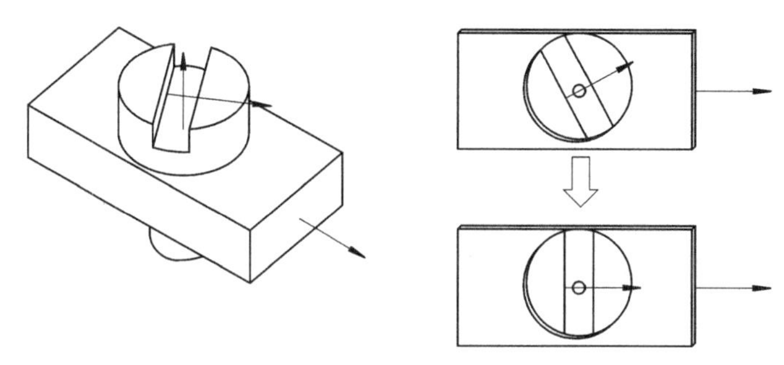

图 4.14　角度

上述约束经常组合使用，为了达到所希望的约束程度(如完全约束)，往往要采用上述约束的不同组合。

3. 各种装配约束的自由度分析

使用各种约束将会减少零件的自由度，每当在两个零件之间添加一个装配约束时，它们之间的一个或多个自由度就被消除了。为了完全约束部件，必须采取不同的约束组合。

各种装配约束对零件自由度的影响是：

(1) 贴合：面的贴合约束去除了 1 个移动和 2 个旋转自由度；点的贴合约束去除了 3 个移动自由度；线的贴合约束去除了 2 个移动和 2 个转动自由度。

(2) 对齐：面的对齐约束去除了 1 个移动和 2 个转动自由度。

(3) 平行：面的平行约束去除了 2 个转动自由度。

(4) 角度：角度约束去除了 1 个旋转自由度。

其余各不同对象类型的约束各去除几个自由度，读者可自行分析。

4. 零件的约束状态

由约束的自由度分析可知，任意的单个约束形式都无法完全确定零件之间的关系，零件之间的关系一般由多个约束组合形成。当一个零件被约束后，其总体约束状态分为 3 种：

(1) 欠约束：当对零件施加约束后，零件的自由度仍然大于零，称该零件为欠约束状态。

(2) 完全约束：当对零件施加约束后，零件的自由度等于零，称该零件为完全约束状态。

(3) 过约束：当零件已经处于完全约束状态时，仍然继续对零件施加约束，则称该零件为过约束状态。

一般情况下，要避免出现过约束状态。但是否要达到完全约束状态，则要视具体情况而定，大部分情况采用完全约束状态。

4.3.2　装配约束规划

1. 装配约束运用

在某个零件上施加的约束类型和数量，决定了零件或装配模型经修改后装配模型刷新时的变化结果。一般情况下，如果零件之间不存在规定的相对运动，那么零件之间应尽量做到完全约束装配(尽管有时允许不完全约束装配的存在)。

在施加装配约束时注意以下约束习惯：

(1) 按零件在机器中的物理装配关系建立零件之间的装配顺序。

(2) 对于运动机构，按照运动的传递顺序建立装配关系。

(3) 对于没有相对运动的零件，最好实现完全约束，要防止出现几何到位而实际上欠约束的不确定装配现象。

(4) 按照零件之间的实际装配关系建立约束模型。

(5) 优先使用平面约束。

(6) 优先使用实体表面的约束。

(7) 在对称的情况下尽量参考对称面。

2．部件阵列约束

部件阵列是一种在装配中用对应的约束条件快速生成多个装配部件的方法，如要在法兰盘上装多个螺栓，可用约束条件先装配其中一个，则其他的螺栓可采用部件阵列的方式，而不必为每一个螺栓定义约束条件。

部件阵列约束有两种：

(1) 利用已有特征阵列建立部件的阵列。

(2) 建立部件自身的尺寸驱动阵列。

利用已有特征阵列建立部件阵列的方法也称为基于特征的阵列，常用在螺钉一类的部件装配中。此时，螺钉孔一般是以阵列特征的方式建立起来的一组孔，为了将螺钉装配到这些孔中，可在孔上安装其中一个螺钉，然后指定螺钉和孔阵列中的任一孔建立阵列，即可实现将一组螺钉和孔阵列中的孔对应装配起来，如图 4.15 所示。螺钉孔本身由阵列特征构成，螺钉参照孔阵列形成装配的部件阵列。

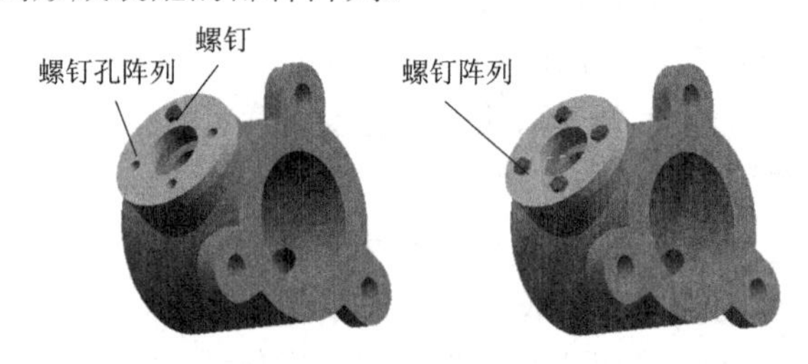

图 4.15　环形特征阵列装配螺钉

基于特征的阵列是关联的，原始阵列中的实例(如孔)个数决定了部件阵列中装配部件(如螺钉)的个数。如果原始阵列中实例的个数发生改变，那么装配部件的个数也会随之发生改变；同样，如果修改了原始特征阵列的位置、距离等参数，那么装配部件阵列的位置、距离也会发生改变。

装配中部件的尺寸驱动阵列和零件造型中的特征阵列相类似，尺寸驱动阵列由装配约束尺寸驱动。基于尺寸的驱动阵列分为线性阵列和环形阵列，线性阵列又可分为一维和二维阵列，二维阵列也称为矩形阵列。

4.4　装配模型的管理与分析

4.4.1　装配模型的管理

在实际装配设计的过程中，需要不断对正在装配的模型进行各种管理操作，因此，大多数 CAD 系统均提供了装配模型管理功能。装配模型的管理通过装配树及装配导航器窗口进行，图 4.16 所示为 UG Ⅱ的装配导航器窗口以及在该窗口中用鼠标右键单击后弹出的管理功能菜单。

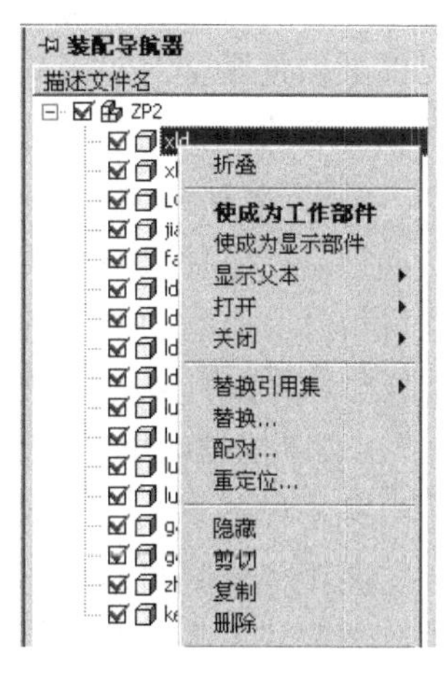

图 4.16　UG Ⅱ的装配导航器

装配模型的管理主要包括以下内容：

1．装配模型的编辑

装配模型的编辑功能主要有：

(1) 查看装配零件的层次关系、装配结构和状态。由于装配树浏览器本身就是一种目录结构，因此可以像查看文件目录树一样逐级了解装配体的部件及零件构成关系。

(2) 查看装配件中各零件的状态。可以在装配树浏览器中观察零件的特征树，以及零件之间的约束记录。

(3) 选择、删除和编辑零部件。可以激活装配树中的零件，进行零件级的管理，如删除、移动、拷贝和特征编辑。

(4) 查看和删除零件的装配关系。对已经约束装配的零件，可以删除其约束。

(5) 编辑装配关系里的有关数据。对已经约束装配的零件，可以改变约束参数，如改变平行面之间的距离参数。

(6) 可以显示零件自由度和部件物性。

2．装配约束的维护

在修改装配模型中的部件时，部件之间的约束关系并不会改变，因此，当部件的位置或尺寸发生变化时，整个模型会刷新，并保证严格的装配关系。例如，对四杆机构的装配模型，当改变了曲柄的姿态时，系统会自动对装配约束进行维护，以便调整每个部件的位置和姿态，继续保证四杆机构的封闭特征，即始终保持已经定义的约束关系不变。

CAD 系统的这种装配约束维护功能实际上是由系统内部的约束求解器自动完成的，无须人工参与。

4.4.2　装配模型的分析

当完成机器的装配建模后，可以对该模型进行必要的分析，以便了解装配质量，发现设计中的问题。

1．装配干涉分析

装配干涉是指零部件之间在空间发生体积相互侵入的现象。这种现象严重影响产品设计质量，因为相互干涉的零件之间会互相侵入，无法正确安装，所以在设计阶段就应发现这种设计缺陷，并予以排除。对运动机构而言，碰撞现象更为复杂，因为装配模型中的部件在不断运动，部件的空间位置在不断发生变化，在变化的每一个位置都要保证部件之间不发生干涉现象。

目前在 CAD 系统中，空间干涉分析已成为系统的基本功能。使用时，只需在装配模型中指定一对或一组部件，系统将自动计算部件的空间干涉情况。若发现干涉，便会把干涉位置和干涉体积计算并显示出来，供设计人员分析和修改。

运动机构的干涉碰撞检查要复杂得多，运动部件的每一个可能到达的中间位置的干涉情况都必须逐个检查。因此，必须先通过运动学计算生成每一个中间位置的装配模型，再进行该位置的干涉检查。通常，这种分析要借助专门的运动学分析软件才能完成。

2. 物性分析

物性是指部件或整个装配件的体积、质量、质心和惯性矩等物理属性(简称物性)。这些属性对设计具有重要的参考价值。但是，依靠人工计算这些属性将非常困难，有了计算机装配模型，系统可以方便地计算部件(零部件)的物理属性，供设计参考。

3. 装配模型的爆炸图

由装配模型可以自动生成它的爆炸场景视图。在这种视图中，装配模型的各个部件会以一定的距离分隔显示，这样整个模型就好像炸开了一样，通过这种视图可以直观、清晰地表达装配造型中各个部件的相互装配位置关系。分隔距离可由“爆炸因子”灵活调整，可以设置统一的爆炸因子，也可以单独对部件设置不同的爆炸因子。一个装配模型可以生成多幅场景视图并分别保存备用。图 4.17 所示为 UG 中的爆炸图。

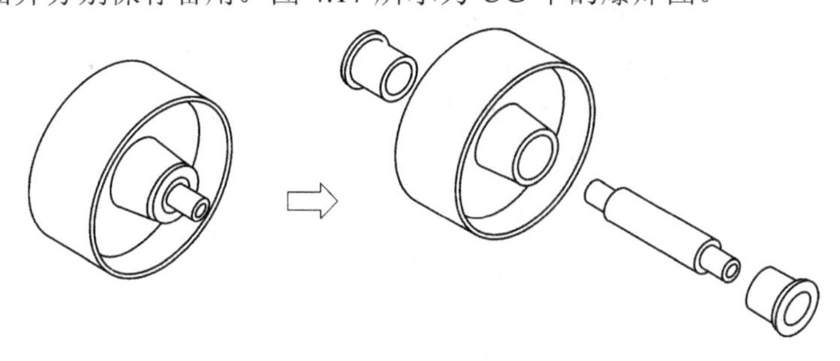

图 4.17　装配轮轴的爆炸图

对装配模型爆炸场景的主要操作包括：

(1) 建立场景视图。

(2) 删除场景视图。

(3) 编辑修改爆炸因子，调整、修改位置间隔距离。

(4) 设置爆炸视图中部件的可见性。

爆炸视图可以在装配模型的任何装配层次上生成，也就是说，既可以为整个装配模型生成爆炸图，也可以为其中的某部件生成单独的爆炸图。

4. 装配模型的简化

在复杂的装配建模过程中，对装配模型进行简化表达是目前广泛采用的技术。使用简化表达可以由用户决定装配中的哪些成员零件或哪些特征要调入内存并显示出来，从而可减少零件调入、重建和显示模型的时间，而且可有选择、有重点地显示用户关心的模型结构，提高工作效率和操作的准确性。

不同的 CAD 软件所用的简化表达技术基本相似，主要有以下几种：

1) 包封(Envelope)

包封也称为封套，可以将零件或装配体作为一个参考部件存在于装配体中，它用一个简单的模型代替复杂的模型。例如，用户可以用一个包封替换一个复杂的子装配体来实现简化表达，使设计重点放在某些特定的区域。

2) 压缩(Suppress)

压缩也称为抑制，零件为压缩状态时，零件的数据并不调入到装配模型，零件的压缩状态在模型重建中不参与计算，也不显示，这样可大量减少对机器资源的占用，加快处理速度。

3) 引用集(Reference Sets)

引用集是 UG 中提出的概念，是用户在零部件中定义的部分被引用的特征数据的集合，由它代表零部件参与装配，使装配中只装入零件模型的部分数据，从而达到简化表达的目的。引用集是整个零件数据的子集，引用集一旦产生，就可单独装配到模型中。一个零部件可以有多个引用集。最常用的引用集有空引用集(Empty)、整个部件(Entire Part)、几何体(Solid)、基准面(Datum Plane)和草图(Sketch)等。

4) 轻化

零件的轻化状态是指在装配中只装入零件模型的部分数据，其余的模型数据可根据需要装入。

5．装配模型的二维工程图

目前大部分三维 CAD 系统(UG，PRO/E，SolidWorks 等)都可在装配模型的基础上自动生成二维装配工程图，生成的过程和方法与零件二维图的生成过程类似。

6．BOM 表生成

物料清单(Bill of Material，简称 BOM 表)在传统上可简单理解为工程图中的明细表，是产品的装配备料清单。BOM 表的生成计算是从最终产品开始，层层往下推算出部件、零件和材料的需求量。这种推算是沿着产品装配结构树层层往下分解的。目前，部分 CAD/CAM 系统的装配功能可自动生成 BOM 表。

BOM 表是定义产品结构的技术文件，主要包括构成产品的各个部件和零件之间的关系信息，是联系与沟通各业务部门的纽带。物料清单体现了数据共享和信息集成，它是接受客户订单、选择装配、编制生产与采购计划、配套领料、跟踪物流、计算成本、投标报价和改进产品设计等不可少的重要文件。BOM 表产生于产品的装配设计过程，是企业进行 CAPP 和实现 CAM 的依据。

4.5　装配设计的两种方法

装配设计有两种典型方法，即自底向上建模(Bottom-up)和自顶向下(Top-down)建模。两种装配建模方法各有特点，各有优势，但自顶向下建模更能反映真实的设计过程，节省不必要的重复设计，提高设计效率。

4.5.1　自底向上的装配设计

自底向上的设计过程是传统的 CAD/CAM 软件中通常使用的一种装配设计过程。该过程模仿实际机器的装配，即把事先制造好的零件装配成部件，再把零部件装配成机器。自底向上装配设计过程也是这样，先构造好所有的零件模型，再把零件模型装配成子部件，然后装配成机器，产生最终的装配模型。在自底向上的设计过程中，如果在装配时发现某些零件不符合要求，诸如零件与零件之间产生干涉、某一零件根本无法进行安装等，就要对零件进行重新设计，重新装配，再发现问题，再进行修改。

从上述过程可以看出，自底向上装配设计过程的优点是思路简单，操作快捷、方便，容易被大多数设计人员所理解和接受。同时，目前市面上的 CAD 系统都能较好地支持这种装配设计过程。因此，这种设计方法目前应用很普遍。

但自底向上装配设计过程的缺点在于事先缺少一个很好的规划和全局的考虑，设计阶段的重复工作较多，会造成时间和人力资源的浪费，工作效率较低。另外，这种设计过程是从零件设计到总体装配设计，不支持产品从概念设计到详细设计的过程，零部件之间的内在联系和约束不完整，产品的设计意图、功能要求以及许多装配语义信息都得不到必要的描述。从发展的眼光看，该方法的局限性是明显的。

4.5.2　自顶向下的装配设计

自顶向下的设计过程是模仿实际产品的开发过程。其过程为：

首先进行功能分解，通过设计计算将总功能分解成一系列的子功能，确定每个子功能参数。

其次进行结构设计，根据总的功能及各个子功能的要求，设计出总体结构(装配)及确定各个子部件(子装配体)之间的位置关系、连接关系、配合关系，而各种关系及其参数通过几何约束或功能的参数约束求解确定。

然后分别对每个部件进行功能分解和结构设计，直到分解至零件。当各零件设计完成时，由于装配模型约束求解机制的作用，整个机器的设计也就基本完成。

1．自顶向下设计过程的特点

(1) 自顶向下设计可以首先确定各个子装配或零件的空间位置和体积、全局性的关键参数，这些参数将被装配中的子装配和零件所引用。当总体参数在随后的设计中逐渐确定并发生改变时，各个零件和子装配将随之改变，这样就更能发挥参数化设计的优越性。

(2) 自顶向下设计使各个装配部件之间的关系变得更加密切。比如轴与孔的配合，装配后配钻的孔等，如果各自分别设计，则既费时，又容易发生错误，而通过自顶向下的设计，一个零件上的尺寸发生变化，对应的零件也将自动更新。

(3) 自顶向下设计方法有利于不同的设计人员共同设计。在设计方案确定以后，所有承担设计任务的小组和个人可以依据总装设计迅速开展工作，可以大大加快设计进程，做到高效、快捷和方便。

2．自顶向下设计的步骤

(1) 确定设计目标。确定产品的设计目标，规划应满足的功能要求及装配关系。

(2) 定义大致的装配结构。把装配的各个子装配勾画出来，至少包括子装配的名称，形成装配树。每个子装配可能来自一个已有的设计，或者仅仅是一个空部件。

(3) 设计骨架模型。每个子装配都有一个骨架模型，在三维设计空间用它来确定装配的空间位置和大小，部件与部件之间的关系以及简单的机构运动模型。骨架模型包含整个装配的重要设计参数，这些参数可以被各个部件引用，所以骨架模型是装配设计的核心。

(4) 将设计意图贯穿到装配结构中，将设计参数从上层装配模型逐渐传递到下层的部件中。

(5) 部件设计。根据传递获得的设计参数等信息进行具体的部件设计。部件设计可以在装配中直接进行，也可以装配已经预先完成的部件造型。

(6) 设计条件的传递。在自上而下的设计中，相关的设计信息可在不同的装配部件之间传递。

由以上过程可见，该过程能最大限度地发挥设计人员的设计潜力，减少设计实施阶段不必要的重复工作，使企业的人力、物力等资源得到充分的利用，有利于提高设计效率，减少新产品的设计研究时间。

4.5.3 两种装配设计方法的比较

图 4.18 通过一个简单的例子来说明两种设计过程的不同。现有一个法兰盖装配到壳体上，两个零件之间存在中心孔和螺纹孔的同轴约束要求，法兰底面与壳体凸台面为贴合的装配约束关系。

自底向上设计过程如图 4.18(a)所示。在该过程中，先要确定两个零件的具体结构及尺寸信息并完成全部详细设计，再利用装配功能添加约束，实现装配设计。

自顶向下设计过程如图 4.18(b)所示。该过程先定义好两个零件的位置以及它们之间的约束关系，而具体零件的结构信息是通过参数约束关系传递获得的。在此基础上进行零件的详细设计。比如，两个零件上各孔轴线位置的同轴约束关系显而易见，该约束关系定义可以从壳体凸台参数约束传递得到，操作时可将法兰的底面轮廓从与之配合的壳体凸台表面直接提取来完成这种约束关系的传递，同时还可得到满足该约束关联关系的法兰盖的特征轮廓线，再通过简单的拉伸便可完成法兰零件的设计。在自顶向下设计过程中，当改变上层零件的参数时，下层零件的参数将会随之改变。如该例中，凸台螺钉孔的个数改变为 6 个，则法兰盖上螺钉孔也将自动完成关联而修改为 6 个。

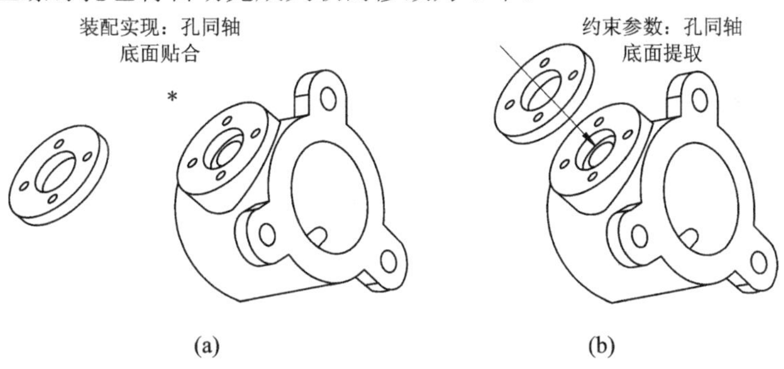

图 4.18　两种设计过程比较

自顶向下与自底向上两种装配设计方法各有特点，分别适用于不同的场合。例如，在开展系列产品设计时，机器的零部件结构相对稳定，零件设计基础较好，大部分的零件模型已经具备，只需要补充部分设计或修改部分零件模型，这时，采用自底向上的装配设计方法就显得更为方便。而在创新性设计中，事先对零件的结构细节不可能非常明了，设计时总是要从比较抽象笼统的装配模型开始，边设计边细化，边设计边修改，逐步求精，这时，就很难开展自底向上的设计，而必须采取自顶向下的设计方法。自顶向下设计始终能把握整体的设计情况，着眼于零部件之间的关系，能够及时发现、调整和修改设计中的问题，适合于在创新设计中逐步求精，提高设计效率和设计质量。目前，流行的商品化三维 CAD/CAM 系统已开始部分地支持自顶向下的设计过程，如 UG、CATIA、Pro/E、SolidWorks 等。

自顶向下的设计过程由于它本身的先进性、科学性和实用性，已经引起了人们广泛的注意和兴趣，成为 CAD/CAM 装配建模技术研究的热点之一。但就目前阶段而言，自顶向下的设计无论在理论上还是在实践中，尚需进一步研究和探索。而现有的大部分 CAD/CAM 系统的自顶向下设计功能尚不完善。另外，在现阶段的 CAD 装配设计中，上述两种方法尚无法截然分开的，可根据实际情况综合应用这两种装配设计方法来开展产品设计。

4.6　装配建模技术的应用

装配建模技术的具体应用随着系统的不同而略有不同，但是其基本原理、概念和方法是普遍适用的。本节仍以 UG 系统为背景，介绍装配设计技术的应用方法和技巧。

4.6.1　UG 软件装配功能简介

UG 提供了一个功能强大的装配建模模块(UG/Assembly Modeling)，该模块不但提供完善的自底向上的装配设计功能，并且可支持并行的、自顶向下的设计过程。

UG 系统提供了一个主模型的概念，并通过所建立主模型使系统中的各个模块(几何造型、装配、有限元分析、加工等)之间共享模型数据。这种体系结构允许建立非常庞大的产品结构，并为设计团队所共享，团队成员始终保持与他人并行地工作。

在 UG 中，所有与装配有关的选项都在集成环境的 Assembly 菜单和图标中，如图 4.19 所示。其中，装配约束条件(Mating Conditions)对话框菜单用来定义各组件之间的装配关系，如图 4.20 所示。

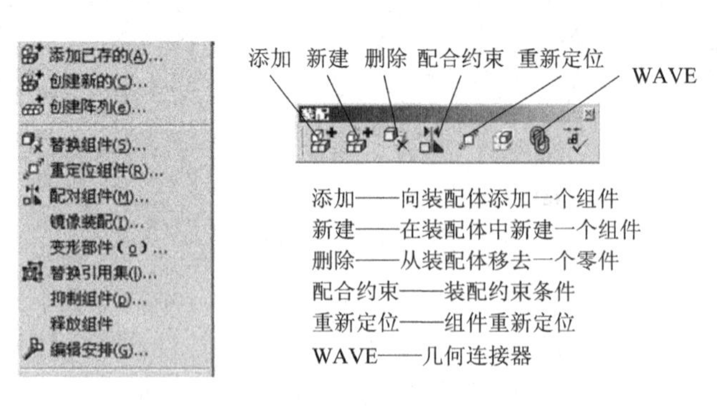

图 4.19　UG 的装配菜单与图标

在这个对话框中，上部是配对导航窗口，该窗口中显示了哪些零件之间所具有的装配关系。图 4.20 中显示的 XLD 与 ZHOU10 两个零件之间具有装配关系，装配关系由 2 个约束关系所组成，即平面与平面之间的贴合(Mate–平面的→平面的)，两个圆柱面之间的同心(Center_1_1-圆柱副→圆柱)。

零件之间的约束由装配约束条件图标定义，如图 4.20 下部所示。约束条件的含义如 4.3.1 节所述。

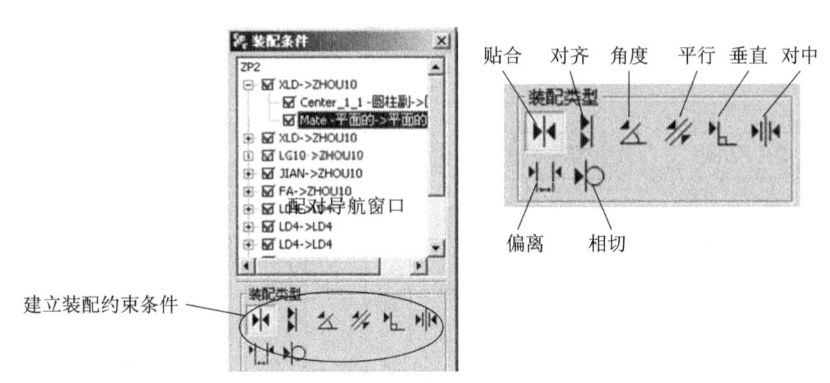

图 4.20　装配约束条件

4.6.2　基于 UG 的自底向上装配设计

下面以台虎钳的装配为例，说明自底向上装配设计的应用。台虎钳的装配结构如图 4.21 所示。

自底向上装配设计的基本步骤如下：

1) 零件设计

构造装配体中所有零件的特征实体模型。一般这些零件都可单独构成各自的文件而单独保存，这样做的好处是方便在不同场合下以外部文件引用，每个零件可以引用一次，也可以引用多次。通过造型设计完成台虎钳的全部零件，如图 4.22 所示。

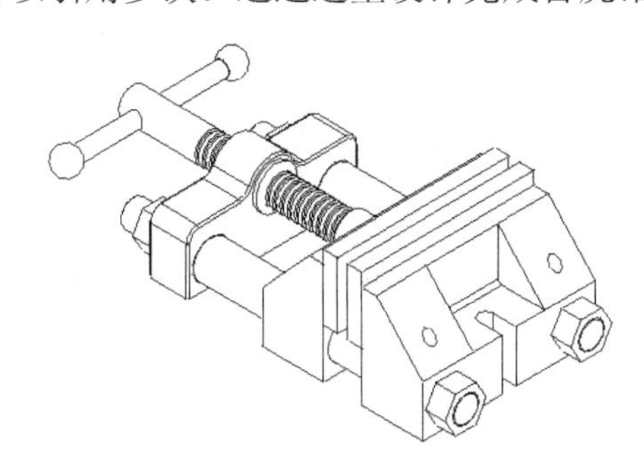

图 4.21　台虎钳装配结构

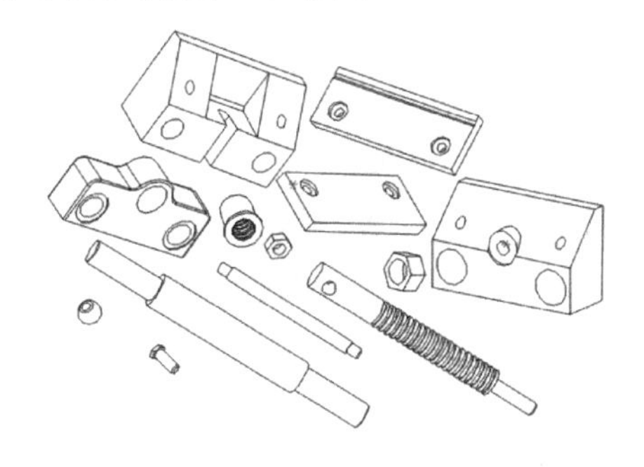

图 4.22　台虎钳的全部零件

2) 装配序列规划

装配序列规划是装配建模中关键的一项内容，主要考虑下列问题：

(1) 分析整个装配体，确定基础部件和各部件的组成，合理划分和确定装配的层次关系。对于复杂机器，一般均采用按部件划分成多层次的装配方案，进行装配数据的组织和实施装配。对一些变化很少的通用零部件，事先做成独立的子装配文件，然后采取引入调用的方式进行装配。

(2) 分析部件的引入顺序以及部件之间的约束方法，考虑部件的装配顺序。

(3) 根据上述考虑，确定装配树。

本例中通过分析、规划将台虎钳分为 3 个子装配体，再由其他零件和子装配体完成整个台虎钳的装配。台虎钳的装配树如图 4.23 所示。

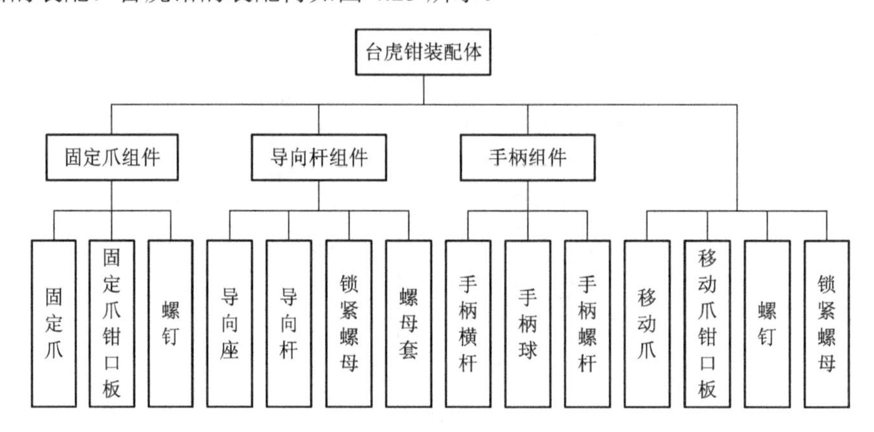

图 4.23　台虎钳装配树

3) 装配操作步骤

采用系统提供的装配菜单和对话框命令，按照装配树的顺序，自底向上地逐一完成零部件装配。这一过程中的关键是需熟练掌握系统的有关命令。

(1) 构造手柄组件子装配体。手柄组件子装配体包括：手柄横杆、手柄球和手柄螺杆。通过装配操作，完成的手柄组件子装配体如图 4.24 所示。

(2) 构造导向杆组件子装配体。导向杆组件子装配体包括：导向座、导向杆、螺母套和锁紧螺母。通过装配操作，完成的导向杆组件子装配体如图 4.25 所示。

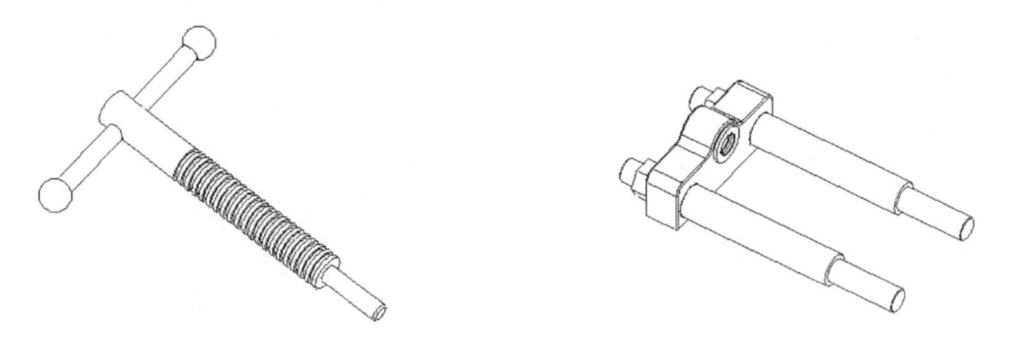

图 4.24　手柄组件子装配体　　　　图 4.25　导向杆组件子装配体

(3) 构造固定爪组件子装配体。固定爪组件子装配体包括：固定爪、固定爪钳口板及两只连接螺钉。通过装配操作，完成的固定爪组件子装配体如图 4.26 所示。

(4) 构造组合装配体。将导向杆组件子装配体和手柄组件子装配体进行装配操作，完成一个组合装配体如图 4.27 所示。

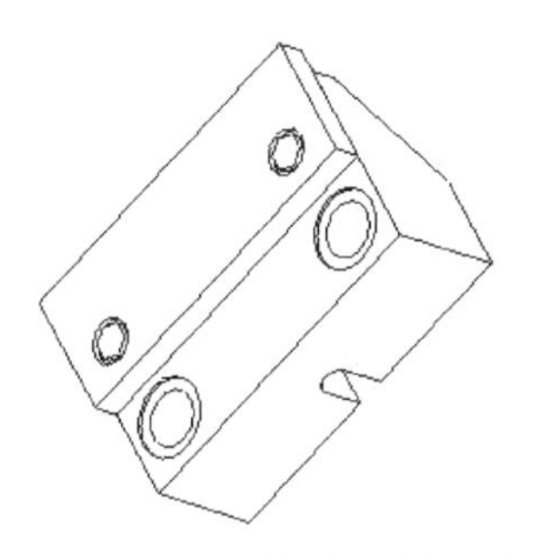

图 4.26　固定爪组件子装配体

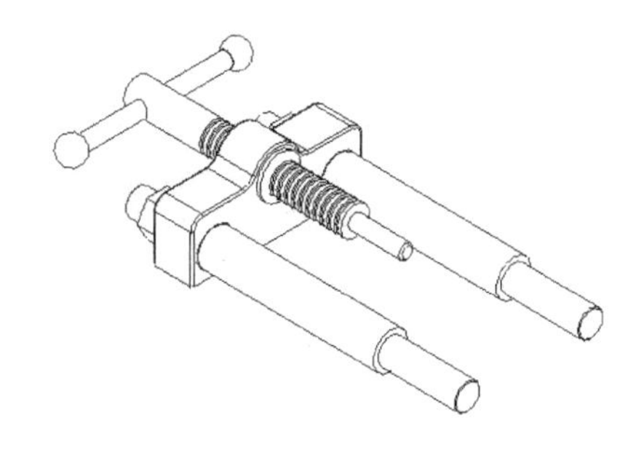

图 4.27　组合装配体

(5) 装配移动爪。将移动爪装配到组合装配体上，如图 4.28 所示。安装移动爪钳口板，如图 4.29 所示。

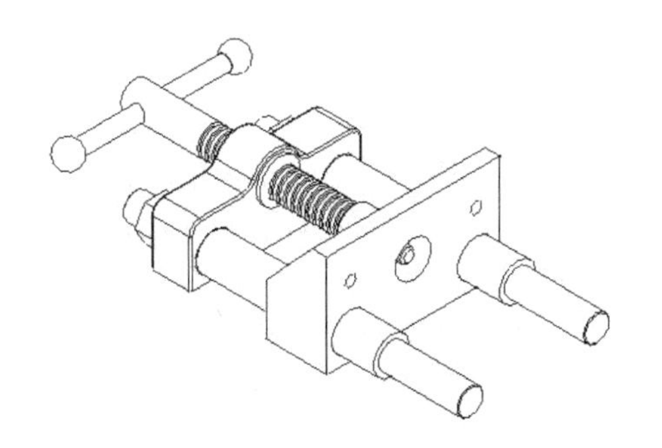

图 4.28　移动爪装配

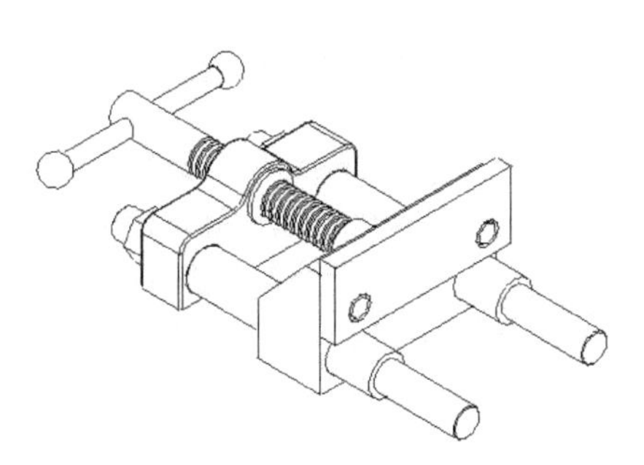

图 4.29　钳口板装配

(6) 装配固定爪组件。最后将固定爪组件装配到装配体上，即完成整个台虎钳的装配，结果如图 4.30 所示。

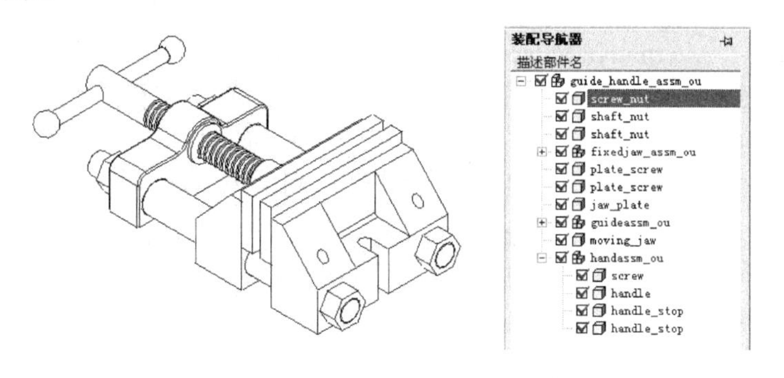

图 4.30　台虎钳装配完成图

4) 装配管理和修改

这里是一个系统命令的熟练应用问题，但涉及的命令内容更多，技巧性更强。

5) 装配分析

在完成了装配模型之后，采用系统提供的专门命令，开展装配干涉分析、零部件的物性分析。若发现干涉碰撞现象或物性表现不理想，则可回到上一步，对装配模型进行修改。

6) 生成工程图

在进行装配分析并得出正确性结论后，可以采用系统提供的专门命令生成二维装配工程图及零件材料表(BOM)。也可通过爆炸图工具生成爆炸图，如图 4.31 所示。

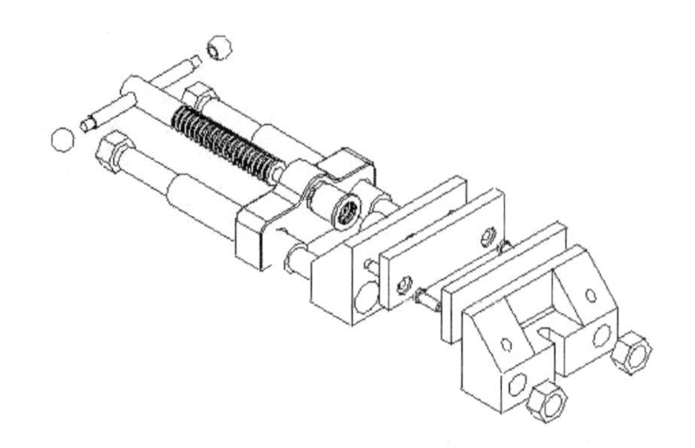

图 4.31　台虎钳装配爆炸图

4.6.3　基于 UG 的自顶向下装配设计

在自顶向下的设计中，首先要根据产品功能要求，确定产品的初步组成并确定各组成零部件之间的装配约束关系，完成装配概念模型的建立与总体装配骨架草图的绘制。其次根据装配关系中子装配的分解，进行零部件的详细设计。在此过程中，装配参数约束是其核心，上一层装配体确定的装配约束都将成为下一层装配体的设计约束，这种约束关系能够被最终模型记录下来，在后续的设计过程和再设计过程中，系统能自动维护这种约束关系，从而保持产品模型的一致性。

本例介绍以手电钻传动机构为对象，采用 UG 的 WAVE 技术实现“自顶向下”的装配设计过程。

1. UG 的 WAVE 技术

WAVE(What-if Alternative Value Engineer)即自动推断的优化工程设计，是 UG 推出的一项针对产品级参数的设计技术，它是参数化造型技术与系统工程的有机结合，提供了产品设计中所需的自顶向下的全相关产品级设计环境。WAVE 的本质，就是通过自顶向下的一系列工程参数控制，来驱动整个产品的总体设计。利用 WAVE 技术可将产品的总体装配设计和零部件的详细设计组成一个全相关的整体，当总体参数改变后，产品会按照原来设定的控制结构、几何关联性和设计准则，自动地更新相关的零部件，确保产品设计意图和整体性，以适应市场的快速变化。

2. 手电钻传动机构装配设计

(1) 确定设计目标和传动方案。受外形的要求(尺寸限制)，手枪电钻传动机构宜采用两级行星轮系传动。行星轮系第一级的行星架转速传递到第二级行星轮，第二级行星轮系的行星架转速即为手枪电钻的输出转速，并确定传动比。

总传动比：

$$i=\frac{n_w}{n_m}=\frac{12\,000}{330}=36$$

各级传动比：从传动的平稳性考虑，采用两级行星齿轮传动比相同，两级行星轮系共用大中心轮(齿圈)，故

$$i_1 = i_2 = \sqrt{36} = 6$$

(2) 定义大致的装配结构。两级行星轮系传动的结构大致为：动力由输入轴传至小中心轮，经第一级行星轮传至大中心轮(齿圈)，再经第二级行星轮保持架传至输出轴。因此，两级行星轮传动机构以小中心轮为回转中心圆周分布并相互啮合，取两级共 6 只行星轮尺寸相同。各齿轮设计参数如表 4.1 所示。

表 4.1　齿 轮 参 数 表

齿轮型号	分度圆直径	齿　数
大中心轮	d_3	Z_3
行星轮	d_2	Z_2
小中心轮	d_1	Z_1

根据计算得(计算过程略)：

$$Z_1=18，Z_2=9，Z_3=45$$

取齿轮模数为 $m=0.75$，相应可计算出：

$$d_3=33.75\ \text{mm}，d_2=6.75\ \text{mm} 和 d_1=13.5\ \text{mm}$$

(3) 创建装配设计骨架模型(主模型)。建立一个包括 WAVE 信息和设计主参数的装配设计骨架模型的顶级文件，根据分析和计算所得的几个主参数设计传动机构装配结构草图，如图 4.32 所示。图中的 3 个圆分别是小中心轮、大中心轮和行星轮的分度圆。在装配主模型中以分度圆来表示这个齿轮，其中的约束关系包括 3 个分度圆的直径和几何约束。该模型所包含的设计参数可以被后续各个部件引用。当所确定的主参数改变的时候，整个装配主模型的基本构成随之改变，以保持设计意图和整体性。

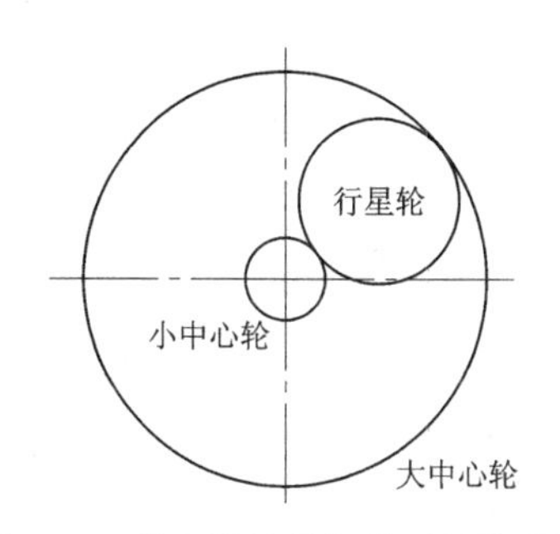

图 4.32　装配设计骨架模型结构草图

按照自顶向下的思想，创建所有要装配结构中的次级零件文件，整理好它们之间的关系，这些创建好的次级文件都是不包含任何信息的空文件。创建后的结果如图 4.33 所示。

由图 4.33 可见，整个骨架模型的下级包含两级行星轮传动的主要零部件，包括大中心轮(齿圈)、第一级的 3 个行星轮、行星架；第二级的 3 个行星轮、销钉和传动输入轴等，这些都是装配中的第二级子装配体文件和零件文件。所有这些文件构成了整个装配骨架模型。

Assembly Navigator

Part Name	Count	Component Name	Reference Set	Read-o...	Modified
zhumoxing	12			Rw	N
chuandongzhou	2	CHUANDONGZHOU	Entire Part	Rw	N
xiaoding2		XIAODING2	Entire Part	Pl	N
xingxinlun2		XINGXINLUN2	Entire Part	Pl	N
xingxinlun2		XINGXINLUN2	Entire Part	Pl	N
xingxinlun2		XINGXINLUN2	Entire Part	Pl	N
xinxingjia	2	XINXINGJIA	Entire Part	Pl	N
xiaoding		XIAODING	Entire Part	Pl	N
xingxinlun		XINGXINLUN	Entire Part	Pl	N
xingxinlun		XINGXINLUN	Entire Part	Pl	N
xingxinlun		XINGXINLUN	Entire Part	Pl	N
dazhongxinlun		DAZHONGXINLUN	Entire Part	Pl	N

图 4.33　装配导航窗口中的主模型结构

(4) 设计参数传递与部件设计。通过 WAVE 技术的 Wave Geometry Linker 功能依次提取每个第二级文件所需要的相关信息，将从上层装配模逐渐传递到下层的部件中，并着手具体的部件设计，部件设计在装配中直接进行。

在此，以创建大中心轮为例说明具体的设计过程。先将定义好的大中心轮零件文件设为工作层(Work Part)，选择装配菜单中的 Wave Geometry Linker 功能，点击提取 Curve 参数的图标。然后选择骨架模型草图中的大中心轮分度圆，将装配主模型内大中心轮的有关参数提取并传递到大中心轮零件中，完成自顶向下参数与轮廓信息的提取与传递。最后根据所提取的中心轮的轮廓曲线，利用拉伸造型完成大中心轮(齿圈)的实体零件造型设计，如图 4.34 所示。

用同样的方法，可依次完成其余小中心轮、行星轮等各零部件的装配设计。其中 6 个小行星轮的结构参数完全相同，只需设计一个，其余可通过装配阵列来完成。整个传动机构装配模型的设计结果如图 4.35 所示。

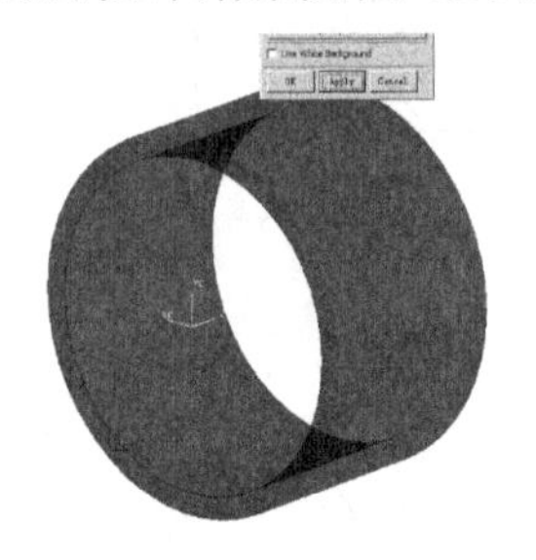

图 4.34　大中心轮

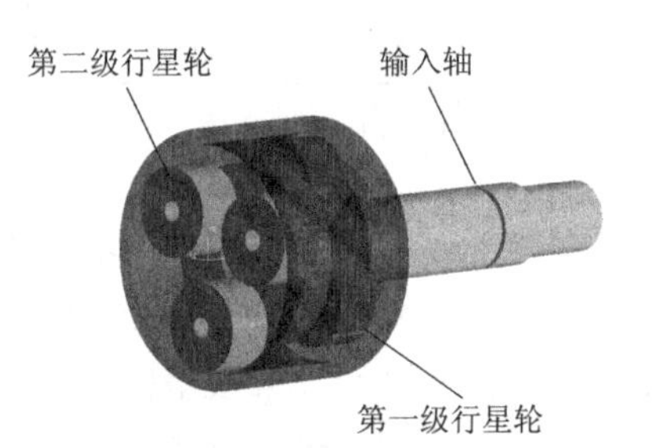

图 4.35　传动机构 WAVE 模型

(5) 设计主参数的传递。在自上而下的设计中，相关的设计参数等信息可在不同的装配部件之间传递，行星机构的装配模型中主参数分别是 p0 和 p1，当更改这两个主参数时，整个装配模型将随之更改，但注意在更改参数时应进行装配干涉检查。设计过程中模型的控制参数和阵列方程的参数列表如图 4.36 所示。

在整个设计中提取的 WAVE 信息如图 4.37 所示。图中总共有 23 条 Wave Linker 的信息，每条信息都表明了信息的来源和去向。据此信息可以很容易在大型装配体系中找出所有子装配和零部件之间的 WAVE 关系。

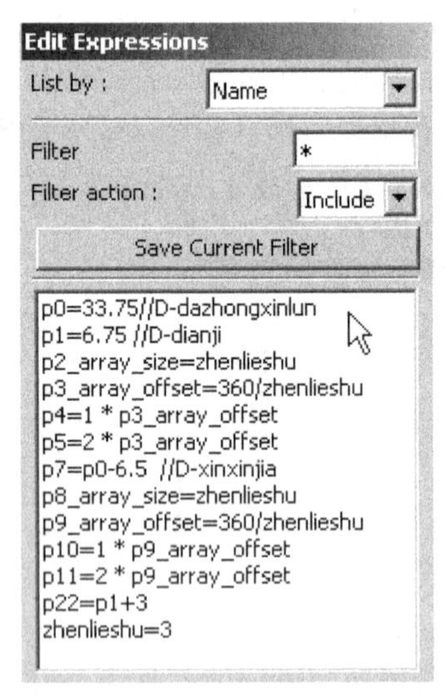

图 4.36　模型控制参数与阵列方程

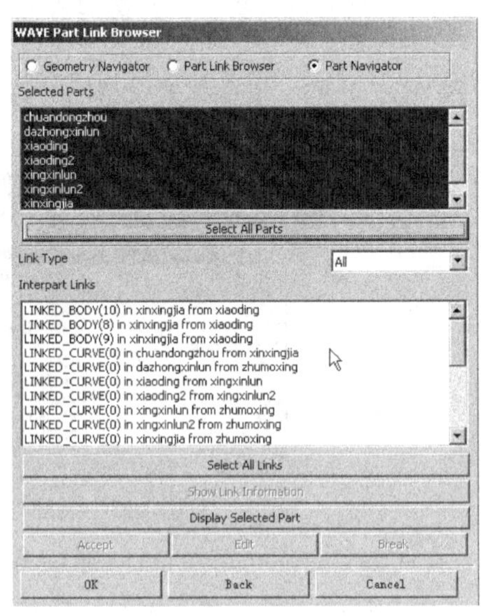

图 4.37　装配模型中的 WAVE 信息

习题与思考题

1. 装配建模的主要内容有哪些?
2. 装配模型的结构如何? 主要装配关系有哪些?
3. 装配模型的主要信息组成有哪些?
4. 什么是装配约束技术? 装配约束类型有哪些?
5. 什么是装配树? 装配树有何功用?
6. 零件的自由度与装配约束之间的关系如何?
7. 装配建模中装配规划应主要考虑哪些问题?
8. 常见的装配简化表达方法有哪些?
9. 简述自底向上和自顶向下的装配过程，两者有何特点?
10. 简述装配模型分析的主要内容。
11. 试选择一简单的机械产品，用任一款CAD/CAM商品化软件进行装配建模设计。

第 5 章　数字化制造基础

数字化技术在制造领域的应用中形成了已被广泛使用的 CAM 技术，如 NC、FMS、IMS、快速成型制造技术等。

数控技术作为基础技术在 CAD/CAM 中起着重要的作用。数控加工与编程既是 CAM 应用的基本环节，而且作为数字化制造加工的执行单元，它也是现代自动化、数字化制造技术的基础。快速成型制造技术是实现产品创新和快速开发的重要技术手段，已成为 CAD/CAM 系统的重要组成内容和关键技术之一。本章主要介绍数控加工与快速成型制造技术等数字化制造技术的基础内容。

5.1　数控技术与数控机床

5.1.1　数控技术的基本概念

数字控制(Numerical Control，NC)技术简称数控技术，是用数字化信息对控制对象加以控制的一种自动控制技术。采用数控技术的控制系统可以对数字化控制信息进行诸如逻辑运算、数学运算等复杂的信息处理工作，特别是可用软件来改变信息处理的方式或过程。因此，数控技术被广泛应用于机械运动的轨迹控制和开关量控制中，如机床、机器人的控制等。

数字控制的对象是多种多样的，数控机床是最早的数控对象，也是最典型的数控设备。数控机床是采用了数控技术的机床，或者说是装备了数控系统的机床。

世界上第一台数控机床于 1952 年由美国帕森兹公司(Parsons Co.)与麻省理工学院(MIT)合作研制成功，开创了世界数控机床发展的先河。随后，数控机床便在世界各国迅速发展起来。

经过 50 多年的发展，数控技术在各个方面都有了长足的进步，数控机床的效率、精度、柔性和可靠性进一步提高，品种规格系列化，门类扩展齐全，FMC、FMS 也已进入实用阶段。数控技术和数控机床已成为国家工业现代化和国民经济建设中的基础与关键装备。

5.1.2　数控机床的组成及分类

1．数控机床的组成

数控机床的种类繁多，但其一般组成如图 5.1 所示。

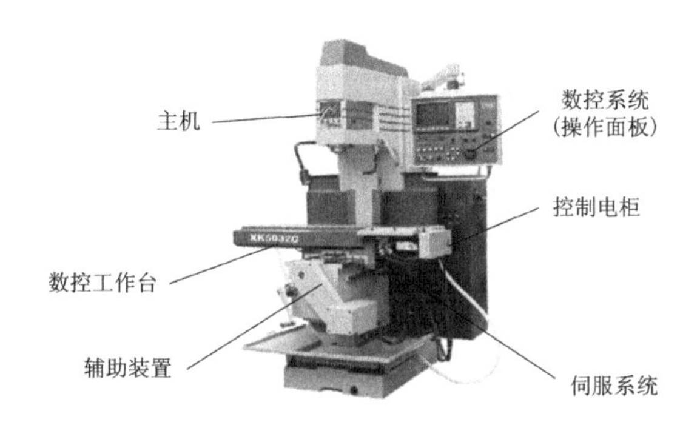

图 5.1　数控机床的组成

1) 信息载体

信息载体又称控制介质，用于记录数控机床上加工一个零件所必需的各种信息，以便控制机床运动，实现零件的加工。常用的信息载体有磁盘、光盘、磁带等。现代数控机床也可用数控系统操作面板上的人机界面直接输入零件加工程序。

2) 数控系统

数控系统是数控机床的控制系统，由硬件和控制软件组成。硬件包括计算机、CRT 显示器、键盘、面板、机床接口等。数控系统的主要功能是实现数字化的零件程序输入与存储、数据的变换、插补运算以及各种控制功能。

3) 伺服系统

伺服系统是数控系统的执行部分，也是数控机床执行机构的驱动部件和动力来源，由速度控制单元、位置控制单元、伺服驱动电机等组成。数控机床的伺服驱动要求有好的快速响应性能，能灵敏而准确地跟踪由数控系统发送来的数字指令信号。

4) 主机

主机是数控机床的机械构造实体，包括床身、立柱、主轴、进给机构等机械部件，它与普通机床的差别，主要在于机械结构与功能部件的不同，由此形成数控机床构造上的特色。

5) 辅助装置

数控机床的辅助装置是指数控机床的一些必要的配套部件，包括液压和气动装置、排屑装置、交换工作台、数控转台和数控分度头，还包括刀具及监控检测等装置。

2. 数控机床的分类

数控机床的种类很多，为了便于了解和研究，可从不同的角度对其进行分类。

1) 按机床的运动轨迹和控制系统的特点分类

(1) 点位控制机床。点位控制只控制机床移动部件的终点位置，而不管移动时所走的轨迹如何，同时在移动过程中不进行加工。这种控制方式适合于一些进行孔加工的数控机床。点位控制的功能是获得精确的孔系坐标定位，如图 5.2 所示。数控钻床、数控坐标镗床均采用点位控制。

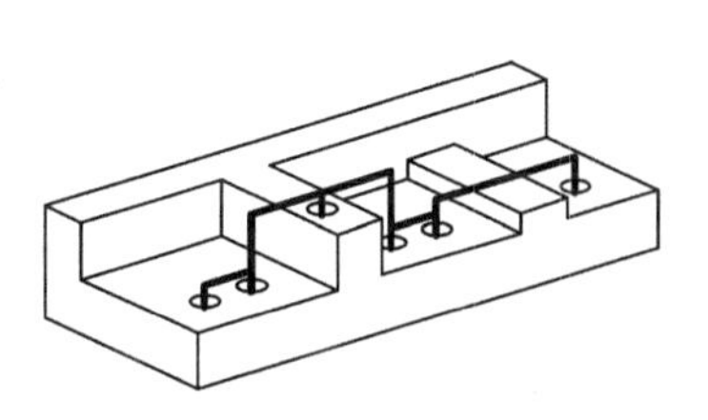

图 5.2　点位控制

(2) 轮廓控制的数控机床。轮廓控制能够对两个或两个以上运动坐标的位移及速度进行连续控制，因而可以进行曲线或曲面零件的切削加工。常见的这类机床有两坐标及两坐标以上的数控车床、数控铣床、加工中心等。

轮廓控制按照同时控制(可联动)的轴数，可以分为两轴控制、2.5 轴控制、三轴控制、四轴控制和五轴控制等。

两轴控制是指机床可以同时控制两个坐标轴，如图 5.3 所示为同时控制 X、Y 坐标的两轴控制曲线轮廓加工。三轴控制是指同时控制 X、Y、Z 三个坐标轴，这样刀具在空间的任意方向都可移动，能够进行三维的立体加工，如图 5.4 所示。

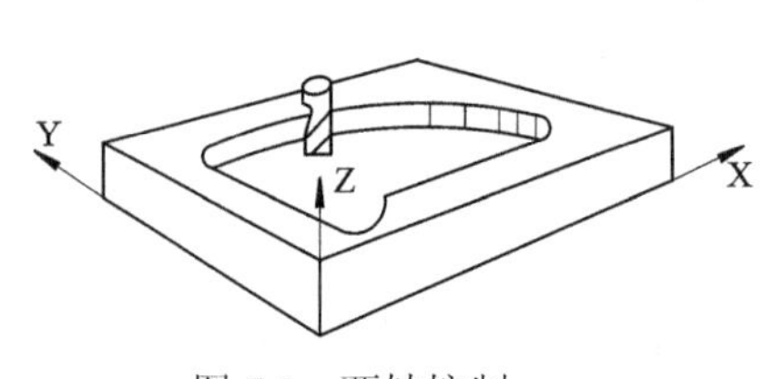

图 5.3　两轴控制

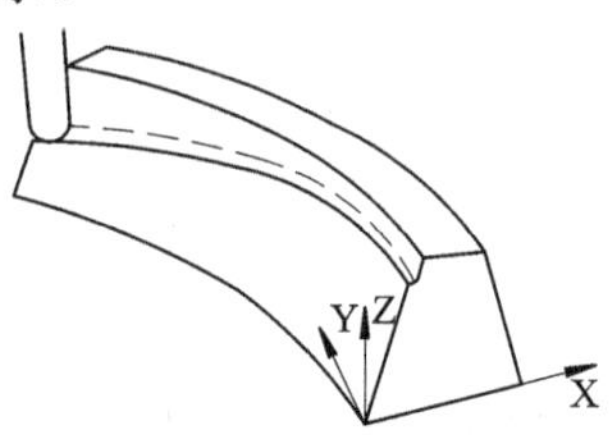

图 5.4　三轴联动控制

四轴控制是指同时控制四个坐标运动，即在三个移动坐标之外，再加一个旋转坐标。同时控制四个坐标 X、Y、Z、A 进行加工的零件如图 5.5 所示。

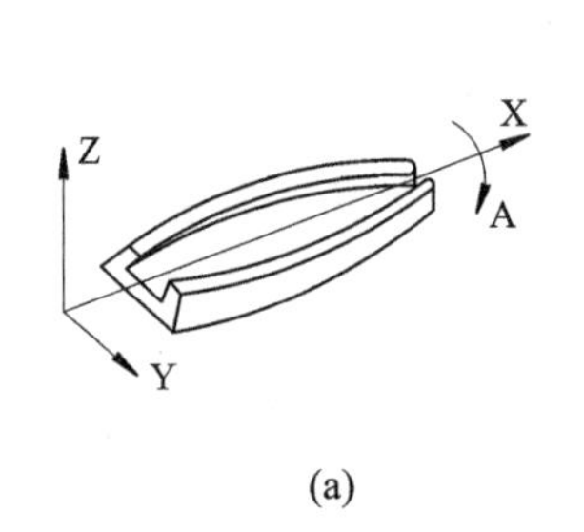

(a)

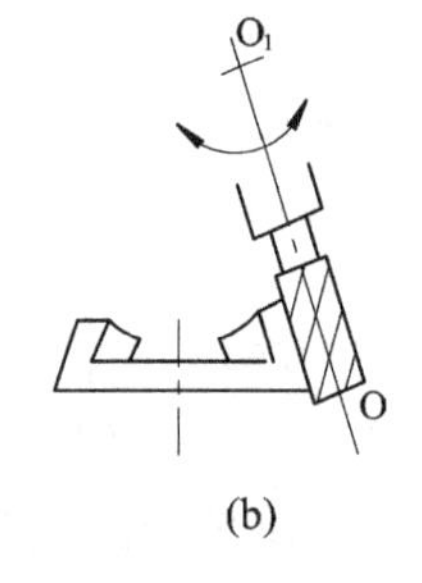

(b)

图 5.5　四轴联动控制

五轴控制是一种很重要的加工形式。五轴是指除了直线坐标 X、Y、Z 以外，再加上围绕这些直线坐标旋转的 A、B、C 中的任意两个坐标，形成同时控制的 5 个坐标，这时刀具可以指向空间中的任意方向，如图 5.6 所示。五轴联动加工特别适合于加工透平叶片、机翼等具有复杂曲面的零件。

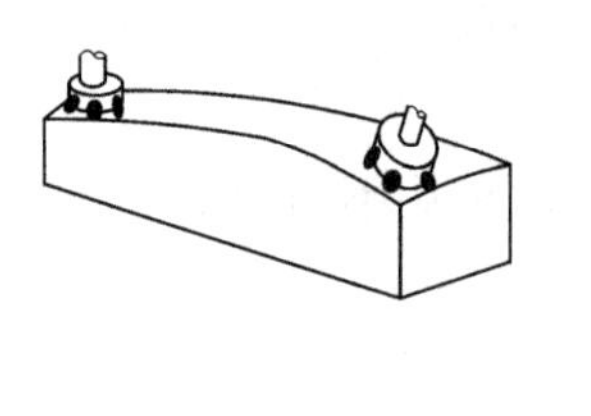

(a)

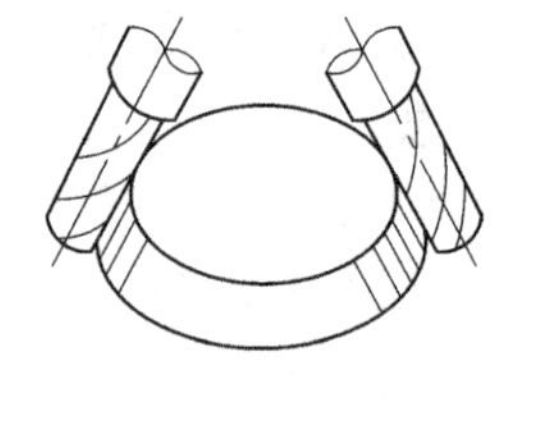

(b)

图 5.6　五轴联动控制

2) 按控制伺服系统类型分类

数控机床按控制伺服系统可分为开环控制、闭环控制和半闭环控制。

3) 按加工方式分类

(1) 金属切削类数控机床：如数控车床、加工中心、数控钻床、数控磨床、数控镗床等。

(2) 金属成型类数控机床：如数控折弯机、数控弯管机、数控回转头压力机等。

(3) 数控特种加工机床：如数控线切割机床、数控电火花加工机床、数控激光加工机床等。

(4) 其他类型的数控机床和设备：如火焰切割机、数控三坐标测量机等。

图 5.7 所示为数控车床(图(a))和数控立式加工中心(图(b))。

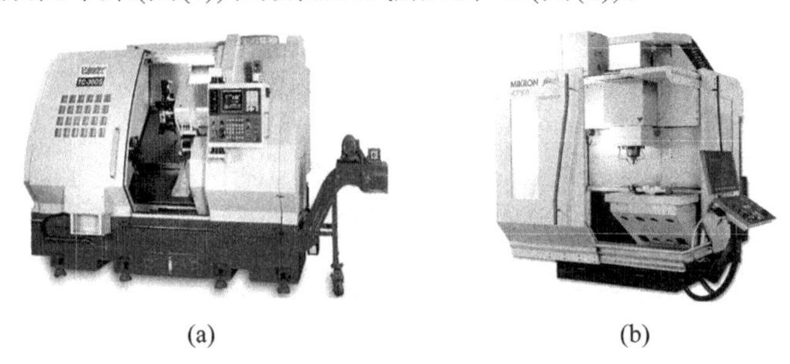

(a) (b)

图 5.7　数控车床和立式加工中心

5.1.3　数控机床的特点

数控机床以其精度高、效率高、能适应小批量复杂零件的加工等特点，在机械制造中得到了广泛的应用。概括起来，数控机床有以下几方面的特点：

(1) 可以加工具有复杂型面的工件。数控机床能完成很多普通机床难以完成或不能加工的复杂型面的零件加工。在航空航天等领域以及复杂型面的模具加工、蜗轮叶片等加工方面得到了广泛的应用。

(2) 加工精度高，质量稳定。数控机床本身的精度比普通机床高，在数控机床加工过程中是按照程序自动加工的，消除了操作者的人为误差，工件的加工精度由数控机床保证。

(3) 生产率高。数控加工可以有效地减少零件的加工时间和辅助时间。通过合理选择切削用量，充分发挥刀具的切削性能，可以减少零件的加工时间；加工零件改变时，只需更换加工程序，节省了准备和调整时间，有效地提高了生产效率。如使用具有自动换刀功能的加工中心，可一次装夹工件而完成多道工序的连续加工，生产效率的提高更为显著。

(4) 改善劳动条件。数控机床在加工程序启动后，就能自动连续加工，直至工件加工完毕，自动停车，这简化了工人的操作，使工人操作时的紧张程度大为减轻。此外，数控机床一般是封闭式加工，既清洁又安全，劳动条件得到了改善。

(5) 有利于生产管理。使用数控机床加工，能准确地计划零件的加工工时，简化了检验工作，减轻了工夹具、半成品的管理工作，减少因误操作而造成废品和损坏刀具的可能性。这些都有利于生产管理水平的提高。

(6) 数控加工是 CAD/CAM 技术和先进制造技术的基础。数控加工作为数字化制造的手段与 CAD/CAM 技术的有机结合，已成为现代集成制造技术的重要基础。

5.2　数控加工与编程

5.2.1　数控加工的基本概念

数控加工过程是指按给定的零件加工要求进行数控加工的全过程。该过程主要包括：

根据零件图及工艺要求用曲线和曲面表达工件加工轮廓；选择合适的加工方式和工艺参数；生成刀具运动轨迹；产生数控代码；输入数控系统，完成零件的加工。

1. 数控加工的基本过程

数控加工的基本过程如图 5.8 所示。

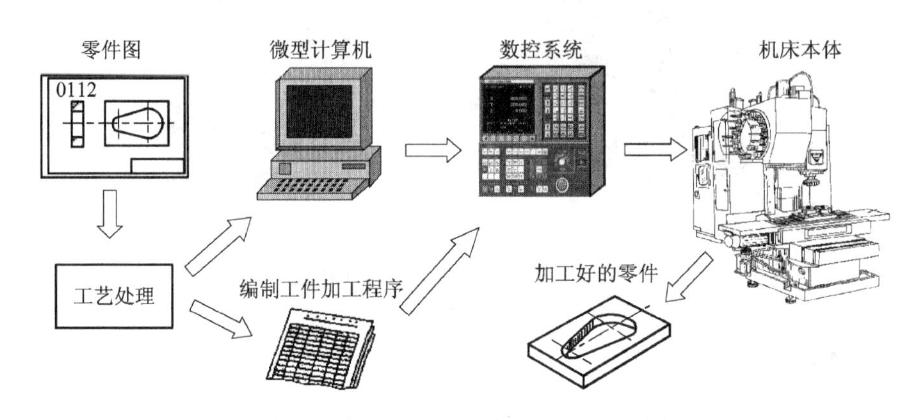

图 5.8　数控加工的过程

(1) 分析零件图及其结构工艺，明确加工内容及技术要求，确定数控加工方案、工艺参数和工艺装备等。

(2) 用规定的程序代码和格式编写零件加工程序，或用 CAD/CAM 软件直接生成零件的加工程序文件。

(3) 输入加工程序，对加工程序进行校验和修改。

(4) 通过对机床的正确操作来运行程序，完成零件的加工。

2. 数控加工的主要对象

由数控加工的特点可以看出，适于数控加工的零件包括：

(1) 多品种、单件小批量生产的零件或新产品试制中的零件。

(2) 几何形状复杂、精度及表面粗糙度要求高的零件。

(3) 加工过程中需要进行多工序加工的零件。

(4) 用普通机床加工时需要昂贵工装设备(工具、夹具和模具)的零件。

5.2.2　数控编程的概念

数控机床是按照事先编制好的零件数控加工程序自动进行加工的。编制和生成数控机床所用的零件数控加工程序的过程，称为数控编程(NC Programming)或零件编程(Part Programming)。

一般来说，数控加工编程的主要过程是在分析零件的几何特征、技术要求等的基础上，确定合理的加工方法和加工路线，再通过计算得到刀具走刀数据文件，最终形成加工程序代码的。

1. 数控加工程序的基本格式

数控加工程序的程序样本如下所示：

```
N10 G92 X0 Y0 Z1.2
N30 G90 G00 X-5.5 Y-6 S300 M03
N40 Z-1.2 M08
  ⋮
N120 G01 X5.5 Y5
N140 X0 Y0
N150 M02
```

理想的加工程序不仅应保证加工出符合图样要求的合格工件，同时应能使数控机床的功能得到合理的应用与充分的发挥，以使数控机床能安全可靠及高效地工作。

2. 数控加工编程中的坐标系统

1) 机床坐标系

在数控加工中，为了精确控制机床移动部件的运动，需要建立坐标系。在此坐标系中，刀具沿相应的坐标轴移动即可完成加工零件所需的运动。国际标准化组织对数控机床的坐标轴名称及其运动的正、负方向作了统一规定，公布了 ISO841 标准。我国也于 1982 年颁布了相应标准 JB3051—82《数控机床坐标和运动方向的命名》。

数控机床上采用的坐标系是右手直角笛卡尔坐标系。如图 5.9 所示，X、Y、Z 直线进给坐标系按右手定则规定，而围绕 X、Y、Z 轴旋转的圆周进给坐标轴 A、B、C 则按右手螺旋定则判定。

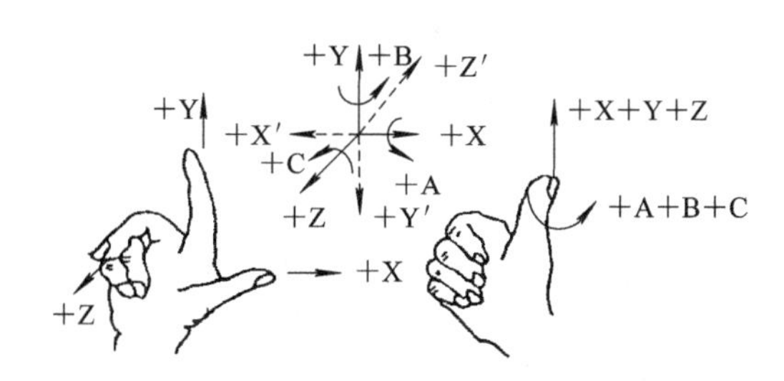

图 5.9　直角笛卡尔坐标系

(1) 机床坐标系的规定。在确定机床坐标轴时，一般先确定 Z 轴，然后确定 X 轴和 Y 轴，最后确定其它轴。机床各坐标轴及其正方向的确定原则是：

① Z 轴。以平行于机床主轴的刀具运动坐标为 Z 轴，若有多根主轴，则可选垂直于工件装夹面的主轴为主要主轴，Z 坐标则平行于该主轴轴线。若没有主轴，则规定垂直于工件装夹表面的坐标轴为 Z 轴。Z 轴正方向是使刀具远离工件的方向。

② X 轴。X 轴为水平方向、垂直于 Z 轴且平行于工件的装夹面。在工件旋转的机床(如车床、磨床)上，X 轴的运动方向是径向的，与横向导轨平行。刀具离开工件旋转中心的方向是正方向。对于刀具旋转的机床，若 Z 轴为水平方向(如卧式铣床、镗床)，则沿刀具主轴后端向工件方向看，右手平伸出的方向为 X 轴正向；若 Z 轴为垂直方向(如立式铣床、镗床)，则从刀具主轴向床身立柱方向看，右手平伸出的方向为 X 轴正向。

③ Y 轴。在确定了 X、Z 轴的正方向后，即可按右手定则定出 Y 轴正方向。

图 5.10 是机床坐标系示例。

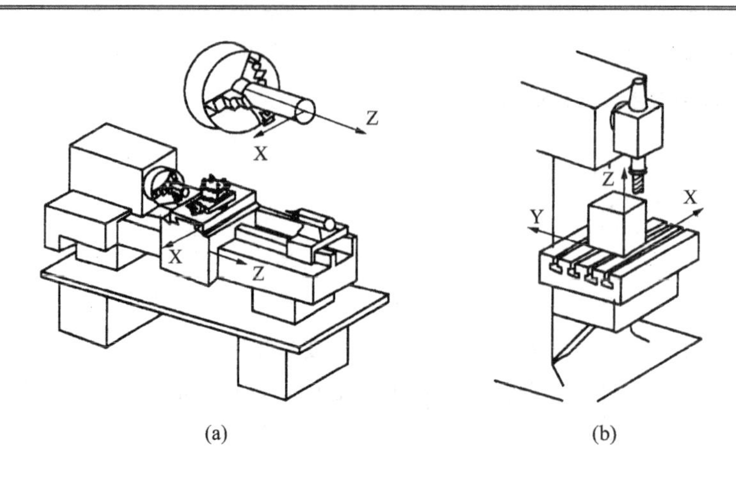

图 5.10　机床坐标系示例

(2) 机床相对运动的规定。为了方便和统一，无论机床在实际加工中是工件运动还是刀具运动，在进行编程计算时，一律都是假定工件不动，按刀具相对运动的坐标来编程。

2) 工件坐标系

工件坐标系又称编程坐标系，是编程时用来定义工件形状和刀具相对工件运动的坐标系。为保证编程与机床加工的一致性，工件坐标系也采用右手笛卡尔坐标系。工件装夹到机床上时，必须使工件坐标系与机床坐标系的坐标轴方向保持一致。工件坐标系的原点称为工件原点或编程原点，其位置由编程者确定。

3. 数控编程的特征点

1) 机床原点与参考点

机床原点就是机床坐标系的原点，它是机床上一个固定的点，由制造厂家确定。数控车床的机床原点大多确定在主轴前端面的中心，数控铣床的机床原点多定在进给行程范围的正极限点处，但也有的设置在机床工作台中心，使用前可查阅机床用户手册。

参考点是确立机床坐标系的参照点。用于对机床工作台(或滑板)与刀具相对运动的测量系统中进行定标与控制的点，一般都设定在各轴正向行程极限点的位置上。该位置是在每个轴上用挡块和限位开关精确地预先调整好的，它相对于机床原点的坐标是一个已知的固定值。每次开机启动后，或当机床因意外断电、紧急制动等原因停机而重新启动时，都应该先让各轴返回参考点，进行一次位置校准，以消除上次运动所带来的位置误差。

2) 工件原点

工件坐标系的坐标原点即为工件原点。车床的工件原点一般设在主轴中心线上，大多确定在工件的左端面或右端面。铣床的工件原点一般设在工件外轮廓的某一个角上或工件对称中心处，进刀深度方向上的零点大多取在工件表面。

对于形状较复杂的工件，有时为编程方便可根据需要通过相应的程序指令随时改变新的工件原点；对于在一个工作台上装夹并加工多个工件的情况，在机床功能允许的条件下，可分别设定工件原点并独立地编程，再通过工件原点预置的方法在机床上分别设定各自的工件坐标系。

机床原点、机床参考点、工件原点的示例如图 5.11 所示。

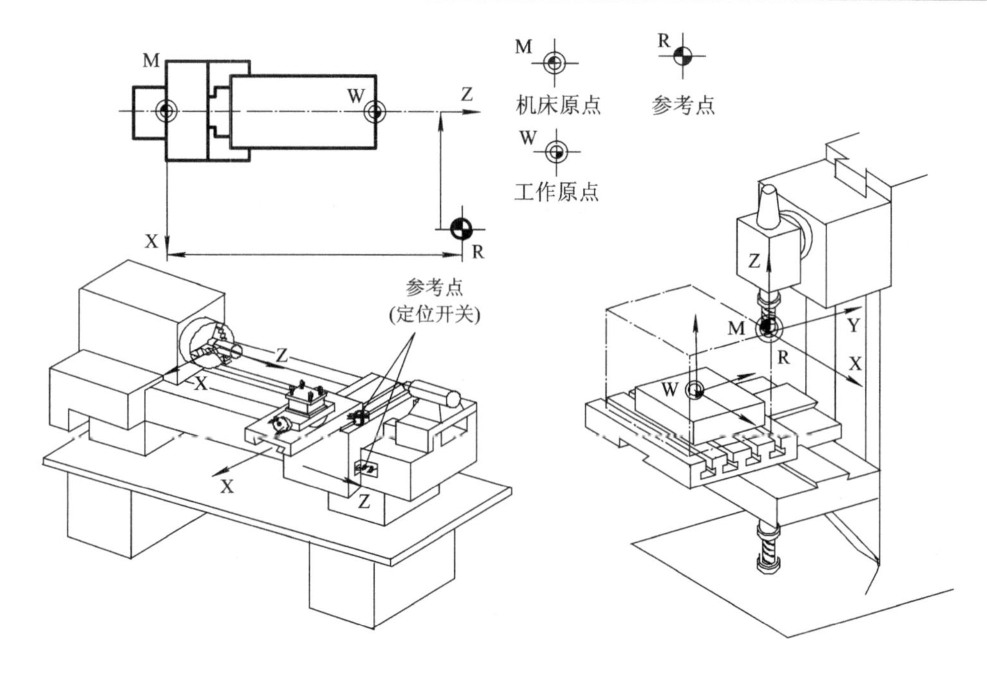

图5.11　机床原点、参考点、工作原点的示例

3) 对刀点

对刀点就是在数控加工时，刀具相对于工件运动的起点，程序就是从这一点开始执行的。对刀点也可以称为“程序起点”或“起刀点”。编制程序时，应首先考虑对刀点的位置选择。对刀点选定的原则如下：

(1) 选定的对刀点位置应使程序编制简单。

(2) 对刀点在机床上找正容易。

(3) 加工过程中检查方便。

(4) 引起的加工误差小。

对刀点可以设在被加工零件上，也可以设在夹具上，但是必须与零件的定位基准有一定的坐标尺寸联系，这样才能确定机床坐标系与工件坐标系的相互关系。对刀点不仅是程序的起点，而且往往又是程序的终点，因此，在批量生产中要考虑对刀的重复精度。通常，对刀的重复精度在绝对坐标系统的数控机床上可由对刀点距机床原点的坐标值来校核，在相对坐标系统的数控机床上则经常需人工检查对刀精度。

4) 原点偏置

数控机床一般都要求机床在回零操作后(即令机床回到机床原点或机床参考点之后)才能启动。机床参考点和机床原点之间的偏移值存放在机床控制器中。回零操作后，机床控制系统进行初始化，即设置机床运动坐标X、Y、Z、A、B、C等的显示(计数器)为零。

当工件在机床上固定后，工件原点与机床参考点的偏移量必须通过测量来确定。现代数控系统一般都配有工件测量头，在手动操作下能准确地测量该偏移量，并存入G54～G59原点偏置寄存器中，供数控系统计算原点偏移。在没有工件测量头的情况下，工件原点位置的测量要靠对刀的方式进行。

对于多个工件原点的偏移，采用 G54～G59 原点偏置寄存器存储所有工件原点与机床参考点的偏移量，然后可在程序中方便地直接调用 G54～G59 进行原点偏移。

对于编程人员而言，一般只需知道工件坐标系的原点即可进行程序编制，而不必过多地考虑机床原点、机床参考点以及所选用的数控机床型号等。但对于机床操作者来说，必须十分清楚所选用数控机床的上述各原点及其之间的偏移关系(必须参考机床用户手册和编程手册)。

4．绝对坐标与增量(相对)坐标

如果刀具(或机床)运动位置的坐标值是相对于固定的坐标原点给出的，则称为绝对坐标。该坐标系统称为绝对坐标系统。如图 5.12 所示，A、B 点的坐标均是以固定的坐标原点计算的，其坐标值为：$X_A = 20$，$Y_A = 25$，$X_B = 70$，$Y_B = 60$。

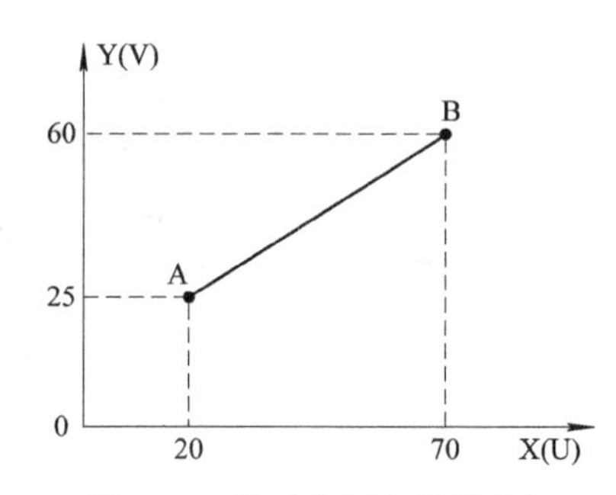

图 5.12　绝对坐标与增量坐标

如果刀具(或机床)运动位置的坐标值是相对于前一位置而不是相对于固定的坐标原点给出的，则称为增量坐标。该坐标系统称为增量坐标系统，常使用代码表中的第二坐标 U、V、W 表示。U、V、W 分别与 X、Y、Z 平行且同向。在图 5.12 中，若 B 的坐标是相对于前面的 A 点给出的，则其增量坐标为：

$$U_B = 50，V_B = 35$$

5．刀具运动轨迹

刀具运动轨迹是系统按给定工艺要求对被加工图形进行切削时刀具相对于工件表面的行进路线。刀具轨迹依加工表面的种类而变化，如在平面铣削加工中，有以下几种典型的刀具轨迹(如图 5.13 所示)：

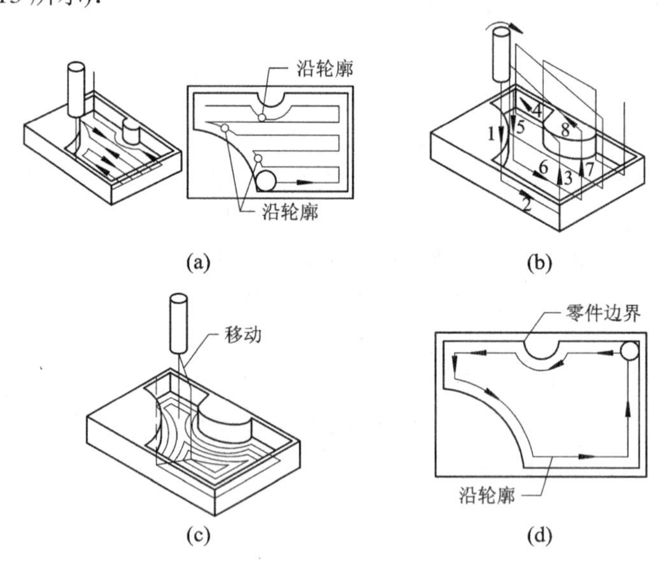

图 5.13　典型的刀具轨迹

(1) 双向来回运动轨迹(Zig-Zag)。

(2) 单向运动轨迹(Zig)。

(3) 跟随零件边界运动轨迹(Follow Periphery)。

(4) 轮廓运动轨迹(Follow Profile)。

5.2.3 数控编程的步骤与方法

1. 数控编程步骤

数控加工编程的主要过程包括：分析零件的几何特征和技术要求，确定合理的加工方法和加工路线，计算刀具走刀数据，最终形成数控加工程序代码。其具体步骤如图 5.14 所示。

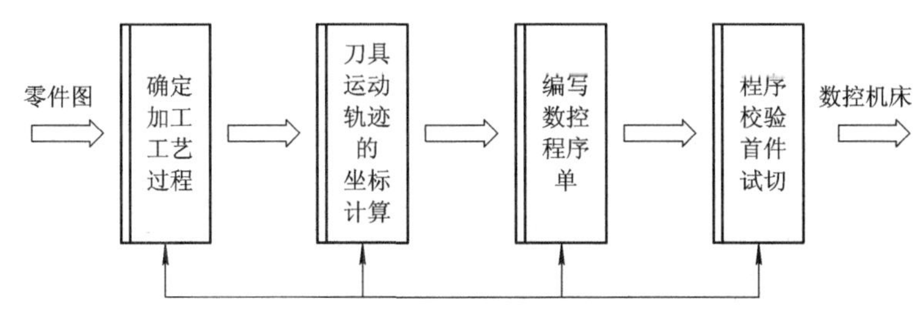

图 5.14　数控机床程序编制的步骤

(1) 确定加工工艺过程。主要内容：确定加工方案，选择适合的数控机床、工件装夹方法及夹具，选择刀具，确定合理的走刀路线，选择合理的切削用量等。

(2) 刀具运动轨迹坐标计算。根据零件的几何尺寸和加工路线，计算刀具中心运动轨迹，获得刀位数据。一般的数控系统均具有直线插补与圆弧插补的功能。对于加工由圆弧与直线组成的较简单的平面零件，只需计算出零件轮廓的相邻几何元素的交点或切点(即基点)的坐标值，即可得出各几何元素的起点、终点、圆弧的圆心等坐标值。对于较复杂的零件或当零件的几何形状与控制系统的插补功能不一致时，需要进行较复杂的数值计算完成用直线段或圆弧段的逼近运算。对于自由曲线、自由曲面加工程序的编制，一般需使用计算机辅助计算，否则难以完成。

(3) 编写零件加工程序单。根据上述工艺处理及数值计算的结果，编写零件加工程序单。程序编制人员需使用数控系统规定格式的程序指令，逐段编写零件加工程序单。

(4) 程序的校验与试切。加工程序通常需要经过校验和试切检查后，才能用于正式加工。通过程序校验来检查机床动作和运动轨迹的正确性。在具有图形显示功能的数控机床上，可通过显示走刀轨迹进行程序检查。对于重要的复杂零件，可采用铝件或石腊等易切材料进行试切，确认程序的正确性和加工精度是否符合要求，当发现工件不符合要求时，可修改程序或采取尺寸补偿等措施。

2. 数控编程方法

数控加工程序的编制方法主要有两种：手工编制程序(Manual Programming)和计算机辅助数控编程(Computer Aided Programming)，后者也称为数控自动编程，正如前面所介绍的，也就是狭义的 CAM。

1) 手工编程

手工编程是指主要由人工来完成数控编程中各个阶段的工作。手工编程耗费时间较长，容易出现错误，无法胜任复杂形状零件的编程。据国外资料统计，当采用手工编程时，一段程序的编写时间与其在机床上运行加工的实际时间之比，平均约为 30 : 1，而数控机床不能开动的原因中有 20%~30%是由于加工程序编制困难，编程时间过长所致。

2) 计算机数控自动编程

计算机数控自动编程是指在编程过程中，除了分析零件图样和制定工艺方案由人工进行外，其余工作均由计算机辅助完成。现代主流的数控自动编程软件是 CAD/CAM 集成数控编程。利用该系统编程相对于人工程序编制的繁琐过程，可提高编程效率几十倍乃至上百倍，解决了手工编程无法解决的许多复杂零件的编程难题。

5.2.4 数控加工工艺

1. 数控加工工艺处理的内容

1) 工艺分析和确定加工方案

对被加工零件图纸进行工艺分析，明确加工内容和技术要求，在此基础上确定零件的加工方案，划分和安排加工工序。

零件图上尺寸标注的方法应适应数控加工的特点。在数控加工零件图上，应以同一基准引注尺寸或直接给出坐标尺寸。这种标注方法既便于编程，也便于尺寸之间的相互协调，这给保持设计基准、工艺基准、检测基准与编程原点设置的一致性方面带来很大方便。由于一般的零件图的尺寸标注常采用局部分散的标注方法，给数控加工安排带来许多不便，因此，在工艺分析时，可将分散标注法改为同一基准引注尺寸或直接给出坐标尺寸的标注法。

2) 确定装夹方法和对刀点

在数控机床上加工零件时，定位安装的基本原则与普通机床相同，也要合理选择定位基准和夹紧方案。为了提高数控机床的效率，在确定定位基准与夹紧方案时应力求设计、工艺与编程计算的基准统一，并尽量减少装夹次数，尽可能在一次定位装夹后加工出全部待加工表面。

3) 加工方案的确定和加工路线

零件上比较精确表面的加工，常常需通过粗加工、半精加工和精加工来逐步达到要求。因此，对这些表面的加工，应正确确定从毛坯到最终成型的加工方案。确定加工方案时，首先应根据主要表面的精度和表面粗糙度的要求，确定其加工路线。加工路线是指加工过程中刀具运动的轨迹路线，也称为走刀路线。选择走刀路线时应考虑以下事项：

(1) 保证零件的加工精度及表面粗糙度。

(2) 取最佳路线，即尽量缩短走刀路线，减少空行程，提高生产率，并保证安全可靠。

(3) 有利于数值计算，减少程序段和编程工作量。

同时，应避免在轮廓加工中的进给停顿，防止刀具进给停顿在零件表面而留下刀痕。

4) 选择刀具

选择刀具时通常要考虑机床的加工能力、工序内容、工件材料等因素。数控加工要求刀具精度高、刚度好、耐用度高，并且尺寸稳定、安装调整方便。

数控车床的加工刀具可分为外圆、内圆、内嵌式刀具，如图 5.15 所示。

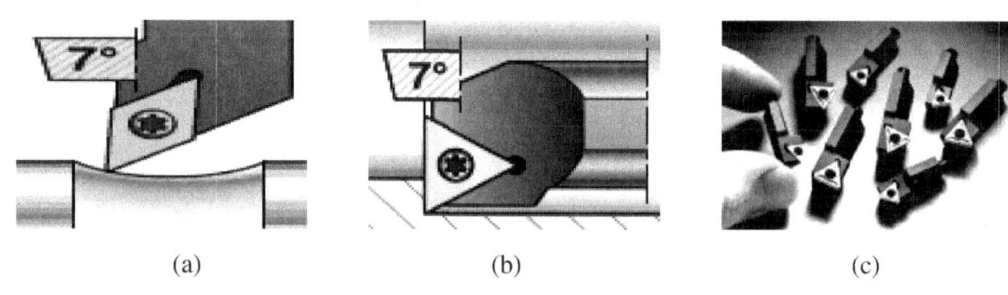

(a)　(b)　(c)

图 5.15　数控车床的加工刀具

(a) 外圆车刀；(b) 内圆车刀；(c) 内嵌式刀具

数控铣床和加工中心常用的刀具有球头铣刀、环形铣刀、面铣刀、盘形刀等。图 5.16 所示为常用的铣刀。

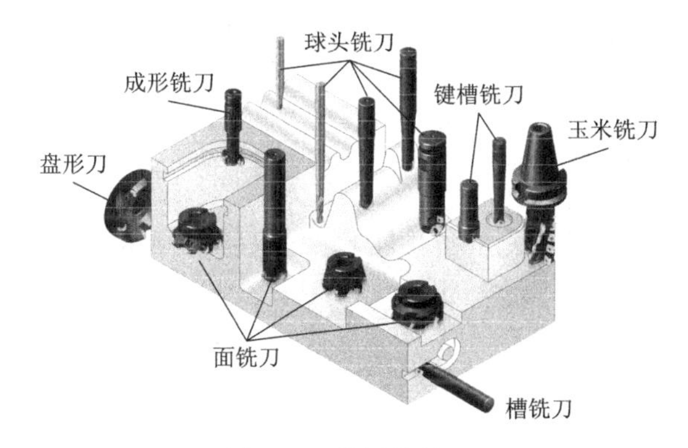

图 5.16　常用的铣刀

5) 切削用量的确定

切削用量包括主轴转速、背吃刀量、进给速度等。对于不同的加工方法，需要选择不同的切削用量。合理选择切削用量的原则是：粗加工时，一般以提高生产率为主，但也应考虑经济性和加工成本；半精加工和精加工时，应在保证加工质量的前提下，兼顾切削效率、经济性和加工成本。具体数值应根据机床说明书、切削用量手册，并结合经验而定。

(1) 吃刀量(单位为 mm)：主要根据机床、夹具、刀具和工件的刚度来决定。在刚度允许的情况下，应以最少的进给次数切除加工余量，最好一次切净余量，以便提高生产效率。在数控机床上，精加工余量可小于普通机床，一般取 0.2～0.5 mm。

(2) 主轴转速 n(单位为 r/min)：主要根据允许的切削速度 v_c(单位为 m/min)选取。其值为：

$$n = 1000v_c\pi D$$

式中：v_c——切削速度，由刀具的耐用度决定。

D——工件或刀具直径(单位为 mm)。

主轴转速 n 要根据计算值在机床说明书中选取对应的标准值，并填入程序单中。

(3) 进给速度 f(单位为 mm/min 或 mm/r)：主要根据零件的加工精度和表面粗糙度要求以及刀具、工件的材料性质选取。当加工精度和表面粗糙度要求高时，进给量数值应选小些，一般在 20～50 mm/min 范围内选取。最大进给量则受机床刚度和进给系统的性能限制，并与脉冲当量有关。

6) 确定编程中的工艺指令

程序编制中的工艺指令大体上分为两大类。一类是准备性工艺指令(G 指令)。这类指令是为插补运算做准备的工艺指令。另一类是辅助性工艺指令。这类指令与插补运算无关，如主轴的启动、停止、正/反转、冷却液开、关等指令，是根据机床的需要予以规定的。

7) 确定程序编制中的误差

程序编制中的误差 ΔP 由三部分组成：

$$\Delta P = f(\Delta a,\ \Delta b,\ \Delta c)$$

式中：Δa——逼近误差，即采用近似计算方法逼近零件轮廓时产生的误差。

Δb——插补误差，即采用插补段(直线、圆弧等)逼近零件轮廓曲线时产生的误差。

Δc——圆整误差，即在编程数据处理时，把小数圆整成脉冲数而产生的误差。

在零件图中给出的零件公差，分配给编程的只是一小部分，因为数控机床的加工误差还包括控制系统误差、伺服系统误差、零件的定位误差、对刀误差以及刀具和机床弹性变形误差等，其中伺服系统误差和零件定位误差是主要的。故一般取编程误差 ΔP 为允许公差的 1/5～1/10。

5.2.5　常用数控程序指令代码

在数控加工程序中，主要用到准备功能 G 指令、辅助功能 M 指令、进给功能 F 指令、主轴功能 S 指令和刀具功能 T 指令。其中 G、M 指令用于描述工艺过程的各种操作和运动特征；G、M 指令分别由地址符 G、M 及二位数字组成，数字为 00～99，所以共有 100 种 G 指令和 100 种 M 指令。

1. G 指令

G 指令用来规定刀具和工件的相对运动轨迹(即插补功能)、机床坐标系、坐标平面、刀具补偿和坐标偏置等多种加工操作。

目前国际上广泛采用 ISO—1056—1975E 标准的 G、M 指令，我国机械工业部制定的标准 JB/T 3208—1999 与国际标准等效。表 5.1 是我国 JB/T 3208—1999 标准 G 指令的功能定义表。

表 5.1　JB/T 3208—1999 标准 G 指令表(常用部分)

G 代码	功　能	G 代码	功　能
G00	快速运动点定位	G43	刀具位置补偿(+)
G01	直线插补	G44	刀具位置补偿(−)
G02/G03	顺/逆时针方向圆弧插补	G40	刀具位置补偿注销
G17	X、Y 平面选择	G54～G59	工件坐标系设定
G18	Z、Y 平面选择	G81～G89	镗孔、钻孔、攻丝
G19	Y、Z 平面选择	G90	绝对坐标编程
G41	刀具半径左补偿	G91	相对坐标编程
G42	刀具半径右补偿	G92	坐标值预置

2. F、S、T 指令

(1) F 指令表示刀具中心运动时的进给速度。F 指令由 F 和其后的若干数字组成，数字的单位取决于每个系统所采用的进给速度指定方法。具体内容见所用机床编程说明书。

(2) S 指令表示机床主轴的转速。S 指令由 S 和其后的若干数字组成，例如 S1000，表示主轴转速为 1000 r/min。

(3) 用 T 指令编程时，程序由 T 和数字组成，有 TXX 和 TXXXX 两种格式，数字的位数由所用数控系统决定，T 后面的数字用来指定刀具号和刀具补偿号。例如：T04 表示选择

4 号刀；T0404 表示选择 4 号刀及 4 号偏置值。

3. M 指令

M 指令是控制数控机床“开、关”功能的指令，主要用于完成加工操作时的辅助动作，如指定主轴的旋转方向、启动、停止，冷却液的开或关，工件或刀具的夹紧和松开，刀具的更换等功能。M 指令由地址符 M 和其后的两位数字组成，包括 M00～M99 共 100 种。我国 JB/T 3208—1999 标准规定了 M 指令。其中最常用的部分 M 指令的功能定义见表 5.2。

表 5.2　JB/T 3208—1999 标准 M 指令的功能定义(常用部分)

M 代码	功　能	M 代码	功　能
M00	程序停止	M07/M08	冷却液开
M01	计划停止	M09	冷却液关
M02	程序结束	M10	夹紧
M03/M04	主轴顺/逆时针方向旋转	M11	松开
M05	主轴停转	M30	纸带结束
M06	换刀		

特别要强调的是：由于数控机床的厂家很多，每个厂家使用的 G 功能、M 功能与 ISO 标准也不完全相同，因此，对于某一台数控机床，编程时需参考机床制造厂的编程说明书，根据机床说明书的规定进行编程。

5.2.6　数控手工编程举例

由于数控手工编程只能完成一些简单的零件数控程序编制，因此解决各种复杂零件编程的根本出路是采用数控自动编程，即 CAD/CAM 数控编程。在此，我们通过一个实例介绍手工编程，其目的是让大家对数控编程的过程有初步的了解。

例：手工编制在数控铣床上精铣图 5.17 所示零件型腔内壁的数控程序。设工件零点为 O 点，采用刀具右补偿。考虑到 A 点的工艺性，取切入点 A1(65，40)，切出点 A2(60，45)。刀具中心轨迹为“P→A1→B→C→D→E→F→G→H→I→J→K→A2→P”。选用 $\phi 8$ 的立铣刀，主轴转速为 2500 r/min，进给速度为 150 m/min，刀具偏置地址为 D0l，并存入刀具半径 4，程序名为 O111。

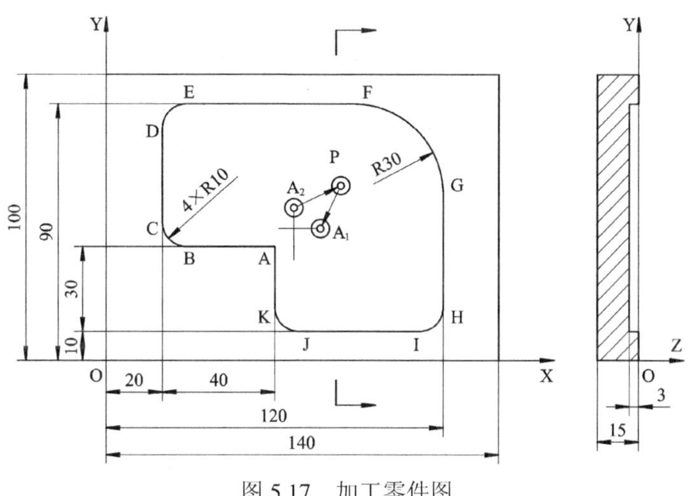

图 5.17　加工零件图

数控参考程序：

O111	程序名
N10 G92 X0 Y0 Z100 M03 S2500;	设置工件零点，主轴以 2500 r/min 正转
N20 G00 X80 Y60 Z2;	刀具快速移至(80，60，2)
N30G01Z-3 F150;	刀具工进至深 3 mm 处
N40 G42G01X65 Y40 D01;	建立右刀补 P→A1
N50 X30;	直线插补 A1→B
N60 G02 X20 Y50 I0 J10:	圆弧插补 B→C
N70 G01 Y80;	直线插补 C→D
N80 G02 X30 X90 I10 J0;	圆弧插补 D→E
N90 G01 X90;	直线插补 E→F
N100G02X120Y60I0J-30;	圆弧插补 F→G
N110 G01 Y20;	直线插补 G→H
N120 G02X110Y10 I10 J0;	圆弧插补 H→I
N130G01X70;	直线插补 I→J
N140 G02 X60 Y20 I0 J10;	圆弧插补 J→K
N150G01 Y45;	直线插补 K→A2
N160 G40 G01 X80 Y60;	取消刀补 A2→P
N170 G00 Z100 M05;	刀具 Z 向快退，主轴停转
N180 X0 Y0 M02;	刀具回起始点，程序结束

5.3　DNC 与 FMS 技术

5.3.1　DNC 技术

1．DNC 概述

DNC 有两重含义：一是“Direct Numerical Control(直接数字控制)”，意为“将一群数控机床与零件数控加工程序存储器连接起来，可以根据要求直接将程序传送给对应的机床”；二是“Distributed Numerical Control(分布式数字控制)”，意为“将数控编程和生产管理计算机与多个数控系统构成分布式系统，实现用一台计算机控制多台数控机床”。

DNC 概念从“直接数控”到“分布式数控”，其本质也发生了变化，“分布式数控”表明可用一台计算机控制多台数控机床。这样，机械加工从单机自动化的模式可扩展到柔性生产线及计算机集成制造系统。从通信角度而言，可以在 CNC 系统增加 DNC 接口，形成制造通信网络。通过 DNC 形成网络后可以实现的功能包括：零件程序的上传或下载；读、写 CNC 的数据；PLC 数据的传送；存储器操作控制；系统状态采集和远程控制等。更高档次的 DNC 还可以对 CAD/CAM 以及 CNC 的程序进行传送和分级管理。

DNC 技术还可使 CNC 与通信网络联系在一起以传递维修数据，实现用户与 NC 生产厂直接通信，大大提高了服务质量和效率。

2. DNC 技术的功能

现代 DNC 技术的典型功能包括：

1) 支持数控程序的双向传输

DNC 的双向传输功能可以在机床端操作整个过程。数控程序可以从机床端自动上载到计算机中，计算机能自动地为收到的程序文件命名，也可以在机床上为所要发送的文件命名；当机床端调用计算机内的数控程序时，机床操作者只需从机床向计算机发送一个文件请求命令，计算机接收到请求后，在本地硬盘中查找相应的文件，并自动将该数控程序发送给机床，操作者无需在机床和计算机之间奔波，节省了操作时间。

2) 支持多台数控机床的并行在线加工

机床在线加工是指机床一边加工，一边接收计算机发送的数控程序。在线加工可以有效解决数控系统存储量有限的问题，即使是很长的数控程序，也可以连续不断地送入数控系统中。传统的 DNC 系统可以支持一台机床的在线加工，而现代 DNC 系统可以同时与多台机床在线。如美国 Xpert DNC 系统可以控制多达 128 台数控机床。

3) 支持子程序在线调用

现代 DNC 系统支持计算机内数控子程序的在线调用，使得数控程序的结构更合理，在线调用更为方便。操作时，实际系统只要调用数控加工主程序，系统就可以自动在运行中调用相应的子程序，并进行在线加工。

4) 传输距离不受限制

基于 Web 的通信技术，通信服务器可放置在任一地方，操作者可通过互联网完成对数控程序的传输和管理工作，或查看车间内任一台机床的当前工作状态。

5) 断点续传功能

断点续传是指数控程序被中断而后又重新开始时不必从程序的开始再次运行，也不必将程序已运行的部分删除，而是根据要求从程序的某行或某一坐标点重新开始执行。断点续传在数控加工中非常有用，例如，加工过程中发现刀具磨损或者刀片脱落，操作者需要将机床停下进行换刀处理；加工过程因停电等原因突然中断，电源恢复后需要重新开始加工等。

3. DNC 系统的结构与组成

DNC 的结构形式有多种，用户可根据工厂所需的自动化程度、加工零件的工艺要求、系统目标等确定 DNC 的结构形式。

DNC 系统的一般结构如图 5.18 所示。DNC 系统实质上是一种分级分布式控制系统，其组成包括硬件和软件部分。其硬件由以下几部分组成：

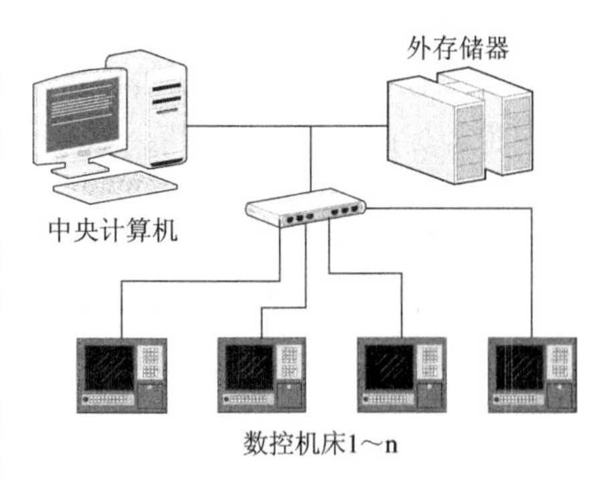

图 5.18　DNC 系统的一般结构

(1) 中央计算机。中央计算机完成数据管理、数控自动编程、数控程序管理、生产计划与调度以及机床控制等任务。

(2) 数控机床。数控机床的控制系统应具有 RS-232 等串行接口，这些接口设施为计算机直接控制数控机床提供了必要的硬件环境。

(3) 通信线路。通信线路一般用电缆和双绞线。

DNC 系统的软件主要涉及通信、生产管理、零件数控程序自动编程等多方面。生产管理的目标是通过对制造过程中物流的合理计划、调度与控制，减少工件在系统中的“空闲时间”，提高数控机床的利用率。

图 5.19 为车间级 DNC 的解决方案。图中虚线框内为车间网络环境，虚线框上方为企业局域网，也可通过企业网与远程服务器连接。为实现车间多台数控机床的 DNC 控制，车间中可以设置一个或多个集线器(HUB)。为实现数控机床与集线器的连接，在接线中串接串口转换器。串口转换器的功能是将数控机床的通信接口转换为符合网线接头的 RJ-45 接口。

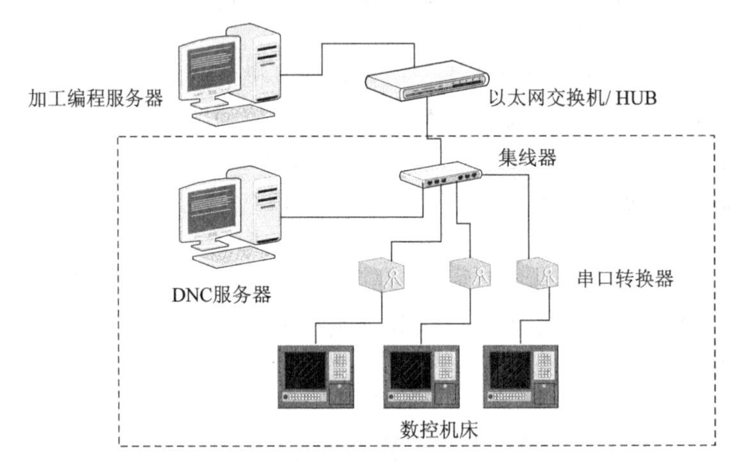

图 5.19　车间级 DNC 的解决方案

为保证数据传输的可靠性，从数控机床到串口转换器之间应采用屏蔽电缆。DNC 服务器是安装了 DNC 管理软件(包括 DNC 参数设置、作业管理等)的计算机，它通过集线器与数控机床通信，并利用 TCP/IP 协议与企业局域网连接。利用 DNC 管理软件，机床操作者可以通过机床的控制面板直接调用所需的数控程序。数控程序可以存放在 DNC 服务器中，也可以存放在企业其他的计算机或服务器中。

通常，DNC 管理采用客户机/服务器模式。除实现数控程序传输外，DNC 服务器还具有控制同时通信接口的数目、客户机数目及核实登录人员的身份和权限等功能。

现代DNC技术实现了数控机床与企业局域网之间的直接通信和产品加工信息的快速传递，也为提高数控加工质量、提升车间的管理水平提供了有效的技术支撑。

5.3.2　柔性制造系统

1967 年，英国莫林斯公司首次根据威廉森提出的 FMS 基本概念研制了“系统 24”。其主要设备是六台模块化结构的多工序数控机床，目标是在无人看管条件下实现昼夜 24 小时连续加工。但最终由于经济和技术上的困难，“系统 24”未全部建成。同年，美国的怀特·森斯特兰公司建成 Omniline I 系统，它由八台加工中心和两台多轴钻床组成，工件被装在托盘上的夹具中，按固定顺序以一定节拍在各机床间传送和进行加工。这种柔性自动化设备适于在少品种、大批量生产中使用，在形式上与传统的自动生产线相似，所以也叫柔性自动线。日本、前苏联、德国等也都在 20 世纪 60 年代末至 70 年代初，先后开展了 FMS 的研制工作。

20 世纪 70 年代末期，FMS 在技术上和数量上都有较大发展，80 年代初期已进入实用阶段，其中以由 3～5 台设备组成的 FMS 为最多，但也有规模更庞大的系统投入使用。

1982 年，日本发那科公司建成自动化电机加工车间，该车间由 60 个柔性制造单元(包括 50 个工业机器人)和一个立体仓库组成，另有两台自动引导台车传送毛坯和工件，此外还有一个无人化电机装配车间，它们都能连续 24 小时运转。

柔性制造系统的公认特征是：由一个物料运输系统将所有设备连接起来，这些设备不限于切削加工设备，也可以是电加工、激光加工、热处理、冲压剪切设备以及装配、检验等设备，可以进行没有固定加工顺序和无节拍的随机自动制造，如图 5.20 所示。

图 5.20　柔性制造系统

1. 柔性制造系统的组成

柔性制造系统的主要组成有：① 计算机控制系统；② 数控加工系统；③ 自动化物流系统。

这三部分相互以技术集成为基础进行有机组合，以实现系统的柔性，所以 FMS 是一种集成化的制造系统，如图 5.21 所示。此外，在 FMS 中，排屑、去毛刺、清洗等工作设备都要纳入系统的管理与自动控制范围之内。

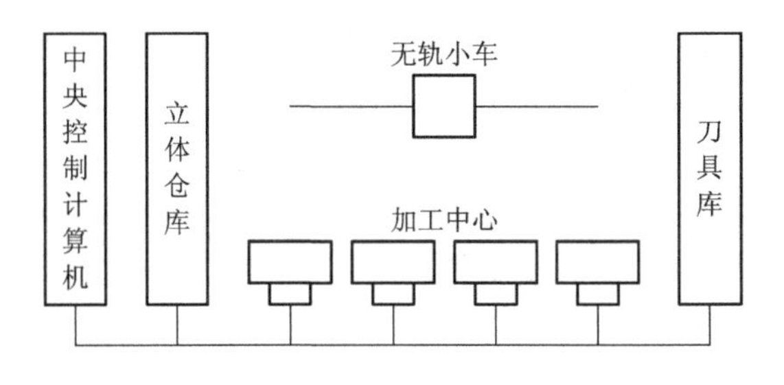

图 5.21　柔性制造系统

1) 计算机控制系统

FMS 的计算机控制系统具有如下职能：

(1) 机床控制。FMS 中的机床通常采用 CNC 机床，以便与计算机控制的其它部分相配合。大多数 FMS 按 DNC 方式工作。

(2) 生产控制。根据输入到计算机中的数据决定被加工零件组合和每种零件进入系统的速率。所输入的数据包括每种零件的年产量、毛坯数量以及工件托盘数量等。计算机确定工件托盘运输规划，并告知工人装上所需的毛坯。

(3) 运输控制。控制工件、半成品或成品在系统内的运输、停留与装卸。

(4) 工件运输监控。计算机必须监控每个工件托盘的状态及每个待加工工件的状态。

(5) 刀具监控。它包括监控每一把刀具的当前位置和刀具寿命两个方面。

(6) 系统工况监控报告。计算机可以提供管理所需的各种报告。

2) 数控加工系统

数控加工系统多数是由 CNC 机床按 DNC 的控制方式构成的。系统中的机床有互补和互替两种配置原则。互补是指在系统中配置有完成不同工序的机床，彼此互相补充而不能代替，一个工件顺次通过这些机床进行加工。互替是指在系统中配置有相同的机床，一台机床有故障则另一台机床可以代替加工，以免整个系统停工等待。当然，一个系统的机床设备也可以按这两种方式混合配置，这要根据预期的生产性质来确定。

3) 物流系统

物流系统包括刀具和工件两个物流系统。

(1) 刀具系统设有中央刀库，由机器人在中央和各机床的刀库之间进行输送和交换刀具。而刀具的备制和预调一般都不包括在自动监控的范围之内。刀具的数目要少，必须标准化和系列化，并有较长的刀具寿命。系统应有监控刀具寿命和刀具故障的功能。对刀具寿命的监控目前多采用定时换刀的方法，即记录每一把刀具的使用时间，达到预定的使用寿命后即强行更换。还有一种直接检测刀具磨损情况更换刀具的方法，由于这一技术不成熟，还没有在生产中得到应用。

(2) 工件系统包括工件、夹具的输送、装卸以及仓储等装置。在 FMS 中工件和夹具的存储仓库多为立体仓库，由仓库计算机进行控制和管理。其控制功能有：记录在库货物的名称、货位、数量、重量以及入库时间等内容；接受中央计算机的出、入库指令，控制堆垛机和输送车的运动；监督异常情况和故障报警等。各设备之间的输送路线以直线往复方式居多，输送设备中使用最多的是有轨小车和使用灵活的无轨小车。无轨小车又称自动引导小车(Automated Guide Vehicles，AGV)。小车上有托盘交换台，工件放在托盘上，托盘由交换台推上机床的工作台，以便对工件进行加工；加工好的工件连同托盘拉回到小车的交换台上，送装卸工位，由人工卸下并装上新的待加工件。小车的行走路线常用电缆或光电引导。

柔性制造系统的加工对象很广，其加工对象的品种为 5～300 种，生产批量为 10～100 件，年产量约为 2000～30 000 件。使用柔性制造系统的行业主要集中在汽车、飞机、机床以及某些家用电器行业。由于减少了零部件的存放、运输以及等待时间，因而柔性制造系统可以提高生产率至原来的 1.5 倍以上，并使生产周期缩短一半以上，从而减少了在制品，缩短了资金周转期。由于采用了装夹、测量、工况监视、质量控制等功能，因此机床的利用率由单机使用的 50%提高到了 70%～90%，而且加工质量稳定。

5.3.3 柔性制造单元

柔性制造单元(Flexible Manufacturing Cell，FMC)由中心控制计算机、加工中心与自动交换工件装置所组成，是一种能独立运行并具有机械加工、物料搬运、监控功能的以单元为独立整体的加工设备。柔性制造单元是为了使机械制造企业能迅速适应市场的需求，对外界不断变化的条件有高度的适应性而发展起来的。这里，柔性的通用定义是指适应生产条件变化的能力。

1976 年，日本发那科公司展出了由加工中心和工业机器人组成的柔性制造单元(简称 FMC)。柔性制造单元一般由 1～2 台数控机床与物料传送装置组成，有独立的工件储存站和单元控制系统，能在机床上自动装卸工件，甚至自动检测工件，可实现有限工序的连续生产，适于在多品种小批量生产中应用。

在柔性制造单元中，中心控制计算机负责作业调度、自动检测与工况自动监控等功能；工件装在自动交换工件装置(工作台)上，在中心控制计算机的控制下传送到加工中心；加工中心接收中心控制计算机传送来的数控程序而对工件进行加工，并将工况数据如工件尺寸自动检测和补偿、刀具损坏和寿命监控等送中心控制计算机处理。

柔性制造单元可以作为组成柔性制造系统的基础，也可以作为独立的自动化加工设备。由于柔性制造单元自成体系，占地面积小，成本低且功能完善，加工适应范围广，故有廉价小型柔性制造系统之称。

5.4 快速成型制造

随着 CAD/CAM 的迅速发展应运而生的快速成型技术(RP)被认为是近 20 年来制造领域的一个重大成果。RP 技术综合了 CAD/CAM、数控技术、激光技术及材料科学技术，可以自动、直接、快速、精确地将设计思想转变为具有一定功能的原型零件，从而可以对产品设计进行快速评估、修改及功能试验，对缩短新产品的开发周期、降低开发费用具有重要的意义。近年来，该技术迅速在工业造型、制造、建筑、艺术、医学、航空航天、考古和影视等领域得到广泛应用。

5.4.1 概述

1. 快速成型的概念

传统的制造技术按工件表面形状的形成过程分为切削加工和变形加工两类，其基本特征是在表面形状的成型过程中，工件材料保持不变或不断被切除减少。而快速成型技术则按离散/堆积成型的原理提出了一种全新的制造概念，即在制造过程中工件材料既没有变形，也没有被切除，而是通过不断地增加工件材料来获取所要求的工件形状。

快速成型制造技术因其显著的特点而有过不同的名称术语，用的最多的有：

① 快速原型(Rapid Prototyping Manufacturing)。 该名称起源于 RPM 技术应用的初期，所用的造型材料主要为树脂。由于树脂的强度和刚度远远不及金属材料，因而只能制造出

满足几何形状要求的原型零件而得此术语。目前，除了可以制造原型零件外，也可以使用各种功能材料制造出满足要求的功能零件。

② 分层制造(Layer Manufacturing)。这一概念源于 RPM 技术，是指一层层地建造模型。

除此之外还有直接 CAD 制造(Direct CAD Manufacturing)、材料增长制造(Material Increase Manufacturing)、自由实体制造(Solid Freeform Fabrication)、即时制造(Instant Manufacturing)、桌面制造系统等术语，它们都是根据快速成型制造技术的特点从不同的角度加以定义的。

2．快速成型制造技术的产生与发展

RP 技术最早出现在制造技术并不发达的 19 世纪。早在 1892 年，Blanther 主张用分层方法制作三维地图模型。20 世纪 70 年代末到 80 年代初期，美国 3M 公司的 Alan J. Hebert(1978 年)、日本的小玉秀男(1980 年)、美国 UVP 公司的 Charles W. Hull (1982 年)和日本的丸谷洋二(1983 年)，在不同的地点各自独立地提出了 RP 的概念，即利用连续层的选区固化产生三维实体的新思想。Charles W. Hull 在 UVP 的继续支持下，完成了一个能自动建造零件的称之为 Stereo-Lithography Apparatus(SLA)的完整系统 SLA-1，这是 RP 发展的一个里程碑。此后，其它的成型原理及相应的快速成型机也相继开发成功，先后出现了十几种不同的快速成型技术，其中 SLA、LOM、SLS 和 FDM 等几种技术目前仍然是快速成型技术的主流。

自 20 世纪 90 年代起，国内逐渐开展了 RP 技术和系统的研究和开发，清华大学、西安交通大学、华中科技大学等高校在 RP 技术和设备的研究和开发方面已取得了较好的成果，所开发的部分快速成型系统已商品化。

5.4.2　快速成型技术原理

快速成型技术(RP 技术)是一种用材料逐层或逐点堆积出零件的制造方法。其基本原理是在 CAD/CAM 技术的支持下，采用粘接、熔接、聚合作用或化学反应等手段，有选择地固化液体(或粘接固体材料)，快速地制作出所要求的零部件。其特点是不断地把材料按照需要添加到未完成的工件上，直到零件制造完毕为止，即所谓的“使材料生长而不是去掉的制造过程”。分层加工法弥补了现存的、传统的材料切削加工方法的不足，可以节省大量的时间，所以称为快速成型。

分层制造原理是 RP 技术的共同几何物理基础。从几何上讲，可将任意复杂的三维实体沿某一确定的方向用一系列平行截面依次截为一定厚度的若干个层面，而将这些层面叠加起来又可复原原先的三维实体。该原理过程如图 5.22 所示。依据这一原理，在实际操作中可根据三维 CAD 模型，对其进行分层切片，从而得到各层截面的轮廓。依照这样的截面轮廓，用计算机控制激光束固化一层层的液态光敏树脂(或切割一层层的纸，或烧结一层层的粉末材料，或利用某种热源有选择性地喷射出一层层热熔材料)，从而形成各层截面并逐步叠加成三维产品。

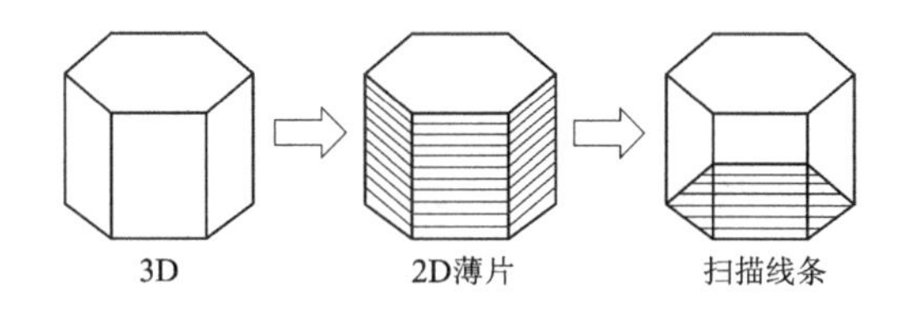

图 5.22　分层制造的基本原理

RP 原理的实质是将复杂的三维加工分解成两维加工的叠加，所以也称为分层制造(Layer Manufacturing)。这一原理解决了制造过程中的几何干涉问题，使制造不受零件复杂程度的限制。其主要技术特点是：

(1) 快速性。由于快速成型是建立在高度技术集成的基础之上的，因此从 CAD 设计到原型零件的加工完成，一般只需几个小时至几十个小时，比传统的成型方法速度快得多。这使得快速成型技术尤其适合于新产品的开发与管理。

(2) 自由成型制造。其含义是制造过程不受复杂三维形状所限制，与零件的复杂程度和制造成本基本无关。

(3) 高度柔性。高度柔性是指在原型制造中仅需改变 CAD 模型、重新调整和设置参数，即可生产出不同形状的零件模型。

(4) 材料的广泛性。材料的广泛性是指制造原型所用的材料不受限制。快速成型技术可以制造树脂类、塑料类原型，还可以制造出纸类、石蜡类、复合材料以及金属材料和陶瓷材料的原型。

5.4.3　快速成型的方法

快速成型的方法有很多种，下面介绍实际应用中较为成熟的几种方法。

1. 光固化立体成型

光固化立体成型(Stereo-Lithography Apparatus，SLA)也称立体印刷或光刻成型。SLA 的基本原理和步骤是：首先利用 CAD 软件对三维物体造型；然后利用分层软件根据精度要求对三维模型进行切片处理，得到一系列二维平面模型数据；接着将感光聚合材料(如光敏树脂)置于容器中，在计算机控制下的紫外激光以预定的零件各分层截面的轮廓为轨迹对液态树脂逐点扫描，使被扫描区的树脂薄层产生光聚合反应，从而形成一薄层截面的固化层。当一层固化完毕，移动工作台托板下沉，在原先固化好的树脂表面再敷上一层新的液体树脂，以便进行下一层扫描固化，新固化的一层牢固地粘在前一层上；如此重复循环直至整个零件制造完毕。

这种方法的特点是精度高、表面质量好，能制造出复杂的表面精细的零件，是人们经常采用的方法。其原理如图 5.23 所示。

2. 层片物件制造法

层片物件制造(Laminated Object Manufacturing，LOM)法利用 CO_2 激光束或切刀切割相应的横截面得到连续的层片材料来构造三维物体。其制作过程为：CAD 模型产生由三维模型的横截面数据描述的轮廓资料(厚度等于用来制作三维物体材料的厚度)；再由系统将该数据资料描述的轮廓(二维投影)印上结合剂，用 CO_2 激光束或切刀切出这个二维轮廓；然后由排列系统将它置于热压机下，加上高压使结合剂熔化并粘贴成型；如此循环往复直到完成整个模型。最后将不需要的材料剥离，即可得到所需零件原型。同时，可对其作表面处理，如打磨、喷油和抛光等。图 5.24 是根据这种方法利用纸张产生原型的制造过程示意图，除了纸张外，还可用塑料片。

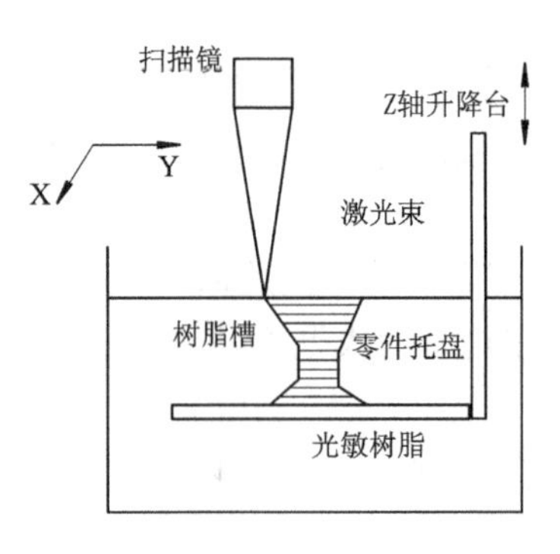

图 5.23　SLA 法原理

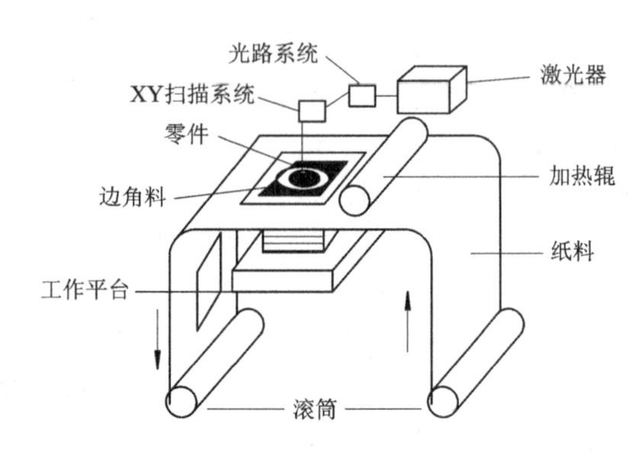

图 5.24　LOM 法原理

3. 选择性激光粉末烧结

选择性激光粉末烧结(Selective Laser Sintering，SLS)法是利用 CO_2 激光束为能源，通过红外激光束使树脂、蜡、塑料、陶瓷或金属等粉末材料烧结、熔解、固化而形成实物零件。成型过程开始时，将粉末材料均匀地铺到加工平面上，激光束在计算机的控制下通过扫描器以一定的速度和能量密度进行扫描，扫描之处材料粉末烧结成一定厚度的实体片层，未扫描的地方仍保持松散的粉末状；根据物体截面厚度移动支撑台，铺粉滚筒再次将粉末铺平后开始新一层的扫描，如此反复直到扫描完所有的层面，如图 5.25 所示。最后去掉多余粉末，经打磨、烘干等处理便得到零件。

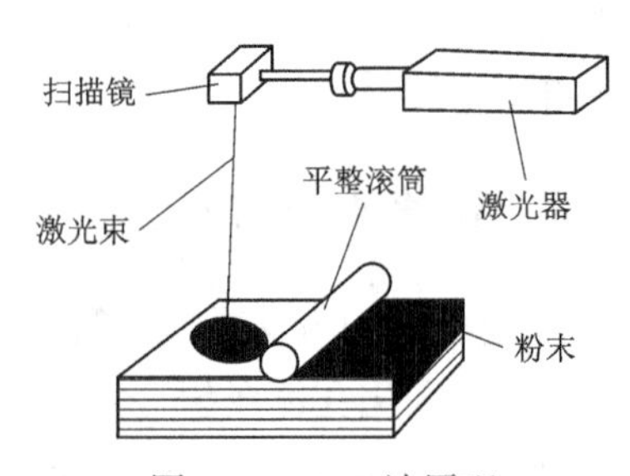

图 5.25　SLS 法原理

由于该方法可采用各种不同成分的金属粉末进行烧结、渗铜等后置处理，因而制成的零件具有与金属零件相似的机械性能。故 SLS 法可用于制作 EDM 电极、金属零件，并可进行小批量零件生产。

4. 熔融沉积造型

熔融沉积造型(Fused Deposition Modeling，FDM)法先利用 CAD 软件产生截面分层数据，并生成控制 FDM 喷嘴移动轨迹的几何信息；FDM 加热头把热塑材料加热到临界半流动状态，在计算机的控制下喷嘴头沿 CAD 确定的运动轨迹将流动状态的熔丝材料从喷头中挤压出来，经凝固形成轮廓形状的薄层；垂直升降系统再下降到新层进行固化，这样层层粘接，自上而下堆砌成整个实物，如图 5.26 所示。

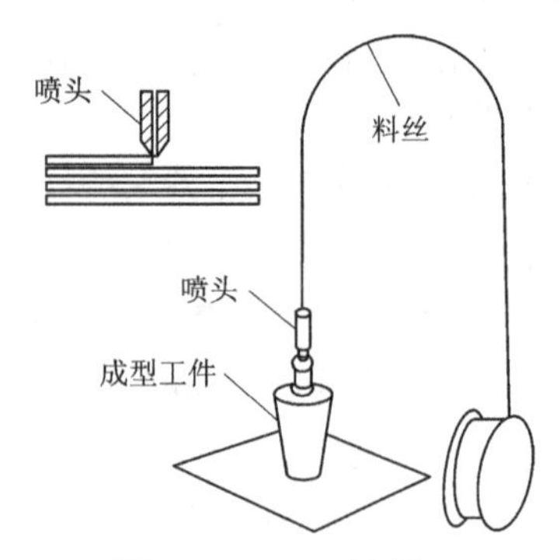

图 5.26　FDM 法原理

快速成型技术的发展在很大程度上依赖于 CAD 技术的发展，尤其是 CAD 系统的造型精度、二维投影的生成、层片模切面扫描路径的选择以及文件的格式转换等。

上述几种 RP 方法的特点和常用材料见表 5.4。

表 5.4　典型的 RP 方法的特点和材料

成型方法	速度	精度	制造成本	复杂程度	零件大小	常用材料	市场占有率/%
SLA	较快	较高	较高	中等	中小件	热固光敏树脂	78
LOM	较慢	较高	低	中等	大中件	纸、金属箔、塑料薄膜等	6
SLS	较慢	较低	较低	复杂	中小件	塑料、金属、陶瓷粉末	7.3
FDM	较慢	较高	较低	中等	中小件	石蜡、塑料、低熔点金属	6.1

由表中比较可见，任何一种技术都有自己的优势和不足，也有一定的使用场合。原则上，大型实心形状原型宜采用 LOM 法，该法成形速度快，材料利用率高。薄壁材料宜采用 FDM 法，成型速度快，材料利用率接近百分之百，特别适宜做单件塑料样品。单件小批量铸件宜采用 SLS 法直接生成蜡模，由于 SLS 不需要支撑，因此较适合内部复杂的中小型产品。在生成需观察内部结构的原型时，宜采用 SLA 法。

5.4.4　快速成型中的切片方法与 STL 数据格式

1. 三维模型的切片(Slicing)处理

由于快速成型制造是按一层层截面轮廓来进行加工的，因此加工前必须从三维模型上沿成型的高度方向每隔一定的间隔进行切片处理，以获取截面的轮廓。间隔的大小根据待成型零件的精度和生产率要求选定，间隔愈小，精度愈高，但成型时间愈长。间隔选取的范围为 0.005～0.5 mm，常用 0.1 mm 左右。在此取值下能得到相当光滑的成型曲面。切片间隔选定之后，成型时每层叠加的材料厚度则与其相适应。各种快速成形制造系统都带有切片处理软件，能自动提取 CAD 模型的截面轮廓。

2. 快速成型的文件格式

快速成型技术的一个关键问题是将 3D 实体描述的零件通过切片等过程转换为成型机能接受的数据，生成用来制造三维实体的一组片层。目前快速自动成型领域尚无标准的零件文件格式，美国 3D system 公司开发的 STL(Stereo Lithography interface specification)格式是目前快速成型系统中最常见的一种文件格式。它将三维曲面 CAD 模型近似成小三角形平面的组合，转换后的 STL 数据模型是一种用许多空间三角形小平面来逼近原 CAD 实体的数据模型。图 5.27 所示为球和圆柱形零件的 STL 模型，可见，三角形(元素)越多，精度越高，但运算时间会增加。

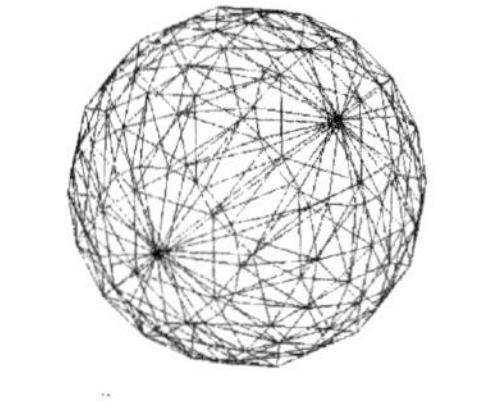
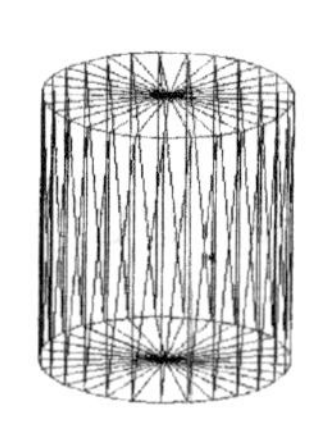

图 5.27　球和圆柱的 STL 模型

STL 被业界广泛认同，目前，典型的 CAD 软件系统都有生成 STL 文件格式的模块，只需调用这个模块，就能将 CAD 系统构造的三维模型转化为 STL 格式文件，并在屏幕上显示出转换后的 STL 格式模型(即由一系列小三角形平面组成的三维模型)。

3．STL 文件格式的规则

以 STL 表示的零件，如果用图形来表示，则其外表面是许多杂乱排列的小三角形，每个小三角形都用一个法向量和三个顶点来描述，法向量和顶点都用三维坐标表示。其描述方法如下：

1) 共顶点规则

每一个小三角形必须与每个相邻小三角形平面共有两个顶点，也就是说，一个小三角形平面的顶点不能落在相邻的任何一个小三角形的边上，如图 5.28(a)所示。图 5.28(b)中的 A 边的一个顶点落在相邻小三角形的边上，违反了共点规则，应删除 A，或者连接顶点 1 和 2，否则，不能顺利地进行切片处理。

2) 取向规则

对于每一个小三角形平面，其法向量必须向外，三个顶点连成的矢量方向按右手法则确定，而且对于相邻的小三角形平面，不能出现取向矛盾，如图 5.29(a)、(b)所示。根据这个法则判断，图 5.29(c)表达错误(法向量取向矛盾)。

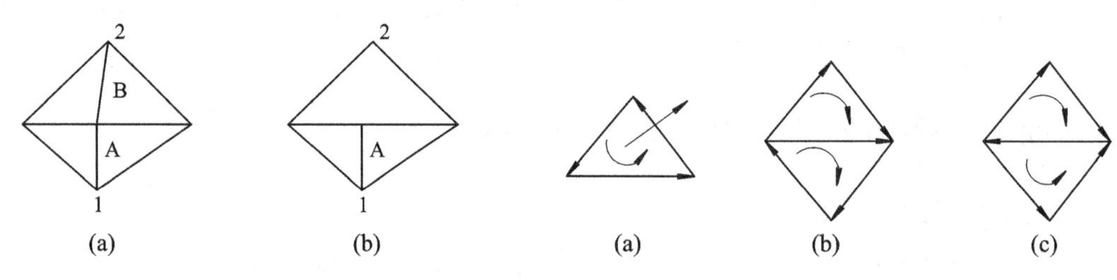

图 5.28　共顶点规则的示例

(a) 正确；(b) 错误

图 5.29　取向规则的示例

(a) 正确；(b) 正确；(c) 错误

3) 取值规则

每个小三角形平面的顶点坐标值必须是正数，零和负数是错误的。

4) 充满规则

在模型的所有表面上必须布满小三角形平面，不得遗漏。

5) STL 文件格式

STL 文件格式有 ASCII 和二进制两种，是无量纲的。STL 二进制格式是用 IEEE 整数和浮点数表示的。

RP 工艺对 STL 文件的正确性和合理性有较高的要求，主要是保证 STL 模型文件无裂缝、空洞、悬面、重叠面和交叉面，以免造成分层后出现不封闭环和歧义现象。

4．STL 数据模型的诊断与修复

CAD 实体数据模型经网格化处理后，三角形数目越多，它所表示的模型与原实际模型就越逼近，精度就越高，但会使后续的运算量加大。另外，CAD 产生的三维实体数据模型在计算机屏幕上可能显示得较完善，当将其转换成 STL 数据模型后，把 STL 数据显示出来后可能同样看不出任何问题，但微小的缺陷会使后续的切片乃至加工过程出现错误。

对于 CAD 图形显示来说，小三角形是否连接并不重要，但对于 STL 文件来说却是很重要的。例如，有一处出现两个相邻的三角形不相连，则此处的三维实体就没有定义，反映

到切片程序上就是错误信息。模型越复杂、曲面越多，就越有可能带有不相连的三角形，切片难度就会随之越大。上述问题通常出现在CAD到STL转换过程中，这就需用专用的软件来进行STL文件的校验，并对模型进行局部缺损的修复。

5.4.5 快速成型制造的过程与应用

1．快速成型制造的基本过程

目前，快速成型制造技术的详细过程为：首先由CAD三维造型软件生成产品三维曲面模型或实体模型；然后将CAD数据模型经网格化处理后生成三角形面化数据模型，即STL数据模型；再利用切片软件将所表达的三维数据模型用一系列平行于XY平面、在Z方向有一定间距的平面来切割，以生成一层一层的截面轮廓信息，每一层的边界由许多小线段组成，同时对轮廓截面进行网格划分；最后对分层信息进行NC后置处理，生成控制成型机的数控代码，并进行分层制造，层层叠加，形成产品的三维原型。其流程如图5.30所示。

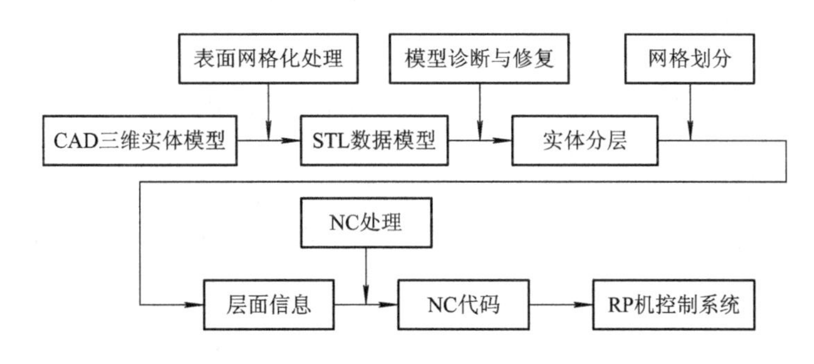

图5.30　快速成型制造的基本流程

2．快速成型制造的数据处理和工艺规划

快速成型制造过程中须进行必要的数据处理和工艺规划。

1) 数据处理

首先是STL数据模型的诊断与修复。STL将三维CAD实体模型用一系列小三角形平面的组合近似表示，在此过程中，数据格式的转换可能发生错误或数据丢失现象，如模型三角面间存在间隙或截面轮廓不封闭等，又如有些CAD/CAM系统无法对B样条曲线进行转换，某些小曲面在转换中变成大曲面等。这时就需通过另外的CAD/CAM系统作为转换的中介，还需要专门的软件对客户的STL文件进行校验并对模型进行局部缺损的自修复。

2) 工艺规划

工艺规划主要进行快速成形制造工艺上的优化，包括对模型摆放方向、扫描速率、模型支撑的构建及三维CAD数据的分层切片等方面的优化。模型摆放方向的优化目的是在保证满足客户所要求的加工精度的前提下合理地摆放模型，尽可能地缩短加工时间，提高生产效率。扫描速率与零件的形状大小、成型材料的属性及扫描光束本身有关，系统要求在保证加工精度的条件下选定扫描速率。另外，在保证合理快速成型的基础上，应尽量减少支撑数量。

3. 快速成型制造技术的应用

快速成型加工在工业界兴起仅仅十余年，它之所以能够在很短的时间内迅速发展，除其具有重要的学术价值外，更主要的还在于其广泛的应用前景。

1) 产品设计评价与功能验证

(1) 设计评价。使用快速成型技术可快速制作产品的物理模型，以验证设计人员的构思，发现产品设计中存在的问题，从而可节省大量时间和费用。

(2) 功能验证。使用快速成型技术制作的原型可直接进行装配检验、干涉检查和模拟产品真实工作情况的一些功能试验，如运动分析、应力分析、流体和空气动力学分析等，从而迅速完善产品的结构、性能、相应的工艺及所需工、模具的设计。

(3) 可制造性、可装配性检验。通过快速成型技术可对所开发的结构复杂的新产品(如汽车、飞机、卫星、导弹等)进行验证，验证零件的可制造性、零件之间的相互关系以及部件的可装配性。

2) 快速零件和模具制造

(1) 快速模具制造。快速模具技术是随着 RP 技术的发展而迅速发展起来的一门新技术，是近年来模具制造业中十分活跃的领域之一。例如，采用 LOM 方法直接生成的模具，可以经受 200℃的高温，可以作为低熔点合金的模具或蜡模的成型模具，还可以代替砂型铸造用的木模。

(2) 直接零件制造。RP 技术已经能够直接进行零件的制造。有关专家预测，未来零件的快速制造将越来越广泛，也就是说 RPM 将可能逐渐占据主导。目前，RP 出现的新工艺大部分都与直接制造金属型零件有关。

3) 医学的仿生制造

RP 技术在医学方面有许多应用，根据 CT 扫描或 MRI 核磁共振的数据，采用 RP 技术可以快速地制造人体骨骼和软组织的实体模型，这些人体器官实体模型可以帮助医生进行病情辅助诊断和确定治疗方案，具有巨大的临床价值和学术价值，在医学界受到极大重视。

4) 艺术品制造

艺术品和建筑装饰品是根据设计者的灵感构思设计出来的，采用 RP 技术可使艺术家的创作、制造一体化，为艺术家提供最佳的设计环境和成型条件。

习题与思考题

1. 数控技术的概念是什么？
2. 数控机床的组成和分类有哪些？
3. 简述数控加工的过程与主要对象。
4. 数控加工工艺的主要内容与特点有哪些？
5. 数控加工编程的概念与内容是什么？
6. 简述数控加工程序的格式与主要指令代码。
7. 手工编程的一般过程与步骤是什么？

8. 简述 DNC 的概念与其主要功能。
9. DNC 的组成是什么？
10. 什么是 FMS？它由哪些部分组成？
11. 快速成型方法与传统的机械制造方法之间的主要区别是什么？
12. 简述快速成型技术的原理及其主要特点。
13. 常见的快速成型方法有哪些？
14. STL 数据格式的原理和特性是什么？

第 6 章 计算机辅助数控程序编制

计算机辅助数控程序编制是 CAM 技术的起源和狭义的 CAM 概念。计算机辅助数控编程技术不仅是 CAD/CAM 技术的核心之一，而且是数控加工必不可少的工具。本章主要介绍计算机辅助数控编程的基本概念、主要方法、刀具轨迹的生成原理以及数控程序的检验与仿真。

6.1 计算机辅助数控编程概述

计算机辅助数控编程是指运用计算机完成从数值计算到零件数控加工程序自动生成并制作出控制介质的整个过程。这一过程也简称为数控自动编程或 CAM 编程。

使用计算机辅助编程系统，编程人员只需根据零件图样和工艺要求，输入零件信息和少量工艺参数，编程系统便可自动进行刀具中心运动轨迹的计算、走刀轨迹的仿真验证、后置处理，产生正确的零件数控加工程序。

1. 计算机辅助编程的发展

1953 年，美国麻省理工学院伺服机构研究室在美国空军的资助下，着手研究计算机辅助编程问题，并于 1955 年公布了 APT(Automatically Programmed Tools，语言自动编程)系统。此后的几十年中，APT 系统一直是应用最为广泛的数控自动编程系统。世界上许多先进工业国家也借助于 APT 的思想体系开发出了自己的数控编程语言和系统。国际标准化组织也在 APT 语言的基础上制定了 ISO 4342-1985 数控语言标准。但语言式自动编程方法直观性差，编程过程比较复杂，使用并不方便。

随着计算机和 CAD/CAM 技术的迅速发展，以图形交互方式工作的自动编程系统应运而生，并作为一种全新的计算机辅助编程方法迅速替代了语言式自动编程而成为主流的自动编程系统。特别是随着 CAD/CAM 集成技术的发展，图形交互式自动编程已成为 CAD/CAM 系统的标准配置，并成为了广泛应用的 CAD/CAM 集成数控编程方式。

2. 计算机辅助编程的方法

计算机辅助编程的方法有多种，依据系统输入方式的不同，可分为语言式自动编程和 CAD/CAM 数控编程两类。

(1) 语言式自动编程：系统的信息采用语言方式输入。编程人员首先要学习一门专用数控语言(如 APT 语言)，被加工零件的几何信息、工艺要求、切削参数及辅助信息等都需用数控语言编写成零件源程序，然后输入到计算机中，由计算机经过一系列处理得到数控加工程序。

(2) CAD/CAM 数控编程：系统的信息采用人机交互方式输入。编程人员利用自动编程软件本身的几何造型功能，以人机交互设计方式构建出零件的几何模型，再通过人机交互方式定义各种工艺要求、切削参数等信息，由系统自动完成刀具轨迹自动生成、仿真校验，并制作出数控加工程序。这类系统是一种 CAD/CAM 高度集成的自动编程系统。

目前占主流地位的成熟 CAD/CAM 数控编程系统主要有两类：一类是一体化的 CAD/CAM 集成系统(如 UG、CATIA、Pro/E 等)，另一类是相对独立的 CAM 系统(如 Cimatron、MasterCAM、Surfcam、CAXA-ME 等)。这两类系统的原理和基本组成大致相同，区别在于系统的规模和功能上的差别。作为最新的发展，以参数化和特征技术为主导的新一代 CAD/CAM 集成系统将使计算机辅助编程迈入新的阶段。

3. 语言式自动编程的过程

以 APT 为代表的语言式自动编程作为一种功能强大的自动编程工具曾得到广泛的认可和应用，虽然 APT 存在一些不足之处，同时目前在国内的应用很少，但 APT 及其衍生语言的编程在计算机辅助编程中所占的地位和产生的影响仍然非常深远。

用 APT 系统编程首先需掌握 APT 语言。该语言是一套具有完整语法、词法规则的接近自然语言的符号语言，可用它们来描述零件形状、尺寸大小、几何元素间的相互关系及走刀路线、工艺参数等。用 APT 语言编写出的零件加工程序称做零件加工源程序。零件加工源程序输入计算机后，经计算机的 APT 语言编程系统进行编译、计算，产生刀位文件(CL data file)，然后进行数控后置处理，生成数控系统能接受的零件数控加工程序，这一过程即为 APT 语言自动编程过程，如图 6.1 所示。

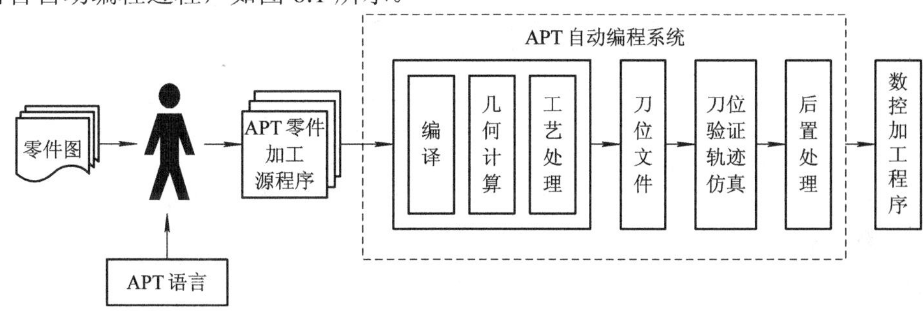

图 6.1　APT 自动编程过程

APT 系统编程过程主要由前置处理程序及后置处理程序两大部分组成。前置处理部分包括输入编译及计算阶段：零件加工源程序输入计算机后，经过输入翻译、数学处理计算出刀具运动中心轨迹，得到刀位数据(CL)文件。后置处理程序将刀位数据和工艺参数、辅助信息处理成具体的数控机床要求的指令和程序格式，并自动输出零件加工程序单。

6.2　CAD/CAM 集成数控编程系统

1. 系统组成

CAD/CAM 数控编程系统的构成如图 6.2 所示。

(1) 几何模型内核是整个系统的核心。在主流系统中，目前最常用的几何模型内核为 Parasolid 和 ACIS。比如 UG II 系统就采用 Parasolid 作为几何模型的内核。

(2) 几何造型模块应用几何模型内核建立起加工零件的几何模型。

(3) 刀具轨迹生成模块直接采用几何模型中的加工特征信息，根据所选用的刀具及加工方式进行刀位计算，生成数控加工刀具轨迹。

(4) 刀具轨迹验证的作用是检验刀具轨迹的正确性和加工表面的完整性。

(5) 刀具轨迹编辑用于对刀具轨迹进行编辑和修改。

(6) 后置处理用来把刀具轨迹模块生成的刀位数据转换成数控机床能执行的数控加工程序。

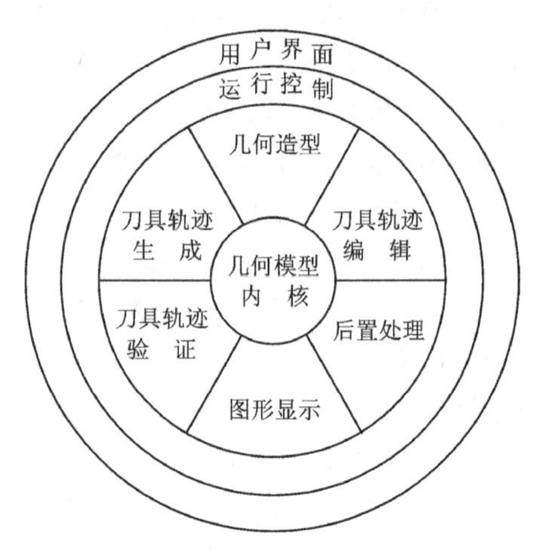

图 6.2　CAD/CAM 数控编程系统的构成

2. CAD/CAM 数控编程的一般过程

目前流行的 CAD/CAM 集成数控编程的一般过程如图 6.3 所示。

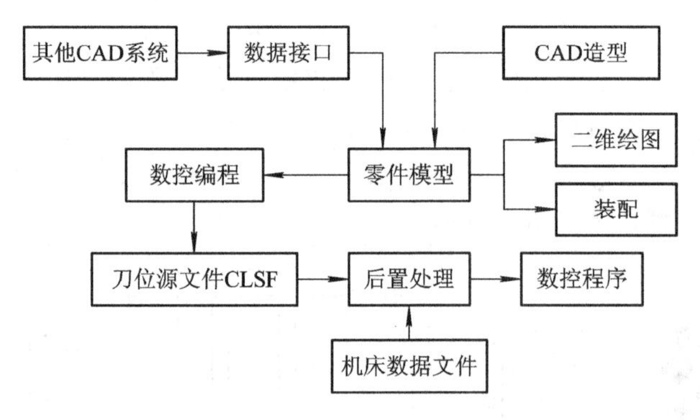

图 6.3　CAD/CAM 数控编程的一般过程

3. CAD/CAM 集成编程系统的功能

下面以 UG 系统为例，介绍和分析 CAD/CAM 集成数控编程系统所具有的功能。作为目前主流的 CAD/CAM 集成系统之一，UG 的 CAM 功能被业界普遍认为是最强大的和最具代表性的。UG 系统的计算机辅助编程功能主要包括：

(1) 车削加工(Lathe)：提供了高质量旋转零件加工所需的全部功能。

(2) 平面铣削(Planar Mill)：提供加工平面铣削 2～2.5 轴零件的所有功能。

(3) 固定轴加工(Fixed Contour)：用于产生 3 轴运动的刀具路径，适用于加工任何表面模型和实体模型，刀轨生成采用投影方法来控制刀具在单张曲面上或多张曲面上的移动。它有多种驱动方法和走刀方式可供选择，如沿边界、径向、螺旋线以及沿用户定义的方向驱动。

(4) 可变轴投影加工(Variable Contour)：支持曲面多轴铣，可实现 3～5 轴的各种曲面零件的加工。

(5) 型腔铣加工(Cavity Mill)：提供粗切单个或多个型腔的功能，可沿任意形状切去大量毛坯材料，特别适用于凸模和凹模的型芯和型腔加工。

(6) 清根切削加工编程。

(7) 线切割(Wire EDM)：提供进行2～4轴线切割加工的功能。UG提供的其他加工方法还有点位加工(Point to Point)、曲面交加工(Sequential Surface)、等参数线加工(Parameter Line)等多种。

(8) 刀具轨迹编辑功能和刀具轨迹干涉处理功能。

(9) 刀具轨迹验证、切削过程仿真与机床仿真：UG的刀具轨迹验证功能除了常见的刀具轨迹的显示验证外，还具备加工过程的动态仿真验证(Vericut)。该功能把加工过程中的零件实体模型、刀具实体、切削加工过程及加工中材料去除过程用不同的颜色一起动态显示出来，模拟零件的实际加工过程。

UG还提供了一个机床仿真模块(Unisim)，该模块以可视化的方式，提供“逼真”的加工仿真环境，精确地检测机床、刀具、夹具和工件等各部分之间的碰撞干涉，以便在复杂的切削加工环境下减少切削时间，避免损坏刀具和零件，提高加工质量。

(10) 后置处理(Post Processing)：UG提供的后处理模块可使用户能够对常用的数控机床方便地建立自己的后处理程序。

6.3　数控加工刀具轨迹生成

6.3.1　概述

数控加工刀具轨迹生成是计算机自动数控编程的基础及关键技术。近几年来，国内外许多学者对数控加工刀具轨迹的规划进行了大量的研究工作，针对不同的加工对象提出了许多实用的计算方法，并得到了广泛的应用。

1．刀具轨迹优劣的评价指标

(1) 刀具轨迹的长度：零件加工的刀具轨迹的总长度，包括刀具的有效切削路径的长度和不进行切削的空行程长度。显而易见，刀具轨迹的长度越短，其加工效率越高。

(2) 刀具轨迹的连续性：不连续的轨迹会因经常性的抬刀使得刀具往返时间增加而降低加工效率，而且被加工零件的质量也会因系统误差而降低。

(3) 刀具轨迹方向的一致性：随着加工轨迹选取的不同，其上法矢的变化幅度和变化频率有时会有很大差别，从而直接影响到加工效率和质量。显然，刀具轨迹的规划应该沿着曲面法向曲率变化较小的方向，从而使其切线方向和法矢方向的变化量尽可能小。

除了满足上述标准外，刀具轨迹生成方法还应该满足切削行间距均匀、加工误差小且分布均匀、走刀步长分布合理、加工效率高等要求，同时也要求计算速度快、占用计算机内存少。

2．刀具轨迹生成方法

CAD/CAM数控编程的应用主要针对两坐标加工编程和多坐标加工编程两种类型。与之对应，两坐标的刀轨生成与多坐标的刀轨生成在复杂程度上和应用场合方面都有明显的差别，它们的生成原理也不尽相同。

6.3.2　两坐标加工的刀轨生成方法

1．概述

在机械加工中，2 轴与 2.5 轴的数控加工占了很大的比例。从数控加工编程的角度来看，一般的钻、攻丝、铰、开槽等的编程，由于在现代 CNC 指令中均作为宏执行，并且不涉及复杂几何问题，因而容易实现，而一般的轮廓加工编程属二维的平面问题，如果轮廓不是复杂曲线，则编程也不会遇到很大的困难。但对于二维型腔的加工，数控编程的工作量较大，手工编程往往难以胜任，特别是对属于完成自由曲面腔槽粗加工的型腔加工方式，就需用计算机辅助编程来完成。因此，两坐标加工的刀轨生成在计算机辅助数控编程中有着重要的作用。

平面铣削加工和型腔铣削加工是两种最常见的两坐标加工方式，它们都以垂直于刀具轴的平面层的方式切削材料，完成外形轮廓、型腔底面、岛屿上面或者与刀具轴垂直的直壁型腔的加工，适用于凸模和凹模的粗加工。其刀轨生成的方法分为两类：

(1) 外形轮廓。外形轮廓加工是绕预先定义好的零件的一种平面的、连续的切削运动。外形轮廓分为内轮廓和外轮廓，其刀具中心轨迹为外形轮廓线的等距线。

(2) 二维型腔。型腔加工的任务是切除所定义的区域中的所有材料，以两坐标加工刀具轨迹的生成算法为基础，通过分层转化为一系列的二维型腔加工。二维型腔分为简单型腔和带岛屿型腔，其数控加工分为环切法和行切法两种切削加工方式，如图 6.4 所示。

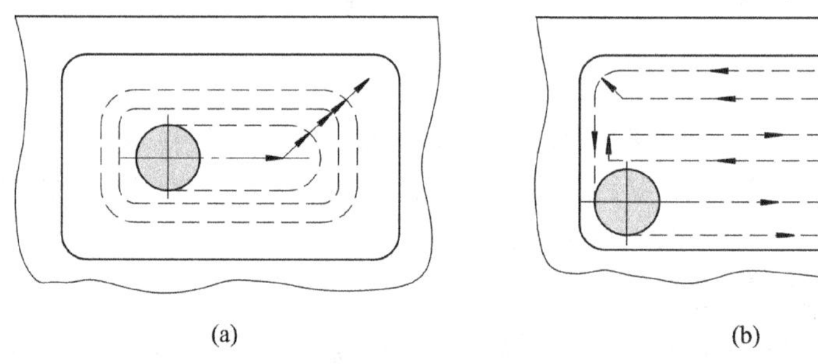

(a)　　　　(b)

图 6.4　环切法和行切法走刀

(a) 环切法；(b) 行切法

● 环切走刀方式：刀具沿着轮廓线按相等的行距环绕切削，绕一圈则横向方向进刀一个步距，直至扫过整个加工区域。

● 行切走刀方式：刀具沿一个参考方向按相等的间距往复切削，同时沿垂直于参考方向的方向进刀，直至扫过整个加工区域。

环切加工刀具轨迹计算时还要考虑残留区域补充加工，除由型腔轮廓或岛屿轮廓得到的第一个等距环之外，在其他等距环的尖角处，由于等距线的裁剪而出现切削不到的残留区域，为切除这些残留区域，需自动进行补充加工，通常也称为“清根”加工。

2．两坐标加工刀轨的生成原理

1) 平面轮廓环的概念

如第 3 章所述，环是由一系列有向线段组成的首尾相接的封闭环。环为面的边界，面是环所包围的区域。在平面型腔数控编程中，平面轮廓环的处理是两坐标加工刀轨生成的基础。

在数控刀轨生成时，需要从一系列边界轮廓线中提取加工区域，为此可将这些首尾相接的轮廓线段组成轮廓环。该过程由组环和判别环的方向两步完成。所谓组环，即是通过一定的算法，将边界轮廓线段组成拓扑意义上的环。随后对环的方向进行判别，以确定环的等距和加工刀具的走向。

2) 加工区域的提取

在型腔加工编程中，内、外轮廓环定义了所要加工的区域。加工区域自动识别算法的基本思想是，将最外面的环认为是型腔轮廓环，其内一层为岛屿轮廓环，然后是型腔轮廓环……依此类推，即可自动识别出型腔轮廓环和岛屿轮廓环，从而将加工区域自动提取出来。

例如，图 6.5 所示的轮廓图形中有环 A、B、C、D。其中环 A、C 为型腔轮廓环(外环)；环 B、D 为岛屿轮廓环(内环)。首先，任取某环，分别判断它与其他环的相互位置关系。以环 B 为例，它被环 A 包含，它包含环 C，它与环 D 分离。对于环 B，依次遍历其他所有环，得到 B 与其余环的相互位置关系。同样取出环 A，遍历其余环，依次判断 A 环与它们的位置关系。如此反复，直至取完所有的环。其次，根据各环间的确切关系，确定各环位置意义上的父环、子环和兄弟环，得到包括所有环的树状结构，如图 6.6 所示。

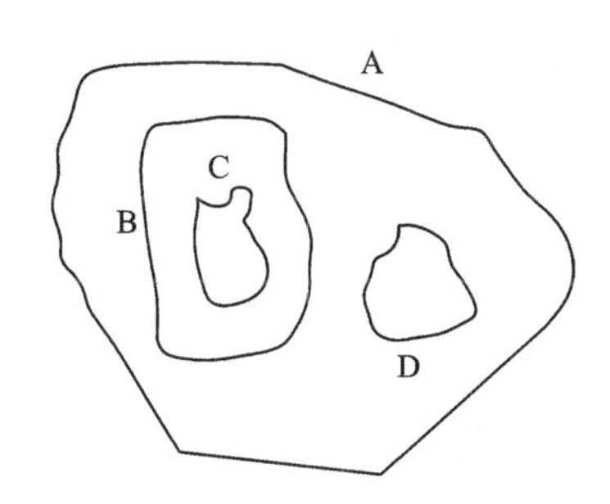

图 6.5　加工区域自动识别

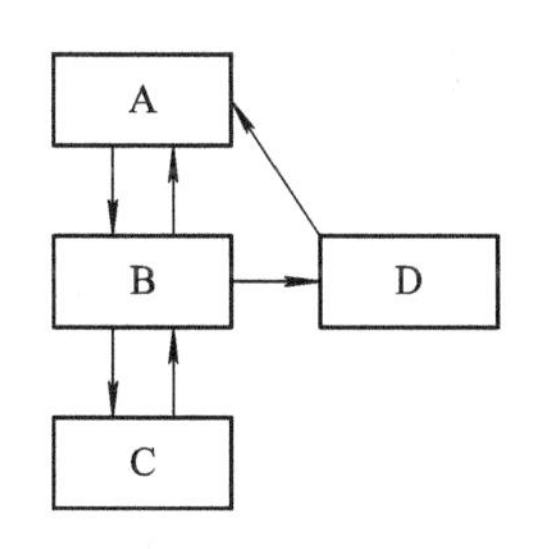

图 6.6　树状数据结构

3) 加工区域的确定

在生成树状结构后，内、外环和加工区域则可根据数据结构中各节点深度和它们间的父子关系得到。型腔轮廓环与岛屿轮廓环构成一个加工区域。如环 A、环 B 与环 D 构成一个加工区域，环 C 构成一个加工区域，共有 2 个加工区域，如图 6.7 所示的阴影区域。

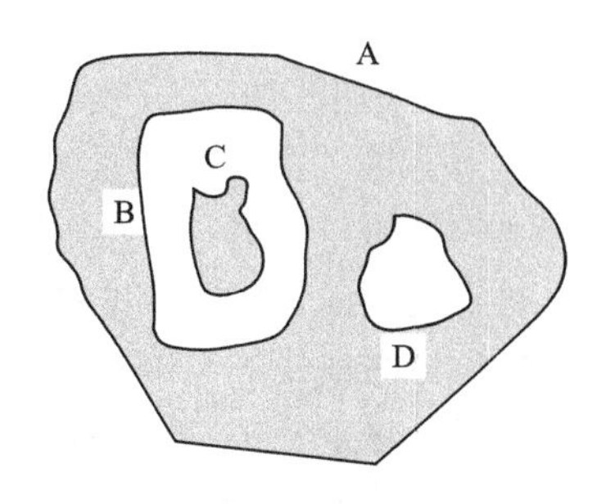

图 6.7　产生可加工区域

4) 二维型腔加工刀具轨迹的生成过程

二维型腔加工的一般过程是：沿轮廓边界留出精加工余量，先用平底端铣刀以环切或行切法走刀，铣去型腔的多余材料，最后沿型腔底面和轮廓走刀，精铣型腔底面和边界外形。当型腔较深时，则要分层进行粗加工，这时需要定义每一层粗加工的深度以及型腔的实际深度，计算需要分多少层进行粗加工。

(1) 行切法加工刀具轨迹生成。其基本思想是根据所识别的加工区域，通过平面型腔边界轮廓、刀具半径和精加工余量计算各切削行的刀具轨迹，最后将各行刀具轨迹线段有序连接起来。连接的方式可以是单向(zig)，也可以是双向(zig-zag)，一般根据工艺要求而定。其计算步骤为：

① 平面型腔边界(包括岛屿的边界)轮廓的有序化和串接：生成封闭的边界轮廓(环)。

② 边界轮廓等距线的生成：等距线与边界轮廓的距离为精加工余量与刀具半径之和。如图 6.8 所示，其中实线为型腔及岛屿的边界轮廓，虚线为其等距线。

③ 行切刀具轨迹计算：从刀具路径角度方向与上述边界轮廓等距线的第一条切线的切点开始逐步计算每一条行切刀具轨迹或与上述等距线的交点，生成各切削行的刀具轨迹线段，如图 6.9 所示。

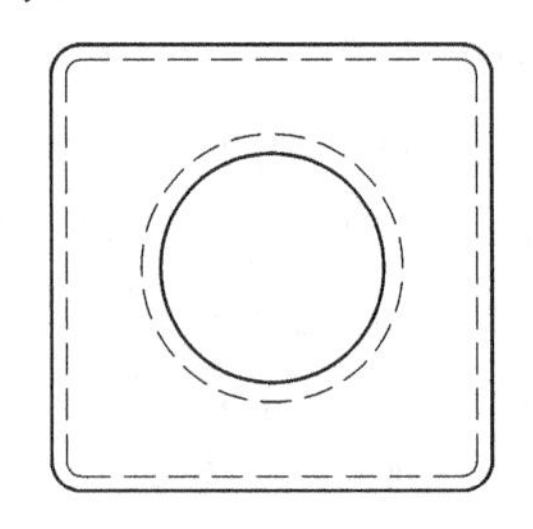

图 6.8　边界轮廓的等距线生成

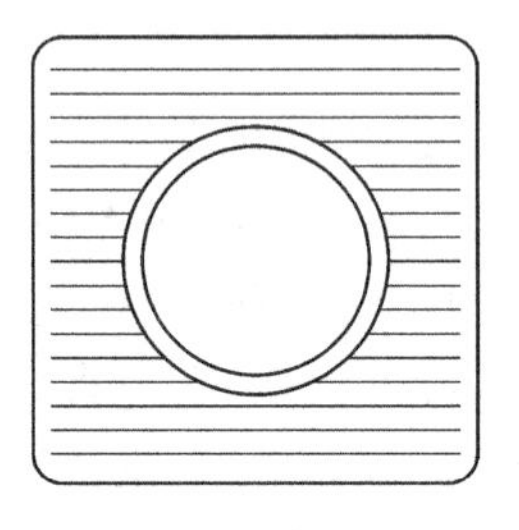

图 6.9　刀具轨迹计算

④ 刀具轨迹线段的排序与串接：从第一条刀具轨迹线段开始，将各刀具轨迹线段的终点和起点依次沿边界轮廓等距线首尾相接起来，如图 6.10 所示。

⑤ 如果需要，可沿型腔和岛屿的等距线运动产生最后一条精加工的刀具轨迹，如图 6.11 所示。

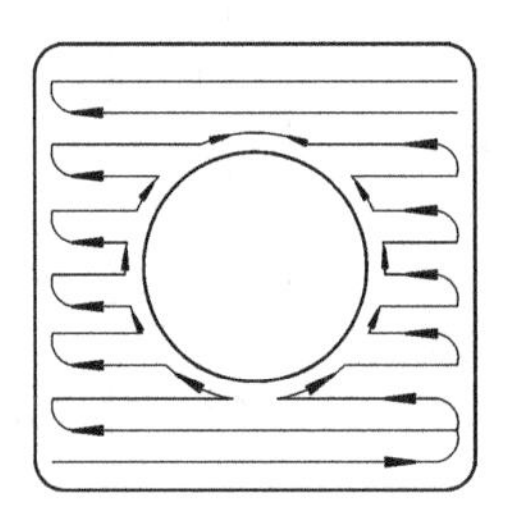

图 6.10　行切法刀轨串接

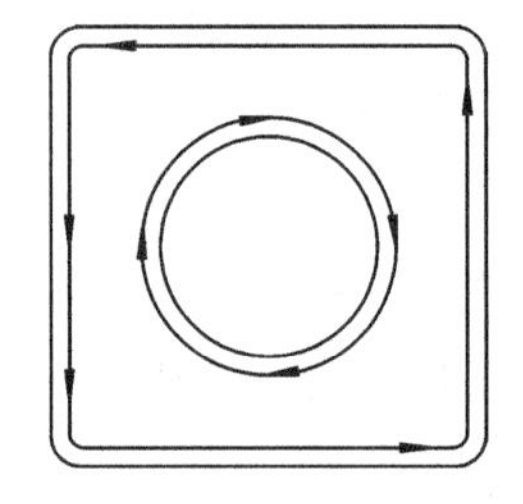

图 6.11　沿型腔和岛屿的精加工刀轨

(2) 环切法加工刀具轨迹生成。环切法加工刀具轨迹生成的前两步与行切法基本相同，而其第(3)步刀具轨迹的计算在一定意义上可以归结为平面封闭轮廓的等距线计算和在此基础上的裁剪与编辑。对于由直线和圆弧组成的简单封闭轮廓曲线，等距线的计算比较容易，而对于包含自由曲线的简单封闭轮廓曲线，等距线的计算相对复杂一些。对含有岛屿的封闭轮廓曲线的等距线进行计算或及对等距线进行裁剪和编辑时，要考虑等距线的自交和互交，即需要对等距环进行自交处理和互交处理。自交处理是指轮廓环的等距环出现交叉时，需要通过判断，将有效环保留，去除无效环。互交处理是指型腔轮廓与岛屿轮廓、岛屿与岛屿的等距环之间相交时，需进行环的集合并或差运算，生成无干涉的环。其生成过程如图 6.12 所示。

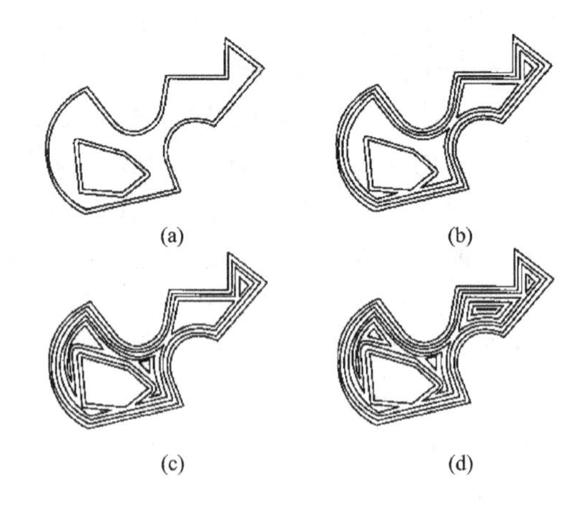

图 6.12　环切法刀具轨迹的生成过程

目前应用较为广泛的一种等距线计算方法是直接偏置法，其计算步骤如下：

(1) 按一定的偏置距离对封闭轮廓曲线的每一条边界曲线分别计算等距线。

(2) 对各条等距线进行必要的裁剪或延拓，连接形成封闭曲线。

(3) 处理等距线的自相交，并进行有效性测试，判断是否和岛屿、边界轮廓曲线干涉，去掉多余环，得到基于上述偏置距离的封闭等距线。

(4) 重复以上过程，直到遍历所有待加工区域。

这种算法可以处理边界为任意曲线的封闭轮廓。其不足之处是必须对各段偏置曲线的连接处进行复杂的处理以去掉偏置过程中产生的多余环，进行大量的有效性测试以避免干涉，算法效率不高，而且在某些情况下对多余环的判断处理是相当困难的。沿零件轮廓环切(Follow Periphery)是以这一算法为基础的。

Voronoi 图是一种有效的环切加工子区域划分方法，其核心思想是每个子区域内的所有点距封闭轮廓曲线的某一段(直线或圆弧)轮廓边最近，当子区域划分结束后，在每个子区域内构造对应轮廓边的等距线，可以保证作出的等距线相互正确衔接，避免了不同等距线之间的求交、干涉检查和裁剪处理等。沿零件环切(Follow Part)是以这一算法为基础的。

6.3.3 多坐标加工的刀轨生成方法

多坐标数控加工的刀具轨迹生成是数控编程中的核心内容，经过二十多年的发展，先后推出了多种多坐标数控刀轨生成算法。其中较具代表性的方法有 APT 法、离散曲面法、等距面法、参数线法、投影法等。此外，近年来有些学者尝试将空间填充曲线(Space-filling)作为加工刀具轨迹，它具有很好的连续性和在参数区间上分布的均匀性，基本上消除了整个切削过程中的空行程，降低了刀具轨迹线的总长度。但其切削方向的频繁变化使表面质量在某种程度上受到了影响。如何将其有效地应用在数控加工领域还有待于进一步研究。

1．基本概念

(1) 切触点(Cutting Contact Point)是指刀具在加工过程中与被加工零件曲面的理论接触点。对于曲面加工，不论采用什么刀具，从几何学的角度来看，刀具与加工曲面的接触关系均为点接触。图 6.13 给出了几种不同刀具在不同加工方式下的切触点。

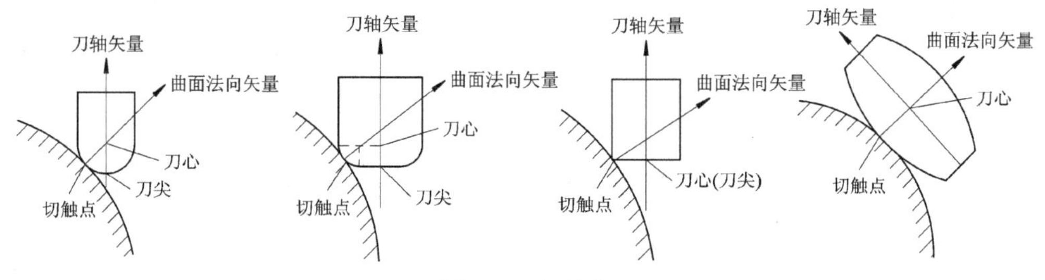

图 6.13　切触点

(2) 切触点曲线(Cutting Contact Curve)是指刀具在加工过程中由切触点构成的曲线。切触点曲线是生成刀具轨迹的基本要素，既可以显式地定义在加工曲面上，如曲面的等参数线、二曲面的交线等，也可以隐式定义，使其满足一些约束条件，如约束刀具沿导动线运动。这就是说，切触点曲线可以是曲面上实在的曲线，也可以是切触点的约束条件所隐含的“虚拟”曲线。

(3) 刀位点数据(Cutter Location Data，CL Data)是指准确确定刀具在加工过程中每一位置所需的数据。一般来说，刀具在工件坐标系中的准确位置可以用刀具中心点和刀轴矢量来进行描述。其中刀具中心点可以是刀心点，也可以是刀尖点，视具体情况而定，如图 6.13 所示。

(4) 刀具轨迹曲线是指在加工过程中由刀位点构成的曲线，即曲线上的每一点包含一个刀轴矢量。刀具轨迹曲线一般由切触点曲线定义刀具偏置计算得到，计算结果存放于刀位文件(CL Data File)之中。

(5) 导动规则是指曲面上切触点曲线的生成方法(如参数线法、截平面法)及一些有关加工精度的参数，如步长、行距、两切削行间的残留高度、曲面加工的盈余容差(Outer Tolerance)和过切容差(Inner Tolerance)等。

2. 多坐标刀具轨迹生成和处理方法

由以上定义可以将曲面加工刀具轨迹的计算过程简略地表述为：给出一张或多张待加工曲面(零件面)，按导动规则约束生成切触点曲线，由切触点曲线按某种刀具偏置计算方法生成刀具轨迹曲线。由于一般的数控系统有直线、圆弧等少数几种插补功能，因此一般需将切触点曲线和刀具轨迹曲线按点串型式给出，并保证加工精度。这个过程如图 6.14 所示。

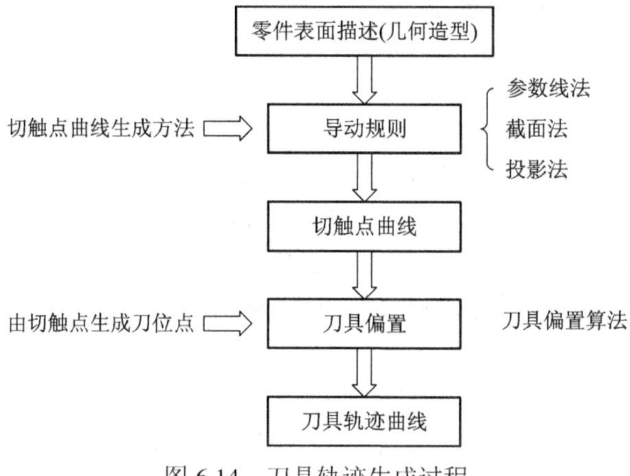

图 6.14　刀具轨迹生成过程

1) *参数线法*

参数线法刀具轨迹生成方法的基本思想是利用 Bezier 曲线的细分特性，将加工表面沿参数线方向进行细分所生成的点位作为加工时刀具与曲面的切触点。因此，曲面参数线加工方法也称为 Bezier 曲线离散算法。

在加工中，刀具的运动分为沿切削行(u 线方向)的走刀和切削行(v 线方向)的进给两种运动。刀具沿切削行走刀时所覆盖的一个带状曲面区域，称为加工带。二叉离散过程首先沿切削行的行进给方向对曲面进行离散，得到加工带，然后在加工带上沿走刀方向对加工带进行离散，得到切削行，如图 6.15 所示。

基于参数线加工的刀具轨迹计算方法有多种，比较成熟的有等参数步长法、参数筛选法、局部等参数步长法、参数线的差分算法及参数线的对分算法等。下面简单介绍等参数步长法。

等参数步长法是最简单的 Bezier 曲线离散法，即在整条参数线上按等参数步长计算点位。参数步长 δ 和曲面加工误差 $\varDelta$ 没有关系，为了满足加工精度，通常 δ 的取值偏于保守且凭经验，这样计算的点位信息比较多。由于点位信息按等参数步长计算，没有用曲面的曲率来估计步长，因此，等参数步长法没有考虑曲面的局部平坦性(在平坦的区域只需较少的点位信息)。这种方法因计算简单、速度快而在刀位计算中常被采用。

参数线法是各种曲面数控加工生成刀轨的主要算法，优点是刀轨计算方法简单，计算速度快，不足之处是当加工曲面的参数分布不均匀时，切削行刀具轨迹的分布也不均匀，加工效率不高。

图 6.16 是用这种算法生成刀轨的例子。

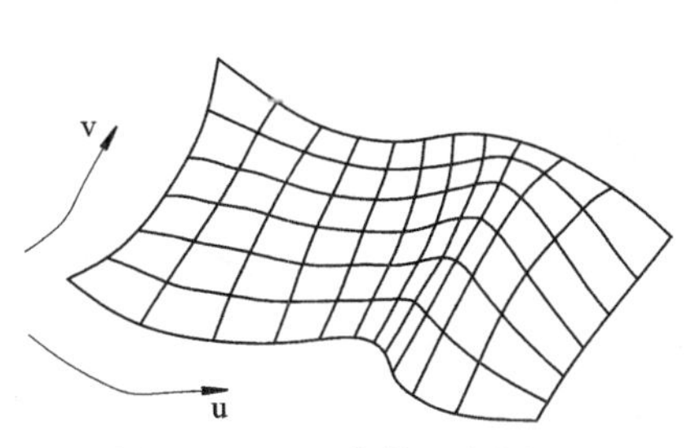

图 6.15　二叉离散示意图

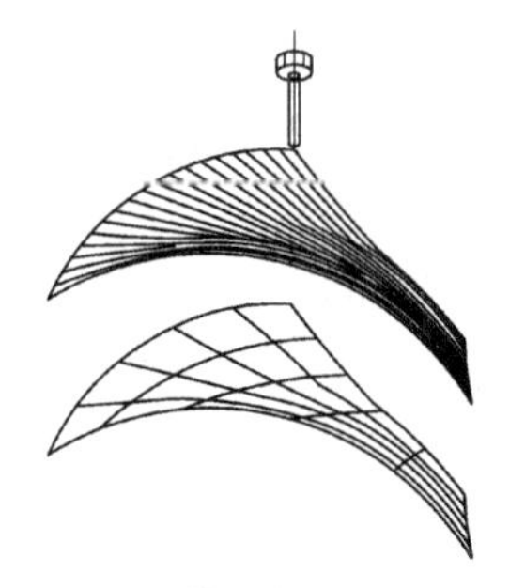

图 6.16　参数线加工的刀具轨迹

2) 截面法

截面法加工的基本思想是采用一组截平面或回转截面去截取加工表面，截出一系列交线，刀具与加工表面的切触点就沿着这些交线运动，完成曲面的加工。该方法根据所用的截面不同而分为截平面法和回转截面法两种。

(1) 截平面法。截平面法中可以定义一组平行的平面，也可以定义一组绕某直线旋转的平面，如图 6.17 所示。一般来说，截平面平行于刀具轴线，即与 Z 坐标轴平行。平行截面与 X 轴的夹角可以为任意角度。

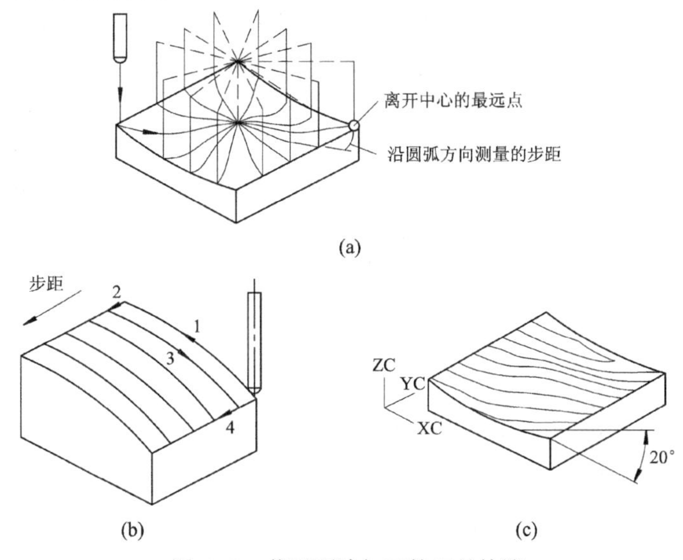

图 6.17　截平面法加工的刀具轨迹

(a) 绕 Z 轴旋转的截平面；(b) 平行于 X 轴的截平面；(c) 与 X 轴呈 20° 夹角的截平面

截平面法一般采用球形刀加工曲面，所以，刀心实际上是在加工表面的等距面上运动，因此，用截平面法加工曲面时也可以采用构造等距面的方法，使刀具沿截平面与加工表面等距面的交线运动，完成曲面的加工。

截平面法对于曲面网格分布不太均匀及由多个曲面形成的组合曲面的加工非常有效，这是因为刀具与加工表面的切触点在同一平面上，从而使加工轨迹分布相对比较均匀，可使残留高度分布比较均匀，加工效率也较高。

(2) 回转截面法。回转截面法采用一组回转圆柱面去截取加工表面，截出一系列交线，刀具与加工表面的切触点就沿着这些交线运动，完成曲面的加工。一般情况下，作为截面的回转圆柱面的轴心线平行于 Z 坐标轴，如图 6.18 所示。

该方法要求首先建立一个回转中心，接着建立一组回转截面，并求出所有的回转截面与待加工表面的交线，然后对这些交线根据刀具运动方式(一般为 Zig-Zag 方式)进行串联，形成一条完整的刀具轨迹。其主要难点是回转截面与加工表面的求交。

用回转截面法加工可以从中心向外扩展，也可以由边缘向中心靠拢，如图 6.19 所示。

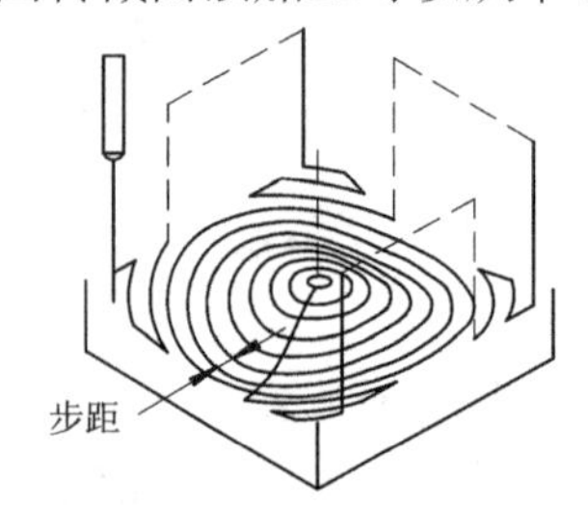

图 6.18　回转截面法刀具轨迹

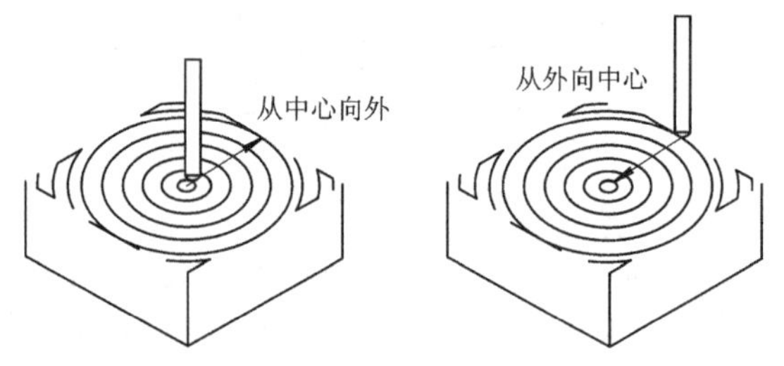

图 6.19　回转截面法加工的运动方式

3) 投影法

用投影法加工的基本思想是使刀具沿一组事先定义好的导动曲线(或轨迹)运动，同时跟踪待加工表面的形状。导动曲线在待加工表面上的投影一般为切触点轨迹，也可以是刀尖点轨迹。切触点轨迹适合于曲面特征的加工，而对于有干涉面的场合，限制刀心点则更为有效。由于待加工表面上每一点的法矢方向均不相同，因此限制切触点轨迹不能保证刀尖点轨迹落在投影方向上。所以，限制刀尖点容易控制刀具的准确位置，可以保证在一些临界位置和其他曲面(如干涉面)不发生干涉。

导动曲线的定义依加工对象而定。对于曲面上要求精确成形的轮廓线，如曲面上的花纹、文字和图形，可以事先将轮廓线投影到工作平面上作为导动曲线。对于曲面型腔的加工，可首先将型腔底面与边界曲面和岛屿边界曲面的交线投影到工作平面上，按平面型腔加工的方法生成一组刀具轨迹，然后将该刀具轨迹反投影到型腔曲面上，限制刀尖位置，便可生成加工曲面型腔型面的刀具轨迹。

投影法加工以其灵活且易于控制等特点在现代 CAD/CAM 系统中获得了广泛的应用，常用来处理其他方法难以取得满意效果的组合曲面和曲面型腔的加工。图 6.20 是用投影法生成刀具轨迹的例子。

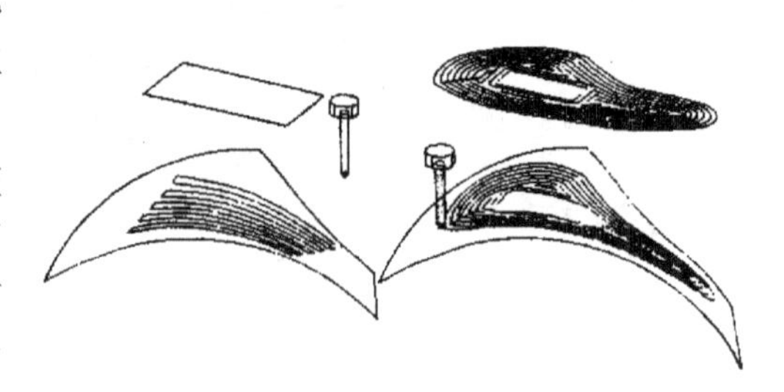

图 6.20　投影法刀具轨迹生成

4) *曲面型腔加工刀具轨迹生成*

曲面型腔可视为是在一张具有封闭内环的曲面上沿该内环边界挖腔而生成的。一般来说，曲面型腔的加工采用三坐标加工方法。一些特殊的需要采用四坐标、五坐标加工的曲面型腔，则应根据实际情况采用特殊的加工方法。

在三坐标数控机床上加工曲面型腔，要求型腔型面沿 Z 坐标方向单调。

曲面型腔的加工一般分为粗铣型腔和型腔型面精加工。粗铣型腔的目的是挖去型腔的大部分加工余量，切削出腔型的基本形状；型腔型面精加工是在型腔型面留有少量加工余量的基础上加工型腔型面。

曲面型腔精加工的刀轨生成方法主要有截平面法和投影法，加工时一般采用球形刀。对于一些特殊的型腔，也可应用平底刀。

6.4　刀具轨迹编辑

对于复杂曲面零件的数控加工来说，计算机自动完成刀具轨迹计算之后，一般需要对刀具轨迹进行一定的编辑与修改。其原因为：

(1) 对于很多复杂曲面零件及模具来说，为了生成刀具轨迹，往往需要对待加工表面及其约束面进行一定的延伸，并构造一些辅助曲面，这时生成的刀具轨迹一般都超出加工表面的范围，需要进行适当的裁剪和编辑。

(2) 曲面造型所用的原始数据在很多情况下使生成的曲面并不是很光顺，这时生成的刀具轨迹可能在某些刀位点处有异常现象，比如，突然出现一个尖点或不连续等现象，需要对个别刀位点进行修改。

(3) 在刀具轨迹计算中，采用的走刀方式经刀位验证或实际加工检验不合理，需要改变走刀方式或走刀方向。

(4) 生成的刀具轨迹上刀位点可能过密或过疏，需要对刀具轨迹进行一定的匀化处理等。

所有这些都需通过刀具轨迹的编辑加以修正。所以，刀具轨迹的编辑功能是数控编程系统必须具备的功能。

最简单的刀具轨迹编辑(Tool Path Editing)是在文本编辑方式下进行的。对于没有提供图形交互刀具轨迹编辑功能的数控编程系统来说，编程员可以利用任何一个文本编辑程序，对刀具轨迹进行一定的编辑与修改。

而在大多数 CAD/CAM 集成系统中，刀具轨迹的编辑是在图形交互方式下进行的。借助于系统完善的图形功能，操作者可以直观、方便地对所产生的刀具轨迹进行显示和交互修改。不同的系统提供的刀具轨迹编辑功能的强弱有一定的差别，但其中的主要功能有以下几方面：

(1) 刀具轨迹的快速图形显示。该功能可以在图形窗口中显示被编辑的刀具轨迹，而且可以将刀具在选择的刀位点上显示出来；另外，显示出来的刀具轨迹可以被交互式地修改。图 6.21 所示为 UG 系统中刀具轨迹编辑器的刀具轨迹快速图形显示功能。

(2) 刀具轨迹文本显示与修改。该功能允许用户在一个文本编辑器中对刀具轨迹进行列表显示和编辑、修改。高级的文本修改方式常常伴随刀具轨迹的快速图形显示，并可以在交互方式下进行修改。对刀位点数据的修改包括对刀心点坐标和刀轴矢量的修改。UG CAD/CAM 系统的刀具轨迹编辑器就具备这一功能。图 6.22 所示为 UG 系统中刀具轨迹编辑器的刀具轨迹交互修改与快速图形显示功能。

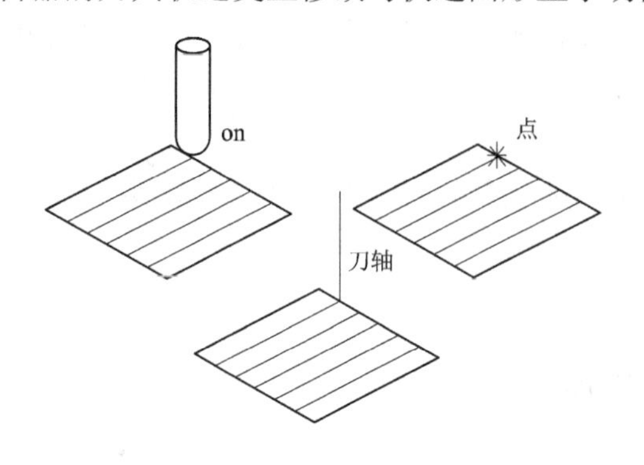

图 6.21　刀具轨迹图形显示

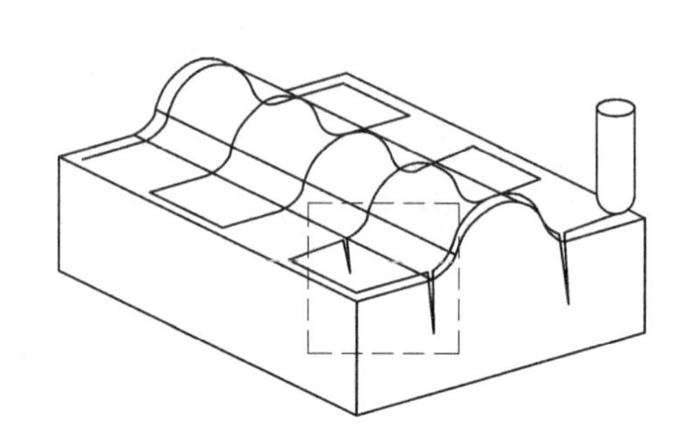

图 6.22　UG 中刀具轨迹的交互修改

(3) 刀具轨迹的删除、拷贝、粘贴、插入、移动(Cut、Copy、Paste、Insert、Move)。该功能允许用户对指定的刀具轨迹进行删除、拷贝、粘贴、插入、移动，其操作对象可以是刀位点、切削段、切削行、切削块乃至全部编辑中的刀具轨迹，也可以是被编辑的部分刀具轨迹。该功能既可以在文本编辑器中完成，也可以在图形交互方式下进行。上述几个功能与文本编辑器中的 Cut、Copy、Paste、Insert 和 Move 功能相同。

(4) 刀具轨迹的恢复(Undo)。该功能的操作方式有两种：一种是全局恢复，即恢复所有被删除的刀具轨迹对象；另一种是循环恢复，即按删除操作的逆序逐个恢复被删除的刀具轨迹对象，每执行一次恢复操作，恢复一次删除操作所删除的刀具轨迹对象，直至被删除的刀具轨迹对象全部恢复完为止。

(5) 刀具轨迹的延伸(Extend)。该功能允许用户对指定的刀具轨迹按给定的方式进行延伸。其操作对象为曲面加工中指定的单向(Zig 或 One Way)和双向(Zig-Zag)切削行刀具轨迹，一般在图形交互方式下进行。图 6.23 所示为 UG CAD/CAM 系统中刀具轨迹编辑器的刀具轨迹延伸功能。

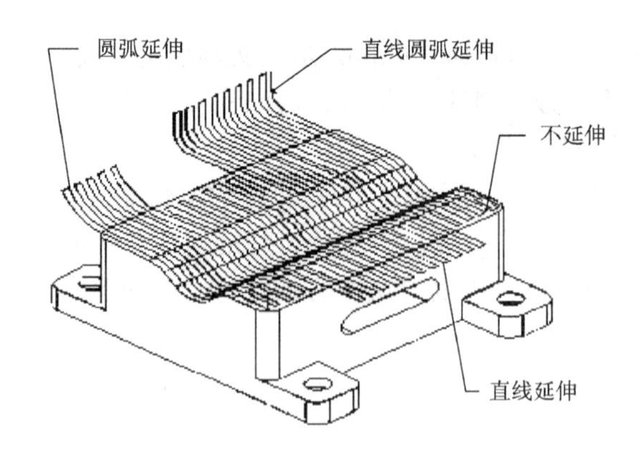

图 6.23　刀具轨迹的延伸

(6) 刀具轨迹的修剪(Trim)。该功能允许用户对指定的刀具轨迹按给定的方式进行修剪，被修剪掉的部分用抬刀方式越过。其操作对象为曲面加工中指定的单向(Zig或One Way)和双向(Zig-Zag)切削行刀具轨迹，一般在图形交互方式下进行，也可以在文本方式下进行。图6.24所示为UGⅡ系统中刀具轨迹编辑器的边界修剪。修剪过程中对于被修剪掉的部分，可以定义直线连接和抬刀连接两种连接方式，这两种方式分别适用于凹坑和岛屿边界对刀具轨迹的修剪。图6.24所示为抬刀连接方式。无论采用哪一种连接方式，被修剪掉的部分均可用快速运动指令(G00)实现。

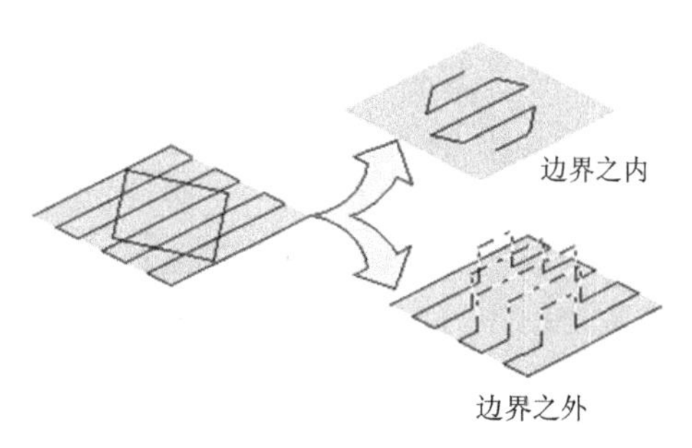

图6.24　刀具轨迹的边界修剪

(7) 刀具轨迹的反向(Reverse)。该功能对被编辑的刀具轨迹的走刀方向进行反向，主要适用于铣削加工。

(8) 刀具轨迹的几何变换。该功能包括对被编辑的刀具轨迹进行平移、旋转及镜像变换。

(9) 刀具轨迹上刀位点的匀化。运用该功能可以对单条走刀轨迹或全部编辑中的刀具轨迹进行匀化操作，匀化主要通过在走刀轨迹中加入刀位点来实现。一般采用的匀化方式有：按等弧长加密，或者按给定的误差限进行筛选或过滤后加入适当的刀位点，还可以在两个刀位点之间按线性插值的方式对分插入一个刀位点。

(10) 刀具轨迹的加载(Load)与存储(Save)。Load功能将待编辑的刀具轨迹加载到刀具轨迹编辑器；Save功能将编辑好的刀具轨迹存储到刀位文件中。

另外，当刀具轨迹编辑操作完成之后，需对刀具轨迹进行重新连接与编排。

对于一个具体的CAD/CAM数控编程系统，其刀具轨迹编辑系统可能只包含其中一部分功能。

6.5　数控加工仿真

6.5.1　数控加工仿真的概念

数控加工仿真又称为加工过程仿真，是指用计算机来仿真数控加工的过程。目前，数控加工仿真分为几何仿真和物理仿真两种类型。几何仿真不考虑切削参数、切削力及其他因素的影响，只仿真刀具和工件几何体，用以验证数控程序的正确性，属于刀具轨迹的仿真验证。物理仿真通过仿真切削过程的动态力学特性来预测刀具磨损、刀具振动和变形、控制切削参数，从而达到优化切削过程的目的。切削加工过程的物理仿真仍存在很多理论和实际问题有待解决。因此，从一般意义上说，数控加工仿真是指数控加工的几何仿真。

数控加工的仿真是数控编程的重要环节。目前，商品化CAD/CAM系统如UG、CATIA等都有刀具轨迹仿真模块，在产生数控刀具轨迹后即可进行刀具轨迹的仿真验证，功能较全面，真实感和图形显示的效果也较好，可以显示快速移动的刀具的真实感图形和清晰的切削残留刀痕。另外，还有一些专用的数控仿真软件如VERICUT、MTS和NSee2000等，这些软件的功能更专业，并可以对其他系统产生的数控加工程序进行加工仿真。

数控机床加工系统由刀具、机床、工件和夹具组成，加工中心还有换刀和转位等运动机构。在加工时，它们之间的相对位置是不断变化的，因此应检查它们之间的运动干涉(碰撞)情况。目前的专业数控加工仿真软件已能在计算机上模拟整个机床的加工过程，该过程也称为机床仿真。

一般情况下，刀具轨迹验证在后置处理前进行；而机床仿真是在完成了后置处理，产生数控程序后，在已确定机床、夹具、刀具的情况下进行的。

6.5.2　刀具轨迹仿真验证

刀具轨迹仿真验证的方法很多，最简单、最常用的方法有刀具轨迹显示验证和动态图形仿真验证。

1．刀具轨迹显示验证

刀具轨迹显示验证的基本方法是：将刀具轨迹用线框图显示出来，或者同时将被加工表面图形在图形显示器上一起显示出来，从而判断刀具轨迹是否连续，检查刀位计算是否正确，校验走刀路线、进退刀方式是否合理等。

刀具轨迹显示验证的判断原则为：

(1) 刀具轨迹是否光滑连续，有无交叉。

(2) 刀轴矢量是否有突变现象。

(3) 凹凸点处的刀具轨迹连接是否合理。

(4) 组合曲面加工时刀具轨迹的拼接是否合理。

(5) 走刀方向是否符合曲面的造型原则(主要针对直纹面)。

图 6.25 所示是采用球形刀三坐标双向走刀加工电话机话筒模具电极模型的刀具轨迹图。从图上可以看出，刀具轨迹是光滑连续的，无突变等异常情况。

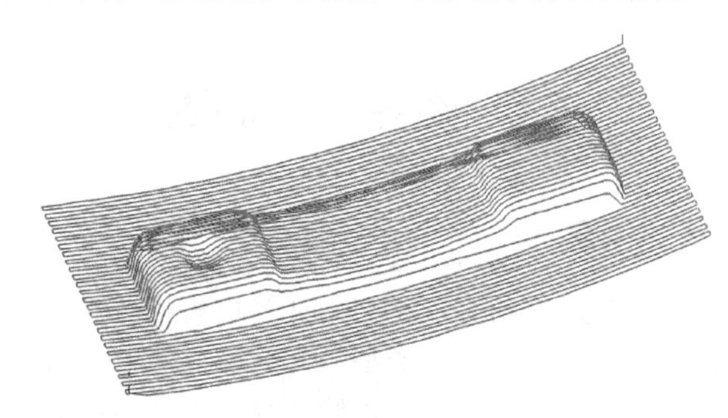

图 6.25　刀具轨迹图

2．刀具轨迹动态图形仿真验证

动态图形仿真验证是 CAD/CAM 集成系统数控编程中刀具轨迹验证的主要手段。

动态图形仿真验证的基本过程为：把加工过程中的零件实体模型、刀具实体、切削加工后的表面加工结果，采用不同的颜色一起动态显示出来，采用动画方式模拟刀具实际切削零件的加工过程。为了便于观察，已切削加工表面与待切削加工表面采用不同颜色表示。整个动态模拟仿真过程的速度可以随意控制，从而使编程员可以清楚地看到刀具模拟切削零件的过程，判断刀具是否啃切加工表面、是否与约束面发生干涉与碰撞等现象。

动态图形仿真验证一般在后置处理前进行。通过定义被切零件的毛坯，调用刀位文件数据，在屏幕上显示出加工后着色的零件模型，不但能以三维动画方式模拟加工切削过程，还能计算出完工零件的体积和毛坯的切除量以及加工残留部分。图 6.26 所示是对实体零件数控加工的材料去除过程的动态显示和验证的结果。图 6.27 所示为粗加工的动态仿真过程。图 6.28 所示为精加工的动态仿真过程。

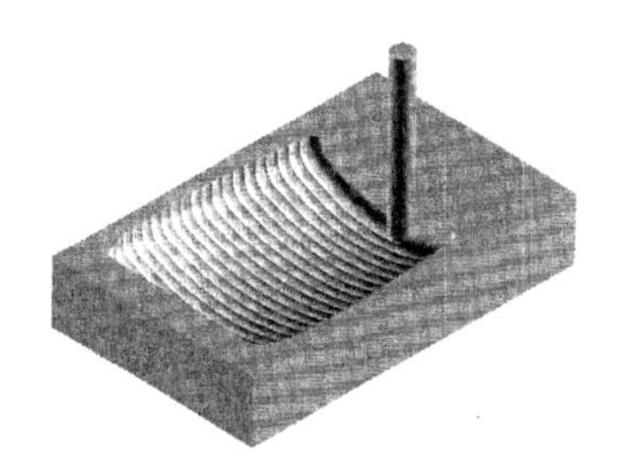

图 6.26　动态仿真验证

图 6.27　粗加工动态仿真

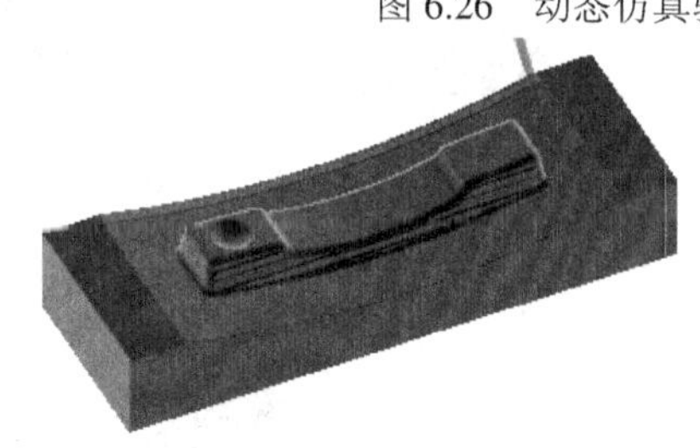

图 6.28　精加工动态仿真

动态图形仿真验证的材料去除过程常采用逆向快速原型制造技术，将定义的几何体按照一定的精度要求进行三角化处理并显示其结果。一般来说，三角化处理的精度越高，仿真过程越真实，过切显示也越真实，但动态仿真显示的速度越慢。三角化处理之后的几何体一般用 STL 文件格式存储。

6.5.3　机床仿真系统

机床仿真系统采用动态图形仿真方法，其目的是进行刀具、夹具、机床、工件间的运动干涉和碰撞仿真。干涉是指两个元件在相对运动时，它们的运动空间有重叠。碰撞是指两个元件在相对运动时，由于运动空间有干涉而产生碰撞。这种碰撞会造成刀具、工件、机床、夹具等的损坏，是绝对不允许的。特别是在机械手换刀、工作台转位时，更要注意干涉和碰撞。

机床仿真系统的基本思想是：采用实体造型技术建立加工零件毛坯、机床、夹具及刀具在加工过程中的实体几何模型，然后将加工零件毛坯及刀具的几何模型进行快速布尔运算(一般为减运算)，最后采用真实感图形显示技术，把加工过程中的零件模型、机床模型、夹具模型及刀具模型动态地显示出来，模拟零件的实际加工过程。其特点是仿真过程的真实感较强，基本上具有试切加工的验证效果。

机床仿真系统的典型代表有 UG 的 Unisim 机床仿真工具、MTS 软件和 Camand 系统的 Multax 软件包等。这些系统构建了一个真实感很强的加工仿真环境，具有完整的由机床、刀具、夹具和工件构成的场景，可以对复杂的加工环境进行仿真，能精确地检测加工过程中各部件之间(刀具与夹具、机床工作台及其他运动部件之间)的干涉和碰撞，以便优化切削加工过程。

Unisim 的机床模拟仿真如图 6.29 所示。图 6.30 所示是 MTS 的实际仿真过程，分别是车床仿真和加工中心仿真，其中，图 6.30 右图所示为换刀过程的仿真瞬间。

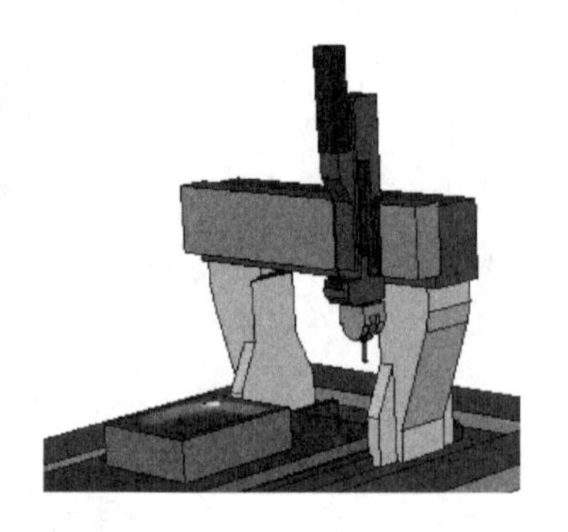
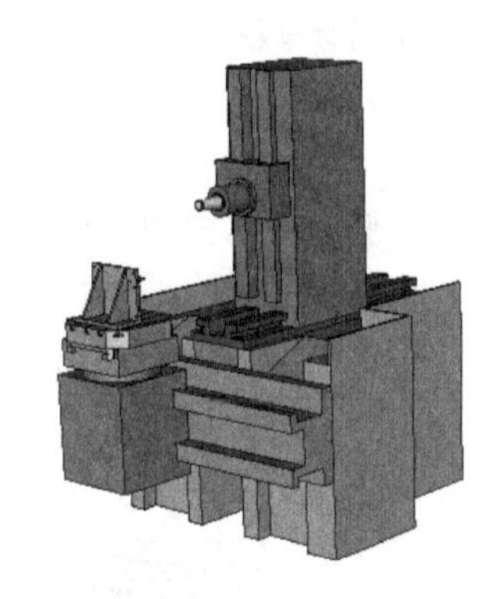

图 6.29　Unisim 机床模拟仿真

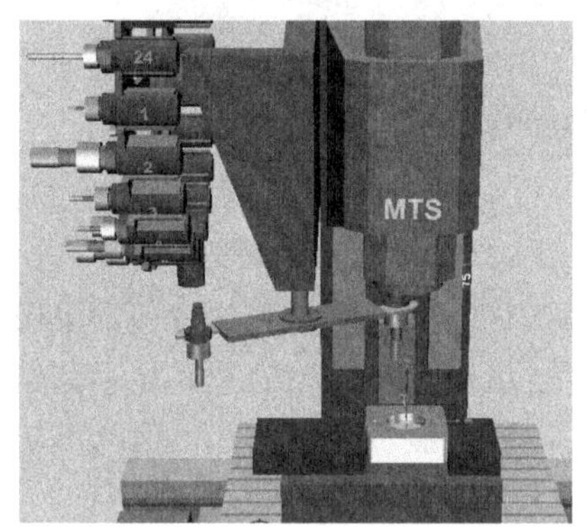

图 6.30　MTS 机床加工过程的实际仿真

6.6 后 置 处 理

6.6.1 后置处理的概念

数控程序采用手工编程方法时，由编程人员根据零件的加工要求与所选数控机床的数控指令集直接编写数控程序，并输入数控机床的数控系统。而在采用计算机辅助编程方法时，经过刀具轨迹计算产生的是刀位源文件(Cutter Location Source File，CLSF)，而不是数控程序。因此，这时需要设法把刀位源文件转换成指定数控机床能执行的数控程序，才能进行零件的数控加工。

把刀位源文件中的刀位数据转换成指定数控机床能执行的数控程序的过程称为后置处理(Post Processing)。

后置处理的任务主要包括两个方面：机床运动变换和数控加工程序生成。

1. 机床运动变换

机床运动变换是根据机床运动的结构将刀位数据转换为机床轴运动数据，即机床运动坐标。对于不同类型运动关系的数控机床，该转换算法是不同的。

2. 数控加工程序生成

数控加工程序生成是指根据数控系统规定的指令格式将机床运动数据转换成机床数控程序。

除此之外，后置处理过程还须进行进给速度校验，特别是在多轴加工时，一般须根据机床的伺服能力(速度、加速度等)及切削负荷能力进行校验修正。

后置处理流程如图 6.31 所示。后置处理流程原则上是解释执行，即每读出刀位源文件中的一个完整的记录(行)，就分析该记录的类型，根据记录类型和所选数控机床进行坐标变换或文件代码转换，生成一个完整的数控程序段，并写到数控程序文件中去，再读下一个记录，直到刀位源文件结束。

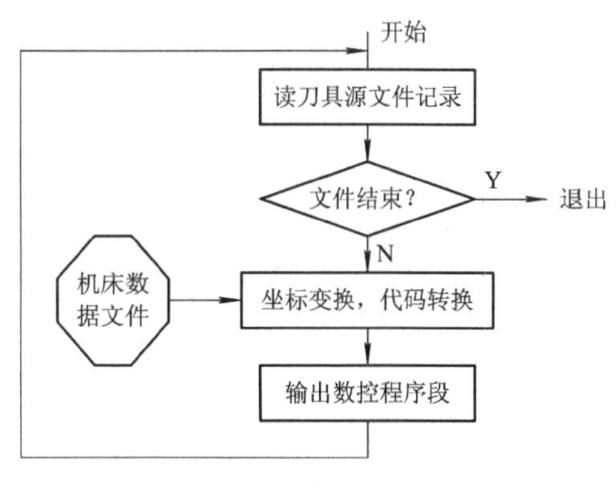

图 6.31　后置处理流程

机床运动坐标变换与加工方式和所选数控机床的类型密切相关，需调用相应的机床数据文件(Machine Data File)，机床数据文件中存放的是相应的机床特性和数控系统特性数据。

刀位源文件的格式一般有两类：一类是符合 IGES 标准的标准格式刀位源文件，如由各种通用 APT 系统及商品化的 CAD/CAM 集成系统的数控编程输出的刀位源文件；另一类是非标准刀位源文件，如由某些专用(或非商品化的)数控编程系统输出的刀位源文件。

6.6.2　通用后置处理系统

后置处理分为专用后置处理和通用后置处理两类。

1. 专用后置处理的原理

专用后置处理是针对专用数控编程系统和特定的数控机床而开发的专用后置处理程序，通常直接读取刀位文件中的刀位数据，根据特定的数控机床指令集及代码格式将其转换成数控程序输出。专用后置处理系统的刀位文件格式简单，机床特性一般直接编入后置处理程序之中，软件商需提供给用户大量的应用较为广泛的数控系统数据文件(ASCII 码)，如 MasterCAM 系统就提供了市场上常见的各种数控系统的数据文件(.pst)。总之，专用后置处理过程的针对性很强，程序的结构比较简单，实现起来也比较容易。其缺点是适应性较差，并且大量的后置处理格式文件的产生与管理不方便。专用后置处理的工作流程如图 6.32 所示。

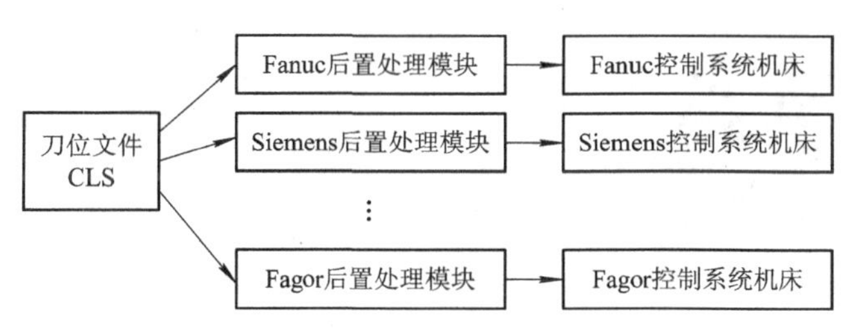

图 6.32　专用后置处理流程

2. 通用后置处理的原理

通用后置处理系统将后置处理程序的功能通用化，可针对不同类型的数控系统对刀位源文件进行后置处理，输出数控程序。在一般情况下，通用后置处理系统要求输入刀位文件和机床描述文件，输出的是符合该数控系统指令及格式的数控程序。

通用后置处理系统提供了制作机床描述文件的功能。一般情况下，软件商提供给用户若干应用较为广泛的数控系统的机床描述文件，用户也可以自己制作机床描述文件。机床描述文件用来定义机床(数控系统)的特征，内容主要包括：

(1) 地址字符的意义。

(2) 数控程序的格式。

(3) 数控机床坐标轴的运动方式。

(4) 数控机床的工作行程、运动极限等。

通用后置处理系统的输出信息是符合该数控系统指令集及格式的数控程序。其工作流程如图 6.33 所示。

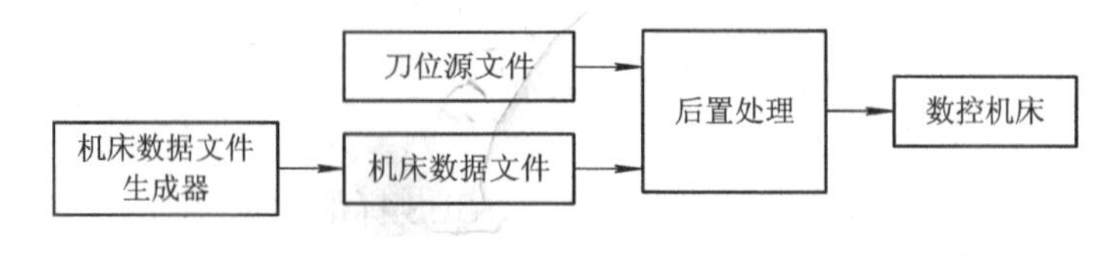

图 6.33　通用后置处理流程

通用后置处理的机床数据文件可用专门的软件模块产生。如 UG 系统中的后置处理除了提供给用户一个典型的缺省机床数据文件(default.mdf)外，还给用户提供了一个生成机床数据文件(.mdf)的机床数据文件生成器(Machine Data File Generator，MDFG)。该程序是一个菜单驱动的对话式程序，用户运行该程序时，逐一回答其中的问题，便能生成一个特定数控系统的机床数据文件(ASCII 码)。在 UG16 版本后，为了适应 CAM 体系结构，又提供了采用 Post Builder 制作机床数据文件的方法。Post Builder 生成的后置处理由三部分组成，其扩展名分别为 .def、.tcl 和 .pui。图 6.34 是 UG/Post Builder 的机床参数与 G 代码定义界面。

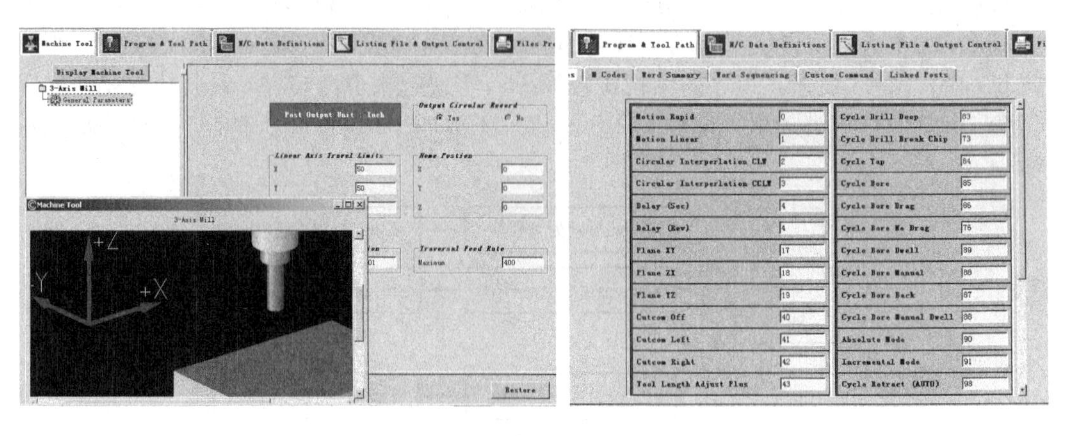

图 6.34　UG/Post Builder 机床参数与 G 代码定义界面

6.7　数控程序的传输

CAD/CAM 系统产生的数控程序的规模一般较大，因此，现代 CNC(数控机床)系统与 CAD/CAM 系统之间一般都用通信方式传输程序，即通过 RS-232 串行口接收或发送加工程序。通信传输过程有两种类型：一类是 CNC 系统，可一边接收程序一边进行 NC 加工，这就是所谓的 DNC(直接数字控制系统)方式；另一类称为块传输，该方式下只能接收程序并将其存储到系统内存，不能同时进行切削加工。在这些传输过程中，串行通信是基础。

6.7.1　串行通信

串行通信是指通信的发送方和接收方之间的数据传输是在单根数据线上，以每次一个二进制的 0、1 为最小单位进行传输。串行通信的传输速率要比并行通信慢得多，但串行通信可简化设备，降低通信线路的费用。

1．异步通信协议

串行通信要求通信双方遵循异步通信协议，其特点是通信双方以一帧作为数据传输单位。每一帧从起始位开始，后跟数据位、奇偶位，最后以停止位结束。异步通信协议的内容包括字符位数、奇偶校验、停止位、传送速率等。

(1) 字符位数。数控代码中的字符位数通常采用两种不同的标准：一种是美国电子工业协会(EIA)标准，这种标准规定字符用 7 位二进制数表示；另一种为国际标准化协会(ISO)标准，它用 8 位二进制数表示。

(2) 奇偶校验。奇偶校验是检验正在传输的数据是否被正确接收的一种方法。在传输中，字符都是以二进制发送的，无论是 7 位还是 8 位数据，其中有一位作为奇偶校验位。

(3) 停止位。停止位是给予接收设备在接收下一个即将传输的字符时的一个附加时间。停止位可以是 1 位或 2 位。

(4) 传输速率。传输速率的单位是波特率(Baud Rate)，即每秒传输的二进制位数。常用的波特率为 300、600、1200、2400、4800 和 9600 等。

2．串行通信数据传输过程

串行通信 1 帧的传输大致有以下几个步骤：

(1) 无传输：通信线路上处于逻辑“1”状态，或称传号，表明线路无数据传输。

(2) 起始传输：发送方在任何时刻将通信线路上的逻辑“1”状态拉至逻辑“0”状态，发出一个空号，表明发送方要开始传输数据；接收方在接收到空号后，开始与发送方同步，并希望收到随后的数据。

(3) 数据传输：起始位后跟着要发送或接收的表示字符代码的一串位序列。数据位传输规定，最低位在前，最高位在后。

(4) 奇偶传输：奇偶位发送或接收。

(5) 停止传输：发送或接收的停止位其逻辑状态恒为“1”，位时间可选 1 或 2 位，且必须保证在每帧传输期间不变。

发送方在发送完 1 帧后，可连续发送下一帧，也可随机发送下一帧。在这两种情况下，当接收方收到信号后，双方取得同步。通信双方除遵循相同的数据传输帧格式外，还要具有相同的数据传输率，以确保传输数据的正确性。

3. RS-232C 通信电缆连接

1) RS-232 串行接口

CNC 数控程序的传输通信接口采用标准的 RS-232 串行接口。实际的 RS-232C 接口有 25 针和 9 针两种，图 6.35 为 RS-232 9 针 D 型插座。表 6.1 为双向通信连线方法。

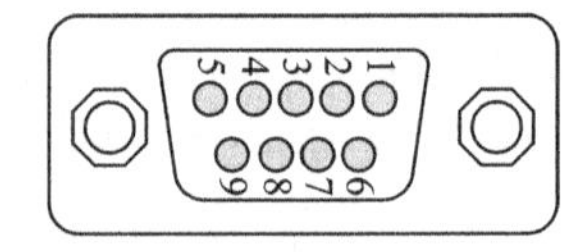

图 6-35　RS-232 9 针 D 型插座

表 6.1　双向通信连线方法

计 算 机			连　　线	CNC		
	信号	针号		针号	信号	
发送数据	SD	2		2	SD	发送数据
接收数据	RD	3		3	RD	接收数据
请求发送	RS	7		7	RS	请求发送
清除发送	CS	8		8	CS	清除发送
数传设备就绪	ER	6		6	ER	数传设备就绪
数据终端就绪	DR	4		4	DR	数据终端就绪
载波检测	CD	1		1	CD	载波检测
信号地	SG	5		5	SG	信号地
保护地	FG	9		9	FG	保护地

2) 计算机与 CNC 系统之间的握手方式

(1) 软件握手连接。这种连接方法使通信双方完全不理会 RS-232C 标准所定义的硬件握手信号，而采用所谓的软件握手信号来指示通信。软件握手即双方通过相互传递 XON/XOFF 字符来进行握手。XOFF 为阻止字符，当发送方接收到对方传来的 XOFF 字符后，发送方将停止发送，直到接收到对方传来的 XON 字符后，再继续发送。

(2) 硬件握手连接。这种连接方法兼容软件握手连接方法，一般通过 RTS/CTS(9 针的 7、8 引脚)进行硬件握手。硬件握手连接与软件握手连接相比并无太大的优越性，大部分 CNC 系统采用两种接线方法时都能正常工作。

在进行计算机与 CNC 系统连线时，连接电缆一般要求是带屏蔽的双绞电缆。如不使用调制解调器，前 PC 机与 CNC 系统之间的通信距离一般能达到 30 m。

6.7.2　传输通信软件

计算机与数控系统之间的数控程序传输除了硬件接口连线外，还须通过专门的通信软件来完成。这类通信软件有多种，有通用的，也有专用的，后者在购买数控机床时由机床供应商提供。

某传输通信软件的参数设定如图 6.36 所示。RS-232 传输通信参数设定主要有以下几方面：

(1) 串行通信口：COM1 或 COM2。

(2) 波特率：与传输距离有关，一般传输距离越远，波特率应选择得越低。在选择波特率时，在 DNC 方式下传输时，一般选取 4800 和 9600 的波特率均能满足 CNC 系统传输的要求。

(3) 数据位：7 或 8 位。

(4) 校验位：1 或 2 位。

(5) 握手信号约定：软件或硬件。

(6) 奇偶校验方式：奇或偶。

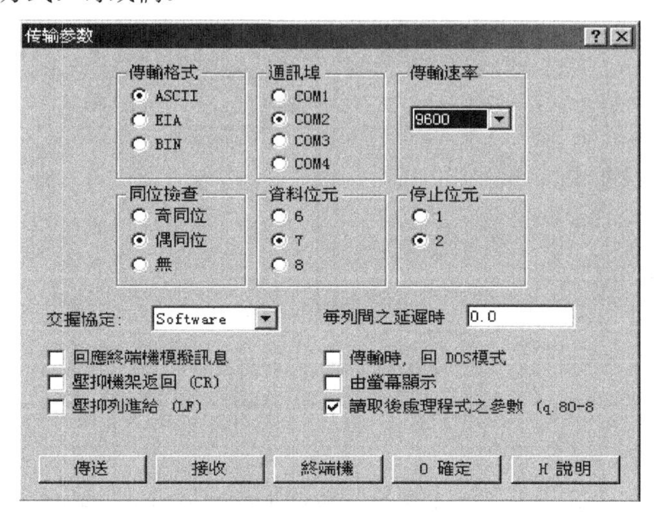

图 6.36　数控程序传输参数设定

6.8　CAD/CAM 集成数控编程的应用

目前，市面上流行的 CAD/CAM 集成系统很多，它们的原理基本相似，但功能强弱明显，操作使用方法相差较大。本节主要以 UG 为例，介绍 CAD/CAM 集成数控编程的应用。

UG/CAM 模块提供了一个非常良好的 CAM 环境，其功能十分强大，包含的内容非常丰富。限于本书篇幅，这里仅介绍 UG/CAM 中一些最基本的概念和功能，并通过一个实例简要说明 UG/CAM 的应用。

1. UG/CAM 中的一些概念

(1) 操作。一般而言，一个零件的加工是由多道工序组成的。在 UG 中零件的加工是以操作(Operation)为基本单位建立的。一个零件的加工根据其特征、加工要求及毛坯的不同而由若干个操作组成，创建一个操作相当于产生一个工步。操作在 UG16 版以后通过操作导航器来进行管理。

(2) 父节点组。UG/CAM 采用面向对象的原理，将数控编程中的各种参数定义和加工信息归纳成几个父节点组，以便用户操作和管理。UG 的父节点组主要有 4 种类型，即程序(Program)组、刀具(Tool)组、加工方法(Method)组和几何体(Geometry)组。父节点组中指定的信息可以被操作所继承。

(3) 模板。UG/CAM 提供了方便灵活的模板功能。模板是预先定义了参数的由各种操作组合成的 CAM 文件，用户通过使用模板可方便、容易地根据特定需要定义新的操作和组。模板提供了一种可定制的界面和规定的步骤，引导用户从一套标准系统缺省的参数设定中定义出新的操作和组，从而减少了乏味的参数重复定义过程。

UG 提供的模板按照不同的加工类型(Type)，比如平面铣(Mill_Planar)、轮廓铣(Mill_Contour)、车床加工(Lathe)等分别设置。类型模板文件的每一类型又分为不同的子类型，不同的子类型在模板菜单上以图标(Subtype Icon)的形式供用户选择。当选用不同类型的模板时，模板菜单也有差别，如图 6.37 所示。

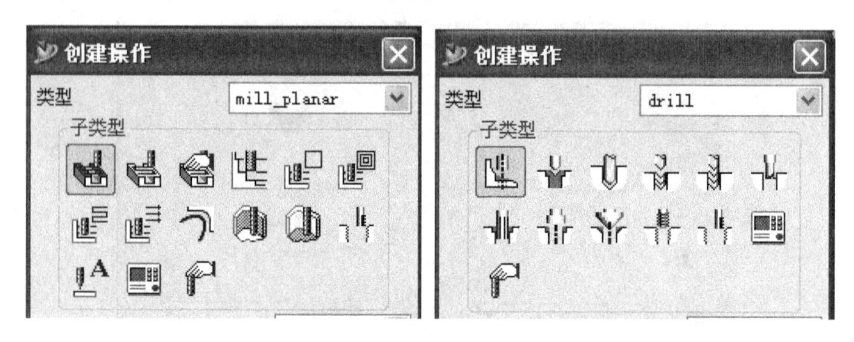

图 6.37　UG 的不同操作模板

各类模板文件可由用户产生和维护，用户也可自己定制专用的模板，所定制的模板按一定的命名存储起来，以备下次使用。

(4) 操作导航器。UG 提供了一个操作导航器(Operation Navigation Tool，ONT)，用户创建的所有操作都显示在 ONT 中。通过 ONT 可方便地对操作进行拖放、剪切和粘贴、删除、显示刀轨等。

ONT 用四种视图(View)窗口来显示操作，分别是程序顺序视图、加工方法视图、几何体视图和加工刀具视图。通常这 4 种视图窗口只显示其中的一种，用户可以通过工具上的图标在它们之间进行切换，如图 6.38 所示。视图采用树状结构显示“对象”(组或操作)及它们之间的从属关系。

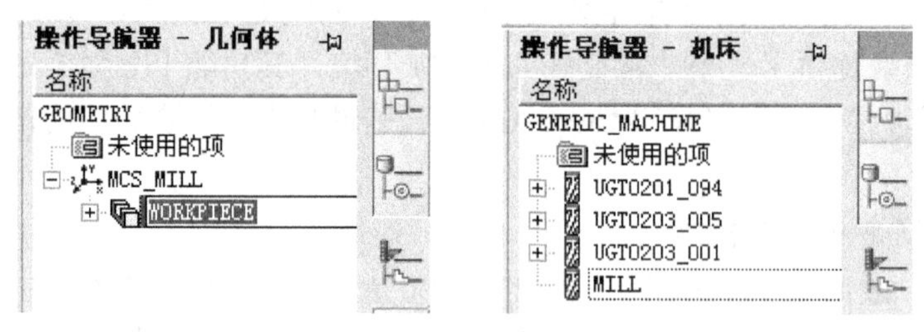

图 6.38　操作导航器视图

根据树状结构的位置关系，“对象”具有继承作用，即位于树状结构中下一级的对象可以继承上一级对象的参数，而且通过“对象”的剪切和粘贴操作，可建立新的父子关系。

2. UG/CAM 编程环境界面

通过点击主菜单上的 Application→Manufacturing 命令，可进入 UG/CAM 环境，其界面如图 6.39 所示。

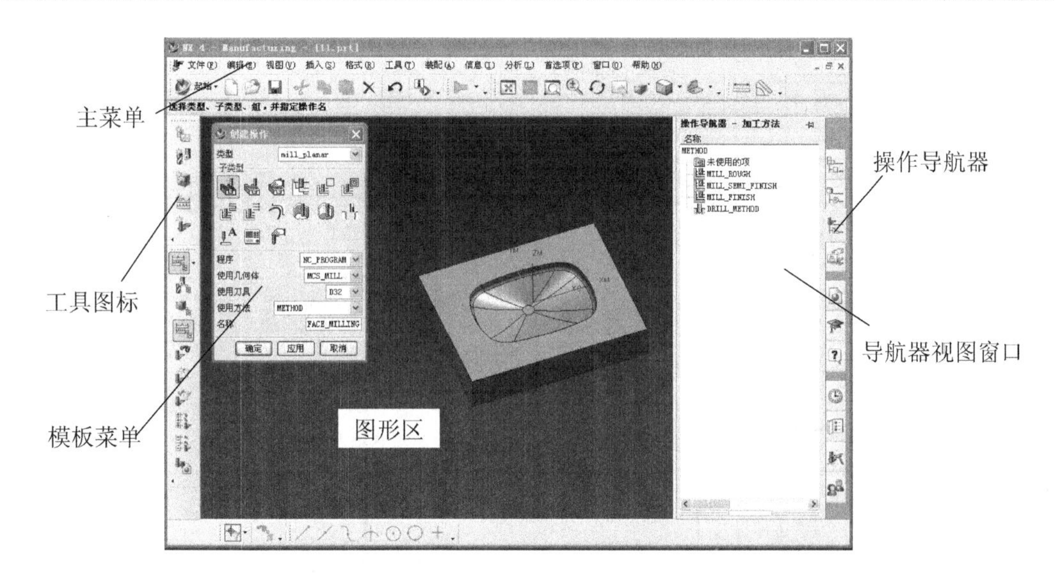

图 6.39　UG/CAM 的环境界面

从 UG/CAM 的环境界面看，除主菜单和工具栏的一些变化外，导航器视图窗口与模板菜单是 UG/CAM 最有特色的。

3. UG/CAM 的菜单与工具条

UG/CAM 相关的菜单和工具条很多，不少项目在不同的地方都可找到，最常用的工具栏图标如图 6.40 所示。通过这些图标，可完成 CAM 的主要操作。

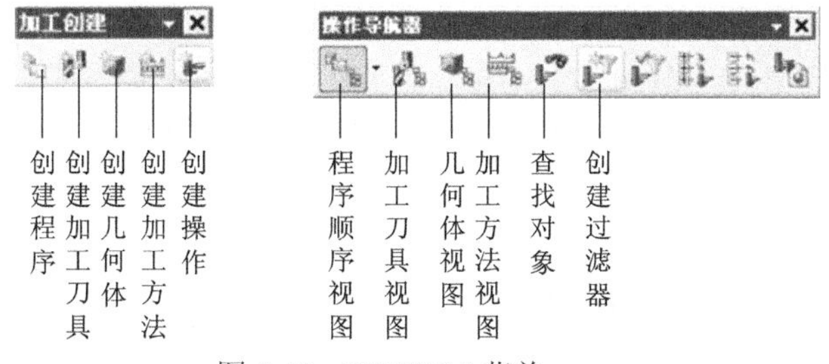

图 6.40　UG/CAM 菜单

4. UG 编程的一般步骤

UG 编程的一般步骤如图 6.41 所示(图示为 UG/CAM 的最基本步骤)。

(1) 进入 UG/Manufacturing 后，一般首先进行加工环境配置初始化，并出现“创建操作”(Create Operation)菜单，如图 6.42 所示。

(2) 创建父节点组。父节点组中存储着各种加工信息，如刀具数据、进给速率、公差等信息。父节点组共有 4 组，应分别逐个通过各自的对话菜单创建。

(3) 创建操作。由“创建操作”菜单(如图 6.42 所示)在相应的项目中指定该操作的程序、方法、刀具和几何体父节点组，凡是在父节点组中指定的信息都可以被该操作所继承。单击如图 6.42 所示对话菜单中的“确定”按钮，则 UG 会弹出相应的操作对话框，用户可按要求指定相应的各种参数。这些参数随着操作类型模板的不同而各不相同，必须根据要求逐个确定并输入，它们对生成刀轨将产生较大的影响。

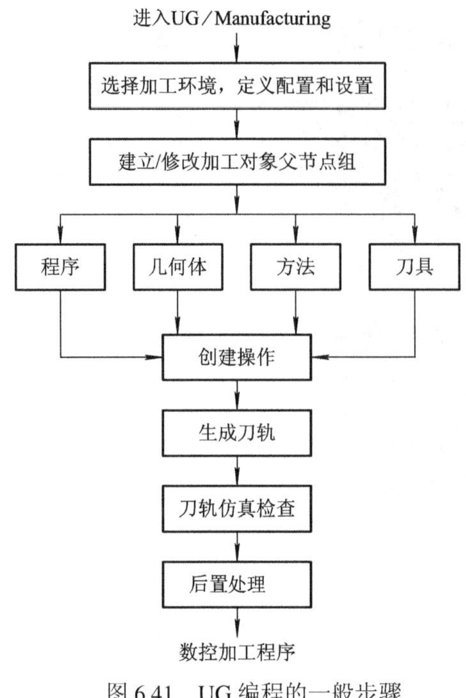

图 6.41　UG 编程的一般步骤

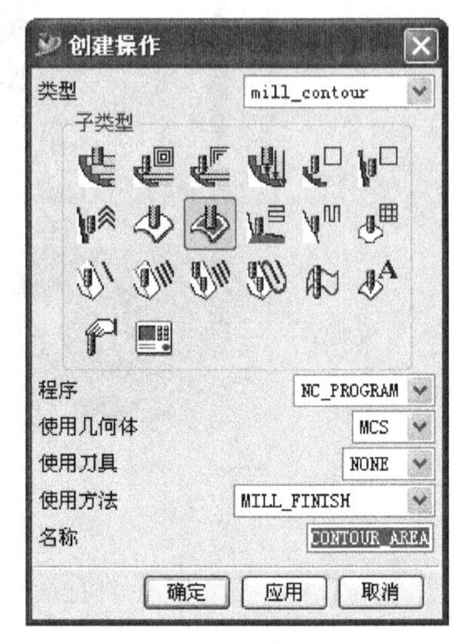

图 6.42　“创建操作”菜单

(4) 生成刀轨。

(5) 验证刀轨。

(6) 进行后置处理。完成后置处理后，即可生成符合要求的数控加工程序。

5. 编程实例

现以如图 6.43 所示零件的精加工为例，说明 UG/CAM 的应用过程。该零件外形已经过等高轮廓铣的粗加工。

(1) 创建父节点组。

(2) 创建变轴铣操作。选择创建操作图标，变轴铣“创建操作”菜单如图 6.44 所示。

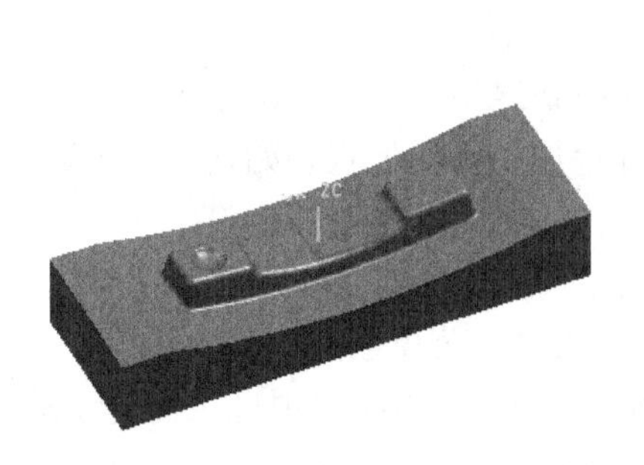

图 6.43　加工零件

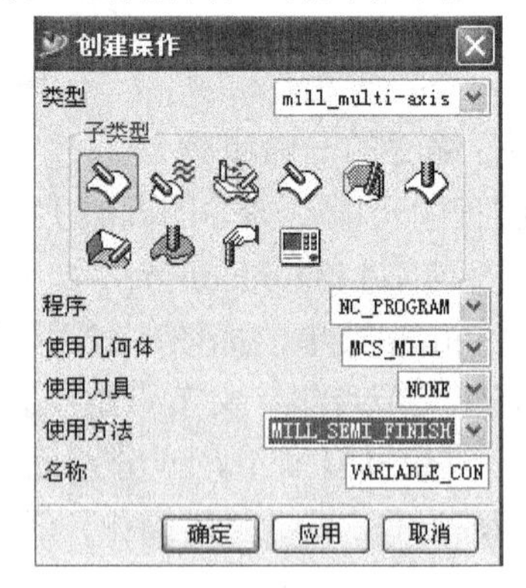

图 6.44　创建变轴铣菜单

在“类型”(Type)下拉列表框中选择模板零件 mill_multi-axis。在“子类型”区域图标中选择变轴铣图标，在其余的“程序”、“使用方法”、“使用几何体”、“使用刀具”等下拉列表框中选择由上一步创建父节点组定义的各对象。例如，在“使用几何体”中选

Workpiece 几何体，在“使用刀具”中选 Bem-5mm-R2.5 刀具，在“使用方法”中选 Mill_Finishi 加工方法，点击“确认”按钮，出现变轴铣操作对话框，如图 6.45 所示。

在变轴铣操作对话框中需选择有关驱动方法(Drive Method)和驱动几何、残留高度控制方式及参数、切削方向、材料边方向、投影矢量的方向以及刀具轴(Tool Axis)的方向等选项。在所有的操作参数定义完成后，点击 图标，即可生成刀轨。

(3) 刀轨仿真检验。UG 提供了 3 种刀轨仿真检验方法，它们是高级重放(Advanced Replay)、动态材料去除(Dynamic Material Removed)和静态材料去除(Static Material Removed)。图 6.27 和图 6.28 所示为采用动态材料去除方式进行的刀轨仿真。

(4) 后置处理。生成的刀轨信息可以输出为刀具位置源文件(CLSF)，也可采用 UGPOST 直接对内部刀轨进行后置处理，产生数控加工程序。图 6.46 为后置处理输出的数控加工程序。

图 6.45　变轴铣操作对话框

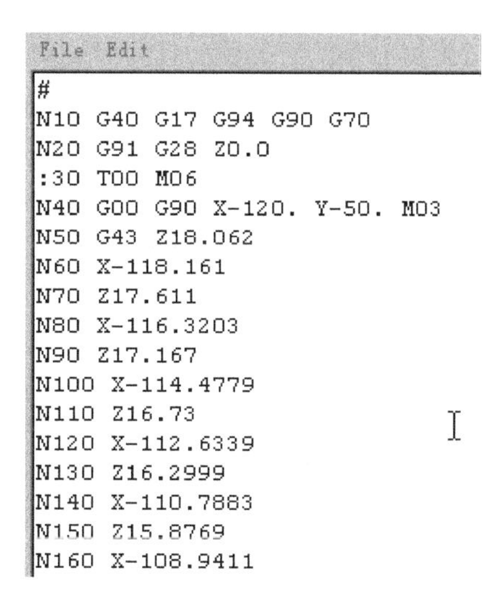

```
File  Edit
#
N10 G40 G17 G94 G90 G70
N20 G91 G28 Z0.0
:30 T00 M06
N40 G00 G90 X-120. Y-50. M03
N50 G43 Z18.062
N60 X-118.161
N70 Z17.611
N80 X-116.3203
N90 Z17.167
N100 X-114.4779
N110 Z16.73
N120 X-112.6339
N130 Z16.2999
N140 X-110.7883
N150 Z15.8769
N160 X-108.9411
```

图 6.46　后置处理输出的数控加工程序

习题与思考题

1. 简述计算机辅助编程的一般过程。
2. 计算机辅助编程的方式有哪几种？它们各有什么特点？
3. APT 语言编程的基本步骤如何？
4. 什么是 CAD/CAM 集成系统数控编程？简述其基本工作过程。
5. 简述 CAD/CAM 集成系统数控编程系统的组成。
6. 简述切触点、刀具轨迹和刀位文件的概念。
7. 简述两坐标数控加工刀具轨迹的生成原理及过程。
8. 简述多坐标数控加工刀具轨迹的生成原理。其主要方法有哪些？

9. 刀具轨迹编辑的作用是什么？其主要功能有哪些？
10. 什么是后置处理？在计算机辅助编程中，为什么要进行后置处理？
11. 简述通用后置处理系统和专用后置处理系统的原理。
12. 简述刀具轨迹验证的原理。其主要方法有哪些？
13. 简述机床仿真的过程和主要作用。
14. 简述数控程序传输的原理及内容。
15. 应用 UG 软件完成一零件的 CAD/CAM 编程。

第 7 章　计算机辅助工艺过程设计

工艺设计是机械产品制造过程中技术准备工作的一项重要内容，是产品设计和车间生产的纽带。工艺过程设计生成的工艺文件和相关数据是产品加工、装配、生产管理和运行控制的依据，也是数控加工程序编制的基础。在现代产品的 CAD/CAM 过程中，计算机辅助工艺过程设计(CAPP)是连接 CAD 和 CAM 的桥梁。本章主要介绍 CAPP 的基本概念和原理以及其中的关键技术。

7.1　概　　述

7.1.1　CAPP 技术及其发展

1. CAPP 技术的意义

工艺设计是生产技术准备工作的第一步。在进行工艺设计时，必须分析和处理大量信息，既要考虑产品设计图上有关结构形状、尺寸公差、材料及热处理以及批量等方面的信息，又要了解加工制造中有关加工方法、加工设备、生产条件、加工成本及工时定额，甚至传统习惯等方面的信息。

传统的手工工艺设计包括查阅资料和手册，确定零件的加工方法，安排加工路线，选择设备、工装(必要时还要设计工装)、切削参数，计算工序尺寸，绘制工序图，填写工艺卡片和表格文件等工作，内容繁杂，并存在一系列问题。例如：人工设计的工艺规程一致性差，质量不稳定，难以达到优化目标和不便于工艺规程的标准化；设计效率低下，存在大量的重复劳动；手工设计的工艺规程不便于计算机对工艺技术文件进行统一管理和维护；另外，手工设计工艺规程不便于将工艺专家的经验和知识集中起来加以充分利用。因此，手工工艺设计方法已不能满足现代制造业的发展。于是，计算机辅助工艺设计(CAPP)应运而生。

CAPP 系统的出现为实现产品设计、工艺规划和加工过程的自动化提供了有效的手段。在 CAD/CAPP/CAM 集成系统中，CAPP 是连接 CAD 与 CAM 之间的桥梁和纽带，CAPP 系统能够直接从 CAD 模型中提取零件信息，进行工艺规划，生成有关工艺文件，并以工艺设计结果和零件信息为依据，经过适当的后置处理，生成 NC 程序，从而实现 CAD/CAPP/CAM 的集成。

2. CAPP 的发展及类型

从 20 世纪 50 年代起，CAD 和 CAM 的发展十分迅速，并在生产实际中得到了广泛的应用。但作为连接 CAD 与 CAM 的桥梁——CAPP 却发展缓慢，成为设计制造自动化领域内进展最慢的部分。其原因在于工艺设计的涉及面非常广泛，随机性大，很难用数学模型进行理论分析和决策，使得 CAPP 成为现代制造业中急需解决的公认难题。

世界上最早研究 CAPP 的国家是挪威，其于 1966 年正式推出世界上第一个 CAPP 系统 AUTOPROS，1973 年正式推出商品化 AUTOPROS 系统。美国于 20 世纪 60 年代末、70 代初开始研究 CAPP，并于 1976 年由 CAM-I 公司推出颇具影响力的 CAM-I Automated Process Planning 系统。从 20 世纪 60 年代末到目前的几十年间，先后出现了不同类型的 CAPP 系统，主要有以下三类：

(1) 变异式(Variant)系统。该系统是最早出现的 CAPP 系统，目前已从单纯的检索式发展成为具有不同程度的修改、编辑和自动筛选功能的系统。

(2) 创成式(Generative)系统。该系统的研究与开发始于 20 世纪 70 年代中期，而且很快得到普遍重视。

(3) 智能型 CAPP 专家系统。20 世纪 80 年代，开始了将人工智能(AI)、专家系统等技术应用于 CAPP 系统的研究和开发，并研制开发了智能型 CAPP 或 CAPP 专家系统。智能型 CAPP 被认为是一种非常有前途的方法。

近些年来，有人将人工神经网络技术、模糊推理以及基于实例的推理等用于 CAPP 之中，进行了卓有成效的实践。还有人将传统变异法、传统创成法与人工智能结合在一起，综合它们的优点，构造了所谓的综合式 CAPP 系统。目前，国内外已有许多上述各类系统的实例，但一般是针对某类零件的专用 CAPP 系统。迄今为止，已得到实际考验和令人满意的系统还不多。

7.1.2 CAPP 系统的基本结构

尽管 CAPP 系统的种类很多，它们面向不同应用、采用不同方式、基于不同制造环境，但是综合比较和分析结果表明，这些类型众多的 CAPP 系统，其基本结构是相同的。CAPP 系统一般包括零件信息输入、工艺决策、工艺数据库/知识库、编辑修改、人机界面及工艺文件管理与输出等几大部分，如图 7.1 所示。

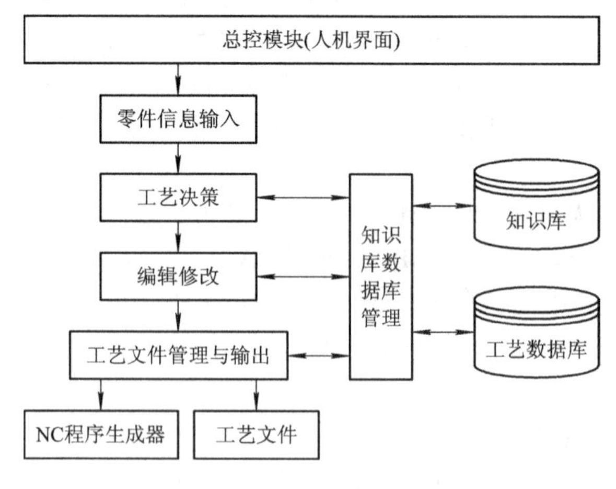

图 7.1　CAPP 基本结构

1．零件信息输入

零件信息是系统进行工艺设计的对象和依据。计算机目前还不能像人一样识别零件图上的所有信息，所以在计算机内部必须有一个专门的数据结构来对零件信息进行描述，并建立起相应的输入模块以完成零件信息的描述和输入。

2．工艺决策

工艺决策是系统的核心。它的作用是：以零件信息为依据，按预先规定的顺序或逻辑，调用有关工艺数据或规则，进行必要的比较、计算和决策，生成零件的工艺规程。工艺决策模块包括工艺路线设计、工序决策、工步决策等子模块。

3．工艺数据库/知识库

工艺数据库/知识库是系统的支撑工具。它包含了工艺设计所需要的所有工艺数据(如加工方法、余量、切削用量、机床、刀具、夹具、量具、辅具以及材料、工时、成本核算等多方面的信息)和规则(包括工艺决策逻辑、决策习惯、经验等众多内容，如加工方法的选择规则与排序规则等)。如何组织和管理这些信息，使之适用于各种不同的企业和产品，是当今 CAPP 系统需要迫切解决的问题。

4．人机界面

人机界面是用户的工作平台，包括系统菜单、工艺设计的界面、工艺数据/知识的输入和管理界面，以及工艺文件的显示、编辑与管理界面等。

5．编辑修改

编辑修改模块用来对生成的工艺规程进行编辑和修改。

6．工艺文件管理与输出

一个系统可能有成百上千个工艺文件，如何管理和维护这些文件是 CAPP 系统的重要内容，也是整个 CAD/CAPP/CAM 集成系统的重要组成部分。输出部分包括工艺文件的格式化显示、存盘、打印等。目前 CAPP 系统一般能输出各种格式的工艺文件，有些系统还允许用户自定义输出格式。

有的系统还具有一个 NC 加工程序生成模块，依据工步决策模块所提供的刀位文件，调用 NC 代码库中适用于具体机床的 NC 指令系统代码，产生并直接输出零件 NC 加工程序。

7.2　CAPP 系统零件信息的描述及输入

7.2.1　零件信息描述的内容及要求

零件信息包括总体信息(如零件名称、图号、材料等)、结构形状、尺寸、公差、表面粗糙度、热处理及其他技术要求等方面的信息。工艺设计的任务就是根据这些信息，制定出零件优化的制造过程和制造方法。

1．零件信息描述的内容

零件信息描述的内容主要包括两个方面：零件的几何信息与工艺信息。零件的几何信息包括零件的几何形状和尺寸，如表面形状、表面间的相互位置、尺寸及公差；零件的工艺信息包括毛坯特征、零件材料、加工精度、表面粗糙度、热处理、表面处理等技术要求。此外，还有零件的件数、生产批量、生产节拍等生产管理信息。

2. 零件信息描述的要求

(1) 信息描述要准确、完整。完整的含义是指能够满足 CAPP 的要求。

(2) 描述的信息要简洁，容易被工程技术人员所理解和掌握，便于输入操作。

(3) 零件信息的数据结构要合理，以利于计算机处理效率的提高，便于信息的集成和并行处理。

7.2.2 零件信息的描述方法

CAPP 零件信息的描述方法已开发出多种，目前所采用的主要方法有：零件分类编码法、零件表面元素描述法、零件特征描述法等。同时，人们在直接从 CAD 输入零件信息方面做了大量的尝试研究，但就目前的进展看，尚有一些根本性的困难无法解决。

1. 零件分类编码法

零件分类编码法是用顺序排列的字符对零件的信息进行标识描述，可以借助成组技术中的零件分类编码系统来得到。零件分类编码可以在宏观上描述零件而不涉及这个零件的细节，采用分类编码法，即使采用较长码位的分类编码系统，也只能达到“区分”的目的。对于一个零件究竟由多少形状要素组成，各个形状要素的本身尺寸及相互间的位置尺寸是多大，它们的精度要求如何，分类编码法都无法解决。因此，如果需要对零件进行详细描述，则必须采用其他描述方法。

2. 零件表面元素描述法

零件表面元素描述法是可以对零件进行详细描述的一种方法，早期的创成式 CAPP 系统都采用这种方法。在这种方法中，任何一个零件都被看成是由一个或若干个表面元素所组成，每一个表面元素可用一组特征参数来描述，并对应一组加工方法。这些表面元素可以是圆柱面、圆锥面、螺纹面等。例如，单台阶轴套由两个外圆表面、一个内圆表面和 3 个端面组成，如图 7.2 所示。

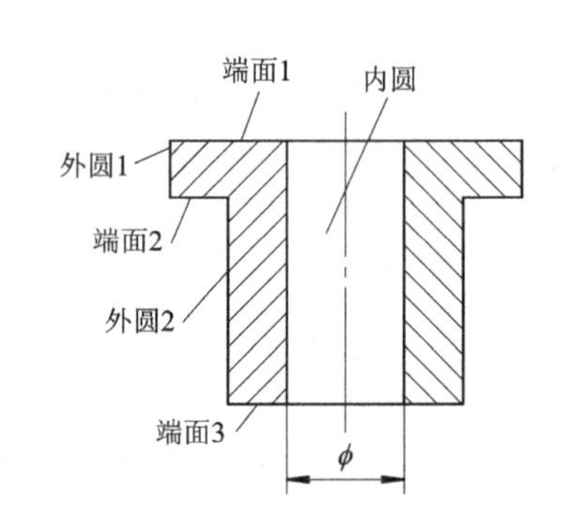

图 7.2　单台阶轴套的表面元素示例

零件表面元素描述法将所要描述的表面元素特征分为 4 类：零件的总体信息、零件的毛坯和材料信息、主表面元素信息及辅助表面元素信息。

(1) 零件的总体信息。总体信息包括产品代号、图号、车间、批量、质量、技术要求、热处理、外表面数量、内表面数量等。

(2) 零件的毛坯和材料信息。毛坯信息包括形状、尺寸(长度、截面参数)、精度等；材料信息包括产品的品种(钢、铸铁、有色金属、非金属等)、牌号、力学性能、可加工性等。

(3) 主表面元素信息。主表面元素是指一些常常出现的主要表面元素，如圆柱面、平面等。

(4) 辅助表面元素信息。辅助表面元素是附加在主表面元素上构成零件的表面，如倒角、倒圆等。

在对具体零件进行描述时，不仅要描述各表面元素本身的尺寸及其公差、形状公差、粗糙度等信息，而且需要描述各表面元素之间位置关系、尺寸关系、位置公差要求等信息，以满足CAPP系统对零件信息的需要。

3. 零件特征描述法

作为零件表面元素描述法的进一步发展，零件特征描述法引起了更多的关注。正如第3章所述，特征是具有一定几何形状、工程意义和加工要求的一组信息的集合，是构造零件几何形状和零件信息模型的基本信息单元。尽管对于特征的定义由于应用和着眼点的不同而有差异，但都与某个应用的局部信息相关联。

在CAPP应用中，常常把单个特征表示为以形状特征为核心，由尺寸、公差和其他非几何属性共同构成的信息实体。针对机械加工工艺过程设计，机械零件上具有的特定结构形状和特定工艺属性都可定义为特征信息。比如对于回转体零件，可将其信息分成3个层次，即总体特征层、形状特征层和属性特征层，其信息模型的总体结构如图7.3所示。

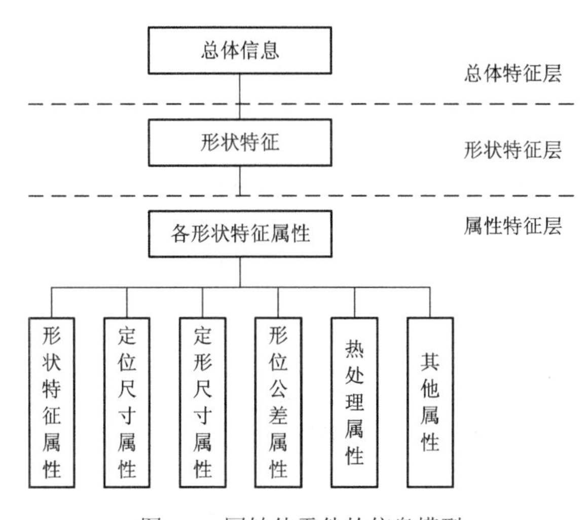

图7.3　回转体零件的信息模型

上述几种方法都存在一定的局限性。要想从根本上解决CAPP零件信息的描述与输入问题，最理想的方法是真正实现CAD/CAPP/CAM的集成，为产品建立一个完整的、语义一致的产品信息模型，以满足产品生命期各阶段(产品需求分析、工程设计、产品设计、加工、装配、测试、销售和售后服务)对产品信息的不同需求和保证对产品信息理解的一致性，使得各应用领域(如CAD、CAPP、CAM、CNC、MIS等)可以直接从该模型抽取所需信息。显然，这个模型的建立尚在研究之中，因此解决CAPP的信息输入问题还需要一个很长的过程。

7.3　变异式CAPP系统

7.3.1　成组技术的概念

成组技术(Group Technology，GT)是一种生产组织和管理的技术，其理论基础是相似性。

成组技术是指将生产过程中许多各不相同但又具有相似信息的事物按照一定的准则分类成组，对成组后的事物采用同一解决方法，以达到节省人力、时间和费用的目的。

成组技术是为了解决传统生产方式中多品种、小批量生产所面临的困难而发展起来的。长期以来，在单件小批量生产中，由于批量小而不宜采用高效率的生产工艺与设备，因而使这种类型的生产周期长、效率低、成本高和管理难。应用成组技术则可以克服这些弊病。成组技术将相似的零件进行识别和分组，并在零件设计和制造过程中将相似的零件组成一个零件族(组)，每个零件族具有相似的设计和加工特点。此时，就可以按零件族统一制定工艺规程进行制造，这样就扩大了批量(也称成组批量)，便于采用高效率的生产方法，从而大大提高了生产效率。

零件的相似性是指零件所具有的各种特征的相似，一般包括结构相似性、材料相似性及工艺相似性。工艺相似性指零件的加工方法与所采用的设备相似，工艺顺序相似，所使用的刀具、夹具、量具相似。

成组技术不仅用于零件加工、装配等制造工艺方面，而且还应用于产品零件设计、工艺设计、工厂设计、市场预测、生产管理等各个领域，成为企业生产全过程的综合性技术。

1. 零件分类编码系统

零件分类编码系统(Part Classification and Coding System)是指用字符对零件各有关特征进行描述和标识的一套特定规则和依据。按照分类编码系统的规则，用字符描述和标识零件特征的过程就是对零件进行编码，产生分类码。因此，分类码用于描述零件的固有功能和属性，是反映相似性的标志，例如零件名称、结构形状、形状参数和工艺参数等。

许多国家都十分重视零件分类编码系统的开发与研究，从 20 世纪 50 年代到现在，国外有名的分类编码系统就有 50 余种。比较著名的有德国的 Opitz 系统、捷克的 VUOSO 系统、日本的 KK-3 系统等，它们广泛应用于零件统计、成组加工和生产管理。

1) Opitz 系统

Opitz 系统是业界最著名的系统，它是由原西德阿亨大学 Opitz 教授提出的，在成组编码方面具有开创性的成就。世界上许多编码系统都是以 Opitz 系统为基础发展而来的。Opitz 分类编码系统的基本结构如图 7.4 所示。

Opitz 码由 9 位数字组成：前 1～5 位数字用于描述零件的形状，称为主码；6～9 位用于描述零件的尺寸、材料和毛坯原始形式、精度等，称为辅码。每个码位内的 10 个特征码分别描述 10 种零件特征。

Opitz 分类编码系统的第一位是零件类别码，用于描述零件的总体类型。对于回转类零件，第一位数的代码为 0、1、2、3、4、5，用于将回转类零件按其长径比进行分类。

如 L 表示零件的最大长度，D 表示零件的最大直径，则上述各代码的含义如下：

0：L/D＜0.5(用于表示盘形件)

1：0.5＜L/D＜3(用于表示短轴件)

2：L/D≥3(用于表示长轴件)

3：L/D＜2(用于表示短形变异回转体)

4：L/D＞2(用于表示长形变异回转体)

5：备用

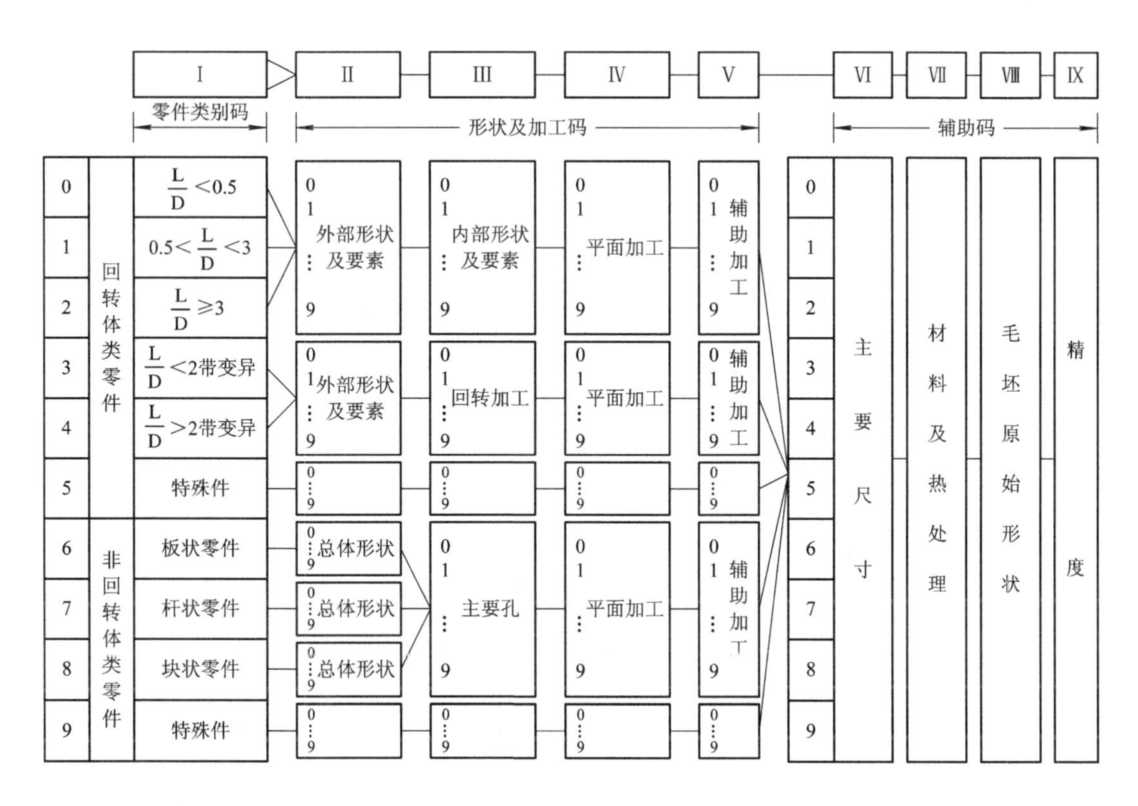

图 7.4　Opitz 编码系统

对于非回转体类零件，第一位的代码是 6、7、8、9，它们是按零件长、宽、高的不同比例加以区分的。

Opitz 编码系统的第一位代码只是对零件进行了粗略的分类，第二至第五位代码用于对零件各主要形状特征作进一步的描述。

回转体类零件的第二位代码用于描述零件外部的主要形状，如零件外表面是否带有台阶，是一端有台阶还是两端都有台阶，是否带有圆锥台阶面，是否还有其他形状要素等。第三位代码表示零件的内表面形状，其内容与外表面的内容大致相似，即是否有台阶孔、台阶孔的方向以及是否有圆锥孔等。第四位代码表示零件是否有平面和槽。第五位代码表示零件上是否有辅助孔和齿形等。至于非回转体类零件的第二、三、四、五位代码，分别用来表示零件的外形、主要孔及其他回转表面、平面加工、辅助孔及齿形加工等特征。

Opitz 编码系统的第六位至第九位代码是辅助码。第六位代码用来表示零件的基本尺寸，它有 10 个代码(0～9)，分别代表 10 个由小到大排列的尺寸间隔。第七位代码表示零件的材料，也分成 10 类，分别为铸铁、碳钢、合金钢、非铁合金……。第八位代码表示零件毛坯的形状，分别为棒料、管材、铸锻件、焊接件等 10 类。最后一位代码表示零件上高精度加工要求(IT7 和 R_a 0.8 以上)所在的形状码位，用 0～9 十个代码表示。

下面举例说明如何用 Opitz 分类编码系统对零件进行分类编码。图 7.5(a)是一个回转体类零件，图 7.5(b)是一个非回转体类零件。图 7.6 是图 7.5 所示零件的 Opitz 编码结果。

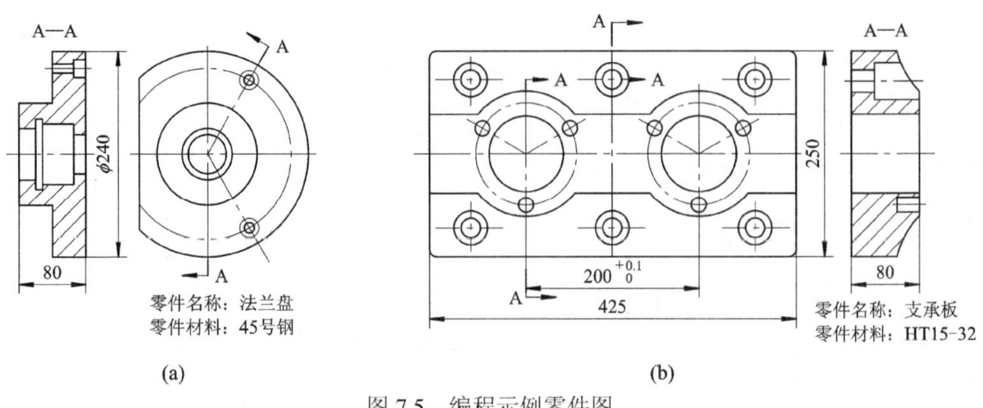

图 7.5　编程示例零件图

(a) 回转体类零件；(b) 非回转体类零件

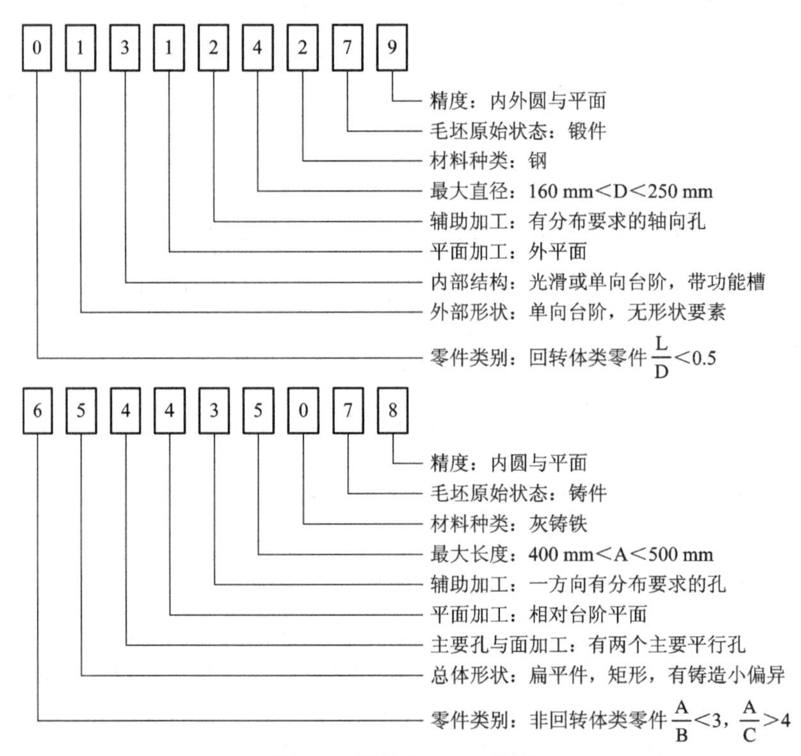

图 7.6　零件的 Opitz 编码

2) JLBM-1 系统

JLBM-1 系统是我国原机械工业部颁发的机械零件分类编码系统。该系统有 15 个码位，每一码位由 0～9 共 10 个数码表示不同的特征项号。第 1、2 码位为名称类别矩阵；第 3～第 9 码位为形状与加工码位；第 10～第 15 码位为辅助码位。其基本结构如图 7.7 所示。由图可见，JLBM-1 系统在结构上和 Opitz 系统基本相似，但弥补了 Opitz 系统的不足，比如把 Opitz 系统的零件类别改为零件功能名称码，把热处理从 Opitz 系统中的材料、热处理码中独立出来，主要尺寸码也由一个环节扩大到两个环节，同时 JLBM-1 系统还增加了形状加工的环节。因此，系统除了比 Opitz 系统可容纳较多的分类标志外，JLBM-1 系统总体上要比 Opitz 简单，更容易使用。

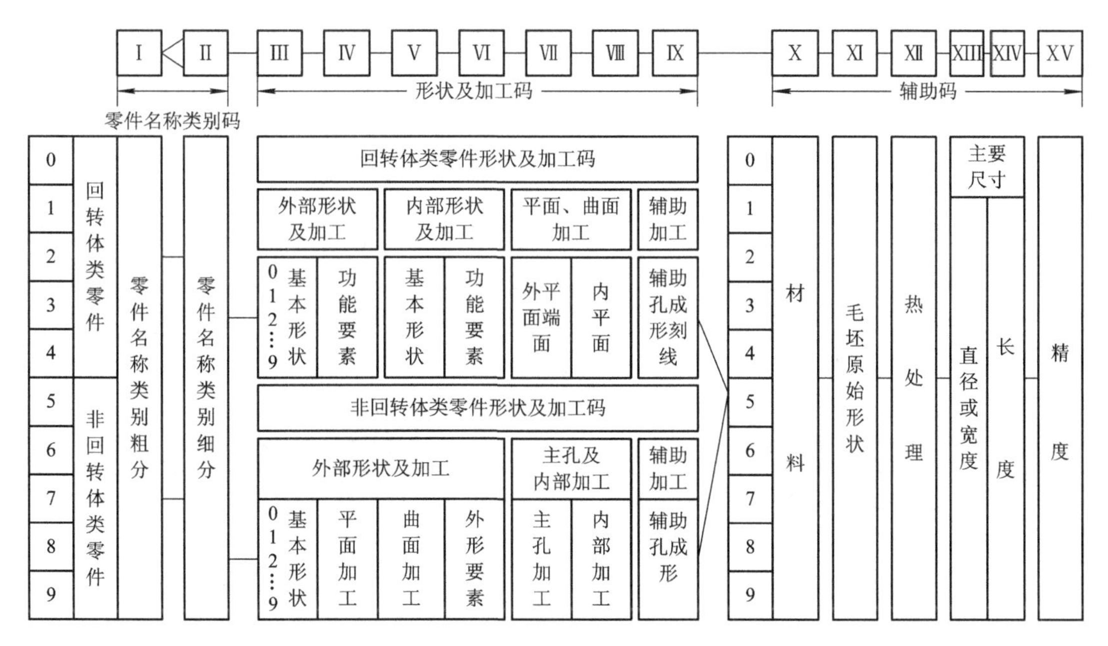

图 7.7　JLBM-1 编码系统

3) *柔性编码系统*

传统的零件分类编码系统主要适用于划分结构、工艺相似的零件组，其体系表达形式是固定的，只能对零件进行总体的概括，无法详细地描述零件的几何结构和工艺信息，因此其难以满足集成化生产发展的需要。于是，人们提出了面向企业生产过程的柔性编码系统，它具有面向形状特征、多段式、多层次、柔性化结构的特点。零件的柔性编码结构模型为

$$柔性编码 = 固定码 + 柔性码$$

固定码吸收了传统零件编码系统的特点，用来描述零件的综合信息，如总体尺寸、材料等；柔性码则为具体目的而设计，用来描述零件各部分的详细信息，如型面的尺寸、精度、形位公差等。编码系统的码位长度及层次按实际需求而定，系统结构是柔性的而不是固定的。由于柔性码详细地描述了零件的信息，因而可直接作为 CAPP 系统的零件信息输入，生成工艺。柔性码也可由基于特征造型的 CAD 系统自动生成，便于实现 CAD 与 CAPP 的集成。目前，柔性编码系统尚在研究之中。

2. 零件的编码分类与成组

成组技术的基本原理是充分利用和认识生产活动中有关事物客观存在着的相似性，提高生产的效益。零件的分类与成组是实施成组技术的关键。“组”一般理解为具有某些共同属性的事物的集合。成组技术在研究零件分类时，常采用“零件族”的概念。零件分组后，按相似性形成零件族。零件族是具有某些共同属性的零件组合。

零件的编码标识了零件的特征信息。编码相似的零件具有某些特征的相似性。编码分类法包括特征位法、特征码域法和特征位码域法。

(1) 特征位法。该法是在分类编码系统的各码位中，选取一些特征性强并对划分零件组影响较大的码位作为分组的依据。

(2) 特征码域法。该法是对编码系统中各码位的特征项规定一定的允许范围作为分组的依据。

(3) 特征位码域法。该法既选取某些特征性强的码位，又对所选取的码位规定特征项的允许范围，以此作为分组的依据。这里主要介绍特征位码域法。

采用特征位码域法时，零件的编码状态可通过一个特征矩阵(编码矩阵)来表示，该矩阵即作为该零件的分类依据。比如一个零件的编码为 130213411(按 Opitz 系统编码)，则该零件的编码矩阵如图 7.8 所示。而某零件族的特征矩阵如图 7.9 所示，显然，零件族的特征矩阵是由一定数量的零件编码矩阵组合而成的。零件族的特征矩阵是按照一定的相似性标准和生产的实际情况来确定的。

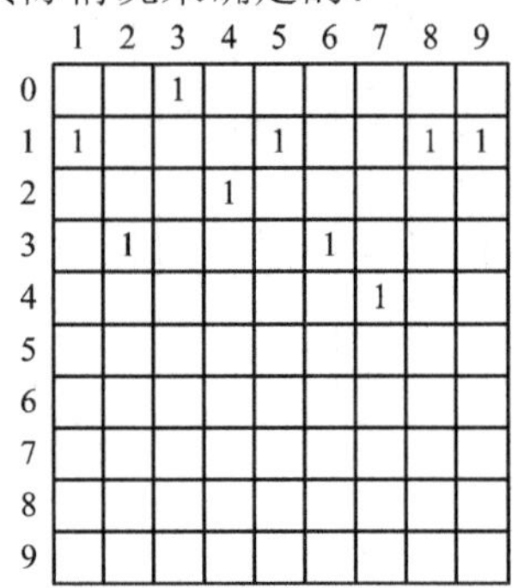

图 7.8　一个零件的特征矩阵

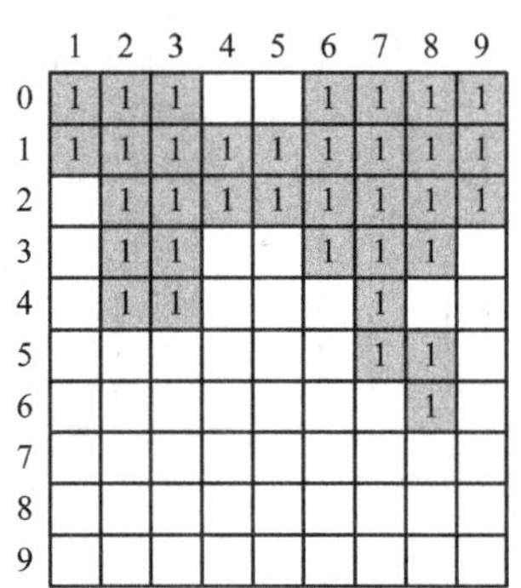

图 7.9　一组零件的特征族矩阵

分类时，将某个零件的编码矩阵与各零件族的特征矩阵逐个进行匹配比较，若匹配，就属于该零件族，若不匹配，则不属于此零件族，再与其他的零件族矩阵进行匹配，直到待分类零件的编码矩阵与所有的零件族特征矩阵都进行过匹配为止。由图 7.8 和图 7.9 可见，前者所代表的零件是属于后者所代表的零件族的。

由此可归纳出编码分类法的主要步骤如下：

(1) 零件编码：按确定的零件编码系统，对待分类零件进行零件编码。

(2) 零件编码排序：对零件的编码从小到大进行排序。

(3) 确定零件族的相似性标准：了解产品或零件的结构、形状信息，进行统计分析，制定相似性标准，确定出零件族的特征矩阵。

(4) 分类成组：将零件的编码矩阵与各零件族的特征矩阵逐个进行匹配比较，确定某零件所归属的零件族，完成分类。

7.3.2　变异式 CAPP 系统的原理

根据零件信息的描述与输入方法不同，变异式 CAPP 系统又分为基于成组技术(GT)的变异式 CAPP 系统与基于特征的变异式 CAPP 系统两种。前者用 GT 码描述零件信息，后者用特征描述零件信息，后者是在前者的基础上发展起来的。

1. 基于 GT 的变异式 CAPP 系统

1) 工作原理

基于 GT 的变异式 CAPP 系统利用成组技术的原理将零件按一定的相似性准则进行分类、归族，每一零件族可得一个典型样件或主样件，并为该主样件设计出典型的工艺规程文件，存入工艺文件库，作为该零件族的通用的制造过程。同时，变异式系统需要存储零件族矩阵和相关信息文件及各种加工工程数据文件(如切削用量、设备、刀具、量具、辅具等资料)。

对一个新零件进行工艺过程设计时，系统将以被设计零件 GT 码为依据，首先搜索到该零件所属的零件族矩阵，找出该零件族对应的典型工艺规程文件，再通过系统预先制定的筛选逻辑从典型工艺规程中筛选变异出当前零件的工艺规程，然后调用有关工艺数据，对工艺规程文件进行必要的修改与补充，最后得到当前零件的工艺规程，如图 7.10 所示。由此过程可以体会到“变异”这个名词的含义。

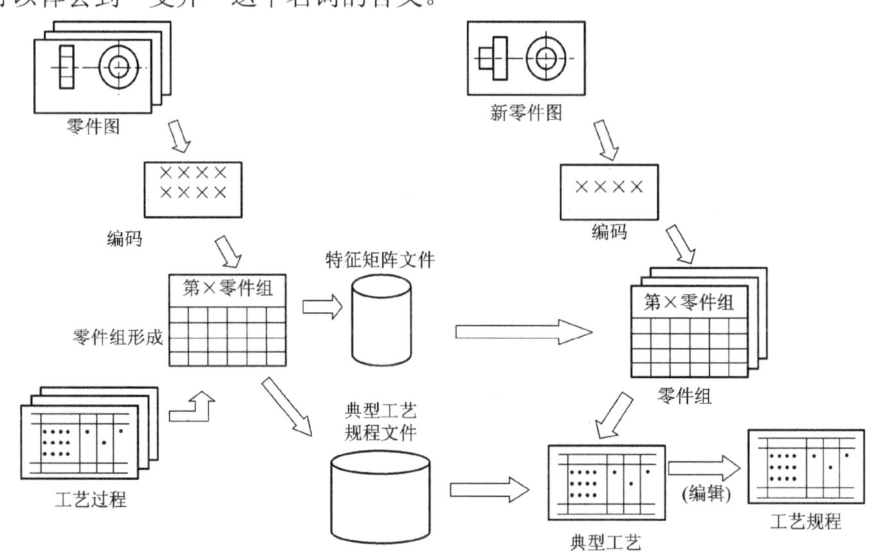

图 7.10　变异式 CAPP 系统的工作过程

2) 系统的开发过程

变异式 CAPP 系统的开发过程如下所述：

(1) 制定零件分类编码系统。首先要选择或制定合适的零件分类编码系统(即 GT 码)。其目的是用 GT 码来对零件信息进行描述与输入和对零件进行分组。

(2) 零件分组。按照一定的相似性准则对零件进行分组，产生相似零件组，一个相似零件组就是一个零件族。如何合理地划分零件组是一个非常重要的问题，它直接影响零件工艺规程中筛选的生成效率和补充、修改工作量的大小。

(3) 主样件设计。主样件是一个零件组或零件族的抽象，是组内所有零件的复合零件。设计主样件的目的是为了制定典型工艺和便于对典型工艺的检索。对于简单零件组，可以用形状复杂的零件作为设计基础件，把其他零件上不同的形状特征加到基础件上，从而得到主样件。对于比较大的零件组，可先将其分成几个小的零件组，合成一个组合件，然后再由若干个组合件合成整个零件组的主样件。图 7.11 为主样件的例子。

(4) 典型工艺过程的制定。主样件的工艺过程应能满足该零件组所有零件的加工，并能反映工厂的实际加工水平。一般是选择其中一个工序最多、加工过程安排合理的零件工艺路线作为基本路线，然后把其他零件特有的、尚未包括在基本路线之内的工序，按合理顺序加到基本路线中，以此为基础制定出主样件的典型工艺过程。

(5) 建立工艺数据库。建立必要的工艺数据库，用以存储各种工艺数据和工艺规范。

(6) 系统程序设计。变异式 CAPP 系统一般由若干模块组成，如零件信息输入模块，典型工艺规程筛选模块，设备与工装选择模块，工时、切削用量、工序尺寸计算模块，工艺文件编辑与管理模块，打印输出模块等。变异式 CAPP 系统的基本结构如图 7.12 所示。

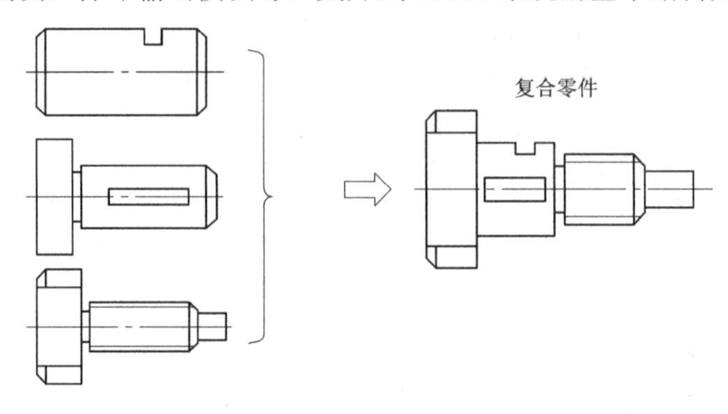

图 7.11　主样件

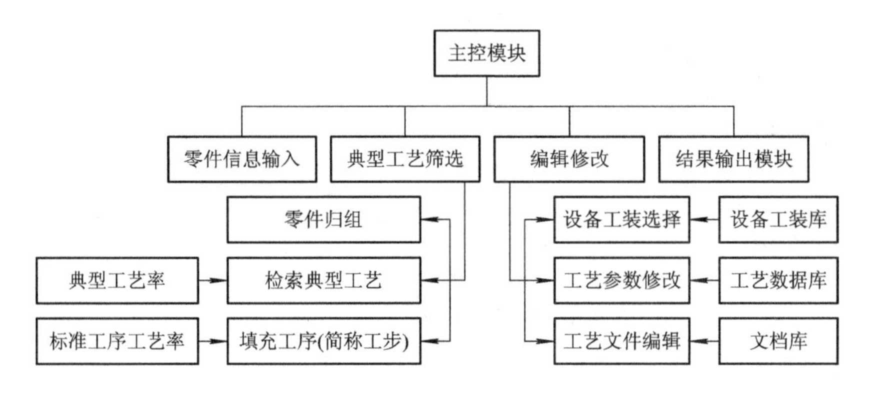

图 7.12　变异式 CAPP 系统

2. 基于特征的变异式 CAPP 系统

基于特征的变异式 CAPP 系统与基于 GT 的变异式系统的主要区别在于：

(1) 用基于特征的零件信息模型来取代 GT 码，可以对零件信息进行准确完备的描述。用一定的模型来描述零件的工艺规程，为高质量的工艺设计打下了坚实的基础。

(2) 在样件的基础上增加了实例的概念。实例是系统中已有的工艺规程及其相应的零件信息的集合。实例可以是系统中新产生的工艺设计结果，也可以就是一个样件。实例是一种丰富的资源，从实例也可以变异出当前零件的工艺规程。

(3) 用基于特征的推理代替基于零件族矩阵的工艺过程筛选策略，即对典型工艺规程进行自动筛选不再基于零件族矩阵，而是以基于特征的零件信息模型为依据，在基于特征的典型工艺规程中自动匹配和筛选出当前零件的工艺规程。

3. 变异式 CAPP 的特点

变异式 CAPP 系统的应用不仅可以减少工艺人员编制工艺规程的工作，而且相似零件的工艺过程可以达到一定程度上的一致性。从技术上讲，变异式 CAPP 系统容易实现，因此，目前国内外实际应用的 CAPP 系统大都属于变异式 CAPP 系统。

但变异式 CAPP 系统的使用者仍需具有经验的工艺人员，且典型工艺规程未考虑生产批量、生产技术、生产手段等因素，当生产批量改变及生产技术和生产手段发展后，系统不易修改。因此，变异式 CAPP 系统主要适用于零件相似性较强，零件族数较少，每族内零件项数较多，生产零件种类和批量相对稳定的制造企业。

7.4　创成式 CAPP 系统

7.4.1　创成式 CAPP 系统原理

1．创成式 CAPP 系统的原理

创成式 CAPP 系统的基本原理是：将人们设计工艺过程时用的推理和决策方法转换成计算机可以处理的决策模型、算法及程序代码，从而依靠系统决策来自动生成零件的工艺规程。

创成式 CAPP 系统可以克服变异式 CAPP 系统的固有缺点。但由于工艺过程设计问题的复杂性，目前尚没有系统能做到所有的工艺决策都完全自动化，一些自动化程度较高的系统的某些工艺决策仍需有一定程度的人工干预。从技术发展看，短期内也不一定能开发出功能完备、自动化程度很高的创成式系统。

2．创成式 CAPP 系统的结构

创成式 CAPP 系统的输入信息应是全面而准确的零件设计信息，输出信息是零件的工艺规程。它需要在制造工艺数据库和工艺知识库的支持下，经过建立在系统内部的一系列逻辑决策模型及计算机程序进行工艺过程决策。系统工艺数据库中存储的主要是各种加工方法的加工能力、各种机床的适用范围以及切削用量等。创成式 CAPP 系统的总体结构如图 7.13 所示。

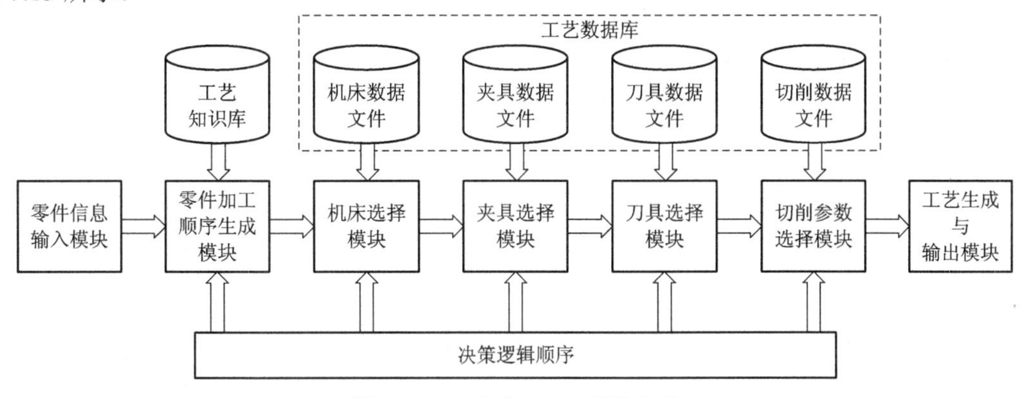

图 7.13　创成式 CAPP 系统结构

创成式 CAPP 系统的工作过程如下：

(1) 预先将与零件工艺设计有关的工艺决策规则存储于计算机的数据库或知识库中。

(2) 输入零件图形及其加工要求等信息。

(3) 计算机进行逻辑判断，自动生成零件工艺。

(4) 根据有关输入数据，计算工序尺寸、加工余量、切削用量、时间定额等。

7.4.2 创成式 CAPP 系统的工艺决策

1. 创成式 CAPP 系统的工艺决策过程

创成式 CAPP 系统工艺决策的目的是生成零件的工艺过程。其基本决策过程如图 7.14 所示。

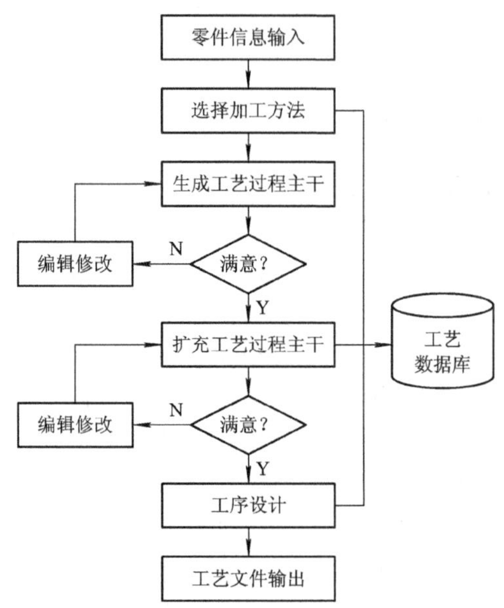

图 7.14 创成式 CAPP 系统工艺的决策过程

1) 选择加工方法

在输入零件信息以后，首先要根据零件各种几何形状特征的加工要求，确定各种表面特征的加工方法，这是生成工艺路线的基础。每一种表面特征一般要经过不同的加工工序来达到其各方面的要求，对此，可用查表法实现，根据零件各表面元素的最低要求，在工艺数据库或规则库中可直接查出各表面元素的加工方法。查表法中数据库或知识库的建立比较方便，只须将各种表面特征的加工方法按一定的格式存入即可；同样，数据或规则的维护也很方便。

2) 工艺规程主干的生成

按照一定的工艺路线安排原则，将已选择好的零件各表面要素的加工方法按一定的先后顺序排序，以确定零件的工艺路线，这是工艺过程设计的最重要和最困难的环节。因为安排工艺路线需要考虑各种可能的因素和约束，同时安排工艺路线的方法在生产实践中非常灵活。例如，即使是对普通的轴类零件，若零件的长径比不同，零件的大小不同，组成零件各轴段的几何形状要素不同、个数不同、尺寸不同、精度要求不同，零件的热处理不同，等等，则其装夹方式和工艺路线都不一样。这种复杂的决策过程需要分级、分阶段约束驱动过程，使之能排出合理的工艺路线。

另外，按照工艺学的理论，工艺路线一般要划分为粗、精等不同的加工阶段，而且整个加工过程要符合基准优先加工的原则。表 7.1 是一组部分加工工序安排原则示例。

表 7.1　加工顺序安排原则

情　　况		原　　则
1. 根据加工精度		粗加工→精加工→超精加工
2. 根据加工表面	(1) 轴、圆柱类	回转面加工 →┌→ 平面加工 →┌→ 槽加工 ├→ 镗孔加工 ├→ 钻孔加工 └→ 曲面加工 └→ 成形加工
	(2) 箱、板类	平面加工→┌→ 回转面加工 →┌→ 槽加工 ├→ 镗孔加工 ├→ 钻孔加工 └→ 曲面加工 └→ 成形加工

通过分析大量的工艺过程可以发现，不管零件多么复杂，其加工工艺都可以分解成主要工序和辅助工序两类。主要工序一般是针对零件上各主要形状特征的，如回转体类零件的圆柱表面、圆锥面与内圆柱表面等。辅助工序包括辅助表面的机加工工序、热处理工序和钳工工序等。辅助表面的加工(如倒角、铣槽、钻孔与攻丝等)一般安排在主要表面的加工之后进行，如倒角一般在车圆柱面之后；又如铣键槽与钻孔攻丝等工序一般是安排在各主要表面的粗精加工工序后、淬火工序之前进行；调质工序一般安排在主要表面的粗加工工序之后，等等。

排序时，可以按上述工艺过程排序的约束与加工顺序排序原则，首先安排零件各主要表面要素(或主形状特征)的加工方法，初步生成工艺规程的主干，再按照上述工艺规程的规律性，在工艺规程主干中插入辅助表面的加工方法及其他辅助工序。在工艺规程主干初步生成与工序设计之前，可以显示中间排序结果供工艺设计者确认，不满意时可对其进行必要的编辑修改，最后形成满意的工艺规程主干，为工序设计做准备。

2. 表达工艺决策逻辑的主要形式

创成式 CAPP 系统的软件设计，其核心内容是各种决策逻辑的表达和实现。尽管工艺过程设计决策逻辑很复杂，包括各种性质的决策，但表达方式却有许多共同之处，可以用一定形式来表达和实现，最常用的是决策表和决策树。

决策表和决策树是传统的系统分析或系统设计的方法，用它们来表达按一定条件选择方案或规定相关联的动作十分有效、直观。这两种方法已经长期应用于许多需要决策的场合，它们同样也适合工艺决策。

1) 决策表

决策表是将一组用语言表达的决策逻辑关系用一个表格来表达，从而可以方便地用计算机语言来表达该决策逻辑的方法。例如选择孔加工方法的决策可以表述为：

① 如果待加工孔的精度要求(包括本身精度和位置精度)低，则可选择钻孔的方法加工；

② 如果待加工孔的本身要求高，而且位置精度要求也高，则可选择钻—镗两步加工；

③ 如果待加工孔的精度要求高，但位置精度要求不高，则可选择钻—铰加工。

上述文字叙述形式表达的孔加工方法选择决策逻辑，如果采用决策表的形式来表达，则决策逻辑如表 7.2 和表 7.3 所示。在决策表中，若某特定条件得到满足，则取值为 T(真)

或 Y(是)；不满足时，取值为 F(假)或 N(否)。决策行动可以是无序的决策动作，用 X 表示，也可以是有序的决策动作，并给予一定的序号。表的一列算作一条决策规则。条件项目的值可以不填(用空格表示)，代表这一条件是否满足对于该规则无关(不在乎)，即既可以是 T，也可以是 F。

表 7.2　选择孔加工方法决策表

尺寸精度高	F	T	T
位置精度高		F	T
钻孔	×		
钻铰		×	
钻镗			×

注：×表示不存在序号的决策动作；

数字表示带序号的决策动作。

表 7.3　选择孔加工方法决策表

尺寸精度≥0.1	T		
尺寸精度＜0.1		T	T
位置精度≥0.1	T	T	
位置精度＜0.1			T
钻孔	×	1	1
铰孔		2	
镗孔			2

从表 7.2 可以看出，决策表由四部分构成：粗横线的上半部代表条件和状态，粗横线的下半部代表动作(或结果)，右半部为项目值的集合，每列就是一条决策规则。当建立一个决策表来表达复杂决策逻辑时，必须仔细检查决策表的正确性、完整性和无歧义性等内容。完整性是指决策逻辑各条件项目的所有可能的组合都应考虑到。无歧义性是指一个决策表的不同规则之间不能出现矛盾或冗余的规则。图 7.4 为某系统中机床选择的决策表。

表 7.4　机床选择的决策表

条件	300 mm＜工件长度＜500 mm	T	T	T
	工件直径＜200 mm	T	T	
	最大转速＜3000 r/min		T	T
	公差＜0.01 mm	T		
	批量＞100		T	T
	夹具 123		T	T
	夹具 125			T
动作	机床 1001	×		
	机床 1002		×	
	机床 1003			×

2) 决策树

决策树是一种常用的数据结构，将它用于工艺决策时，也是一种常用的与决策表功能相似的工艺逻辑设计工具。同时，它很容易和“如果(IF)…，则(THEN)…”这种直观的决策逻辑相对应，很容易直接转换成逻辑流程图(框图)和程序代码。

决策树由各种结点和分支(边)构成。结点中有根结点、叶结点和其他结点。根结点没有前趋结点，叶结点没有后继结点，其他结点则都具有单一的前趋结点和一个以上的后继结点。结点表示一次测试或一个动作。拟采取的动作一般放在叶结点上。分支(边)连接两个结点，一般用来连接两次测试或动作，并表达一个条件是否满足：满足时，测试沿分支向前传送，以实现逻辑与(AND)的关系；不满足时，则转向出发结点的另一分支，以实现逻辑或(OR)的关系。所以，由根结点到叶结点的一条路径可以表示一条决策规则。

例如：孔加工方法选择决策树，如图 7.15 所示；图 7.16 所示为装夹方法选择决策树。

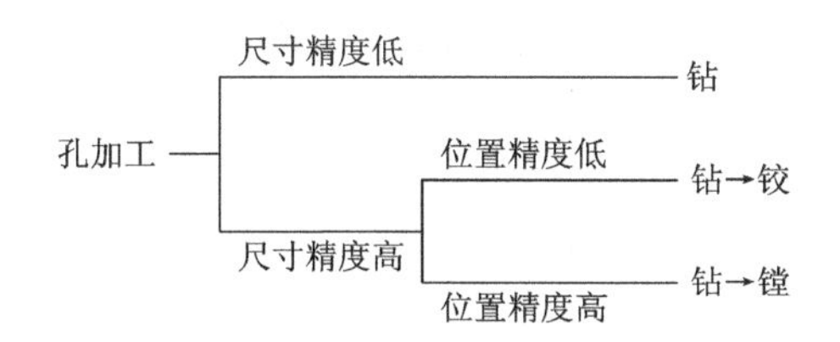

图 7.15　孔加工方法选择决策树

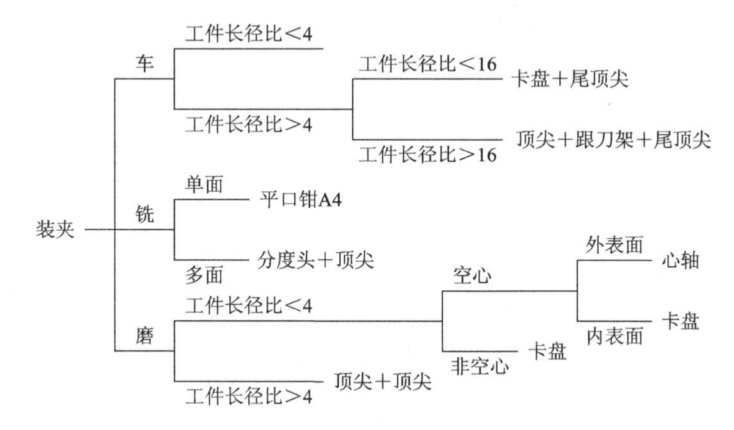

图 7.16　装夹方法选择决策树

决策树有如下优点：

① 容易建立和维护，可直观、紧凑地表达复杂的逻辑关系，而且决策表可以转换成决策树。

② 便于程序实现，其结构与软件设计的流程图很相似。决策树是表示“IF…，THEN…”类型的决策逻辑的很自然的方法，条件(IF)可放在树的分支上，而预定的动作(THEN)则放在结点上，因此很容易转换成计算机程序。

③ 便于扩充和修改，适于工艺过程设计。

另外，选择特征的加工方法及选择机床、刀具、夹具、量具以及切削用量等都可以采用决策树的形式。

7.5　智能型 CAPP 系统

7.5.1　智能型 CAPP 专家系统概述

AI(人工智能技术，Artificial Intelligence)的发展为 CAPP 的进一步发展开辟了新的道路。进入 20 世纪 80 年代后，以应用 AI 技术为基础的智能化 CAPP 系统(也称 CAPP 专家系统)已成为世界范围内制造业中最引人注目的课题之一。

1. CAPP 专家系统的原理

CAPP 专家系统与创成式 CAPP 系统一样，都可自动生成工艺规程，但它们的工作原理并不相同，结构上也有很大的差别。创成式 CAPP 系统是以“逻辑算法＋决策表”为特征，而 CAPP 专家系统是以“推理＋知识”为特征。CAPP 专家系统以知识结构为基础，以推理机为控制中心，按数据、知识、控制三级结构来组织系统，其知识库和推理机是相互分离的，知识库由零件设计信息和表达工艺决策的规则集组成，而推理机是根据当前的事实通过激活知识库的规则集而得到工艺设计的结果。这种知识库和推理机相互分离的结构，增加了系统的灵活性。当生产环境变化时，只需修改知识库或不断加入新的知识，使之适应新的要求，因而，其解决问题的能力大大增强了。

2. CAPP 专家系统的工作过程

CAPP 专家系统的工作过程是根据输入的零件信息去频繁地访问知识库，并通过推理机中的控制策略，从知识库中搜索能够处理零件当前状态的规则，然后执行这条规则，并把每一次执行规则得到的结论部分按照先后次序记录下来，直到零件加工到终结状态，这个记录就是零件加工所要求的工艺规程。

3. CAPP 专家系统的组成

CAPP 专家系统的主要组成如图 7.17 所示。该系统主要由零件信息输入/输出模块(人机接口)、推理机与知识库三部分组成，其中推理机与知识库是相互独立的。此外，还包括知识获取和管理模块以及解释机制的处理模块和数据库。

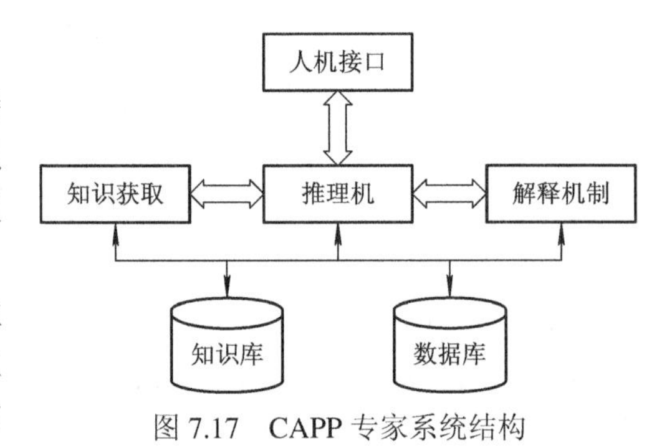

图 7.17　CAPP 专家系统结构

CAPP 专家系统有处理多义性和不确定性的能力，并且可以在一定程度上模拟人脑进行工艺设计，解决工艺设计中许多模糊的不确定的问题。

对于一些结构形状复杂，加工工序多，工艺流程长的零件的工艺设计，由于存在多种加工方案，工艺设计的优劣主要取决于人的经验和智慧，因而一般的 CAPP 系统难以满足这类复杂零件的工艺设计要求。而 CAPP 系统可以汇集众多工艺专家的经验和智慧，并充分利用这些知识，进行智能推理，探索解决问题的途径与方法，最终给出合理的甚至是最佳的工艺决策。

7.5.2　CAPP 专家系统的主要技术

1. 知识的表达

如何获取、表达 CAPP 专家系统所需的数据与知识，使之既便于计算机内部对它们的描述和管理，又便于 CAPP 专家系统的工艺决策，是 CAPP 专家系统的重要课题。

工艺知识主要分为选择性规则和决策性规则两大类。前者如加工方法选择规则、基准选择规则、设备与工装选择规则、切削用量选择规则、余量选择规则、毛坯选择规则等；后者如加工方法排序规则(包括工序排序和工步排序规则)、实例或样件筛选(推理)规则、工艺规程修正规则、工序图生成规则、工序尺寸标注规则等。

工艺知识的表达通常采用谓词逻辑、产生式规则、语义网络及框架等方法。近几年，新的知识表达方法得到了较快的发展，如面向对象的方法、模糊知识表示及混合知识表示等。工艺经验知识常用框架或产生式系统表示。

1) 产生式规则(Productive Rule)

产生式规则是指将领域内知识表达成一组或多组规则的集合，每条规则由一组条件部分和一组结论部分组成。产生式规则以“如果某些条件被满足，就采取某种动作”形式的语句表示。产生式规则的一般表达式为：

```
IF    <条件 1>   AND/OR
      <条件 2>   AND/OR
         ⋮
      <条件 n>    AND/OR
THEN <结论 1>   AND
      <结论 2>   AND
         ⋮
      <结论 m>
```

产生式规则主要描述那些如何应用其他知识的知识。由于产生式规则和人的思维方式很接近，为人们所熟悉，也比较直观，容易收集和组织工艺专家的知识，因此是目前专家系统中用得最多的一种过程性知识表示方法。

例如，有一加工方法选择的规则(IF-THEN 格式)为：

```
IF { 外圆柱面；
    材料：45 钢；
    热处理：淬火；
    最高精度等级：6，最低精度等级 8；
    最高粗糙度 0.8，最低粗糙度 1.6；
    普通机床加工；
    }
THEN{加工方法为：粗车，半精车，淬火，粗磨，精磨}
```

又如：工艺路线中加工的先后关系都可用产生式规则描述：

```
  IF  { 加工表面为平面，面积较大；  要求较高的平面度和表面粗糙度；
        与其他表面之间有尺寸关系；
       }
  THEN { 采用端铣刀精铣，且经粗铣一、二次 }
  IF   { 加工表面为平面和平面上的孔；  平面和孔的精度要求一般；
         平面和孔有一定垂直度要求；
        }
THEN { 先加工平面，以平面为基准再加工孔 }
```

另外，其他包括毛坯选择、刀具选择、切削用量选择和毛坯余量选择等均可采用产生式规则表示。

2) 框架(Frame)

框架是一个表示某些结点及相互关联的网络。框架的顶层是固定的，它代表给定情况下总是确定的事实；下层有很多槽(Slot)，槽内可以填充特定的参数、文字或数据，也可以是其他框架的内容。此外，框架上还带有另外一些信息，如怎样使用这个框架，预计下一步将发生什么事情，以及当情况与预计不符时应做些什么等，这样形成了一层层嵌套的联接表。框架的形式为：

(<框架名> (<槽名 1> ……)
(<槽名 2> ……)
(<槽名 n> ……))
(<槽名 i> (<侧面名 1> ……)
(<侧面名 2> ……)
(<侧面名 m> ...…))
(<侧面名 j>(<值 1> ……)
(<值 2>……)
(<值 k> ……))(1≤i≤n，1≤j≤m)

机械加工工艺设计中，框架常常用于描述零件的特征信息、几何信息和工艺信息等。图 7.18 为刀具信息的框架表示。

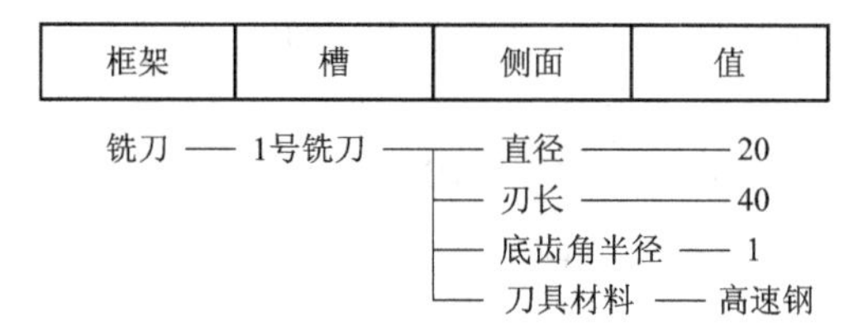

图 7.18　铣刀信息的框架表示

3) 框架的特点

框架的特点如下所述：

(1) 框架适于描述格式固定的事物、动作和事件。

(2) 有关框架可以聚集起来组成框架系统，以便从不同角度描述物体和复杂的事物。

(3) 框架包含了它所描述的物体或事物的多方面信息，包含了物体或事物必须具有的属性，描述了所代表概念的典型事例等途径，由此可推出未被观察到的事实。

2. 工艺知识库的建立

工艺知识的获取只能针对各企业自身状况制定符合厂情的工艺决策规则。不同的企业制定的工艺决策规则不同，导致由此制定的知识库不能通用。但是，知识的描述是可以规范化的。

1) 工艺知识的获取

智能型 CAPP 系统的知识的获取是 CAPP 系统开发过程中的关键步骤，已成为系统开发的“瓶颈”，到目前为止，还没有一个智能型 CAPP 系统可以直接从工艺专家那里获取知识。目前知识的获取主要是由知识工程师完成的。知识工程师是一个计算机方面的工程师，他从专家那里获取知识，并将知识以正确的形式储存到知识库中。由于专家所掌握的知识和能存储于计算机的知识形式之间存在着较大差别，因而要成功建立知识库，知识工程师与专家之间须密切合作，不断交换意见，以使知识库能正确反映专家的知识。

工艺知识的获取一般分两步：第一步是收集、整理、归纳、总结和分类，并用系统提供的标准文本格式记录下来，这一步由领域工程师完成。第二步是输入、维护和管理，这是在系统提供的知识获取和管理界面的引导下实现的。前者关系到数据与知识的准确性和完备性，后者关系到数据与知识是否便于输入和管理。图 7.19 所示为一般 CAPP 系统工艺知识的获取过程。

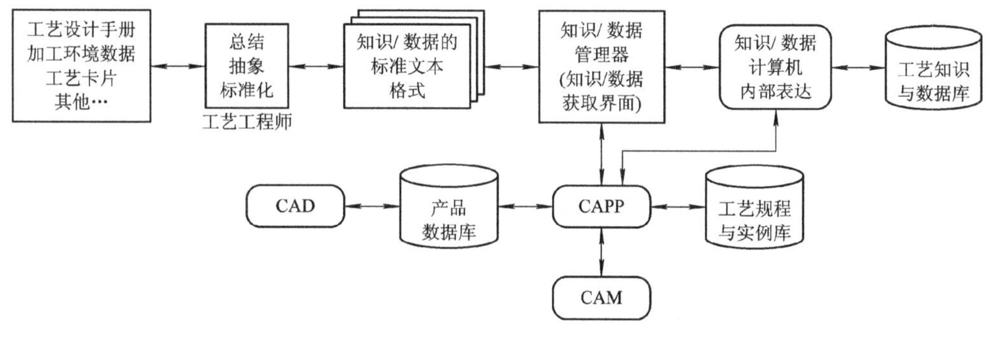

图 7.19 CAPP 系统工艺知识的获取

2) 知识库的建立

工艺知识库的建立主要利用开发工具完成。开发工具给用户提供了二次开发环境，用户通过该工具可创建工艺知识库，并可对工艺知识库进行调试及维护。开发工具使系统的灵活性、可移植性和可重构性有了保证。

知识的组织方式依赖于知识的表示模式。一般说来，在确定知识的组织方式时，应考虑一些基本原则，例如保证知识库与推理机相分离，以便于知识的搜索、知识的管理、内外存交换、减少存储空间等。

3. 基于知识的推理

推理是指从已有事实推出新的事实(或结论)的过程。人类专家能够高效求解复杂的问题，除了因为他们拥有大量的专门知识外，还体现在他们选择知识和运用知识的能力。推理过程要解决的问题就是：在问题求解的每个状态(包括初始状态)下，如何控制知识的选择和运用。知识的运用就是推理方式，知识的选择过程就是推理策略。推理方式和搜索方式体现了一个具体专家系统的特色。推理方式有以下几种：

1) 正向推理

正向推理是从一组事实出发，一遍遍尝试所有可执行的规则，并不断加入新事实，直到问题解决。正向推理适用于初始状态明确而目标状态未知的场合。图 7.20 说明了正向推理过程，图中已知事实是 A，B，C，E，G，H，已知规则有 3 条，即 F&B→Z，C&D→F，A→D，要证明的事实是 Z。

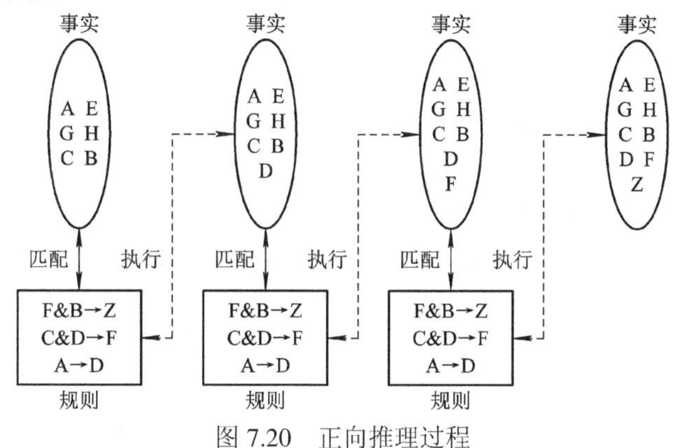

图 7.20 正向推理过程

2) 反向推理

反向推理是从假设的目标出发，寻找支持假设的依据，它提供一组规则，尝试支持假设的各个事实是否成立，直到目标被证明为止。反向推理适用于目标状态明确而初始状态不甚明确的场合。图 7.21 说明了反向推理过程，图中已知事实是 A，B，C，E，G，H，要证明的事实是 Z，可采用的规则有 3 条，即 F&B→Z，C&D→F，A→D。

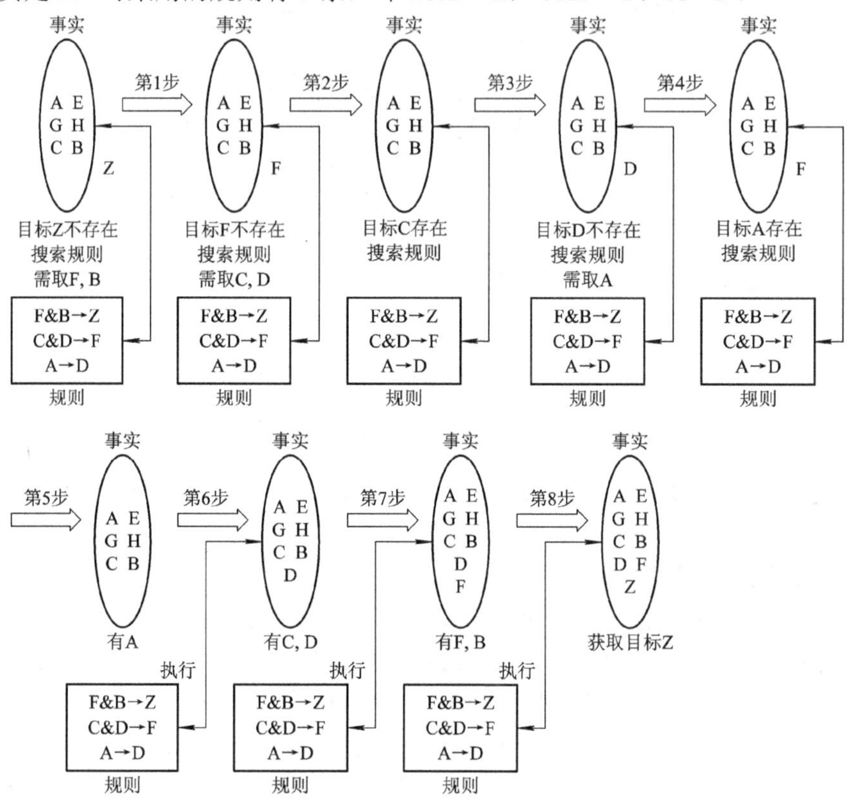

图 7.21　反向推理过程

3) 正反向混合推理

正反向混合推理分别从初始状态和目标状态出发，由正向推理提出某一假设，由反向推理证明假设。在系统设计时，必须明确哪些规则处理事实，哪些规则处理目标，从而使系统在推理中根据不同情况，选用合适的规则进行推理。正反向推理的结束条件是正向推理和反向推理的结果能够匹配。

4) 不精确推理

处理不精确推理的方法有概率法、可信度法、模糊集法和证据法等。

工艺规程设计过程中的推理一般都采用分阶段或分级推理的方法，也就是把工艺规程的设计划分为若干个子任务，如毛坯选择、加工方法选择、工艺路线制定、工序设计、工序尺寸计算、切削用量计算、加工费用计算等，有些子任务下面还可以分成更小的子任务。知识库中的规则可以按照它们所适用的子任务进行分组，按类存储。如加工方法选择的规则，还可以进一步分成内、外表面加工，内、外螺纹加工，内、外花键加工，内、外圆柱齿轮加工等规则子集。要执行哪个子任务，则调用适合这个子任务的规则子集。

在分级推理的工程中，可综合应用上述的不同推理方法，完成任务求解。

4. 推理机的总体结构

推理机是专家系统的控制机构，它规定了如何从知识库中选用适当的规则，来进行工艺规程设计。推理机主要由四部分组成：推理器(translate)，运行库(上下文)，生成库(工序图，工艺文件)，解释(explain)装置。

(1) 推理器：在一定的控制和选取知积库中对当前问题的可用知识进行推理，以修改上下文直至最终得到问题求解结果。

(2) 运行库：反映具体问题在当前求解状态下的符号或事实的集合，它由零件的原始信息数据和系统求解期间所产生的所有中间信息组成。

(3) 生成库：由系统求解过程所产生的结论信息数据组成，主要是工艺规程信息和工序图图形数据。

(4) 解释装置：通过重新显示系统问题求解过程的推理路径、知识库中知识的使用情况来解释系统是怎么求解问题并不断得出结论的。

7.5.3 智能型 CAPP 系统的发展趋势

人工智能为 CAPP 的发展注入了活力，然而，目前的 CAPP 专家系统还谈不上能对各种数据和知识进行自组织和自学习，而且也没有联想记忆和自适应能力。于是，人们正在不断地探索将其他更先进理论应用到 CAPP 系统，研究新的系统结构。

1. 基于人工神经网络的 CAPP 系统

ANN(Artificial Neural Network，人工神经网络)理论是近年来得到迅速发展的一个国际前沿领域，这为解决现有 CAPP 系统存在的问题开辟了新的途径。值得一提的是，人工神经网络与传统人工智能的关系不是简单的取代而是互补的关系。

2. 基于实例与知识的 CAPP 系统

这种 CAPP 系统同样具有自组织和自学习功能，其基本原理是通过系统本身的工艺设计实例来“自我”总结、组织、学习和更新工艺设计“经验”，当经验积累到一定的程度时，系统将成为一个“聪明的设计者”。这种系统主要由基于实例的 CAPP 子系统和基于知识的 CAPP 专家子系统两大块组成，这两部分是相互联系的有机整体。在系统的初级阶段，系统主要通过基于知识的 CAPP 专家系统来进行工艺设计，并在设计过程中不断学习和积累知识(即实例)。当工艺实例积累到一定程度时，在输入零件信息后，系统将首先搜索实例知识库。若找到合适的实例，则将转入基于实例的子系统独立进行工艺设计；若找到一般合适的实例，系统将调用基于实例与知识的两个子系统进行设计；若没有找到合适的实例，则单独调用基于知识的子系统进行设计。可见，这种系统除了具有学习功能外，系统的工艺设计工作一般不是从零开始的，从而提高了设计效率。

7.6 其他类型的 CAPP 系统

1. 工具型 CAPP 系统

通用性问题是 CAPP 面临的主要难点之一，也是制约 CAPP 系统实用化与商品化的一个重要因素。为此，人们采用 CAPP 开发工具的模式，建立了工具型 CAPP 系统，以应付生产实际中变化多端的状况，力求使 CAPP 系统也能像 CAD 系统那样具有通用性。

工具型 CAPP 将工艺设计的共性与个性问题分开处理。工艺设计的共性主要包括：推理控制策略和一些公共算法以及通用的、标准化的工艺数据与工艺决策知识。工艺设计的个性主要包括：与特定加工环境相关的工艺数据及工艺决策知识等。前者由系统开发者完成，即开发者将推理控制策略和一些公用算法固定于原程序之中，并建立公用工艺数据库与知识库；后者由用户根据实际需要进行扩充或修改。这事实上是一个用户二次开发系统的过程，从而使系统成为解决特定问题的 CAPP 系统。

工具型 CAPP 系统采用新的 CAPP 系统设计理论。从体系结构上看，工具型 CAPP 系统可以分为框架型(外壳型)CAPP 系统和开发平台(开发工具)型 CAPP 系统。

开发平台型 CAPP 系统如图 7.22 所示。这种系统把 CAPP 的功能分解成一个个相对独立的工具，针对不同的应用环境，在开发平台上构造符合用户需要的 CAPP 系统，也可以将开发平台提供给用户，用户可以进行 CAPP 系统的二次开发。这些工具主要包括零件信息描述(输入)工具、工艺决策工具、工艺文档输出工具、知识和数据的输入工具、用户界面构造工具等。开发平台型 CAPP 系统适用性广，开放性好。由于没有固定的框架，从理论上讲，开发平台型 CAPP 系统可以适应各种应用环境，具有较好的通用性和柔性；由于其具有二次开发能力，因而可以适应企业内部发生的较大变化。

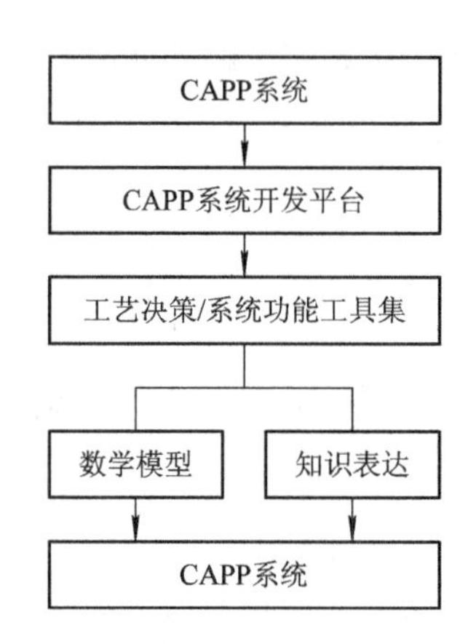

图 7.22　开发平台型 CAPP 系统

目前的开发平台型 CAPP 系统还不成熟，主要原因是还没有相应的 CAPP 系统设计理论提供支持，特别是在功能的抽象方法、功能的动态组织方法和软件系统的体系结构上。

2. 综合式 CAPP 系统

综合式 CAPP 系统是指将传统的变异法、创成法和人工智能相结合，以解决十分复杂的工艺决策问题。综合式 CAPP 以交互式为基础，以知识库为核心，并采用检索、修订、创成等多工艺决策混合技术和多种人工智能技术的综合智能化，从而形成基于知识库的综合式 CAPP 系统框架。这种系统兼顾先进性与实用性、普及与提高等各方面的关系，可满足企业对 CAPP 广泛应用与集成的需求。综合式 CAPP 系统的结构如图 7.23 所示。

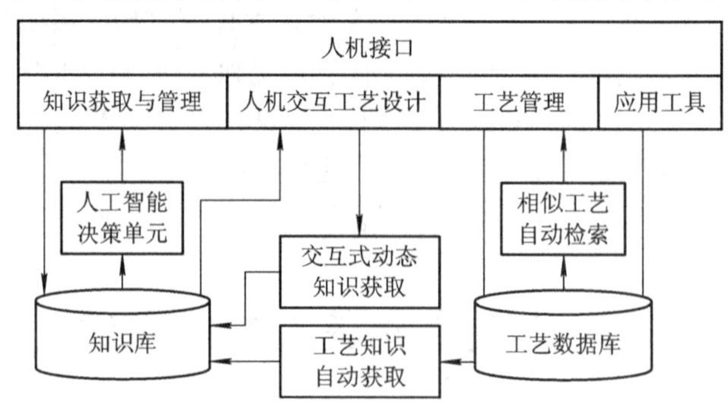

图 7.23　综合式 CAPP 系统结构

习题与思考题

1. 简述 CAPP 的作用与意义。
2. 简述 CAPP 系统的基本组成与功能。
3. 简述 CAPP 的主要类型、特点和应用场合。
4. CAPP 零件信息的输入方法有哪几种？各有什么特点？
5. 简述变异式 CAPP 的工作原理及特点？
6. 成组技术的主要原理是什么？它在工艺设计和加工过程中有哪些应用？
7. 简述创成式 CAPP 的工作原理及特点。
8. 创成式 CAPP 的工艺决策逻辑的主要表现形式有哪些？
9. 简述决策表和决策树的原理与用途。
10. 智能型 CAPP 中工艺知识的主要表达方法有哪些？
11. 常见的推理方式有哪几种？其特点如何？
12. CAPP 专家系统由哪几部分组成？它与一般的 CAPP 有何不同？
13. 查阅、分析有关资料，总结 CAPP 的发展趋势。

第 8 章　计算机辅助工程分析

机械产品设计过程中的一个重要环节是分析和计算，包括对产品几何模型进行分析、计算，通过应力变形进行结构分析，对设计方案进行分析、评价等。

传统的分析方法一般比较粗略，尤其是结构分析对象的力学模型往往经过了较大的简化，引入了各种不同的假设，致使有些分析结果不甚可靠。因此，传统的分析方法只能用来定性地比较不同方案的好坏，而很难对所分析的对象做出精确的定量评价。为了适应现代产品向高效、高速、高精度、低成本等方向发展的需要，人们将计算机引入工程分析领域，对产品的静、动态特性进行深入的分析，由此产生了计算机辅助工程分析技术(简称 CAE)，这是机械设计中的一场巨大变革。目前，计算机辅助工程分析已经是 CAD/CAM 系统中不可缺少的主要组成部分，市场上一些著名的商品化 CAD/CAM 集成系统(如 I-DEAS、UG 等)已将工程分析软件集成于系统内部。

计算机辅助工程分析的主要内容通常包括：应用有限元方法进行产品零、部件的强度分析；对运动机械和机构进行运动学和动力学分析；应用最优化方法求解产品的最优设计参数和最优加工规则；对产品设计方案和加工方案进行仿真分析等。本章主要介绍有限元分析和机构运动分析的基本内容。

8.1　有限元分析

在现代先进制造领域中，最常见也是最基本的问题是计算和校验零、部件的强度、刚度以及对机器整体或部件进行动力分析等。力学分析方法可分为解析法和数值法两大类。解析法是应用数学分析工具，求解含少量未知数的简单数学模型的一种传统的计算方法，只对某些简单问题才能得出闭合形式的解，适用于普通机械零件的常规设计计算。对于复杂的结构问题，唯一的途径是应用数值法求出问题的近似解。而有限元法是十分有效而实用的数值方法。

有限元法的基本原理是：把要分析的连续体假想地分割成有限个单元所组成的组合体，根据一定的精度要求，用有限个参数来描述各单元体的力学特性，而整个连续体的力学特性就是构成它的全部单元体的力学特性的总和。基于这一原理及各种物理量的平衡关系来建立弹性体的刚度方程(即一个线性代数方程组)，求解该刚度方程，即可得出欲求的参量。由于分割单元的个数是有限的，节点的数目也是有限的，因而该方法称为有限元法。

自 1960 年美国 Clogh 教授首次提出“有限元法(The Finite Element Method)”这个名词以来，有限元法的应用日益普及，在工程中的作用也在日益增长。现在，有限元法不仅成为结构分析中必不可少的工具，而且广泛应用于磁场强度、热传导、非线性材料的弹塑性蠕变分析等其他研究领域。

8.2 有限元分析的原理与方法

8.2.1 弹性力学的基础知识

1. 常用物理量

弹性力学常用的物理量有外力、应力、应变和位移。

1) 外力

作用于物体的外力可分为体力和面力两种。所谓体力，是指分布在整个体积内的外力，例如重力和惯性力。用 p_x、 p_y、 p_z 三个体力分量表示作用在物体内任何一点处单位体积内的体力。所谓面力，是指作用于物体外表面上的外力，例如流体压力和接触力。用 $\overline{p}_x$、 $\overline{p}_y$ 、 $\overline{p}_z$ 三个分量表示作用在物体表面上任一点处单位面积上的面力。

2) 应力

从物体内取出一边长分别为 dx、dy、dz 的微分体(如图 8.1 所示)，其每个面上的应力可分解为一个正应力和两个剪应力，正应力记为 σ_x、σ_y、σ_z，剪应力记为 τ_{xy}、τ_{yx}、τ_{xz}、τ_{zx}、τ_{yz}、τ_{zy} (前一个角标表明 τ 的作用面所垂直的坐标轴，后一个角标表明 τ 的作用方向)。根据剪应力互等定律，

$$\tau_{xy}=\tau_{yx}, \quad \tau_{xz}=\tau_{zx}, \quad \tau_{yz}=\tau_{zy}$$

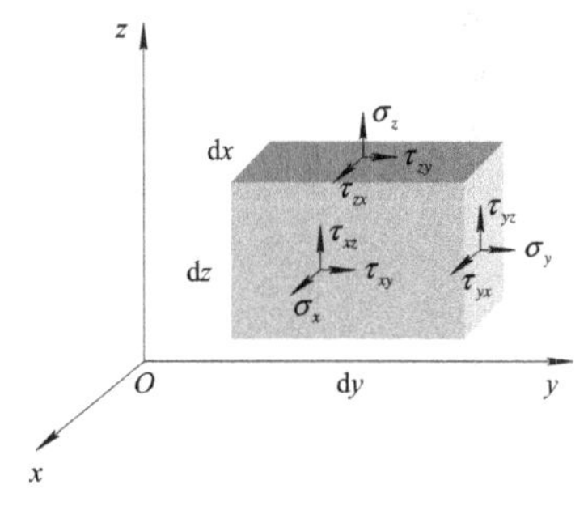

图 8.1 微分截面上的应力状态

3) 应变

线段的每个单位长度的伸缩称为正应变(如图 8.2(a)所示)，记为 ε_x、ε_y、ε_z。线段之间的夹角的改变量称为剪应变(如图 8.2(b)所示)，记为 γ_{xy}、γ_{xz}、γ_{yz}。

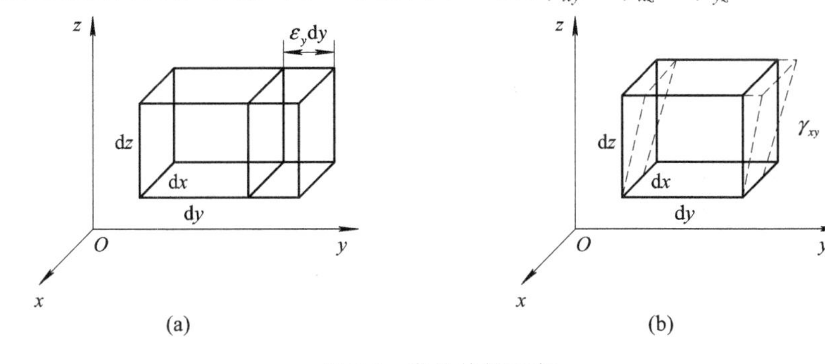

图 8.2 微分体的应变

(a) 正应变；(b) 切应变

4) 位移

在载荷(或温度变化等其他因素)作用下，物体内各点之间的距离改变称为位移。位移反映了物体的变形大小，记为 u，v，w，分别为 x，y，z 三个方向上的位移分量。

2．基本方程

1) 应变和位移的关系(几何方程)

物体受力后发生变形，其内部任一点的位移与应变的关系可用下式表示：

$$\left.\begin{aligned}&\varepsilon_x=\frac{\partial u}{\partial x},\quad \varepsilon_y=\frac{\partial v}{\partial y},\quad \varepsilon_z=\frac{\partial w}{\partial z}\\&\gamma_{xy}=\frac{\partial u}{\partial y}+\frac{\partial v}{\partial x},\quad \gamma_{yz}=\frac{\partial v}{\partial z}+\frac{\partial w}{\partial y},\quad \gamma_{zx}=\frac{\partial w}{\partial x}+\frac{\partial u}{\partial z}\end{aligned}\right\}\tag{8-1}$$

写成阵列形式为

$$\{\varepsilon\}=\begin{bmatrix}\varepsilon_x\\\varepsilon_y\\\varepsilon_z\\\gamma_{xy}\\\gamma_{yz}\\\gamma_{zx}\end{bmatrix}\quad 或\quad \{\varepsilon\}^{\mathrm{T}}=\begin{bmatrix}\varepsilon_x & \varepsilon_y & \varepsilon_z & \gamma_{xy} & \gamma_{yz} & \gamma_{zx}\end{bmatrix}$$

2) 应力与应变的关系(物理方程)

应力与应变的关系可用虎克定律表示：

$$\left.\begin{aligned}&\varepsilon_x=\frac{1}{E}[\sigma_x-\mu(\sigma_y+\sigma_z)]\\&\varepsilon_y=\frac{1}{E}[\sigma_y-\mu(\sigma_z+\sigma_x)]\\&\varepsilon_z=\frac{1}{E}[\sigma_z-\mu(\sigma_x+\sigma_y)]\\&\gamma_{xy}=\frac{2(1+\mu)}{E}\tau_{xy}\\&\gamma_{yz}=\frac{2(1+\mu)}{E}\tau_{yz}\\&\gamma_{zx}=\frac{2(1+\mu)}{E}\tau_{zx}\end{aligned}\right\}\tag{8-2}$$

式中：E——材料的弹性模量；

μ——材料的泊松比。

式(8-2)写成矩阵形式为

$$\{\varepsilon\}=[\varphi]\{\sigma\}$$

其中：

$$[\varphi]=\frac{1}{E}\begin{bmatrix}1 & -\mu & -\mu & 0 & 0 & 0\\-\mu & 1 & -\mu & 0 & 0 & 0\\-\mu & -\mu & 1 & 0 & 0 & 0\\0 & 0 & 0 & 2(1+\mu) & 0 & 0\\0 & 0 & 0 & 0 & 2(1+\mu) & 0\\0 & 0 & 0 & 0 & 0 & 2(1+\mu)\end{bmatrix}$$

3) *虚功方程*

虚功原理在力学中是一个普遍的原理：假设一弹性体在虚位移发生之前处于平衡状态，当弹性体产生约束许可的微小虚位移并同时在弹性体内产生虚应变时，体力和面力在虚位移上所作的虚功等于整个弹性体内各点的应力在虚应变上所作的虚功的总和，即外力的虚功等于内力的虚功。

若用 δ_u、δ_v、δ_w 分别表示受力点的虚位移分量；用 $\delta_{\varepsilon x}$、$\delta_{\varepsilon y}$、$\delta_{\varepsilon z}$、$\delta_{\gamma xy}$、$\delta_{\gamma yz}$、$\delta_{\gamma zx}$ 表示虚应变分量，用 A 表示面力作用的表面积，根据虚功原理，可得虚功方程为

$$\iiint_V (\sigma_x\delta_{\varepsilon x}+\sigma_y\delta_{\varepsilon y}+\sigma_z\delta_{\varepsilon z}+\tau_{xy}\delta_{\gamma xy}+\tau_{yz}\delta_{\gamma yz}+\tau_{zx}\delta_{\gamma zx})\,\mathrm{d}x\mathrm{d}y\mathrm{d}z$$
$$=\iiint_V (p_x\delta_u+p_y\delta_v+p_z\delta_w)\,\mathrm{d}x\mathrm{d}y\mathrm{d}z+\iint_A(\bar{p}_x\delta_u+\bar{p}_y\delta_v+\bar{p}_z\delta_w)\,\mathrm{d}A \tag{8-3}$$

写成矩阵形式为

$$\iiint_V (\delta\{\varepsilon\}^{\mathrm{T}}\{\sigma\})\,\mathrm{d}x\mathrm{d}y\mathrm{d}z=\iiint_V(\delta\{\Delta\}^{\mathrm{T}}\{p\})\,\mathrm{d}x\mathrm{d}y\mathrm{d}z+\iint_A(\delta\{\Delta\}^{\mathrm{T}}\{\bar{p}\})\,\mathrm{d}A$$

其中：

$$\{\Delta\}^{\mathrm{T}}=\{u\quad v\quad w\}^{\mathrm{T}}$$

有限元分析的问题最后归结为：在满足边界条件的情况下，求解上述基本方程。

8.2.2　有限元法的基本解法与步骤

1．有限元法的基本解法

在用有限元法实际求解基本方程的过程中，可先求出某些未知量，再由它们求得其他未知量。根据未知量求出的先后顺序，有以下三种基本解法：

(1) 位移法：以节点位移为基本未知量。

(2) 力法：以节点力为基本未知量。

(3) 混合法：取一部分节点位移和一部分节点力为基本未知量。

一般来说，用力法求得的应力较位移法求得的精度高，但位移法比较简单，计算规律性强，且便于编写计算机通用程序。因此，在用有限元法进行结构分析时，大多采用位移法。

2．位移法的有限元法的具体步骤

1) *单元剖分*

根据分析对象(连续体)的形状选择合适的单元类型，把对象分割成一系列有限的单元，并将全部单元和节点按一定顺序编号。每个单元所受的荷载均应按静力等效原理移植到节点上，并在位移受约束的节点上根据实际情况设置约束条件。

2) *单元特征分析*

单元特征分析的目的是建立各个单元的节点位移和节点力之间的关系式。

现以平面三角形单元为例，说明单元特征分析的过程。如图 8.3 所示，三角形有三个节

点 i、j、m。在平面问题中每个节点有两个位移分量 u、v 和两个节点力分量 F_x、F_y。三个节点共有六个节点位移分量，可用列阵表示：

$$\{\Delta\}^e = [u_i \quad v_i \quad u_j \quad v_j \quad u_m \quad v_m]^T$$

同样，可把作用于节点处的六个节点力用列阵表示：

$$\{F\}^e = [F_{xi} \quad F_{iy} \quad F_{jx} \quad F_{jy} \quad F_{mx} \quad F_m]^T$$

应用弹性力学理论和虚功原理可得出节点位移与节点力之间的关系：

$$\{F\}^e = [K]^e \{\Delta\}^e$$

式中，$[K]^e$ ——单元刚度矩阵。

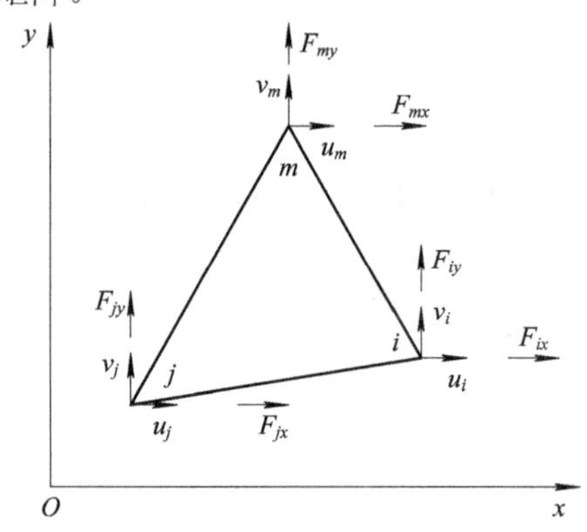

图 8.3　三角平面单元

3) 整体分析

整体分析是对各个单元组成的整体进行分析。其目的是建立起一个线性方程组，来揭示节点外载荷与节点位移的关系，从而用来求解节点位移。可用节点的力平衡和节点变形协调条件来建立整个连续体的节点力和节点位移的关系式，即

$$\{F\} = [K]\{\Delta\}$$

式中：$[K]$——总体刚度矩阵；

$\{\Delta\}$——总体节点位移列阵；

$\{F\}$——总体节点载荷列阵。

在这个方程中只有$\{\Delta\}$是未知的，求解该线性方程组就可得到各节点的位移。将节点位移代入相应方程中，可求出单元的应力分量。

3. 有限元网格的剖分与生成方法

目前，在利用有限元法求解一般机械结构的静、动力分析问题时，计算规模、计算机容量及计算速度等已不再是有限元应用的主要矛盾。有限元法应用中的难点，或者说关系到有限元计算成功与否的关键，在于如何使建立的有限元计算模型与实际结构的受力状态更相符，更能反映实际情况。这是学习和应用有限元法时必须高度重视的问题。

有限元法的基础是网格剖分。通过剖分而成的有限单元集合将替代原来的弹性连续体，所有的计算分析都将在这个模型上进行。因此，网格剖分将关系到有限元分析的规模、速度和精度，以至计算的成败。

1) 有限元网格的剖分要求

(1) 单元类型选择。在采用有限元法对结构进行分析计算时，应首先依据分析对象的几何形状的特点、载荷、约束等全面考虑，选用不同的单元类型。常用有限元单元类型如表8.1所示。

表8.1 常用的有限元单元类型

单元类型				节点数	节点自由度	典型应用
一维单元	杆			2	1	珩架
	梁			2	3	平面刚架
二维单元	平面问题	三角形		3	2	平面应用
		四边形		4	2	平面应用
三维单元	四面体			4	3	空间问题
	六面体			8	3	空间问题

(2) 网格数量。一般而言，网格数量增加，计算精度会有所提高，但同时计算规模也会增加，所以，在确定网格数量时应综合考虑。在静力分析时，如果仅仅是计算结构的变形，则网格数量可以少一些。如果需要计算应力，则在精度要求相同的情况下取相对较多的网格。在计算结构固有动力特性时，若仅仅是计算少数低阶模态，则可以选择较少的网格；若计算的模态阶次较高，则应选择较多的网格。在热分析中，结构内部的温度梯度不大，不需要大量的内部单元，这时可划分较少的网格。

(3) 网格疏密。网格的疏密应适应计算数据的分布，在计算数据变化梯度较大的部位(如应力集中处)，为了较好地反映数据变化规律，需要采用比较密集的网格。而在计算数据变化梯度较小的部位，为减小模型规模，则应采用相对稀疏的网格。这样，整个结构便表现出疏密不同的网格划分形式，如图 8.4

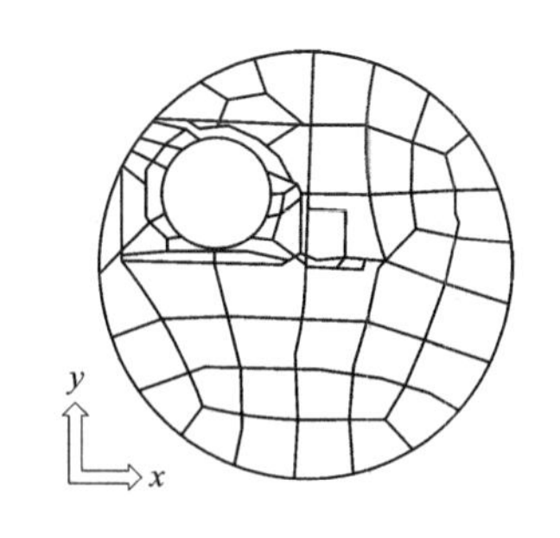

图8.4 网格的局部加密

所示。划分疏密不同的网格主要用于应力分析(包括静应力和动应力)，而计算固有特性时则趋于采用较均匀的网格形式。这是因为固有频率和振型主要取决于结构质量分布和刚度分布，不存在类似应力集中的现象，采用均匀网格可使结构刚度矩阵和质量矩阵的元素不致相差太大，可减小数值计算误差。同样，在结构温度场计算中也趋于采用均匀网格。

(4) 网格质量。网格质量是指网格几何形状的合理性。质量的好坏将影响计算精度，质量太差的网格甚至会中止计算。直观上看，网格各边或各个内角相差不大，网格面不过分扭曲，边节点位于边界等分点附近的网格质量较好。

(5) 网格布局。当结构形状对称时，其网格也应划分为对称网格，以使模型表现出相应的对称特性(如集中质量矩阵对称)，不对称布局会引起一定的误差。

2) 网格划分对有限元解误差的影响

首先有必要了解有限元解的误差情况。作为一种近似的数值解法，有限元解的误差主要来自计算误差和离散误差。

(1) 计算误差。计算误差是指在计算机进行数值运算时产生的误差。计算误差的来源：一是在解线性方程组的过程中，大量的算术运算引起的积累误差；二是所谓的“病态方程”问题。引起病态方程的一个重要因素是计算机中数的表示和运算方式，明显的例子是两个刚柔相差很大的单元相邻时，会出现病态方程。

(2) 离散误差。离散误差是由于连续体被离散化模型所替代并进行近似计算而产生的。引起离散误差的原因主要是：

① 用仅具有有限个自由度的模型所假设的单元位移函数，一般情况下不可能精确表达连续体真实的位移场。

② 单元网格不可能精确地与结构的几何形状拟合(如在二维结构中用直边单元来模拟曲线边界)。

③ 载荷的处理和边界条件的假设也不可能与实际情况完全符合。

这些都直接影响有限元法的离散误差。

在有限元分析中，这两种误差总是存在的，但研究分析表明，有限元解的主要误差是由离散误差引起的。因为在离散化形成有限元计算模型时，涉及的因素(单元种类、位移模式假设、载荷移置、边界条件引入等)较多。因此，为了减小误差，我们必须重视网格剖分的质量，比如在同一有限元计算模型中，尽量避免出现刚度过分悬殊的单元，包括刚度很大的边界元、相邻单元大小相差很大等；同时采用较密的网格分割，并注意采用较好的单元形态，如尽量采用接近等边三角形或正方形的单元等。

8.2.3 有限元分析的前置处理和后置处理

1. 前置处理

用有限元法进行结构分析计算之前，需要对被分析的结构进行单元剖分，输入单元特性及节点坐标，引入边界条件和约束信息，输入结构材料参数和载荷信息等处理过程称为前置处理，而为实现这些要求而编制的计算机程序称为前置处理程序。

1) 前置处理程序的基本功能

前置处理程序的基本功能有：

(1) 生成节点坐标。生成典型面、体的节点坐标。

(2) 生成网格单元。输入单元描述及其特性，生成网格单元。

(3) 修改和控制网格单元。对已剖分的单元体进行局部网格密度调整。

(4) 引入边界条件。引入边界条件，用以约束一系列节点的总体位移和转角。

(5) 单元物理属性的定义和编辑。定义材料特性，对弹性模量、泊松比、惯性矩、质量、密度等物理参数进行定义和编辑。

(6) 单元分布载荷的定义和编辑。定义和编辑节点的载荷、约束、质量、温度等信息。

2) 前置处理应注意的问题

前置处理应注意的问题有：

(1) 边界条件处理。正确确定结构边界的约束形式，使结构边界上节点的自由度满足一定的要求。图 8.5 表示一个单边固定的板，这时固定边上每个节点的各个位移分量均应等于零。

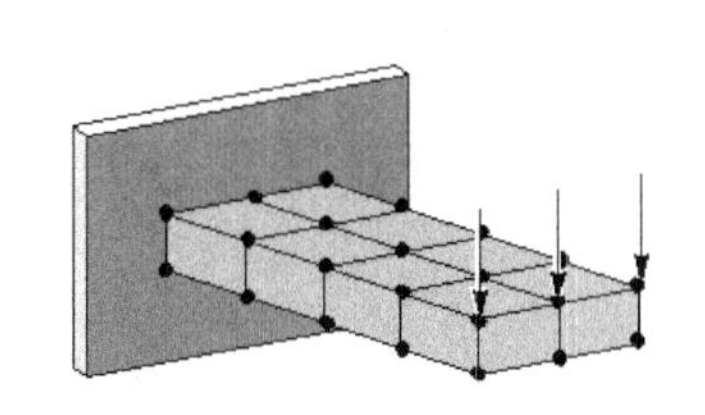

图 8.5　单边固定的板

(2) 对称性的利用。利用计算对象的对称或反对称状况，简化计算模型。例如图 8.6(a)所示受纯弯曲的梁，它对于 x、y 轴都对称，而载荷则相对于 y 轴对称、相对于 x 轴反对称。此时，应力和变形亦将具有同样的对称特性。所以，我们只需计算 1/4 梁即可，如图 8.6(b)所示。

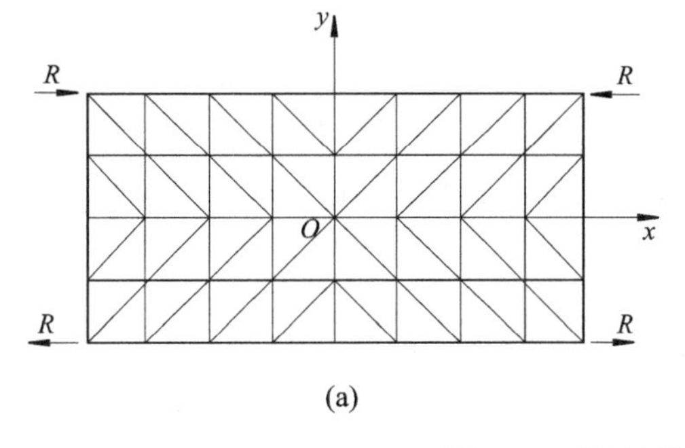

(a)

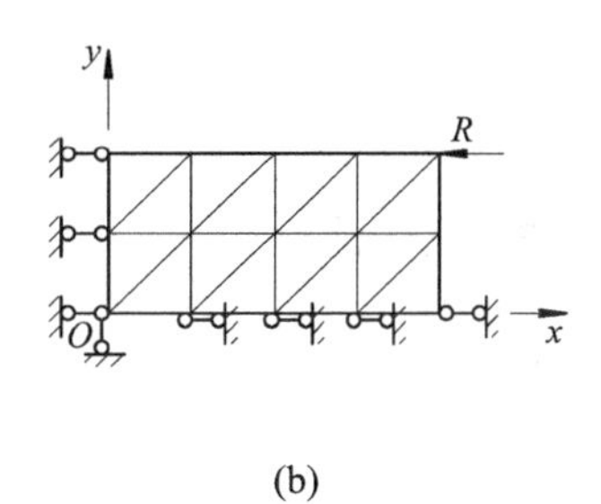

(b)

图 8.6　对称性的利用

3) 载荷处理

载荷的形式有体力、面力、线力和集中力。体力如重力和惯性力等；面力如压强等。所有力在计算时均处理为节点载荷列阵。将载荷移置到节点时，应遵循静力等效原则。

2. 后置处理

对于机械结构，有限元分析输出的计算结果不但包括大量的节点类数据，如模型节点处的应力、位移、内力、温度值等数据，也包括大量的单元类数据，如各种应力分量、应力组合、等位线等，同时还包括整体类数据，如通过对某些单元结果求和得到整个总体模型参数。为了解决这些数据的分析和研究的困难，直观、迅速地得出分析结果，需要做后置处理。所谓后置处理，即对有限元计算结果进行进一步的加工和处理。

后置处理的主要功能包括：

(1) 对结果数据进行必要的加工处理。不同的分析其目的有所不同，所关心的数据也不相同，通过后置处理可将所需的数据提取出来。比如在强度分析中，应力是最关心的数据，因此在强度有限元后置处理程序中，应从有限元分析的结果数据中，经过加工处理而求出所关心的应力值(如梁单元的危险截面上的最大应力)。

(2) 结果数据的编辑输出。提供多种结果数据编辑功能，可有选择地组织、处理、输出有关数据。如按照用户的要求输出规格化的数据文件，找出应力值高于某一阈值的节点或单元，输出某一区域内的应力。

(3) 分析结果数据可视化图形表示。利用计算机的图形功能，采用可视化图形方式绘制、显示计算结果，直观形象地反映出大批量数据的特性及其分布状况。常用的有限元数据的图形表示方式有网格图、结构变形图、应力等值线图、应力应变彩色浓淡图、应力矢量图、应力应变曲线、振型图和动画模拟等。例如，图 8.7 所示为应力、变形叠加图；图 8.8 所示为叠加起来的网格图和变形图。

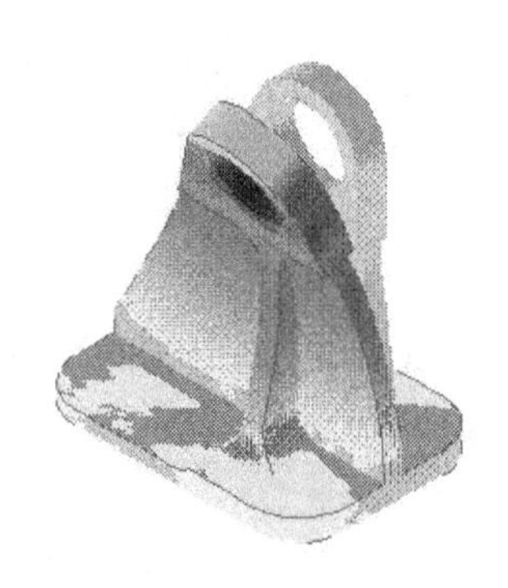

图 8.7　应力、变形图

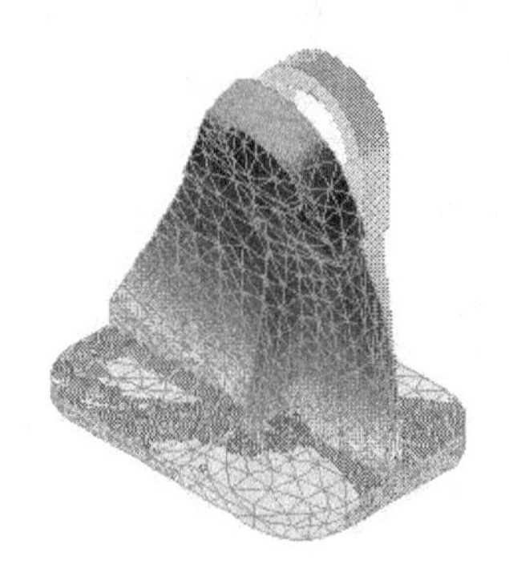

图 8.8　网格、变形图

目前，流行的有限元通用分析软件都具有前、后置处理功能。此外，还有专门的商品化的有限元前、后置处理软件，如 FASTDRAW、FEMGEN、MESHG、GMESH、MODEL 等。

8.3　有限元分析的应用

8.3.1　有限元分析的应用领域

在机械工程中有限元分析已作为一种常用的基本方法被广泛使用。凡是零、部件的强度分析，应力、变形计算及稳定性分析，都可用有限元法进行，例如，齿轮、轴、滚动轴承、活塞、压力容器及箱体中的应力、变形计算，滑动轴承中的润滑问题分析，焊接中残余应力分析复合材料和金属塑性成型中的变形分析等。

有限元分析在机械设计中的应用主要表现为两类：

(1) 在设计过程中对零、部件进行分析计算，实现合理和优化的结构设计。有限元分析作为结构分析的工具，能有效完成对结构方案的分析与计算，并对计算结果从强度、刚度和稳定性等方面进行分析和比较，提出改进、补充内容，得到应力、变形分布合理及经济性好的结构设计方案。

(2) 分析结构损坏的原因，寻找改进途径。当结构件在工作中发生故障(如断裂、出现裂纹和磨损等)时，可通过有限元法计算研究结构损坏的原因，找出危险区域和部位，提出改进设计方案，并进行相应的计算分析，直至找到合理的结构。

8.3.2　有限元分析软件简介

1. 通用有限元分析软件

目前商品化有限元分析程序的功能几乎覆盖了所有的工程领域，而且程序的使用也非常方便，有一定基础的工程师都可在短时间内掌握分析实际工程项目方法。当前我国工程界比较流行且广泛使用的大型有限元分析软件有 ANSYS、ABAQUS、MSC/NASTRAN、COSMOS 和 ADINA 等。

1) ANSYS

ANSYS 软件是集结构、流体、电场、磁场、声场分析于一体的大型通用有限元分析软件，由世界上最大的有限元分析软件公司之一——美国的 ANSYS 公司开发。该软件最突出的功能是多物理场分析技术。所谓多物理场，是指热场、流场、结构应力场等多场耦合。在 ANSYS 公司并购了 ICEM CFD 后，这种软件的复杂流场分析能力更加强大。另外，这种软件系统还有显式瞬态动力分析工具 LS-DYNA，是显式有限元理论和程序的鼻祖，被公认为是汽车安全性设计、武器系统设计、金属成形、跌落仿真等领域的标准分析软件。在前置处理方面，ANSYS 的实体建模功能比较完善，提供了完整的布尔运算，还提供了拖拉、延伸、旋转、移动和拷贝实体模型图素功能，也可以读入 Pro/E、UG 等 CAD 模型。

2) ADINA

ADINA 是老牌通用有限元分析系统，它的技术较成熟，集成环境包括自动建模、分析和可视化后置处理等。这种软件可进行线性、非线性分析，静力、动力、屈曲、热传导分析，压缩、不可压缩流体动力学计算及流-固耦合分析等，适用于机械工业领域、土木建筑工程结构、桥梁、隧道、水利、交通能源、石油化工、航空、航天、船舶、军工机械和生物医学等领域，可进行结构强度设计、可靠性分析评定及科学前沿研究等。

3) MSC

多年来，MSC 在计算机辅助工程分析市场一直居于领导地位，尤其在收购了顶尖级非线性 CAE 软件公司 MARC 等后，更为它在 MCAE(机械工程辅助分析)行业奠定了霸主地位。MSC 的产品系列很多，不同的软件模块执行不同的分析功能。它丰富的产品线包括：

(1) 目前功能最全面、应用最广泛的大型通用结构有限元分析系统 NASTRAN；

(2) 工业领域著名的并行框架式有限元前、后置处理及分析系统 PATRAN；

(3) 专用的耐久性疲劳寿命分析工具 FATIGUE；

(4) 拓扑及形状优化的概念化设计软件工具 CONSTRUCT；

(5) 处理高度组合非线性结构、热及其他物理场和耦合场问题的有限元软件 MARC；

(6) 求解高度非线性、瞬态动力学、流体及流-固耦合问题的分析工具 DYTRAN；

(7) 当今唯一的全面商品化的材料数据信息系统 MVISION 及成型过程仿真专用工具 AutoForge。

2．CAD/CAM 集成系统中的有限元分析模块

目前，一些商品化集成 CAD/CAM 系统(如 UG、CATIA 等)已经将有限元分析软件集成在系统内部，有限元分析功能是 CAD/CAM 集成系统的重要组成部分。在这种集成方式下，有限元分析模块和几何造型模块之间可实现数据的无缝连接，并提供了方便的前、后置处理功能，使用起来十分方便。下面以 UG 的有限元分析模块为例，介绍有限元分析程序的应用。

8.3.3　UG 有限元分析功能

UG 作为一个集计算机辅助设计、制造和工程分析为一体的 CAD/CAM 集成系统，提供了强大的有限元分析模块(结构模块)。在 UG 建模模块中完成零部件三维造型后，可进入该模块进行有限元结构分析。

1．UG 有限元分析工作环境

UG 结构模块具有相对独立的工作环境，在 UG 下拉菜单中，选择“应用”→“结构分析”菜单项，将进入有限元工作环境，在工作界面上出现一个 scenario 导航工具浏览器(如图 8.9 所示)和多个有限元分析的工具条(如图 8.10 所示)。在 scenario 导航工具浏览器中，以树形结构显示所分析的零件的模型，包括主模型与相应的 scenario 模型。下面介绍有关主模型与 scenario 模型的概念。

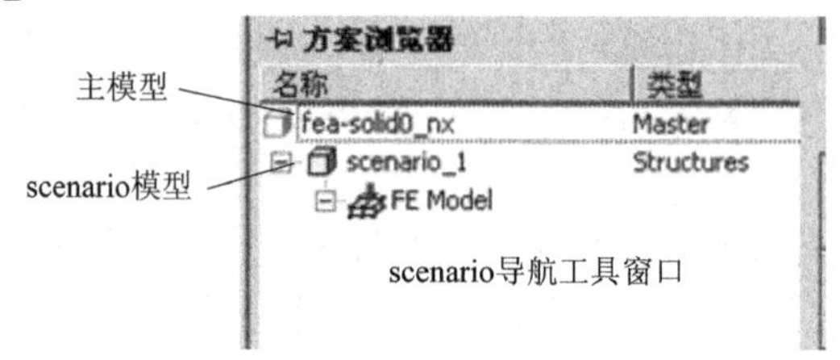

图 8.9　UG 有限元分析环境的导航工具窗口

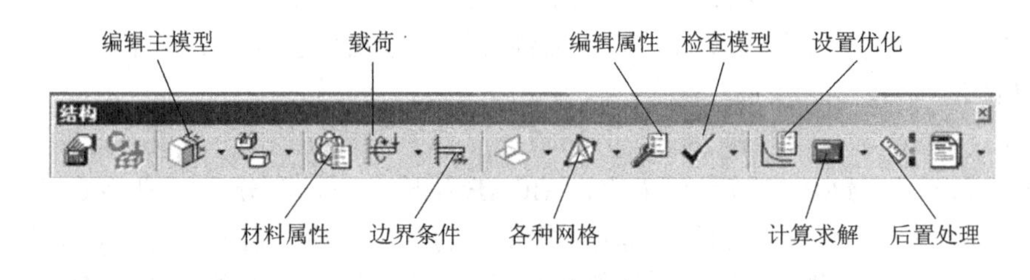

图 8.10　UG 有限元分析的工具条

2．主模型的概念

主模型(Master Model)是供 UG 各模块共同引用的零件模型。在 UG 建模中建立的模型为主模型，主模型可同时被工程图绘制、装配、加工、机构分析和有限元分析等模块引用。当主模型修改时，相关应用的各个模型将自动随之修改。

3．scenario 模型

scenario 模型是 UG 有限元分析时采用的分析模型。scenario 模型可通过引用零件主模型来建立，根据需要一个主模型可建立多个 scenario 模型。scenario 模型沿用了主模型的几

何信息并与主模型关联，但 scenario 模型本身可包含一些独立的信息，例如在主模型中可能有很多圆角，但在 scenario 模型中为了使问题简化，可以抑制这些圆角。不同的 scenario 模型可以包含不同的有限元网格和分析结果。在数据存储上，主模型文件与 scenario 模型文件是独立的，但系统自动建立其关联关系。

4. UG 有限元分析的一般步骤

UG 有限元分析的一般步骤如图 8.11 所示。

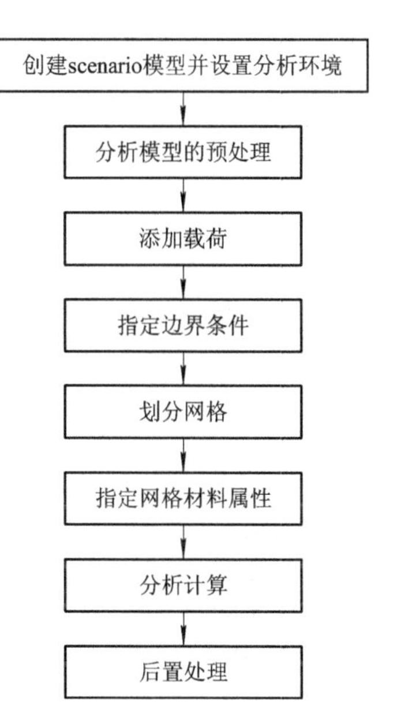

图 8.11　UG 有限元分析的步骤

该步骤与大部分通用的有限元分析软件的分析步骤大致相同，带有较普遍的意义。下面对其中几个要点给与说明。

1) 创建分析模型并设置分析环境

创建分析模型并设置分析环境参数，比如：选择有限元解算器，选择解算类型，确定是否选择轴对称分析等。UG 提供三种类型的有限元解算器：StructuresP.E.、NASTRAN、ANSYS。其中 Structures P.E.是 UG 公司自己开发的解算器，其余为著名的有限元分析软件的解算器。

UG 解算类型有静态结构分析、模态分析、稳态热传导分析和热-结构分析。

2) 分析模型的预处理

分析模型的预处理的目的是便于网格划分，提高分析精度。预处理包括模型的简化、编辑模型参数以及优化几何参数等功能。

比如：可通过合并一些相邻面来简化模型，按拓扑关系合并两个或两个以上的面而生成一个形状较好的区域。相邻面合并的一般原则：面合并后不能引起明显的扭曲，不能改变载荷和边界条件，但能提高网格划分质量，如移去一些小面、窄长面和尖角。

也可通过抑制特征进行模型简化。抑制特征可以从模型中移去某些不重要的几何特征，如小孔、小圆角和小倒角等。这些特征在抑制后不参加分析，对分析结果一般不会产生太大的影响，却有利于提高网格划分质量和分析速度。被抑制的特征可以随时解除抑制。

3) 添加载荷

载荷类型主要有力载荷、正压力载荷、重力载荷、力矩载荷、压力载荷、沿边均匀压力载荷、离心力载荷、温度载荷和热流量载荷等。

添加载荷时一般是按照一定的加载方案进行的。为分析同一模型在不同加载方案下的应力、应变的分布情况，系统允许建立多个加载方案。

载荷通常用工作坐标系下的载荷分量指定。例如，直角坐标系中某一力载荷 F 的三个分量为 F_x、F_y、F_z，而在圆柱坐标系中某一力载荷 F 的三个分量为 F_r、F_t、F_z。

4) 边界条件

在有限元分析中，边界条件用于约束节点的自由度。UG 中提供的边界条件的类型有：移动/转动、移动、转动、固定温度边界条件和自由传导边界条件。每一种边界条件中又包括几种约束类型：固定约束、简单支承约束、对称约束和用户自定义约束。

5) 网格

UG 支持多种网格类型，主要有三维网格、二维网格、一维网格、零维网格和接触网格。

三维网格主要是在实体上划分 4 节点和 10 节点的四面体单元或 8 节点和 20 节点的六面体单元。

二维网格主要是在片体上划分 3 节点和 6 节点的三角形单元或 4 节点和 8 节点的四边形单元。

一维网格主要用在曲线、边或点上划分网格，只有两个节点。

零维网格主要用来指定产生集中质量单元。

接触网格主要是在两条接触边或两个接触面上产生点到点的接触单元。

6) 材料属性

确定材料属性是系统计算零件中的应力和变形的依据之一。材料属性主要有材料密度、参考温度、弹性模量、泊松比、剪切模量、屈服强度、抗拉极限强度、热膨胀系数、热传导系数等。材料属性可从系统提供的一个材料库中直接选择调用。

7) 后置处理

UG 的后置处理分析结果类型有节点位移(Displacement-Nodal)，单元应力(Stress-Element)，单元最大应力(Stress Maximum-Element)，单元最小应力(Stress Minimum-Element)，节点应力(Stress-Nodal)，节点应变(Strain-Nodal)，单元应变(Strain-Element)，节点反力(Reaction Force-Nodal)，单元应变能量密度(Strain Energy Density-Element)等。

UG 的后置处理结果以指纹图形显示。指纹图形可以形象地显示模型中节点和单元的应力、应变的分布情况。指纹图形的类型有多种，比如：平滑着色(Smooth Tone)，等高线(Contour Lines)，等高区域(Contour Band)，分单元显示(Element Value)等。同时，所采用的显示颜色、透明程度、显示比例等可任意调整。另外，可采用动画方式显示结果，也可将不同方案的分析结果在同一图形窗口中显示，便于用户比较。

8.3.4 有限元分析实例

图 8.12 所示零件，两底脚固定，内孔作用一正压力(50 000 N/mm^2)，采用 UG/Structures 有限元分析模块进行分析。

首先在 UG/Modeling 中建立零件主模型，再进入 UG/Structures 结构分析模块进行有限元分析。其基本过程如下：

(1) 创建分析模型。在 Structures 模块中，从有限元分析导航工具窗口内选择主模型，单击鼠标右键，在弹出的菜单中选择新方案(New Scenario)菜单项，则创建一个新的分析模型，取名为“Scenario.1”。

(2) 设置分析环境。在导航工具窗口中选择分析模型“Scenario.1”，单击鼠标右键，在弹出的菜单中选择环境，在弹出的菜单中进行设置：选择有限元解算器为 NASTRAN 解算器，选择解算类型为静态结构分析。

(3) 分析模型的预处理。在该例中暂不做预处理。

(4) 添加载荷。在工具条中单击添加载荷图标，弹出如图 8.13 所示的“载荷”对话框，设置载荷类型为正压力，应用于“面”，数值为 50 000，单位为“N/mm^2”，选择模型中内孔表面，单击“确定”按钮，即可将正压力载荷添加到内孔表面上。

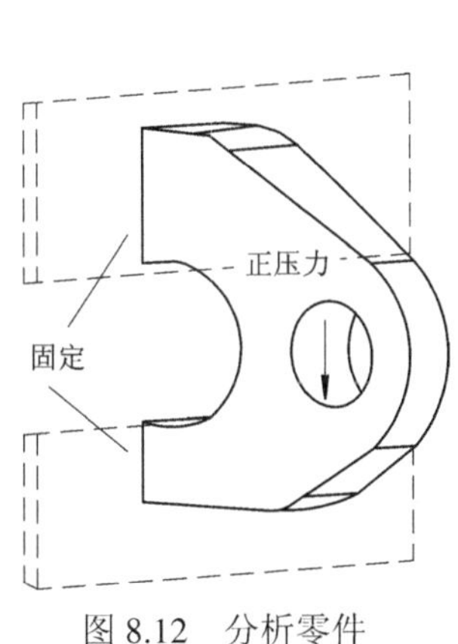

图 8.12　分析零件

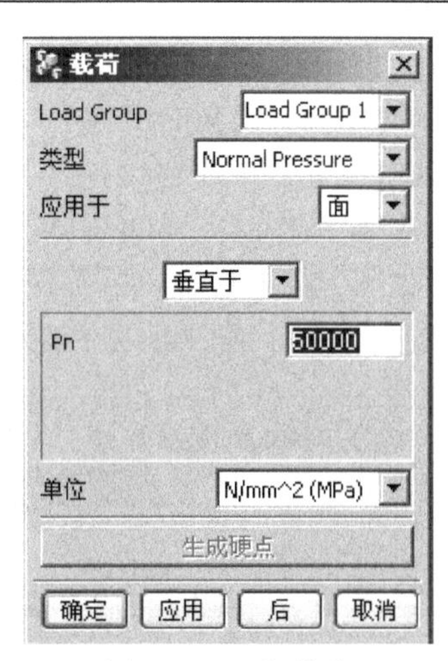

图 8.13　添加载荷

(5) 指定边界条件。在工具条中单击添加边界条件图标，弹出如图 8.14 所示的“边界条件”对话框，设置边界条件类型为“移动/旋转”(Translation/Rotation)，约束标准类型为“固定的”，作用到“面”。再在图形窗口中选择模型中的两个底脚面(面①和②)，单击“确定”按钮，完成边界条件的设置，如图 8.15 所示。

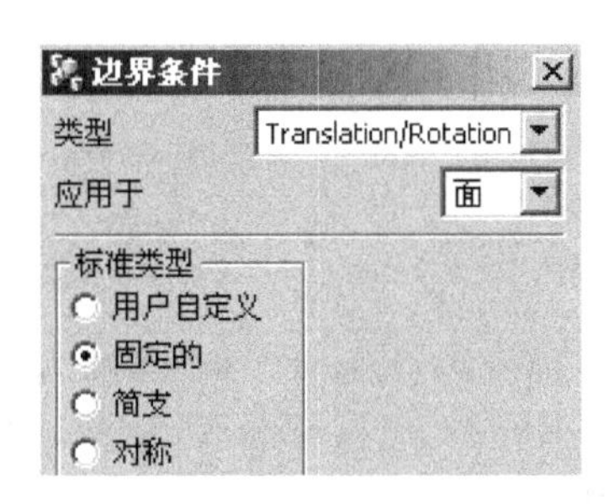

图 8.14　指定边界条件

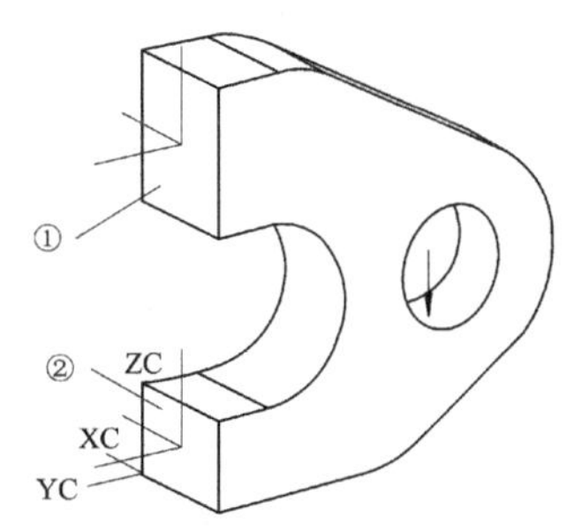

图 8.15　边界条件

(6) 划分网格。在工具条中单击创建三维网格图标，弹出如图 8.16 所示的“3D 网格”对话框，设置网格类型为“十节点四面体单元”，指定全局单元尺寸大小为 8，再在图形窗口中选择模型实体，单击“确定”按钮，三维网格划分结果如图 8.17 所示。

图 8.16　划分网格

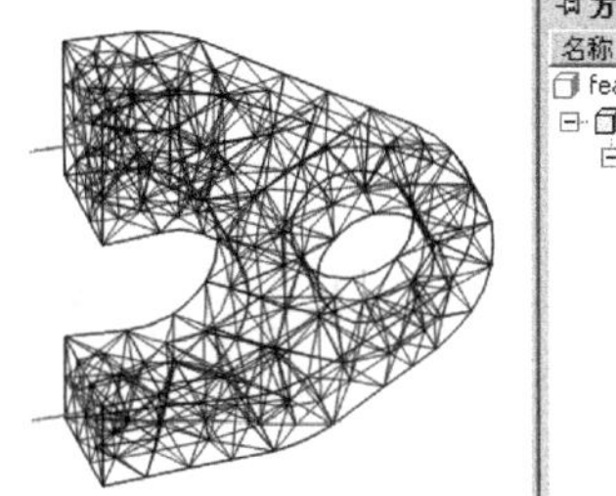

图 8.17　划分网格结果

(7) 指定材料属性。在工具条中单击材料图标，弹出材料选择框，在图形窗口中选择三维网格，再在材料列表的材料库中选择已定义的材料，输入和修改各材料属性，单击“确定”按钮，即可为三维网格指定所选的材料。

(8) 执行分析计算。在工具条中单击计算图标，弹出计算设置对话框，设置相关参数，比如分析工作的标题、提交的工作类型、指定的载荷方案、输出类型及输出的工作目录等，各项选择按默认设定，单击“确定”按钮，进行分析求解。在分析结束后，分析监测器对话框中会显示提交工作已完成的信息。

(9) 后置处理。在工具条中单击查看分析结果图标，系统将进入后置处理器，并弹出如图 8.18 所示的对话框。用户可以在该对话框中选择相应的图标，查看相关的内容。

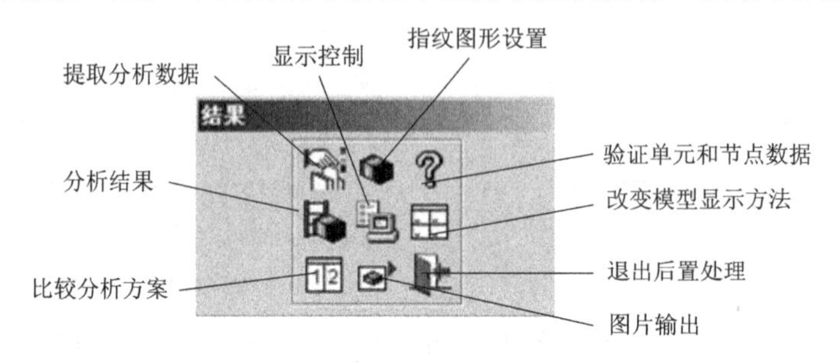

图 8.18　后置处理对话框

UG 的图形显示采用指纹图形显示，指纹图形可以形象地显示模型中的应力、应变的分布情况。图 8.19 和图 8.20 为部分后置处理结果，前者为应变等值带分布图，后者为节点位移变形图。

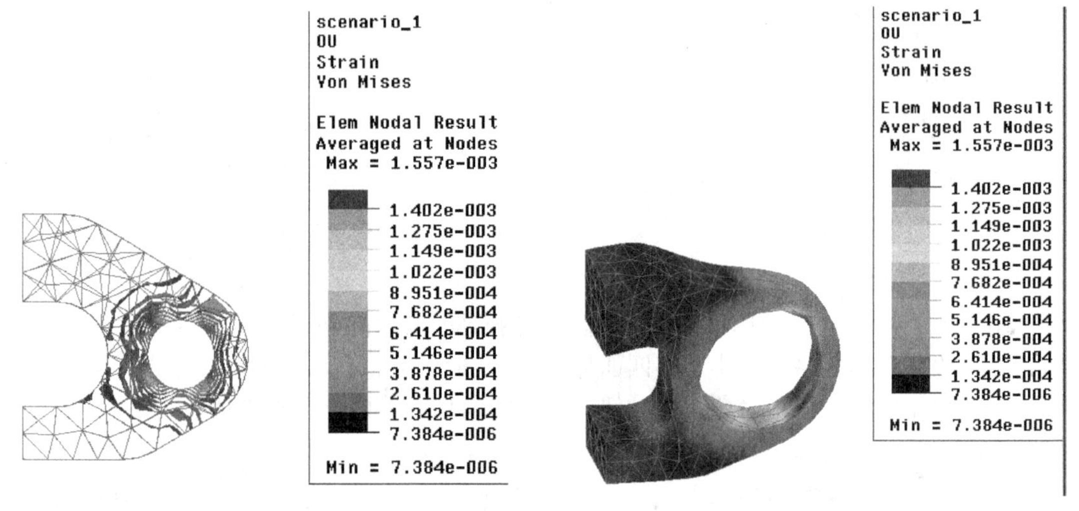

图 8.19　应力等值带分布图　　　　图 8.20　位移变形图

8.4　机构运动分析

8.4.1　机构运动分析概述

机构的设计在工程设计中占有非常重要的作用。在机构设计中，需要对设计的机构进行运动和动力分析，从而预知所设计的机构是否满足要求，保证设计的可靠性。但是，传统机构的设计是一项凭经验进行的工作，而且比较复杂，机构的运动分析和动力分析是一项比较困难的工作。在现代产品的CAD/CAM过程中，可以利用计算机数字仿真和三维CAD建模的优势，很好地解决这一问题，机构运动分析已成为现代 CAD/CAM 系统一项重要的必备功能。机构运动分析使设计中机构的运动关系变得非常直观和易于修改，能够大大简化机构的设计开发过程，缩短开发周期，减少开发费用，同时提高产品的质量。

目前主流的 CAD/CAM 集成系统一般均具有机构运动分析模块。应用该模块可在三维造型的基础上，交互建立机构模型，并输入必要的初始数据，系统即能自动地进行机构的运动分析，计算出机构运动的轨迹、速度、加速度、传动力等参数，同时利用图示功能仿真机构的运动情况，供设计者参考。在得到了分析结果的同时，系统还提供集成化的修改和优化手段，使设计人员能很快设计出达到运动要求的产品和确定优化的参数。图 8.21 所示是一个机构运动分析的例子。

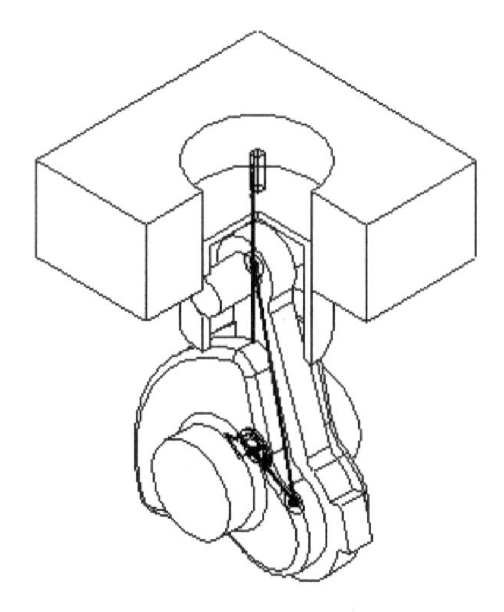

图 8.21　机构运动分析的例子

1. 机构运动学分析的主要内容

机构运动分析的任务是：在系统中建立一个或多个构件的绝对或相对位置与时间之间的确定关系，通过求解位置、速度和加速度的非线性方程组，来求得其余构件的位置、速度及加速度与时间的关系。目前，机构运动分析可以对分析的机构添加运动副、驱动副，从而使其运动起来，实现机构的运动仿真，并可运用后置处理功能查看当前机构的运动，对机构的运动轨迹、位移和运动干涉情况进行分析。一般而言，在运动分析时只考虑系统及其各构件的运动，而不考虑引起运动的力。

2. 机构运动分析的工作过程

机构运动分析包括前置处理、运算求解和后置处理三个阶段。前置处理包括在三维模型构件上设置连杆、运动副和机构载荷。运算求解是指利用某种解算器(如ADAMS)对输入数据进行处理运算，然后生成内部输出数据文件的过程。后置处理是对解算器产生的内部输出数据进行解释，并把数据转换成可视化的动画显示数据、图表数据和报表数据。图 8.22 是机构运动分析的工作流程图。

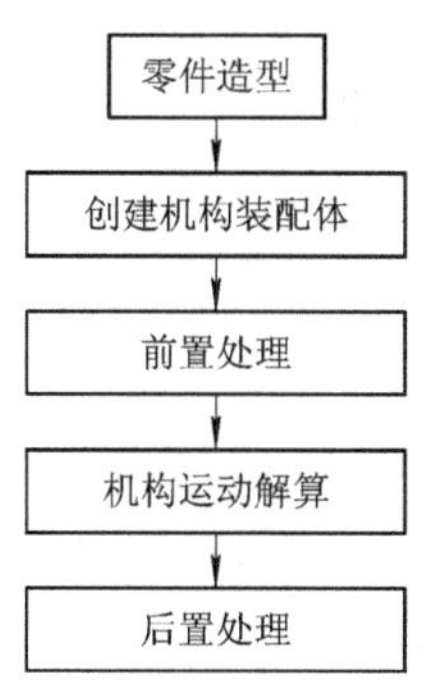

图 8.22　机构运动分析的工作流程图

8.4.2　UG 机构运动分析

UG 软件提供了具有强大的静态、运动、动力分析计算以及动态仿真功能的机构运动分析(Motion)模块。在 UG/Modeling 及 UG/Assemblies 应用中分别建立了零件模型及装配模型后，可进入该模块进行机构分析。在机构分析应用中，用户建立 Scenario 模型后，通过创建构件、运动副和载荷等机构对象，可对机构进行分析和仿真，其分析结果可使用户直观地了解机构系统的性能，如机构运动范围、速度、加速度、载荷(作用力或反作用力)、两机构对象之间的最小距离或最小角度，机构运动轨迹跟踪和机构动态干涉等。分析计算结果可用多种方式输出，如动画仿真、曲线图、电子表格以及用 MPEG、Animated GIF、Animated VRML、ADAMS 文件格式输出等。

1. UG 运动分析工作环境

UG/Motion 模块具有相对独立的工作环境，在 UG 主菜单中选择“应用”→“运动”命令，系统将打开 Scenario 导航浏览器和多个运动分析工具条，进入运动分析模块，如图 8.23 所示。Scenario 导航浏览器窗口如图 8.24 所示。Scenario 导航浏览器也称场景导航窗口或方案浏览器，其中包括了运动场景名称、类型、状态、环境参数的设置。该窗口还包括了主要的运动参数，如连杆、运动副、载荷(力、力矩)等参数。

图 8.23　运动分析菜单

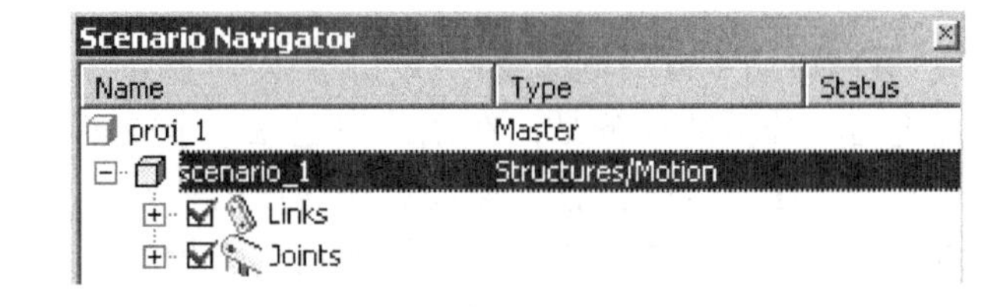

图 8.24　Scenario 导航浏览器

运动分析工具条包括运动、连杆及运动副、力类对象、模型准备和运动分析等菜单与图标，如图 8.25 所示。

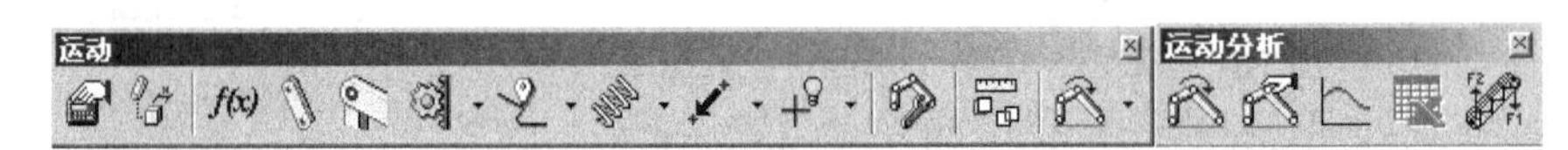

图 8.25　运动分析工具条

2. Scenario 模型

与 UG 有限元分析类似，在机构运动分析模块中，Scenario 模型是基于主模型在各种不同条件下对机构进行分析计算的分析模型，该模型与主模型相关联。根据主模型可建立多个不同的 Scenario 模型，定义不同的分析条件，还可分别对机构的各 Scenario 模型进行分析计算及评估。

Scenario 模型由大量的机构对象组成。机构对象包括：构件、运动副、弹簧、阻尼、原动件、力、扭矩等。

3. 机构对象类型

UG 的机构应用模块提供了多种机构对象。所提供的机构对象的主要类型及说明如表 8.2 所示。

表 8.2　机构对象的主要类型及说明

名称	说　明
构件	构件是一个机构特征，代表一个刚体。构件可通过 UG 几何对象定义，可赋予构件参数特性
运动副	运动副可表达两构件间的相对运动。常用运动副有转动副、移动副、螺旋副等
阻尼	粘性阻尼器可添加在两个构件之间。粘性阻尼器可以是移动阻尼器或转动阻尼器
标记	标记是指对一个构件上感兴趣的某点所作的定义
力	力可施加在任意两构件之间
扭矩	扭矩添加在当前机构的转动副之内
弹簧	拉压弹簧添加在两个构件之间或一个移动副之内；扭转弹簧添加在机构的转动副之内

4. 自由度

在机构创建过程中，每个自由构件将引入 6 个自由度(DOF)，同时运动副又给机构运动带来约束。常用运动副引入的约束数如表 8.3 所示。

表 8.3　常用运动副引入的约束数

机构类型	转动副	移动副	圆柱副	球副	平面副	齿轮副	螺旋副	点线接触高副
引入约束数	5	5	4	3	3	1	1	2

机构的总自由度数可用下式进行计算：

总自由度数 = 活动构件数×6 – Σ运动副引入约束数 – Σ机构中原动件输入的独立运动参数

5. 分析模型的建立与环境设置

对于用 UG 建立的一个三维实体主模型，在打开的 Scenario 导航浏览器中用鼠标右键单击主模型，在弹出的如图 8.26 所示的快捷菜单中选择“新方案”命令，即可创建一个新的分析模型(也称为运动场景)。

新建一个 Scenario 模型后，应先定义其分析环境，以防定义无效的机构对象。分析环境设置对话框如图 8.27 所示，可选择进行运动学仿真或动态仿真。

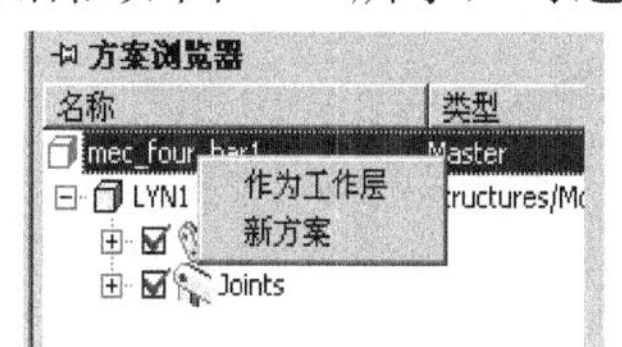

图 8.26　Scenario 导航浏览器

环境
求解器
运动学
静态和动态
确定
应用
取消

图 8.27　“环境”对话框

6. UG 运动分析与仿真过程

应用 UG 机构模块进行机构运动分析的工作过程总体上可分成四个部分：建立机构分析模型，创建机构对象，机构运动仿真分析及仿真结果显示与输出。

UG 机构运动分析的一般步骤如图 8.28 所示。

(1) 通过三维零件造型建立主模型文件，进入 UG 的机构运动分析模块。

(2) 创建一个机构运动分析模型，指定机构分析环境。并对机构参数进行预设置。若需对机构进行动力分析，则应赋予机构中各实体对象相应的材料特性。

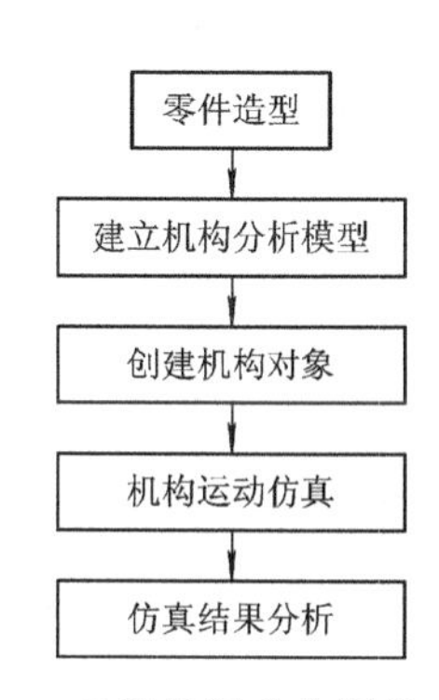

图 8.28　UG 机构运动分析的一般步骤

(3) 创建各机构对象(如构件、运动副、标记及其他载荷对象等)。

(4) 根据需要指定分析结果的类型，对机构进行分析。

(5) 根据需要选用合适的形式输出机构分析结果，如对机构进行动画仿真，输出某构件或构件上某点(标记)的运动线图，输出载荷曲线图等。

上述步骤与大部分机构运动分析软件的步骤大致相同，带有较普遍的意义。下面对其中几个要点给与说明。

1) 创建机构对象

在机构运动分析中，机构由机构对象组成。要创建一个机构，需创建组成该机构的各构件、运动副、标记等，并在机构中添加相应的载荷对象。UG 的机构分析模块允许用户创建如表 8.2 中所述的各种类型的机构对象。图 8.29 所示为创建机构对象的工具条图标。

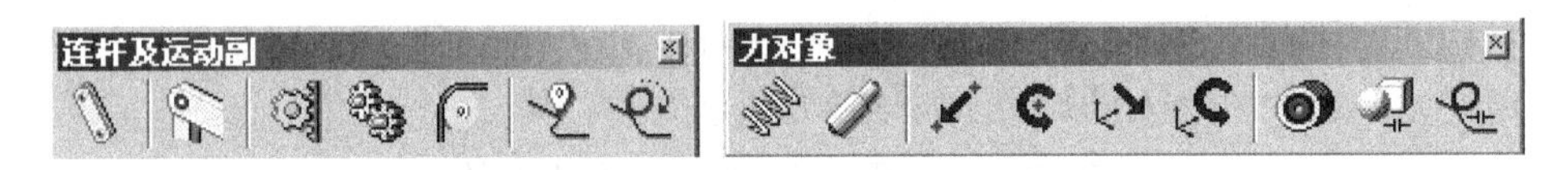

图 8.29　创建机构对象的工具条图标

(1) 创建构件。构件也称为连杆，由 UG 的几何对象来创建。一个几何对象只能属于一个构件，而不能属于多个构件。创建构件对话框如图 8.30 所示。

(2) 创建运动副。两个连杆间的动力传递和相对运动必须通过一定的运动副连接。运动副用来定义两连杆间的联接方式，以不同类型的运动副相联接的两连杆所具有的相对运动也各不相同。

创建运动副对话框如图 8.31 所示。该对话框上部显示转动副、移动副、圆柱副、螺旋副、万向联轴节、球面副及平面运动副等七种运动副图标，用于指定当前创建运动副的类型。

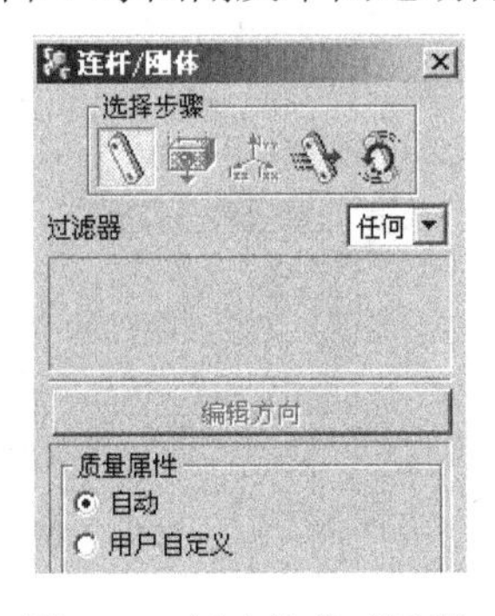

图 8.30　创建构件对话框

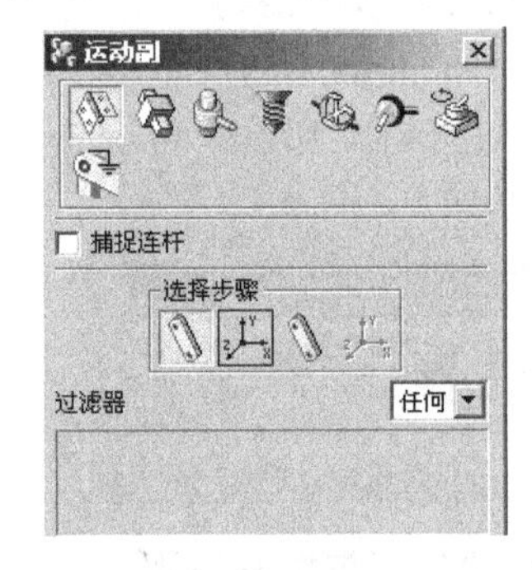

图 8.31　“运动副”对话框

在 UG 运动模块中，只要是两个被定义成不同连杆的几何体就可以用运动副连接。运动副图标下方的“捕捉连杆”选项、创建运动副的“选择步骤”图标及相关“过滤器”内容会随着选择步骤的不同而变化。

2) 添加载荷

在机构的任意两个构件之间均可添加载荷。载荷用于模拟零件间的弹性联接、弹簧、阻尼元件、冲力、控制力等。力和扭矩不会影响机构的运动，仅用于动力分析中确定运动副中的作用力或反作用力，作用力的大小可通过图形功能等多种方式来观察。可通过选择如图 8.29 所示的“力对象”工具条中的相关图标来添加载荷。

运动副的驱动是加在运动副上控制运动的运动参数。图 8.32 所示为“运动副”驱动的 5 种运动驱动方式。

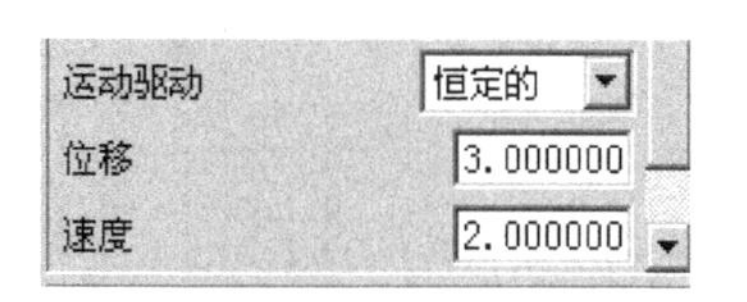

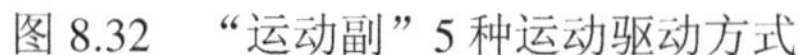
图 8.32 “运动副”5 种运动驱动方式　　　图 8.33 恒定运动驱动方式

(1) 否：该运动副上没有原始驱动力。

(2) 恒定的：运动驱动属于基于时间的运动，所需参数有位移、速度和加速度，如图 8.33 所示。用户可以输入一个数学函数来定义运动副的运动。例如：

① 匀速运动：其运动规律可表示为

$$V \times T + S$$

② 线加速运动：其运动规律可表示为

$$V \times T + \frac{A \times T^2}{2} + S$$

式中：V——速度；A——加速度；T——时间；S——位移。

(3) 谐波：指采用常见的正弦或余弦变换的运动规律。

(4) 一般：指一般的运动规律。其运动规律可通过输入一个表达式来确定，如图 8.34 所示。表达式中可使用一些常用数学函数，如图 8.35 所示的函数编辑器。

图 8.34 “一般”运动驱动对话框

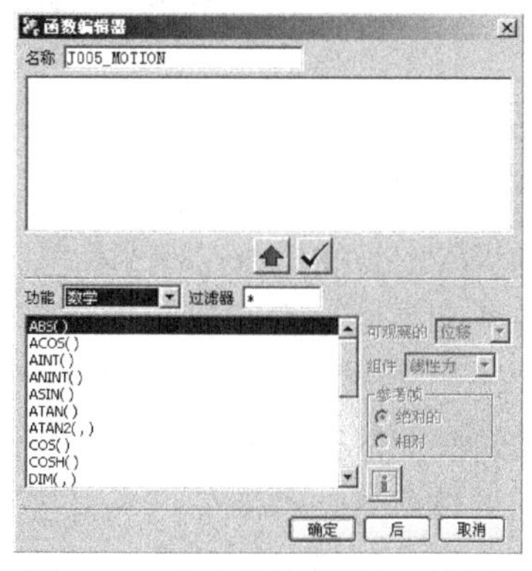

图 8.35 “函数编辑器”对话框

(5) 关节仿真：使运动副以特定的步数运动，每步的步长为所定义的距离值(旋转与移动)，关节仿真需定义步长和步数。

3) 输出机构分析结果

UG 机构运动分析可用多种方式输出机构分析结果，如：基于时间的动画仿真；基于位移的动画仿真；输出动画仿真的图像文件；输出机构运动分析数据文件；用线图表示机构运动分析结果；用电子表格输出机构运动分析结果等。在每种输出方式中可输出各类数据，例如，用线图输出时，可用位移线图、速度线图或加速度线图等，既可输出构件或构件上标记的运动规律，同时也可输出运动副的作用力线图等。图 8.36 所示为用电子表格输出的机构分析结果数据以及相应的线图输出结果。这些数据可用来驱动机构，进行动画仿真，也可显示测量的距离、角度、跟踪数据、干涉状况等分析结果。

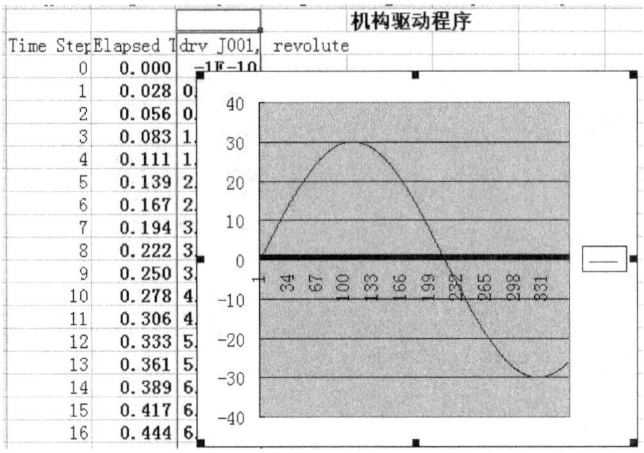

机构驱动程序

Time Ster	Elapsed T	drv J001, revolute
0	0.000	-1E-10
1	0.028	0.
2	0.056	0.
3	0.083	1.
4	0.111	1.
5	0.139	2.
6	0.167	2.
7	0.194	3.
8	0.222	3.
9	0.250	3.
10	0.278	4.
11	0.306	4.
12	0.333	5.
13	0.361	5.
14	0.389	6.
15	0.417	6.
16	0.444	6.

图 8.36　分析结果线图输出

另外，在以动画方式输出时，还可检查机构运动过程中构件间的最小距离、最小角度、是否存在干涉以及对构件进行运动跟踪等。利用机构运动分析还可计算构件的支承反力，可基于某特定构件的 ADAMS 反作用力定义构件的加载方案，并将加载方案由机构运动分析模块输出至有限元分析模块。

8.5　虚拟样机技术简介

8.5.1　概述

虚拟样机(Virtual Prototype)技术也称为机械系统动态仿真技术。它的基本含义是以产品的数字化模型为基础，在计算机中对模型的各种动态性能进行分析、测试和评估，并根据分析结果改进设计方案，从而达到以虚拟产品模型代替传统的实物样机进行试验的目的，使机械产品的性能试验和开发手段发生重大转变。

虚拟样机技术是一种新的产品开发方法。虚拟样机技术面向产品及系统的全生命周期，可以综合考虑产品的设计、制造、使用及工作环境，并通过全生命周期的仿真、分析及优化来降低技术风险。因此，它可以显著地缩短开发周期，降低开发成本。另外，精确的理论计算及分析有利于提高产品的性能及质量，也有利于获得具有创新性的产品。

虚拟样机技术是在 CAX 技术和 DFX 技术基础上的发展，同时融合了信息技术、先进制造技术和先进仿真技术。它的出现受到了人们的高度重视，技术领先、实力雄厚的制造厂商纷纷将虚拟样机技术引入到产品开发中，以保持企业的竞争优势。

1．虚拟样机的概念

目前对于虚拟样机的概念还没有一种精确的定义，针对不同的研究领域，有各种不同的定义方法。一般认为，虚拟样机是取代实际产品模型的一种数字模型，通过它可以对实际的物理产品进行几何、功能和可制造性方面的建模和分析。有人则认为，虚拟样机是将目前 CAD、CAE 等 CAX 技术结合在一起的一种集成化产品数据模型。

2. 虚拟样机技术的关键技术

虚拟样机技术是一项复杂的系统工程，它涉及到许多关键技术及研究领域，如系统总体技术、建模技术、协同仿真技术、虚拟样机的支撑环境等。

1) 系统总体技术

虚拟样机系统总体技术从整体出发，规定和协调构成虚拟样机各子系统的运行和相互之间的关系，实现信息和资源共享，实现系统总体目标。系统总体技术涉及规范化的体系结构、系统采用的标准与协议、网络技术、数据库技术、系统集成技术以及系统运行模式等。

2) 建模技术

虚拟样机模型是对实体的数学表示，它给出对象结构和性能的描述，并能产生相应的图形，如功能视图、结构视图和行为视图。随着仿真技术的发展，虚拟样机建模技术已经从对实体的建模发展到对环境的建模和人体行为的建模。实体建模技术涉及工程和非工程领域的各种实体的建模技术；环境建模技术主要解决环境仿真模型(如地形、地貌、海洋、大气、空间环境等)的建立；人体行为建模技术主要涉及模拟人体器官组织和人体在外界物理刺激下的表现和行为等的建模技术。目前，主要的建模技术有几何建模技术、机理建模技术、面向对象建模技术、面向组件/服务建模技术、辨识建模技术、基于知识的建模技术、多模式建模技术、可视化建模技术及多媒体建模技术等。随着被建模系统的日益复杂化，单一模式建模仅能描述对象的某一特征，在工程应用中，常常是多种建模技术的集成。

3) 协同仿真技术

复杂的虚拟样机系统通常涉及机械、电子、软件、控制等多种技术领域，系统组成呈现出分布、交互的特点，依靠单一仿真工具无法解决这一涉及多领域的复杂设计问题。因此，常需构建复杂系统的混合模型和对混合模型进行分布式协同仿真来实现。协同仿真技术已成为解决复杂系统虚拟样机仿真的重要手段。协同仿真技术具有结构仿真、性能仿真、控制仿真和多体动力学仿真之功能。

3. 虚拟样机技术的应用

虚拟样机技术还处于不断发展阶段，但在国外的汽车制造、航空航天、铁路机车、通信、工程机械等诸多领域已获得一些成功的应用，这给产业界带来了强烈的冲击。

美国戴姆勒-克莱斯勒(DAIMLER-CHRYSLER)汽车公司开发的 93LH 系列汽车在采用虚拟样机技术后，开发周期由 48 个月缩短到 39 个月。

美国波音(BOEING)公司设计的 VS-X 虚拟飞机，可用头盔显示器和数据手套进行观察与控制，使飞机设计人员身临其境地观察飞机设计的结果，并对其外观、内部结构及使用性能进行考察。波音 777 型客机的设计，从整机设计、部件测试到整机装配以及各环境下的试飞，均采用了虚拟样机技术，使该机型的开发周期由 8 年缩短为 5 年。

美国航空航天局(NASA)的喷气推进实验室(JPL)在采用了虚拟样机技术后，成功实现了火星探测器“探路号”在火星上的软着陆。

世界上最大的工程机械和建筑设备制造商——美国卡特彼勒(CATERPILLAR)公司将虚拟样机技术用于反铲装载机的优化设计和内部可视性评价当中。

日本 Matsushita 公司开发的虚拟厨房设备系统，允许消费者在购买商品前，在虚拟的厨房环境中体验不同设备的功能，按自己的喜好评价、选择和重组这些设备，选择结果将被存储，并通过网络发送至生产部门进行生产。

在国内，虚拟样机技术的研究和应用还处于起步阶段，尚未开展全面系统的研究。清华大学、北京航空航天大学、航天机电集团第二研究院等单位合作开展了复杂系统虚拟样机技术的研究、应用与实践。

8.5.2　虚拟样机分析软件

虚拟样机技术的商品化软件比较丰富，目前世界上已有数十家公司在这个日益增长的市场上展开竞争。比较有影响的产品包括美国 MDI 公司(Mechanical Dynamics Inc)的 ADAMS、CADSI 公司的 DADS，德国航天局的 SIMPACK 等，其中 ADAMS 占据着主要的市场份额。

机械系统动力学自动分析软件 ADAMS (Automatic Dynamic Analysis of Mechanical System)是美国 MDI 公司开发的虚拟样机分析软件。MDI 公司被美国 MSC. Software 软件公司收购，ADAMS 也成为 MSC 产品线的一部分。

ADAMS 是世界上技术处于领先地位的机械运动学及动力学分析软件。它可以生成复杂的机-电-液一体化系统的运动学、动力学虚拟样机模型，仿真系统的静力学、运动学和动力学行为，提供从产品概念设计、方案论证及优化、详细设计、试验规划以及故障诊断等各阶段的仿真计算。由于 ADAMS 功能强大、分析精确、界面友好、通用性强，因而广泛应用于航空、航天、汽车、铁路和其他机械工业。

ADAMS 软件由多个模块构成，可以分为核心模块、功能扩展模块、专业模块、工具箱和接口模块等，如图 8.37 所示。其中，用户界面(ADAMS/View)、求解器(ADAMS/Solver)和后处理(ADAMS/Post Processor)是 ADAMS 软件的核心模块。另外一些模块则适合于各种特殊的应用场合，可根据需要进行配置。

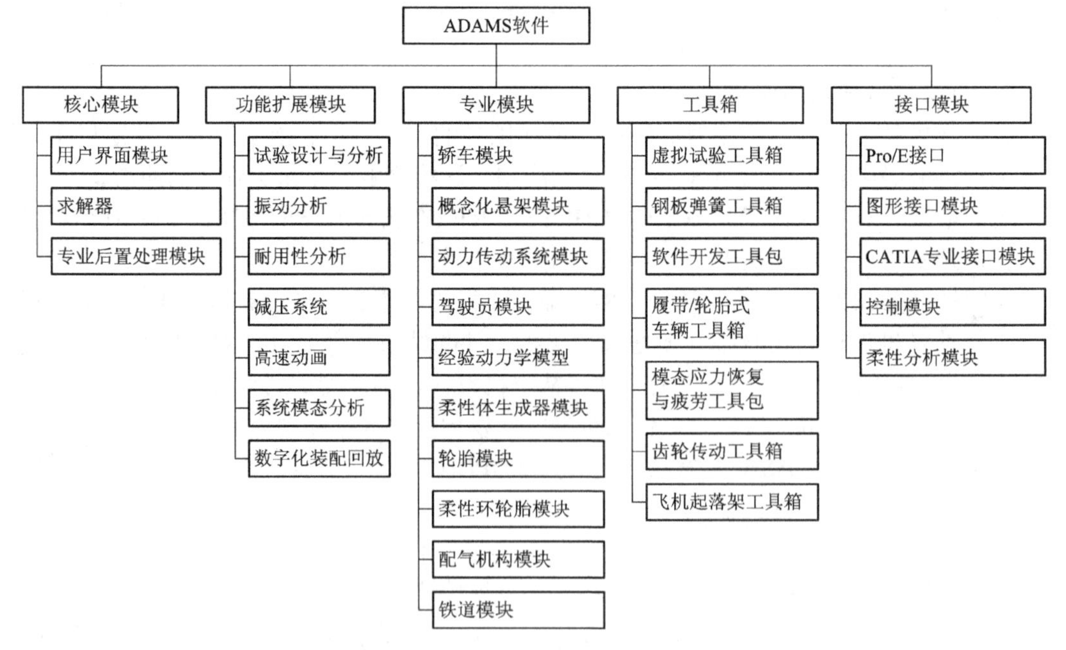

图 8.37　ADAMS 软件的模块组成

1．ADAMS/View——用户界面模块

ADAMS/View 是 ADAMS 系列产品的核心模块之一。它是以用户为中心的交互式图形环境，集成了图标、菜单、鼠标点取操作以及交互式图形建模、仿真计算、动画显示、X-Y 曲线图处理、结果分析、数据打印等功能。

ADAMS/View 采用分层方式完成建模工作，提供了丰富的零件几何图形库、约束库和力/力矩库，支持布尔运算，采用 Parasolid 作为实体建模的核心，具有设计、实验及优化等功能，使用户能够方便地完成结构的优化设计。

2．ADAMS/Solver——求解器

ADAMS/Solver 是 ADAMS 系列产品的核心模块之一，是 ADAMS 产品中具有关键作用的仿真计算执行模块。ADAMS 可以自动生成机械系统解算模型及方程，提供静力学、运动学和动力学的解算结果。ADAMS/Solver 有各种建模和求解选项，以便精确有效地解决各种工程应用问题，可以对刚体和弹性体进行仿真研究。

为了进行有限元分析和控制系统研究，除满足用户输出位移、速度、加速度和力等的要求外，还可输出用户自己定义的数据。用户可以通过运动副、运动激励、高副接触、用户定义的子程序等添加不同的约束。另外，还可以求解运动副之间的作用力和反作用力。

3．ADAMS/Post Processor——后处理模块

ADAMS/Post Processor 模块用来输出各种动画、数据、曲线等。该模块还可以进行曲线编辑及数字信号处理，使用户更好地观察、分析仿真结果。该模块既可以在 ADAMS/View 环境中运行，也可脱离 ADAMS/View 环境独立运行。

除了核心模块，ADAMS 还有一系列功能强大的专业模块。例如，轿车模块(ADAMS/Car)，便是 MDI 公司与 Audi、BMW、Renault 和 Volvo 等公司合作开发的整车设计软件包，它集成了上述公司在汽车设计、开发等方面的经验。利用该模块，用户可以快速建造高精度的整车虚拟样机(包括车身、悬架、传动系统、发动机、转向机构、制动系统等)并进行仿真，通过高速动画直观地显示在各种试验工况下(如天气、道路状况、驾驶员经验等)整车的动力学响应，并输出标志操纵稳定性、制动性、乘坐舒适性和安全性的特征参数，从而减少对物理样机的依赖。图 8.38 所示为 ADAMS/Car 模块的应用。

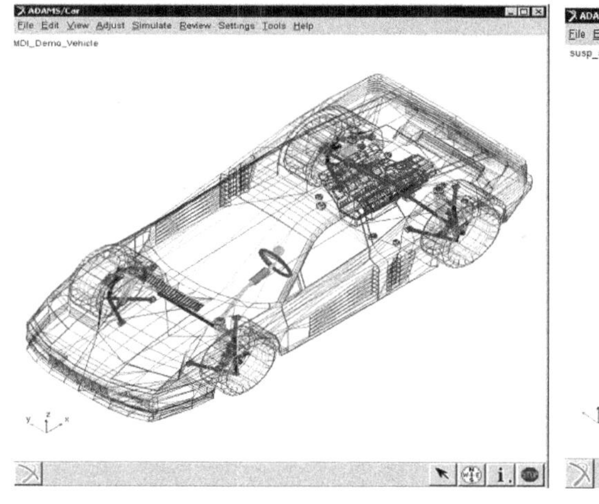

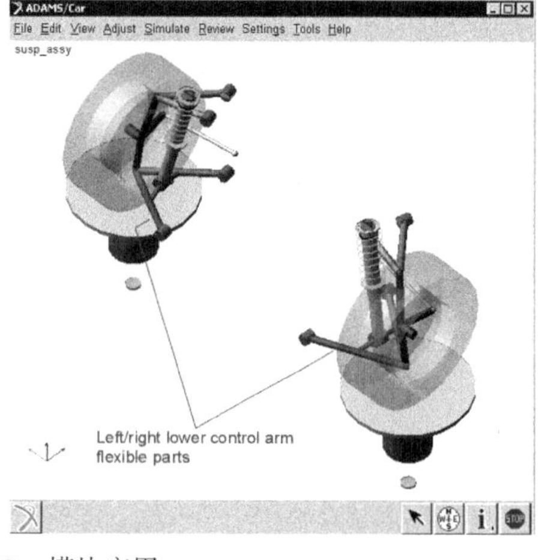

图 8.38　ADAMS/Car 模块应用

ADAMS 具有丰富的数据作图、数据处理及文件输出功能，可以实现多窗口画面分割显示、多页面存储、多视窗动画及曲线的结果同步显示等，并可录制成电影文件。

ADAMS 具有完备的曲线数据统计功能，如均值、均根、极值、斜率等；具有丰富的数据处理功能，如曲线的代数运算、反向、偏置、缩放、编辑、FFT 变换、滤波、波特图等。

习题与思考题

1. 有限元分析的基本思想是什么？
2. 用有限元法进行结构分析时的主要步骤是什么？
3. 什么是单元刚度矩阵？什么是总体刚度矩阵？两者有何联系？
4. 单元类型选择的基本原则是什么？
5. 有限元网格的剖分应考虑哪些问题？
6. 为什么要进行有限元分析的前置处理？前置处理有哪些功能？
7. 有限元后置处理的主要内容和结果是什么？
8. 机构运动分析的作用和功能有哪些？
9. 简述机构运动分析的一般过程。
10. 简述虚拟样机技术的概念。

第 9 章 机械 CAD/CAM 集成技术

CAD/CAM 集成技术运用现代数字化、信息化技术将 CAD/CAM 各单元技术和组成部分有机地组织和管理起来，实现系统信息共享、资源共享，提高了系统管理水平和运行效率。本章在介绍 CAD/CAM 集成概念的基础上，主要讨论 CAD/CAM 系统集成的方法和关键技术。

9.1 概 述

9.1.1 CAD/CAM 集成的概念

在过去的几十年中，包括 CAD、CAPP、CAM 等在内的计算机辅助单元技术得到了快速的发展，并分别在产品设计自动化、工艺过程设计自动化和数控编程自动化等方面发挥了重要作用。但是，随着计算机辅助单元技术(简称 CAX 技术)应用的深入，人们发现，由于历史的原因，这些各自独立发展起来的系统之间很难实现信息传递和交换，更不能实现信息资源的共享。例如，CAD 完成的产品设计结果不能为 CAPP、CAM 及其他的 CAX 系统所直接接收，而必须通过人工将 CAD 输出图样等信息和数据再次输入到其他 CAX 系统，这不仅造成了物资和时间上的浪费，影响了工程设计的效率，而且在数据传递和转换的过程中还有可能造成错误，降低产品数据的可靠性。这种计算机辅助单元技术的自动化“孤岛”现象严重影响了 CAX 技术效益的发挥和进一步的发展。因而，自 20 世纪 70 年代以来，人们开始研究 CAD、CAPP 与 CAM 间的数据和信息的自动传递或转换问题，提出了 CAD/CAM 集成的概念，通过解决集成过程中的各种问题，以实现 CAX 系统之间数据的自动交换与共享。目前，CAD/CAM 集成技术还未形成统一的定义，一般认为：CAD/CAM 集成技术是指研究 CAD、CAPP、CAM 等各单元和系统之间信息的自动交换和共享的技术，通过集成技术的研究，使这些系统有机地结合起来，形成一体化的 CAD/CAM 集成系统。

9.1.2 CAD/CAM 集成系统

CAD/CAM 集成技术的发展，要求 CAD 和 CAM 系统中的不同功能模块都与统一的数据库相连接，使信息能够顺畅地进行传递和交换，以便把越来越多的 CAD、CAPP、CAM 等单元技术和功能融为一体，组成 CAD/CAM 集成系统。

从 CAD/CAM 技术的实际应用看，目前研究和开发的集成系统主要有三类：

第一类是将不同功能、不同开发商的单元系统集成到一起，形成一个完整的 CAD/CAM 系统。这种应用系统的优点是单元系统配置灵活，选择余地大，可以选择单元技术最优秀的系统进行组合。另外，在系统升级换代时，可有选择地保留一些不太落后的单元来与新的系统集成。该类系统的应用范围较为广泛，但在系统集成后，在单元子系统之间很难做到“无缝连接”，这种缺陷有时对系统影响较大。

第二类集成系统是在系统设计一开始，就将系统未来要用的功能都考虑周全，并将这些功能全都集成到一个系统中，特别是采用了统一的产品数据模型的共事机制，不会有任何连接的痕迹。这种系统更多地以狭义的 CAD/CAM 系统的方式出现。目前市场上流行的著名 CAD/CAM 集成系统如 UGⅡ、CATIA、Pro/E 等大多属于这类系统，它们可以在一个集成环境下完成从产品设计、工程分析到数控加工的过程。这种系统在一些行业和部门中的应用非常成功。

第三类系统是正在发展中的新一代 CAD/CAM 集成系统。其基本出发点是着眼于产品的整个生命周期，寻求产品数据完全交换和共享的途径，以期实现更高程度和更宽范围的系统集成。图 9.1 所示为这类集成系统的一种体系结构。

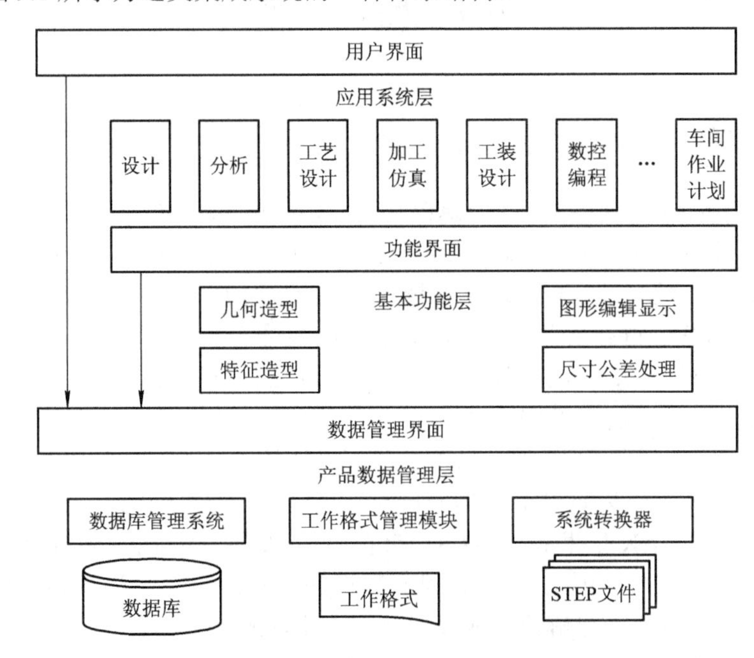

图 9.1　CAD/CAM 集成系统体系结构

由图可见，整个系统分为三个层次。最底层为产品数据管理层，它以 STEP 的产品定义模型为基础，提供了三种数据交换方式，即数据库、工作格式、STEP 文件，这三种方式的数据存取分别用数据库管理系统、工作格式管理模块和系统转换器来实现。系统运行时，通过数据管理界面按选定的数据交换方式进行产品数据交换。系统中间一层为基本功能层，其中的功能模块在应用上具有通用性，即每一种功能都可为不同的应用系统所使用。该层为 CAD/CAM 应用系统提供开发环境，应用系统可以通过功能界面来调用这些功能。系统的顶层为应用系统层，它可以完成产品从设计、分析到加工、装配的全过程，这些功能通过用户界面提供给用户。

另外，从 CAD/CAM 集成技术的要求讲，除了硬件集成、软件集成外，人在 CAD/CAM 集成系统中起着主导作用。人们通过人机交互或批处理方式控制和操作 CAD/CAM 系统的工作过程，完成如计算、绘图、工艺设计、NC 编程、模拟仿真等一系列 CAD/CAM 的任务。因此也有人讲，CAD/CAM 集成系统是由人、硬件和软件三部分的有机集成来实现的。

9.1.3　CAD/CAM 集成的方法

CAD/CAM 系统集成的关键是信息的交换和共享。在 CAD 和 CAM 之间实现数据交换和共享并非一件易事，因为不同的应用系统都有自己的数据模型和结构。数据模型和结构的差异及复杂性，给这项工作带来了很多困难。为此，各类专家和研究人员进行了长期不懈的努力，取得了不少阶段性成果，形成了各种不同的 CAD/CAM 集成模式。根据信息交换方式和共享程度的不同，CAD/CAM 系统集成模式主要有以下几种。

1．采用数据交换接口的 CAD/CAM 集成

在所有的 CAD/CAM 集成方法中，基于数据交换接口的集成是应用最早，也是目前应用最广泛的一种集成方法。

早期所采用的通过专用数据交换接口进行数据交换的方式如图 9.2 所示。该数据交换方式原理简单，转换接口程序易于实现，运行效率较高。但由于各应用系统所建立的产品模型各不相同，专用的数据接口无通用性，因而不同的系统要开发不同的接口。同时，当系统的数据结构发生变化时，引起的修改工作量也较大。

为了克服上述缺点，后来发展成为采用标准数据格式接口文件作为系统集成的接口，比如以 IGES 标准格式或 STEP 标准格式建立中性文件，并用一个通用的数据库管理系统来对这些中性文件进行管理。各应用系统都需要通过开发前置和后置数据转换接口来解决系统间数据的输出和输入问题。其实现方式如图 9.3 所示。在这种方式中，每个系统只与标准格式文件打交道，无需知道别的系统的细节，减少了系统集成时转换接口的数量并降低了接口维护难度。因此，这一集成方式可以在较广泛的范围内实现数据交换和数据的维护，至今仍然是 CAD/CAM 集成中较多采用的有效方式之一。

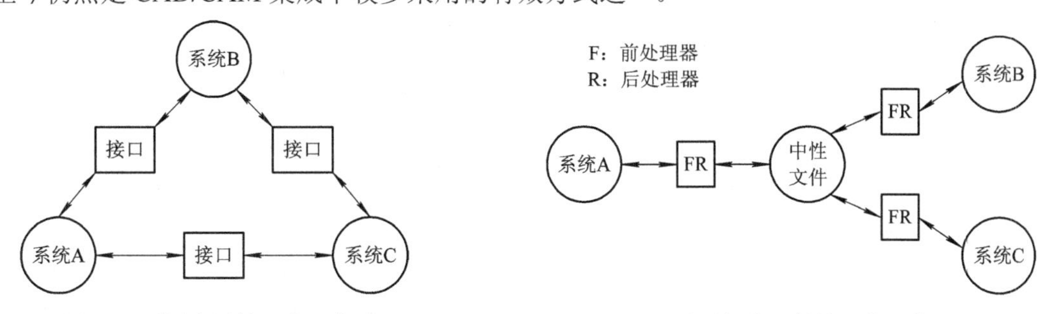

图 9.2　采用专用接口实现集成　　　图 9.3　采用标准文件接口实现集成

2．基于统一产品模型和工程数据库的 CAD/CAM 集成

这是一种将 CAD、CAPP、CAM 作为一个整体来规划和开发，从而实现较高水平层次的数据共享和集成的方法。建立一个基于整个产品生命周期的产品定义数据模型是实现这种 CAD/CAM 集成方式的前提和基础。就目前趋势而言，以 STEP 标准为基础来建立统一产品模型是必然趋势。同时，采用这种集成方法，各子系统应能通过用户接口按工程数据库要求直接存取数据或操作数据库，这样可以克服用文件形式实现系统间集成方法的弊端，提高了系统的集成化程度。可以说，采用工程数据库及其管理系统，既可实现各子系统之间的直接信息交换，又可使集成系统达到真正的数据一致性、准确性、及时性和共享性。其系统构造如图 9.4 所示。近年来，随着计算机网络的应用和远程设计、并行设计、虚拟制造环境的建立以及网络数据库的出现，为采用工程数据库实现异地系统间共享信息资源提供了更多的技术支持。

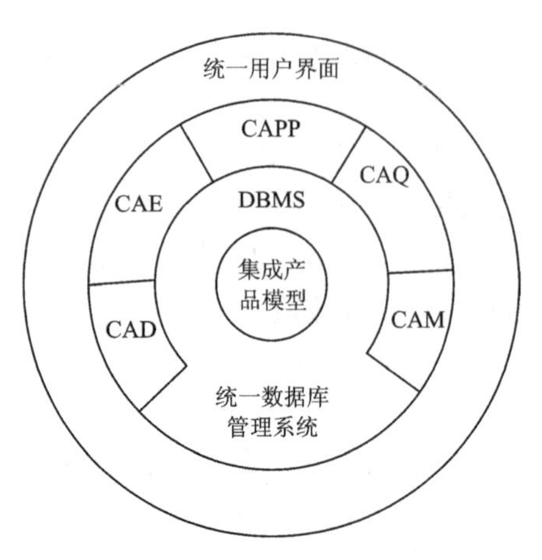

图 9.4　基于统一产品模型和数据库的 CAD/CAM 集成

3. 基于产品数据管理(PDM)的 CAD/CAM 集成

PDM 是以产品数据管理为核心，通过计算机网络和数据库技术，把企业生产过程中所有与产品相关的信息和过程进行集成管理的技术。产品数据管理的内涵是集成并管理与产品有关的信息与过程。通过 PDM 管理的信息包括开发计划、产品模型、工程图样、技术规范、工艺文件、数控程序等。而通过 PDM 管理的过程有设计、加工制造、计划调度、装配、检验等工作流程。

通过 PDM 系统可以统一管理与产品有关的全部信息，因此，CAD、CAPP、CAM 之间不必直接传递信息，各系统之间的信息传递都变成了分别和 PDM 之间的信息传递，CAD、CAPP、CAM 都从 PDM 系统中提取各自所需的信息，各自的应用结果也放回 PDM 中去，以此来实现 CAD/CAPP/CAM 的集成。

基于 PDM 的系统集成将数据库管理、网络通信和过程控制能力集成于一体，将多种功能软件集成在一个统一的平台上。它不仅能实现分布式环境中产品数据的统一管理，同时还能为人与系统的集成及并行工程的实施提供支撑环境，为企业范围内的设计与制造建立一个并行化产品开发协作环境，为不同地点、不同部门的人员提供了一个协同工作环境，使其可以在同一数字化的产品模型上一起工作。图 9.16 所示是基于 PDM 的集成系统体系结构。

9.1.4　CAD/CAM 集成的关键技术

CAD/CAM 集成系统的实质就是借助于计算机辅助系统使产品开发活动更高效、更优质、更自动地进行。CAD/CAM 集成的目标是使产品设计、工程分析、工程模拟直至产品制造工程中的设计具有一致性，且相互间的信息直接在计算机间传递。

实现 CAD/CAM 集成应解决以下关键技术问题：

1．产品定义数据模型的建立

建立一个基于整个产品生命周期的、完善的产品定义数据模型是进行 CAD/CAM 系统信息集成的基础和核心，也是解决 CAD、CAPP、CAM 之间的数据交换与信息共享的关键问题。就目前而言，较理想的办法是建立 CAD/CAM 范围内相对统一的、基于特征的产品定义模型，该模型不仅能支持设计与制造各阶段所需的产品定义信息(几何信息、工艺和加工信息)，而且还提供了符合人们思维方式的高层次工程描述——特征。特征概念的引入使得产品定义模型能充分表达工程师的设计和制造意图，是描述设计与制造各阶段所需产品定义信息的理想模型。因此，特征技术是 CAD/CAM 集成的关键技术之一。参数化技术以其强有力的基于特征的草图设计、尺寸驱动等功能，为产品建模、系列化设计、多方案比较和动态设计提供了有效手段，成为新一代智能化、集成化 CAD/CAM 系统的核心内容。

2．产品数据交换技术

数据交换的目的是在不同的计算机之间、不同的操作系统之间、不同的数据库之间和不同的应用软件之间进行数据通信。为了解决目前 CAD、CAPP、CAM 各系统之间由于数据表示不统一而造成的数据交换困难，必须有效解决产品数据交换问题。就目前而言，解决产品数据交换技术的途径是制定国际性的数据交换规范和网络协议，开发各类系统的数据交换接口，保证数据传输能在各系统之间方便、流畅地进行。产品数据交换标准是 CAD/CAM 集成的重要基础。

3．CAD/CAM 集成产品数据管理技术

实现基于统一产品数据模型和工程数据库的 CAD/CAM 集成，必须解决 CAD/CAM 集成产品数据管理问题。特别是随着 CAD/CAM 技术的自动化、集成化、智能化和网络化程度的提高，集成产品数据管理问题日益复杂，建立能处理复杂数据的工程数据库环境，使 CAD/CAM 各子系统能有效地进行数据共享，尽量避免数据文件和格式的转换，保证数据的一致性、安全性和保密性，是 CAD/CAM 集成的理想模式。目前，采用工程数据库管理方法已成为开发新一代 CAD/CAM 集成系统的主流，也是解决 CAD/CAM 集成问题的核心。

9.2　产品数据交换技术

9.2.1　产品数据交换技术的发展

随着 CAD/CAM 技术在工业界的广泛应用，越来越多的用户需要将产品数据在不同的系统之间进行交换，为此，建立一个统一的、支持不同应用系统的产品数据描述和交换标准的要求应运而生。

20 世纪 70 年代后期，为了克服当时不同 CAD 系统之间数据直接交换过程中因数据格式不相同而带来的困难，需要在信息传递过程中提供一个中性文件作为接口。这类中性文件的格式是按照某种标准规定的，该标准就是数据交换标准。

1980 年，美国国家标准局(ANSI)接受初始图形交换标准 IGES(Initial Graphics Exchange

Specification)作为产品数据交换标准。1984 年，IGES 组织设置了一个研究计划，称为 PDES(Product Data Exchange Specification)。PDES 提出三层体系结构，即应用层、逻辑层和物理层，制定并使用了形式化产品模型描述语言 EXPRESS，为 STEP 标准的制定奠定了良好的基础。

1983 年 12 月，国际标准化组织 ISO 设置了 184 委员会(TC184)下设第四委员会(SC4)，其研究领域是产品数据表达与交换。ISOTC184/SC4 制定的标准称为 STEP(Standard for the Exchange of Product model data)，STEP 文本在 1988 年的东京国际标准化组织会议上作为草案表决通过，1989 年在国际标准化组织 ISO 会议上获得通过，1991 年发布了 STEP 1.0 版本。STEP 文本的发布，使得新开发的 CAD/CAM 系统可直接采用 STEP 规范定义产品数据模型或提供 STEP 格式的数据交换接口。采用 STEP 标准是当今大型 CAD/CAM 系统开发的方向。

除了 IGES 和 STEP 外，在数据交换标准发展的过程中，也产生了不少其他的多种产品数据交换标准规范，其中典型的包括 SET、PDDI、VDA-FS、CAD*I 等。

9.2.2 IGES 标准

1. IGES 概况

IGES 标准是美国国家标准，也是国际上产生最早、应用最广泛的图形数据交换标准。目前，几乎所有的有影响的 CAD/CAM 系统均配有 IGES 接口，并通过 IGES 接口输入/输出有关图形的 IGES 文件。

IGES 标准由一系列产品的几何、绘图、结构等信息组成，其数据以实体方式组织。IGES 3.0 中的几何实体有 24 类，用于描述产品的几何形状，主要有点、线、圆弧、平面，还有参数样条曲线、有理 B 样条曲线，各种旋转面、参数样条曲面、有理 B 样条曲面以及有限元实体等。非几何类实体有 12 种，主要描述产品的几何尺寸、标注以及必要的文字符号。

1988 年推出的 IGES 4.0 版增加了 CSG、装配模型及有限元分析模型等内容。1990 年公布的 IGES 5.0 版包括了几何造型中的 B-Rep 表示。

2. IGES 数据文件格式

IGES 标准的数据文件格式有 ASCII 码和二进制码两种格式。ASCII 格式便于阅读，二进制格式则适合于传送大容量文件。在 ASCII 码格式中，数据文件中的数据按顺序存储，每行 80 个字符，称为一个记录。整个文件按功能划分为 5 个部分，记为起始段、全局段、目录段、参数段和结束段。

起始段：存放对该文件的说明信息，格式和格数不限。第 73 列的标志符为“S”。

全局段：提供和整个模型有关的信息，如文件名、生成日期及前处理器、后处理器中描述所需信息。第 73 列标志符为“G”。

目录段：记录 IGES 文件中采用的元素目录。每个元素对应一个索引，每个索引记录有关元素类型、参数指针、版本、线型、图层、视图等 20 项内容。第 73 列标志符为“D”。

参数段：记录每个元素的几何数据，记录内容随元素不同而各异。第 73 列标志符为“P”。

结束段：标识 IGES 文件的结束，存放该文件中各段的长度。第 73 列标志符为“T”。

3. IGES 元素

在 IGES 文件中最基本的信息单位是元素(entity)。表 9.1 给出了 IGES 3.0 版本所具有的元素汇总。

表 9.1　IGES 3.0 中所具有的元素类型号

a. 几何元素	b. 标注图形元素	c. 属性和结构元素
100 圆弧	202 角度尺寸标注	302 相关性定义
102 组合线段	206 直径尺寸标注	304 线型定义
104 二次曲线	208 表示注解	306 宏定义
106 数据集	210 一般标识	308 子图定义
108 平面	214 箭头标注	310 字体定义
110 直线	216 直线尺寸标注	312 文本显示方式
112 参数样条曲线	220 点尺寸标注	314 颜色定义
114 参数样条曲面	222 半径尺寸标注	320 网格子图定义
116 点	228 一般符号	402 相关性实例
118 直纹面	230 剖面区域	404 图样
120 旋转面		406 特件
122 列表柱面		408 单子图实例
124 变换矩阵		410 视图
125 几何元素显示标记		412 方阵子图实例
126 有理 B 样条曲线		414 圆周阵子图实例
128 有理 B 样条曲面		416 外部基准
130 等距曲线		418 节点加载和约束
132 连接点		420 网格子图实例
134 有限元节点		600～699 宏实例
136 有限元元素		10000～99999 用户宏定义
138 节点的位移或旋转		
140 等距曲面		
142 参数曲面上的曲线		
144 裁剪曲面		

可以看出，这些元素可分为以下三类：

(1) 为描述产品形状所需的几何元素，例如点、线、面等元素。

(2) 为描述尺寸标注及工艺信息所需的标注图形元素。

(3) 为描述逻辑关系所需的属性和结构元素。

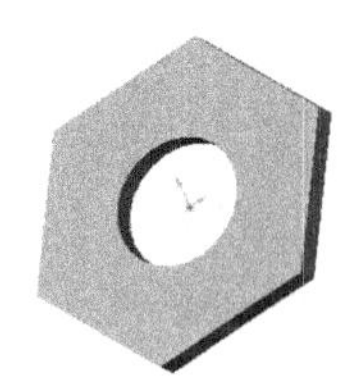

图 9.5　简单零件

下面给出 IGES 标准格式实例。图 9.5 是一个简单零件，其输出 IGES 文件如下：

```
IGES FILE using analytic representation for surfaces                          S 1   开始段
1H,,1H;,5HPart1,25HC:\My Documents\Part1.IGS,41HSolidWorks 2000 by Solid      G 1   全局段
Works Corporation,11HVersion 5.2,32,308,15,308,15,5HPart1,1.,2,2HMM,50,       G 2
```

```
0.125,13H010124.124131,1E-008,500000.,6H欧长劲,,10,0,;                      G    3
     314      1      0      0      0                          00000200D    1     目录段
     314      0      8      1      0                                0D    2
     110      2      0      0      0                          01010000D    3
     110      0      0      1      0                                0D    4
     110      3      0      0      0                          01010000D    5
     110      0      0      1      0                                0D    6
……
314,75.2941176470588,75.2941176470588,75.2941176470588,;                   1P    1     参数段
110,0.,0.,10.,0.,0.,-990.;                                                  3P    2
110,-31.622776602,0.,10.,-31.622776602,0.,0.;                               5P    3
120,3,5,0.,6.28318530717959;                                                7P    4
……
142,1,267,277,279,1;                                                      281P  379
144,267,1,0,281;                                                          283P  380
S      1G      3D      284P      380                                         T    1     结束段
```

4. IGES 的前、后处理程序

IGES 是一种中性文件。不同的 CAD/CAM 系统之间数据交换的 IGES 方法如图 9.6 所示。

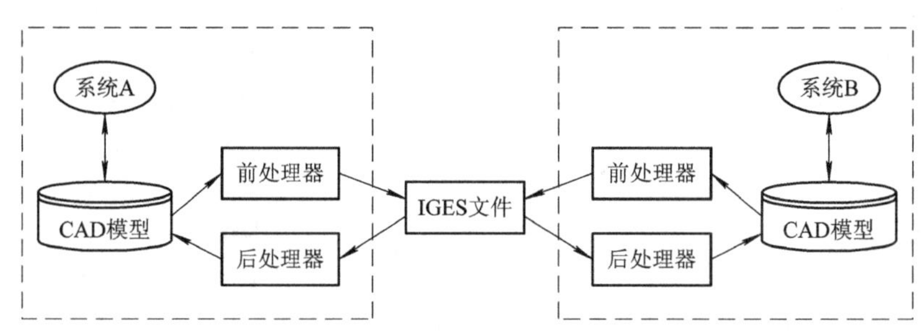

图 9.6　IGES 数据交换

由图可见，将某种 CAD/CAM 系统的输出转成 IGES 文件时需经前处理程序处理，而将 IGES 文件传至另一种 CAD/CAM 系统时则需经过后处理程序处理。因此，一般要求各种应用系统必须具备相应的前、后处理程序。前、后处理器一般都由下列 4 个模块组成：

(1) 输入模块：读入由 CAD/CAM 系统生成的产品模型数据或 IGES 产品模型数据。

(2) 语法检查模块：对读入的模型数据进行语法检查并生成相应的内存表。

(3) 转换模块：该模块具有语义识别功能，能将一种模型的数据映射成另一模型。

(4) 输出模块：把转换后的模型转换成 IGES 格式文件或另一个 CAD/CAM 系统的产品模型数据文件。

5. IGES 标准存在的问题

IGES 标准在国际上获得了广泛的应用，目前几乎所有的 CAD/CAM 系统都支持这一标准，应用 IGES 格式可实现不同 CAD 系统之间工程几何信息的交换。但是，IGES 在应用中也暴露出了不少问题，主要表现在以下几个方面：

(1) IGES 中定义的实体主要是几何图形方面的信息，而无法描述工业环境所需的产品定义数据的全部信息，不能满足 CAD/CAM 集成的要求。

(2) 当前各 CAD/CAM 系统所配置的 IGES 前、后处理器基本上都仅实现了 IGES 规范的一个子集，且有些是互不相同的子集，在交换过程中经常会出现错误或丢失信息。

(3) IGES 本身不够成熟，一些语法结构存在二义性，不同的系统会对同一个 IGES 文件给出不同的解释，这可能导致数据交换的失败。

(4) IGES 的交换文件太长，所占的存储空间大，影响了数据文件的处理速度和传输效率。同时，标准的数据格式过于复杂、阅读困难，也影响了标准的普及。

9.2.3 STEP 标准

1. 概述

STEP(ISO 10303)是一套关于产品整个生命周期中的产品数据的表达和交换的国际标准。在 STEP 标准制定时的总体设想的多数概念来源于 PDES，它的目标是提供一个不依赖任何具体系统的中性机制。STEP 标准与 IGES 相比，无论在开发标准的方法论上，还是在标准的结构和内容上，都有重大的突破和创新。具体表现在以下几方面：

(1) STEP 标准着重形成一个完整的产品模型，不仅包括几何数据，而且包括制造特征、材料特征、公差等各种非几何数据。同时，这一产品模型所支持的是包括设计、制造、检测等过程在内的整个产品生命周期，其所提供的信息将能直接为 CAD/CAPP/CAM 系统所理解。

(2) STEP 标准既支持单个零件，也支持装配件及其装配控制。

(3) 对于产品数据交换方式，STEP 不仅支持文件交换方式，而且也支持共享数据库方式和应用编程接口。

(4) STEP 标准使用了形式化 EXPRESS 语言，既提高了计算机的可实现程度，又消除了标准定义中的二义性。

STEP 标准所具有的开放性和可扩展性使其能够满足 21 世纪工业设计和制造领域的需要。

2. STEP 的组成

STEP 标准是一个正在发展的庞大的国际标准，它独立于任何应用系统，提供了整个产品生命周期的产品信息描述和交换机制。STEP 标准包括以下五个方面的内容，每一方面又包含若干部分(Part)：

(1) 标准的描述方法(description methods)，包括 Part 11～19。

(2) 集成资源(integrated resource)，其中包括通用产品模型 Part 41～49 和应用资源 Part 101～109。

(3) 应用协议(application protocols)，包括 Part 201～1199。

(4) 实现方法(implementation methods)，包括 Part 21～29。

(5) 一致性测试和抽象测试集。其中一致测试(conformance testing)包括 Part 31～39，抽象测试集(abstract test suites)包括 Part 1201～2199。

这 5 个方面的内容分为七个系列文件：0、10、20、30、40、100 和 200 系列。表 9.2 所示为目前已有的、较为成熟的各系列文件。

表 9.2　STEP 系列文件

0 系列	
1	概述和基本原则
10 系列：描述方法	
11	EXPRESS 语言参考手册
20 系列：实现方法	
21	物理文件格式
22	STEP 存取接口
30 系列：一致性测试方法	
31	一致性测试方法与框架概念
32	一致性测试需求
33	抽象测试成套规范
34	对每个实现方法的抽象测试
40 系列：通用产品模型	
41	基本产品数据模型
42	形状表示
43	形状接口
44	产品结构管理
45	材料
46	显示
47	公差
48	形状特征
49	产品生命周期支持
100 系列：应用资源	
101	绘图资源
102	船舶结构
103	电子功能
104	有限元分析
105	运动学
200 系列：应用协议	
201	二维图协议
202	三维几何图协议
203	三维产品定义设置
204	边界表示实体模型协议
205	雕塑曲面应用协议

3. STEP 的层次结构

STEP 的体系结构由应用层、逻辑层和物理层三个层次构成，如图 9.7 所示。

1) 应用层

在产品生命周期内，各应用领域按照自己的经验、术语、技术和方法建立产品信息参考模型，并通过形式化语言或图表的方式表达，为相应领域提供便于应用的完备的和最小冗余的产品信息模型。应用层支持以 IDEF0 方法为基础的功能分析，并在此基础上设计产品的数据模型。

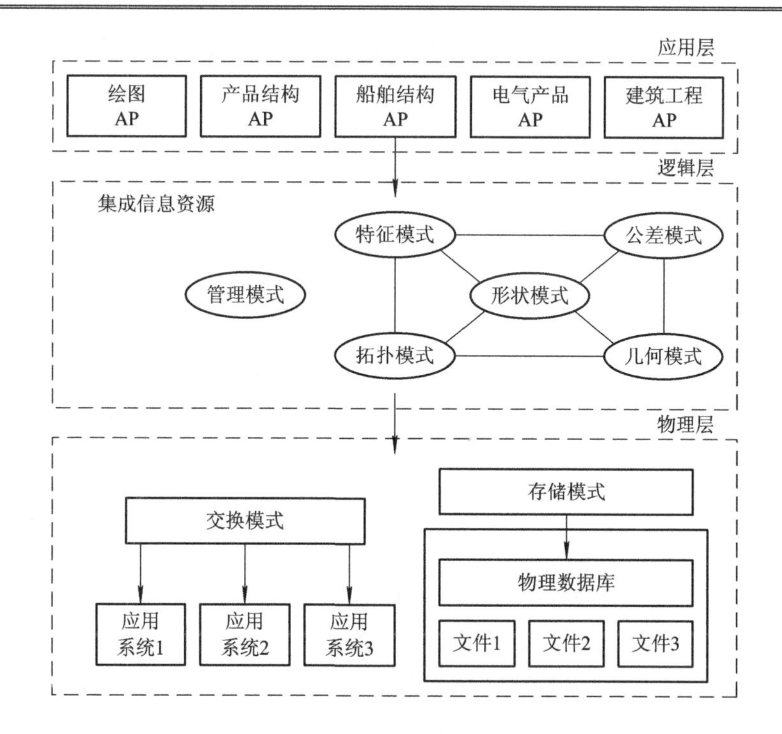

图 9.7　STEP 标准的三个层次结构

2) 逻辑层

通过对各需求模型的分析，找出共同点，协调冲突，形成统一的集成信息资源，为各领域提供一些通用的、语义一致的实体集和关系集，用来描述不同产品的产品信息模型，并运用形式化工具描述逻辑层与物理层之间的联系。

3) 物理层

物理层用来导出和指明产品信息模型在计算机中的存储机制，产生计算机内部存储的产品信息。在 STEP 中定义了采用中性文件、数据库和标准数据存取接口三种信息存储和交换的方式。

4. STEP 的产品信息描述

产品信息描述方法是 STEP 标准的基础，也是建立 STEP 信息模型的工具。在 STEP 中采用形式化描述语言 EXPRESS 作为正式描述产品数据的工具，用 EXPRESS 定义集成资源的结构和应用协议。

EXPRESS 语言是一种形式化的、面向对象的语言，具有很强的信息表达能力，采用它的目的是保证产品描述的一致性和无二义性。

EXPRESS 语言作为信息建模语言，它的主体是模式(SCHEMA)，一个模式就是用 EXPRESS 语言建立的某一部分现实世界的信息模型。模式中的主要内容是实体(ENTITY)类型描述，通过对实体的属性及与其他实体的关系进行描述和约束，反映现实世界的各种对象及其关系。

EXPRESS 语言类型丰富，有简单数据类型、聚合数据类型、实体数据类型、定义数据类型、枚举数据类型和选择数据类型等。EXPRESS 语言中的表达式除一般的算术、逻辑和字符表达与运算外，还有实体的实例运算。

例如，用 EXPRESS 定义实体“球体”(Sphere)：

```
ENTITY sphere
  SUBTYPE of(csg-primitive);
radius: real;
center: point;
  WHERE
  radius > 0;
END ENTITY;
```

其中的 SUBTYPE 语句说明实体 sphere 是 csg-primitive 的子类。

EXPRESS 语言是定义对象、描述概念模式的形式化建模语言，而不是一种程序设计语言，它不包含输入/输出、信息处理等语句。这种形式化的语言既具有可读性，使人们便于理解它的语义，又能被计算机所理解，易于与其他高级语言(如 C、C++)建立映射关系，有利于计算机应用程序和支撑软件的生成。

有关 EXPRESS 语言的详细内容见 ISO 10303-11EXPRESS 语言参考手册。

5．集成资源

STEP 中对于所有产品数据的表达是由集成资源提供的。集成资源包括一组资源构件。资源构件是由 EXPRESS 描述的产品模型的某一方面，提供了 STEP 中每一个信息元素的唯一表达。集成资源分为两部分：通用资源和应用资源。通用资源与具体的应用无关，是不依赖具体应用的通用产品信息描述。应用资源是由与某种应用相关的通用资源组成的。已公布的集成资源有产品描述和支持、几何与拓扑表达、产品结构配置、形象化表示和绘图等。

STEP 目前已经确定的通用资源有：41—基本产品数据模型，42—几何和拓扑表示，43—形状接口，44—产品结构管理，45—材料，46—显示，47—公差，48—形状特征。

STEP 目前已经确定的应用资源有：101 —绘图资源，102—船舶结构，103—电子功能，104—有限元分析，105—运动学。

6．应用协议

STEP 通过建立不同的应用协议来规定不同应用系统对集成化产品信息资源的引用格式和方法，从而使特定的应用系统能建立起适合于该系统的产品信息模型，用于支持产品整个生命周期中不同时期和不同应用领域信息的集成和共享。

目前已经颁布的 STEP 标准包括下面几组应用协议：201—二维绘图，202—三维几何图，203—三维产品定义设置，204—边界表示的实体模型，205—雕塑曲面应用模型。

其中，AP203 作为产品开发设计阶段的产品定义数据，可用于企业间三维产品的数据交换，当前大多数 CAD 系统都支持 AP203。

7．STEP 的信息交换与实现技术

基于 STEP 的信息存取与交换方式目前有四种：中性文件交换、标准数据存取接口、数据库交换、知识库交换。目前，中性文件交换和标准数据存取接口已分别成为国际标准或国际标准草案，但数据库和知识库的实现方式尚在开发研究中，未形成正式的文件。

1) 中性文件的数据交换

中性文件交换是 STEP 标准提出的最基本的、简单的和可行的交换数据实现方式。所使用的中性文件是专门格式的 ASCII 顺序文件，易于计算机处理。通过 STEP 中性文件实现产品数据的传输与交换方式如图 9.8 所示。

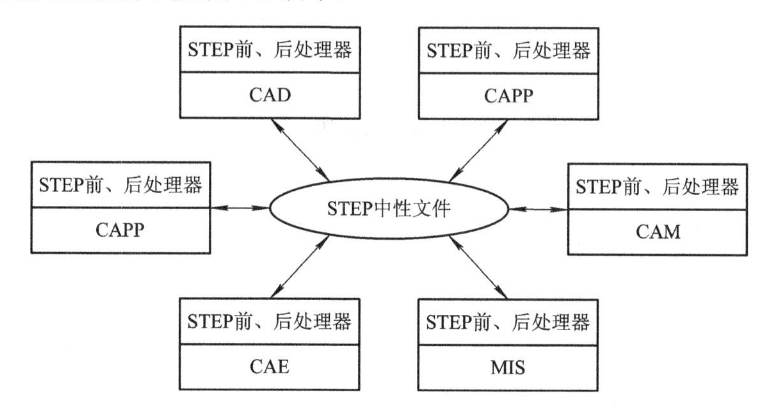

图 9.8　中性文件数据交换方式

2) 标准数据存取接口(SDAI)的数据交换

一般情况下，应用程序对产品数据的存取方式是根据存取技术而定的，不同的数据存取有着不同的数据存取接口，例如，有的应用程序以文件方式来存取数据，有的则通过访问数据库来存取数据。基于文件存取的应用程序不能访问数据库，而基于某个数据库管理系统的应用程序是不能访问其他数据库管理系统所管理的数据。为此，STEP 标准定义了一套标准的数据存取接口 SDAI(Standard Data Access Interface)，以支持对用 EXPRESS 语言建模的数据的存取。这套数据存取接口独立于具体的编程语言，对于 STEP 标准指定的四种数据交换方式都适用。

SDAI 为应用程序员在软件开发中提供了一个一致的数据存取环境，应用程序员看到的数据定义形式是 EXPRESS 语言，数据存取界面为 SDAI，而不必关心数据存储系统本身的数据定义形式和应用程序界面。基于 SDAI 的 EXPRESS 模型实现过程如图 9.9 所示。一方面，EXPRESS 模型通过数据库内部模式定义转换为可以被数据库管理系统内部使用的结构形式。另一方面，EXPRESS 模型被转换为编程语言数据结构，这些数据结构与应用系统源代码及 SDAI 库相连接，从而实现对与 EXPRESS 描述一致的实例的存取。基于 SDAI 的信息交换和实现技术使应用系统的开发独立于任何存取系统，从而使应用程序开发比较容易。

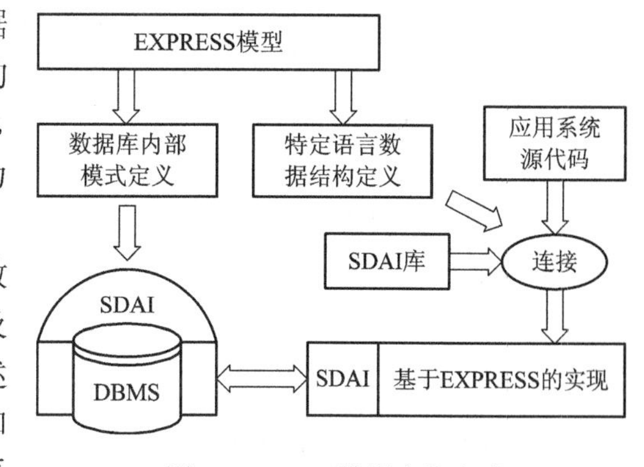

图 9.9　SDAI 数据交换方式

8. STEP 实施的一致性测试

为了保证软件的可行度及检验应用程序是否符合设计的要求，STEP 规定了如何进行一致性测试的需求和指导，制定了一致性测试的过程、测试方法和测试评估标准。STEP 的一致性测试规范可为实现了 STEP 应用协议的软件产品进行一致性测试提供方法和要求，以保证可重复性、可比较性和可审核性。

作为产品整个生命周期的数据表示与交换标准，STEP 在实际应用中产生，也在实际应用中发展。虽然它还不够完善，但已表现出强大的生命力。CAD/CAM 信息集成只有以 STEP 标准为产品信息模型的基础，才能真正满足各单元工具信息集成的要求。

9.3　产品数据建模

9.3.1　产品定义数据模型

产品数据是指产品生命周期内所有阶段有关产品的数据总和。一个完整的产品定义数据模型不仅是产品数据的集合，还应反映出各类数据的表达方式及相互间的关系。

长期以来，产品生命周期内不同阶段的工作是由不同部门、不同工作人员完成的，因此建立了很多产品局部应用模型，如功能模型、装配模型、几何模型、公差模型、加工工艺模型等。这些模型缺乏统一的表达形式，所以很难实现信息集成，也无法实现过程集成或功能集成。显然，要实现 CAD/CAM 各模块之间数据资源共享，必须满足两个条件：一是要有统一的产品数据模型定义体系，二是要有统一的产品数据交换标准。只有建立在统一表达基础上的产品模型，才能有效地为各应用系统所接受。

产品数据指的是为全面定义一个零部件或构件所需要的几何、拓扑、公差、性能和属性等数据。产品数据包括：

(1) 产品几何描述，如线框表示、几何表示、实体表示以及拓扑、成形及展开等。

(2) 产品特征，如长、宽、高等体特征，孔、槽等面特征，旋转体等车削件特征等。

(3) 尺寸公差、形位公差及其关联。

(4) 表面处理，如表面淬火。

(5) 材料，如材料牌号与规格，毛坯状态。

(6) 说明，如技术要求说明。

(7) 产品控制信息。

(8) 其他，如加工、装配工艺等。

产品数据模型可定义为与产品有关的所有信息构成的逻辑单元。它不仅包括产品的生命周期内有关的全部信息，而且在结构上还能清楚地表达这些信息的关联。因此，研究集成产品数据模型，就是研究产品在其生命周期内各个阶段所需信息的内容以及不同阶段之间这些信息的相互约束关系。

9.3.2　基于特征的集成化产品数据模型

随着特征建模技术的发展，基于特征的集成产品数据模型结构由于具有容易表达、处理，能够反映设计师意图及描述信息完备等特点而引起广泛重视。基于特征的集成产品数据模型是一种为设计、分析、加工各环节都能自动理解的全局性模型。另外，它还可以与参数化设计、尺寸驱动等设计思想相结合，为设计者提供一个全新的设计环境。

在基于特征的集成产品数据模型中，特征信息的描述至关重要。除特征自身信息和特征之间的相互关系之外，还必须将各环节中都要使用的公共信息表达清楚。图 9.10 所示为一种基于特征的集成产品数据模型层次结构实例。

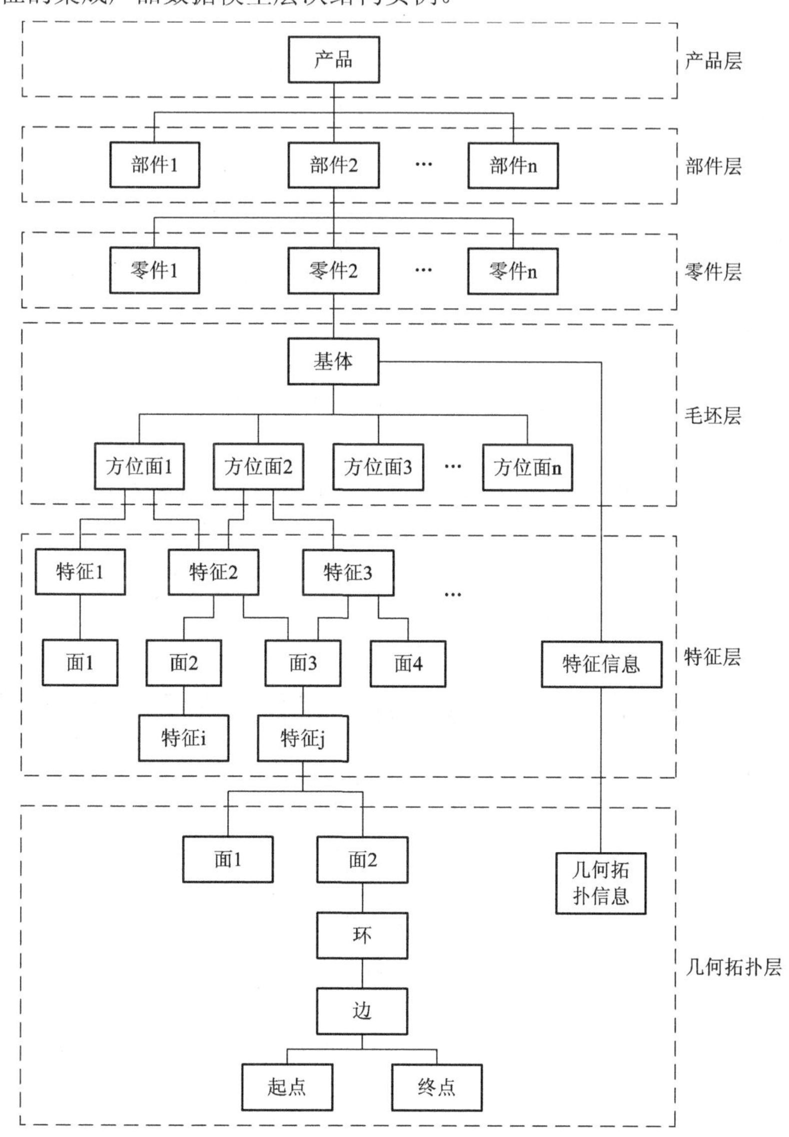

图 9.10　一种基于特征的集成产品模型

由图可见，基于特征的产品数据模型层次结构中包含有以下由数据表达的信息：

1) 产品的构成信息

产品的构成信息反映产品由哪些部件构成，各个部件又由哪些零件组成，每种零件的数量等。零、部件的构成可以呈树状关系，也可以是网状关系。

2) 零件信息

零件信息主要是关于零件总体特征的文字性描述，包括零件名称、零件号、设计者、零件材料、热处理要求、最大尺寸、质量要求以及生产纲领等。

3) 基体信息

基体是造型开始的初始形体，也是一般工程人员理解的毛坯或半成品。在产品数据模型中，它是用于造型的原始形体，可以是预先定义好的参数化实体，也可以是根据现场需要由系统造型功能生成的形体。基体主要包括基体表面之间的信息，以及基体与特征之间关系的信息，比如将基体划分为若干方位面，并按方位面组织特征。这样组织产品数据后，将信息模型与按面组织加工的常规工艺路线相对应，有益于在 CAD/CAM 集成环境中生成工艺规程以及制定定位、夹紧方案。

4) 零件特征信息

零件特征信息主要记录特征的分类号、所属方位面号、控制点坐标和方向、尺寸、公差、热处理、特征所在面号、定位面及定位尺寸、切入面与切出面、特征组成面、粗糙度、形位公差等。

5) 零件几何、拓扑信息

这部分信息可直接由采用的实体建模软件的图形文件或数据库读出，包括面、环、边、点的数据。

在基于特征的集成产品模型数据结构中，面的作用十分重要。面是建立特征之间关系、尺寸关系、形位公差之间关系的基准，同时也是设计、生产中经常使用的基准和依据，如基准面、工作面、连接面等。所以，在产品数据模型中，应突出面的核心地位，提供显式的面的标号、检索、属性等功能和数据。

9.4 基于产品数据管理的 CAD/CAM 系统集成

产品数据管理(Product Data Management，PDM)出现于 20 世纪 80 年代初，当时提出这一技术的目的主要是为了解决大量工程图纸、技术资料的电子文档管理问题。随着先进制造技术的发展和企业管理水平的不断提高，PDM 的应用范围逐渐扩展到设计图纸和电子文档的管理、材料明细表(Bill of Material，BOM)管理以及工程文档的集成、工程变更请求/指令的跟踪管理等领域，同时成为 CAD/CAM 集成的一项不可缺少的关键技术。

9.4.1 产品数据管理的概念

1. PDM 的基本概念

由于 PDM 技术及其应用范围发展太快，人们对它还没有一个统一的认识，给出的定义也不完全相同。CIMdata 国际咨询公司给出的定义是：PDM 是一门用来管理所有与产品相关的信息(包括零件信息、配置、文档、CAD 文件、结构、权限信息等)和所有与产品相关的过程(包括过程定义和管理)的技术。Gartner Group 公司给出的定义为：PDM 是一个使能器，它用于在企业范围内构造一个从产品策划到产品实现的并行化协作环境(Concurrent Art-to-Product Environment，由供应、工程设计、制造、采购、市场与销售、客户等构成)的关键使能器，一个成熟的 PDM 系统能够使所有参与创建、交流以及维护产品设计意图的人员在整个产品生命周期中自由共享与产品相关的所有异构数据，包括图纸与数字化文档、

CAD 文件和产品结构等。从上面两个定义可以看出，PDM 可从狭义和广义上理解。狭义地讲，PDM 仅管理与工程设计相关的领域内的信息。广义地讲，它可以覆盖从产品的市场需求分析、产品设计、制造、销售、服务与维护的全过程，即全生命周期中的信息。总之，产品数据管理以软件为基础，是一门管理所有与产品相关的信息(包括电子文档、数字化文件、数据库记录等)和所有与产品相关的过程(包括工作流程和更改流程)的技术。它提供产品全生命周期的信息管理，并可在企业范围内为产品设计与制造建立一个并行化的协作环境。

2. PDM 系统的体系结构

如图 9.11 所示，PDM 系统的体系结构可分为四层，即用户界面层、功能模块与开发工具层、框架核心层和系统支撑层。

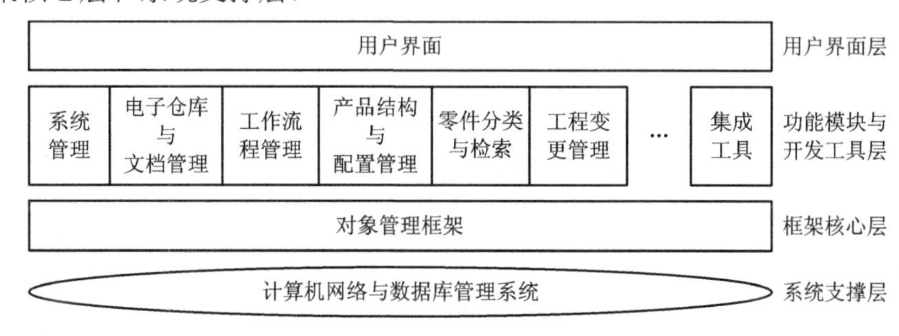

图 9.11　PDM 系统的体系结构

1) 用户界面层

用户界面层向用户提供交互式的图形界面，包括图视化的浏览器及各种菜单、对话框等，用于支持命令的操作与信息的输入/输出。通过 PDM 提供的图视化用户界面，用户可以直观方便地完成管理整个系统中各种对象的操作，它是实现 PDM 各种功能的媒介。

2) 功能模块及开发工具层

除了系统管理外，PDM 为用户提供的主要功能模块有电子仓库与文档管理、工作流程管理、零件分类与检索、工程变更管理、产品结构与配置管理、集成工具等。

3) 框架核心层

框架核心层提供实现 PDM 各种功能的核心结构与架构，由于 PDM 系统的对象管理框架具有屏蔽异构操作系统、网络、数据库的特性，因此，用户在应用 PDM 系统的各种功能时，实现了对数据的透明化操作、应用的透明化调用和过程的透明化管理等。

4) 系统支撑层

系统支撑层以目前流行的关系数据库系统为 PDM 的支撑平台，通过关系数据库提供的数据操作功能，支持 PDM 系统对象在底层数据库的管理。

9.4.2　产品数据管理系统的主要功能

PDM 系统的主要功能包括数据仓库与文档管理、产品配置管理、工作流程管理、分类与检索、项目管理等方面。

1. 数据仓库

数据仓库(电子仓库)是 PDM 的核心，利用数据仓库可以方便、直观地实现文档的分布或管理以及全局共享。数据仓库一般建立在数据库系统基础上，有的系统扩展了面向对象的功能，其功能是保证数据的安全性和完整性，并支持各种查询和检索功能。数据仓库的功能包括：① 文件的检入和检出；② 按属性的搜索机制；③ 数据对象的动态浏览与导航；④ 改变数据对象的状态与属主关系；⑤ 分布式文件管理/分布式数据仓库；⑥ 数据对象的安全机制。

2．工程文档管理

PDM 管理产品整个生命周期中所包含的全部数据。这些数据包括：工程设计与分析数据、产品模型数据、产品图形数据、专家知识和推理规则及产品加工数据等。它们可分为以下几类：

(1) 原始档案：包括合同、产品设计任务书、需求分析、可行性论证报告和产品设计说明书等文件。

(2) 设计文档：包括工程设计与分析数据。在工程设计数据中，一部分是各种设计过程的规范和标准，以及产品的技术参数；另一部分是设计过程中生成的数据。另外，还有产品模型数据、产品图形信息、各类工作报告、验收标准及加工 NC 代码等。

(3) 工艺文档：CAPP 系统在工艺设计过程中所使用和产生的数据，分为静态与动态两类。静态工艺数据主要是指工艺设计手册上已经标准化和规范化的工艺数据，以及标准工艺规程等。动态工艺数据主要是指在工艺规划过程中所产生的相关信息。

(4) 生产过程的计划与管理数据。

(5) 维修服务：如备件清单、维修记录和使用手册等说明性文件。

所有数据可归纳为五种类型的文档：① 图形文件；② 数据文件；③ 文本文件；④ 表格文件；⑤ 多媒体文件。

PDM 对上述五类文档采用不同的管理模式。在 PDM 系统中将有关产品、部件和零件的所有文件集中起来，建立一个完整的描述对象文件目录，称为文件集或文件夹。一个文件夹可以包含各种不同类型的文件。

工程图档(文档)管理的体系结构如图 9.12 所示。

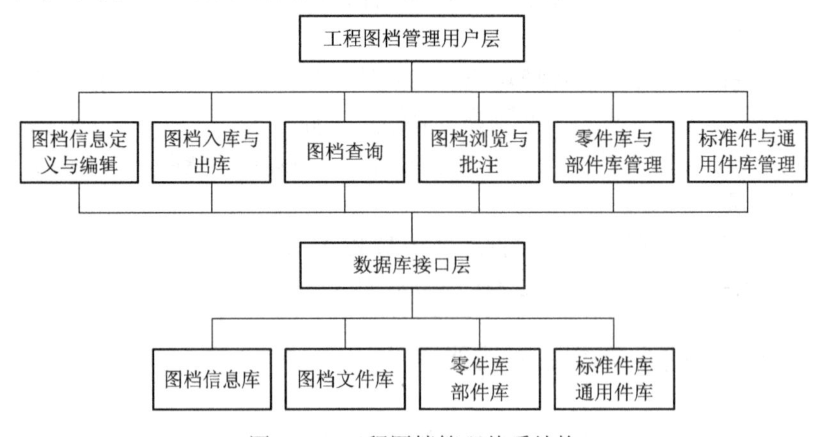

图 9.12　工程图档管理体系结构

工程图档管理的主要功能如下所述：

(1) 图档信息定义与编辑模块：为用户提供图档信息的配置功能，并根据用户定义的信息项完成图档基本信息的录入与编辑。

(2) 图档入库与出库模块：建立图档基本信息与图档文件的连接关系，实现图档文件的批量入库和交互入库，并将指定的图档文件从数据库中释放出来，传送给客户进行操作。对于数据库中的图档文件，支持检入/检出功能，保证文件的完整性和一致性。

(3) 图档浏览模块：可以浏览和显示多种常见格式的文件，如 DWG、DXF 格式的图形文件，IGES 标准格式的图形文件，BMP、TIF、PCX、GIF 格式的图像文件，TXT、DOC 格式的文本文件，STEP 文件及语音文档等，并提供缩放(Zoom)和平移(Pan)等功能。

(4) 图档批注模块：为用户提供快速、方便的批注功能，支持使用各种用于批注的实体，包括复线、指引文字和云状线等。用户可以通过屏幕工具栏选取批注工具，选择批注图层名称、颜色和批注文件名。批注文件可存放在独立的文件中，以充分保护原始文件。批注中允许撤销操作。

3. 工作流程管理

工作流程管理实现产品设计与修改过程的跟踪与控制。这一功能为产品开发过程的自动管理提供了保证，并支持企业产品开发过程重组，以获得最大的经济利益。

工作流程管理的功能是实现对工作过程的建模、控制与协调，如图 9.13 所示。

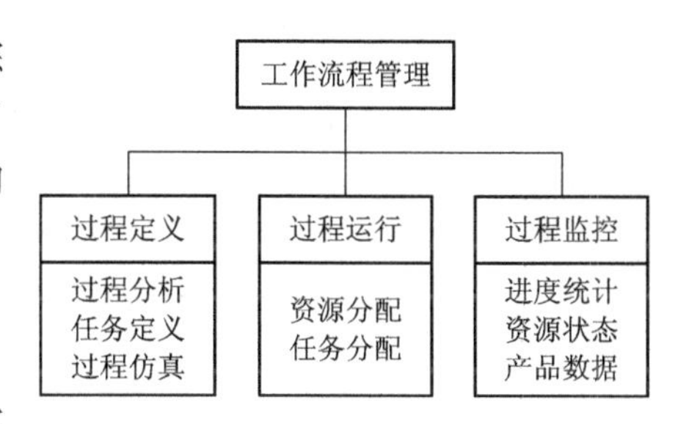

图 9.13　工作流程管理功能模块

(1) 过程定义：在分析过程特点、关键环节、实施条件等基础上，定义一系列过程基本单元(任务)。每一任务须定义其输入、输出、资源需求、人员要求和时间要求，根据任务间的依赖关系组织过程。对该过程可以进行仿真，不合理时可以修改，过程定义中有一些优化算法。

(2) 过程运行：按定义的过程实施数据分发、资源分配和任务下达。

(3) 过程监控：通过对资源、产品数据和开发进度的监控，及时反映系统中发生的各种变更，进行过程重组、数据监控以判断数据流向的正确性，将已产生数据和期望数据进行对比，决定是否调整计划。

工作流程管理运行过程如图 9.14 所示。

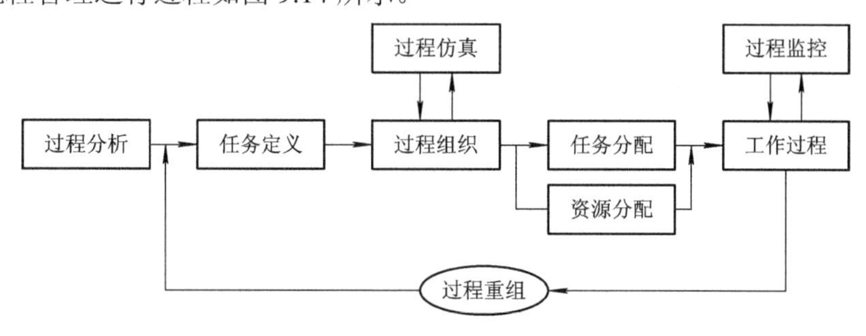

图 9.14　工作流程管理运行过程

4. 分类与检索

PDM 需要管理大量的数据。为了较好地建立、使用与维护这些数据，PDM 系统提供了快速方便的分类技术。该技术与面向对象技术相结合，将具有相似特性的数据与过程分为一类，并赋予一定的属性和方法，使用户能够在分布式环境中高效地查询文档、数据、零件、标准元件、过程等对象。分类功能是实现快速查询的支持技术之一。常用的分类技术有：使用智能化的零件序号、成组技术、搜索技术和零件建库技术。分类管理是将全厂生产的所有零件按其设计和工艺上的相似性进行分类，采用 CT 技术，形成零件族。每一零件族中诸零件具有相似的设计或制造特性。

PDM 的检索功能是为最大程度地重新利用现有设计创建新的产品提供支持。其主要功能包括：

(1) 零件数据库接口；

(2) 基于内容的而不是基于分类的检索；

(3) 构造数据电子仓库属性编码过滤器的功能。

5. 产品配置管理

产品配置管理以数据仓库为底层支持，以材料清单(BOM)为组织核心，把定义最终产品的有关工程数据和文档联系起来，对产品对象及其相互之间的联系进行维护和管理。产品对象之间的联系不仅包括产品、部件、组件、零件之间的多对多的装配联系，而且包括其他的相关数据，如制造数据、成本数据、维护数据等。产品配置管理能够建立完善的 BOM 表，用以高效、灵活地检索与查询最新的产品数据，实现数据的安全性与完整性控制。

产品配置与变更管理的体系结构如图 9.15 所示。

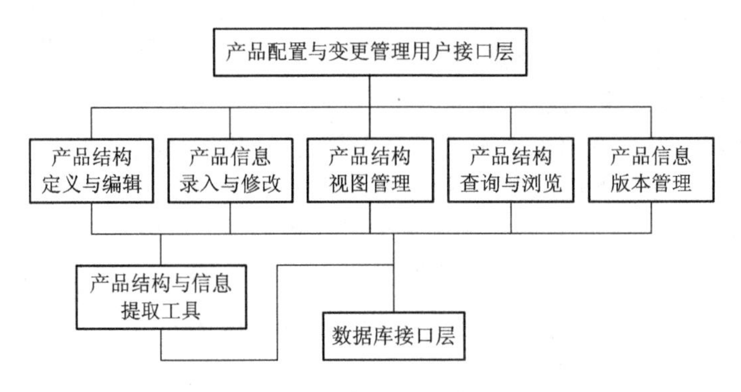

图 9.15　产品配置与变更管理的体系结构

产品配置与变更管理的主要功能如下所述：

(1) 产品结构定义与编辑：提供了一种快速访问和修改 BOM 表的方法，用户可以定义和修改自己的产品结构，并将产品结构存入数据库中。

(2) 产品结构视图管理：针对产品设计中的不同批次或同一批次的不同阶段(如设计、工艺、制造与组装等)生成产品结构信息的不同视图，以满足对同一产品的不同 BOM 表描述的需求。

(3) 产品结构查询与浏览：为用户提供多种条件查询，并用直观的图形方式显示产品零部件之间的层次关系。

从产品开发到原型制造的过程中，产品的配置信息要经历多次的变化，结构的改变、信息的增加都将造成产品信息具有各种不同的版本。产品配置与变更管理对产品的各版本数据提供冻结、释放、复制等操作。

6. 项目管理

项目管理是在项目实施过程中实现其计划、组织、人员及相关数据的管理与配置，进行项目运行状态的监视，完成计划的反馈。目前，许多 PDM 系统只能提供工作流程活动的状态信息。

项目管理的主要功能包括：

(1) 项目的创建、查询、审批、统计等。

(2) 提供项目人员组织机构的定义和修改。

(3) 在项目人员组织机构的基础上，实现人员角色指派与对产品数据操作权限的规定。

7. 集成工具

为了能够使得不同应用系统之间共享信息以及对应用系统所产生的数据进行统一的管理，就必须把外部应用系统封装到 PDM 系统之中，并可在 PDM 环境下运行。

该模块的功能有：

(1) 批处理语言。

(2) 应用接口(API)。

(3) 图形界面/客户编程能力。

(4) 系统/对象编程能力。

(5) 工具封装能力。

(6) 集成件(样板集成件、产品化应用集成件和基于规则集成件)。

9.4.3 基于 PDM 的 CAD/CAM 集成

PDM 以其对产品生命周期中信息的全面管理能力，不仅成为 CAD/CAM 集成系统的重要构成部分，同时也为以 PDM 系统作为平台的 CAD/CAM 集成提供了可能。用发展的观点看，这种系统具有很好的应用前景。图 9.16 给出了以 PDM 作为集成平台，包含 CAD、CAPP、CAM 等功能模块的集成。

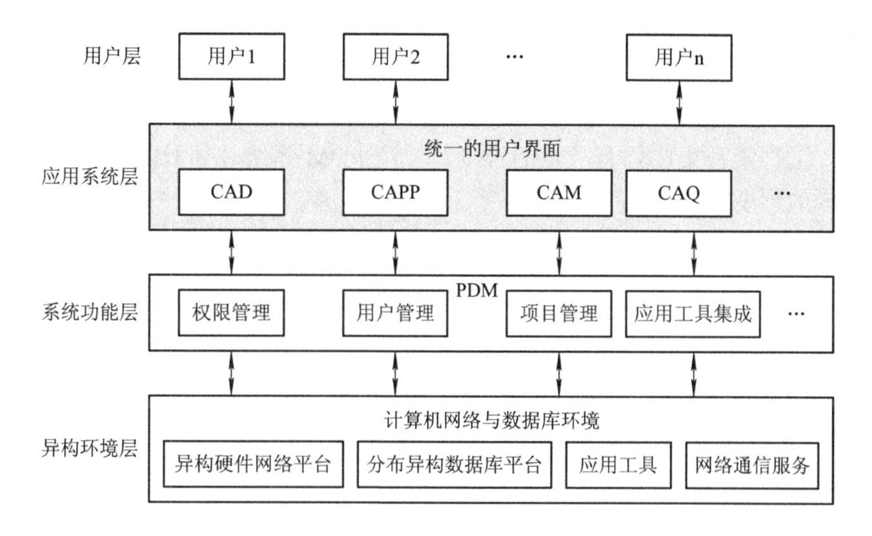

图 9.16　基于 PDM 的集成系统体系结构

图中所示的各功能模块与 PDM 的信息交换过程为：CAD 系统产生的二维图纸、三维模型(包括零件模型与装配模型)、零部件的基本属性、产品明细表、产品零部件之间的装配关系、产品数据版本及其状态等，交由 PDM 系统来管理，而 CAD 系统又从 PDM 系统获取设计任务书、技术参数、原有零部件图纸资料以及更改要求等信息。CAPP 系统产生的工艺信息，如工艺路线、工序、工步、工装夹具要求以及对设计的修改意见等，交由 PDM 进行管理，而 CAPP 也需要从 PDM 系统中获取产品模型信息、原材料信息、设备资源信息等。CAM 系统将其产生的刀位文件、NC 代码交由 PDM 管理，同时从 PDM 系统获取产品模型信息、工艺信息等。

1. CAM 与 PDM 的集成

CAM 与 PDM 系统之间主要有刀位文件、NC 代码、产品模型等文档信息的交流。一般，CAM 与 PDM 之间采用应用封装来满足二者之间的信息集成要求。

2. CAPP 与 PDM 的集成

CAPP 系统与 PDM 之间除了文档交流外，还需从 PDM 系统中获取设备资源、原材料等信息。为了支持与 MRPⅡ或车间控制单元的信息集成，CAPP 产生的工艺信息需要分解成基本信息单元(如工序、工步等)存放于工艺信息库中，供 PDM 与 MRPⅡ集成之用。所以，CAPP 与 PDM 之间的集成需要接口交换，即在实现应用封装的基础上，进一步开发信息交换接口，使 CAPP 系统可通过接口从 PDM 中直接获取设备资源、原材料等信息的支持，并将其产生的工艺信息通过接口直接存放于 PDM 的工艺信息库中。一般 PDM 系统不直接提供设备资源库、原材料库和工艺信息库，因此需要用户利用 PDM 的开发工具自行开发上述各库的管理模块。

3. CAD 与 PDM 的集成

CAD 与 PDM 的集成的关键在于需保证 CAD 的数据变化与 PDM 中的数据变化的一致性。从用户需求考虑，CAD 与 PDM 的集成应达到真正意义的紧密集成。CAD 与 PDM 的应用封装只解决了 CAD 产生的文档管理问题，零部件描述属性、产品明细表则需通过接口导入 PDM。同时，通过接口交换实现 PDM 与 CAD 系统间数据的双向异步交换。但是，这种交换仍然不能完全保证产品结构数据在 CAD 与 PDM 中的一致性。要真正解决这一问题，必须实现 CAD 与 PDM 之间的紧密集成，即在 CAD 与 PDM 之间建立共享产品数据模型，实现互操作，保证 CAD 中的修改与 PDM 中的修改的互动性和一致性，真正做到双向同步一致。目前，这种紧密集成仍有一定的难度，一个 PDM 系统往往只能与一两家 CAD 产品达到紧密集成的程度。

习题与思考题

1. 什么是 CAD/CAM 系统集成？它涉及哪几方面的内容？
2. 为什么要进行 CAD/CAM 集成？有何作用和意义？
3. 实现 CAD/CAM 系统集成有哪些方案和方法？
4. CAD/CAM 信息集成的关键技术是什么？

5. 说明 IGES 文件的格式和含义。
6. STEP 标准的体系结构如何？
7. 试述 CAD/CAM 集成系统的总体结构。
8. 什么是 PDM？其主要功能和作用是什么？
9. 简要说明基于 PDM 的 CAD/CAM 系统集成方法。

第 10 章　机械 CAD/CAM 技术的发展

随着市场经济的发展和制造业国际化进程的加速，企业之间的竞争已演变成全球范围内的竞争。20 世纪 80 年代，以信息集成为核心的计算机集成制造系统(CIMS)开始得到实施，并且逐步发展和演化成为目前的现代集成制造系统(CIMS)。80 年代末，以过程集成为核心的并行工程(CE)技术和产品数据管理技术(PDM)进一步提高了制造业的水平。进入 90 年代，又出现了虚拟制造、敏捷制造等新的概念和技术，这些新的概念和技术与 CAD/CAM 密切相关，并成为 CAD/CAM 的发展趋势。

10.1　计算机集成制造系统

10.1.1　CIMS 的概念

1. CIMS 的定义

计算机集成制造(Computer Integrated Manufacturing，CIM)的概念早在 1974 年由美国的约瑟夫·哈林顿(Joseph Harrington)博士首先提出。哈林顿博士提出的 CIM 概念有两个基本观点：一是企业的生产经营活动是一个不可分割的整体、要统一考虑；二是整个生产过程实质上是一个数据的采集、传递和加工处理的过程，最终形成的产品可以看做是数据的物质表现。CIM 概念在最初提出时，并未引起广泛关注，直到 80 年代以后，CIM 才成为制造业的热门话题。然而，尽管现代 CIM 的内涵和实践有了很大的发展，但哈林顿博士关于 CIM 的两个基本观点，仍然是 CIM 的核心思想。

CIM 是企业组织、管理与运行的一种新哲理。它运用现代多种先进科学技术实现企业的信息流、物质流及价值流(资金流)的集成和优化运行，是企业赢得市场竞争的经营战略思想。

CIMS(Computer Integrated Manufacturing System)即计算机集成制造系统，是按 CIM 哲理建成的复杂的人机系统。它是在自动化技术、信息技术及制造技术的基础上，通过计算机及其软件，将制造工厂全部生产活动所需的各种分散的自动化系统有机地集成起来，适合于多品种、中小批量生产的总体高效益、高柔性的智能制造系统。CIMS 不是现有生产模式的计算机化和自动化，它是在新的生产组织原理和概念指导下形成的一种新型生产实体。

2. CIMS 的特征

在功能上，CIMS 包含了整个工厂的全部生产经营活动，即从市场需求分析、生产经营决策、产品设计、加工制造、质量管理、经营销售等一直到售后服务的全部活动，各部分的活动通过计算机以信息流的形式进行交互、集成和控制。

CIMS 与传统的自动化有所不同，其范围及复杂程度要大得多。CIMS 涉及的自动化不是工厂各个环节的自动化或计算机及其网络(即“自动化孤岛”)的简单相加，而是它们的有机集成。这里的集成当然也包括人的集成。

3. 现代集成制造系统

现代集成制造系统(Contemporary Integrated Manufacturing System，CIMS)是计算机集成制造系统新的发展阶段，是在继承计算机集成制造系统优秀成果的基础上发展起来的。如果说计算机集成制造系统的特征是集成，其使能技术主要是计算机技术，那么，现代集成制造系统的特征是集成和优化，其使能技术是计算机技术和系统技术。

现代集成制造系统是将传统的制造技术与现代信息技术、管理技术、自动化技术、系统工程技术进行有机结合，通过计算机技术使企业产品在全生命周期中有关的组织、经营、管理和技术有机集成和优化运行，在企业产品全生命周期中实现信息化、智能化、集成优化，达到产品上市快、服务好、质量优、成本低的目的，进而提高企业的柔性、健壮性和敏捷性，使企业在激烈的市场竞争中立于不败之地。

从集成的角度看，早期的计算机集成制造系统侧重于信息集成，而现代集成制造系统的集成概念在广度和深度上都有了极大的扩展，除了信息集成外，还实现了企业产品全生命周期中的各种业务过程的整体优化，即过程集成，并发展到企业优势互补的企业之间的集成阶段。

10.1.2　CIMS 的基本构成和体系结构

1. CIMS 的基本构成

从功能角度看，CIMS 包含制造工厂的设计、制造及经营管理三方面的功能，而这三者的集成需要有一个支撑环境，即分布式数据库和计算机网络，以及指导集成运行的系统技术。

美国制造工程师学会(SME)提出：CIMS 的功能体系结构可用轮式图表示，并于 1985 年提出这种 SME 轮式图结构的第一版本。1993 年，SME 推出了 CIMS 功能构成的新版本，如图 10.1 所示。该轮式图由六层组成，分别为：(1) 用户；(2) 人、技术和组织；(3) 共享的知识和系统；(4) 过程；(5) 资源和职责；(6) 制造基础结构。轮式图将顾客作为轮式图的核心，充分表明要赢得竞争的胜利(即要占领市场)，就必须满足用户不断增长的需要。所以，满足用户的需求是成功实施 CIMS 的关键，即用户是 CIMS 的核心。

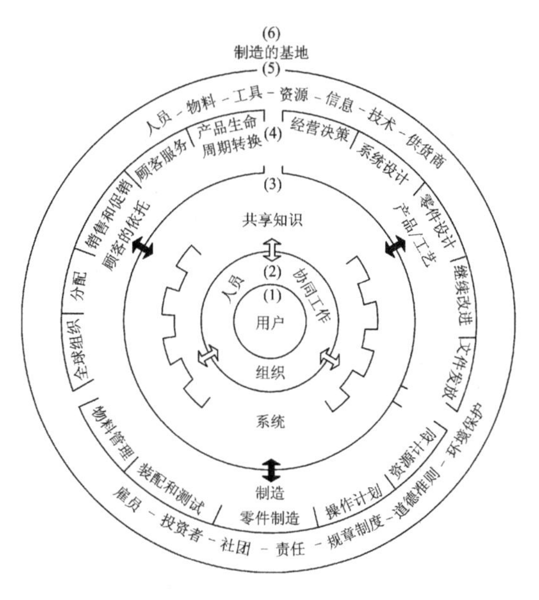

图 10.1　1993 年 CIMS 轮式图

2. CIMS 的体系结构

在对传统的制造管理系统功能需求进行深入分析的基础上，美国提出了 CIMS 分级控制结构，如图 10.2 所示。它由工厂级、车间级、单元级、工作站级和设备级共五级组成。每一级又可进一步分解成子级或模块，并由数据驱动，还可以扩展成树状结构。

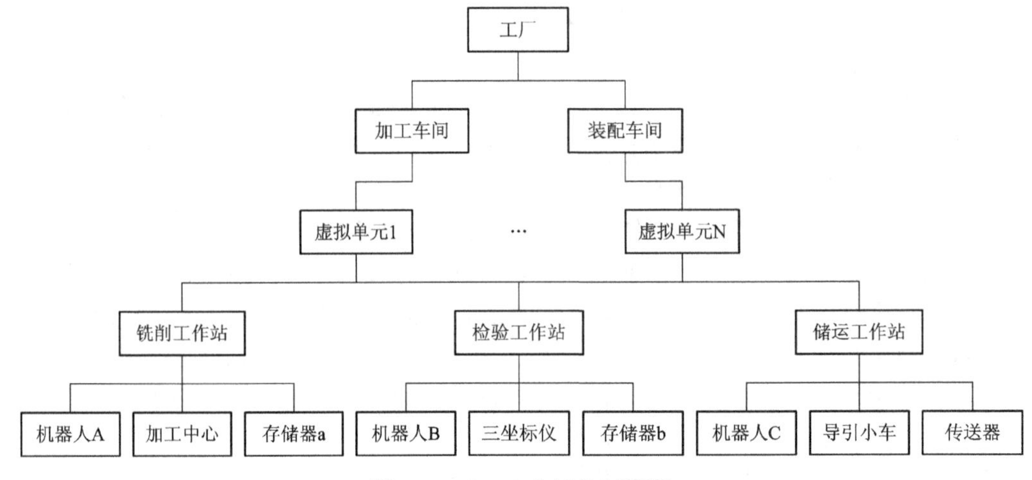

图 10.2　CIMS 分级控制模型

1) 工厂级控制系统

工厂级控制系统是最高一级控制，进行生产管理，履行“厂部”职能。它的规划时间范围(指任何控制级完成任务的时间长度)可以是从几个月到几年的资源分配。这一级按主要功能又分为三个子系统：生产管理、信息管理和制造工程。

(1) 生产管理。它跟踪主要项目，制定长期生产计划，明确生产资源需求，确定所需的追加投资，算出剩余生产能力，汇总质量性能数据，根据生产计划数据确定交给下一级的生产指令。

(2) 信息管理。其功能是通过用户-数据接口实现必要的行政或经营的管理，如成本估算、库存统计、用户订单处理、采购、人事管理以及工资单处理等。

(3) 制造工程。其功能一般都是通过用户-数据接口，在人的干预下实现的。CAD 是其中的一个子系统，用于设计几何尺寸规格和提出部件、零件、刀具和夹具的材料表。另一个子系统是工艺过程设计子系统，用于编制每个零件从原材料到成品的全部工艺规程。

2) 车间级控制系统

这一级控制系统负责协调车间的生产和辅助性工作，以及完成上述工作的资源配置。其规划时间范围从几周到几个月。它设有两个主要模块：任务管理模块和资源分配模块。

(1) 任务管理模块：负责安排生产能力计划，对订单进行分批处理，启用和撤销“虚拟”单元，把任务及资源分配给各单元，跟踪订单直到完成，跟踪设备利用情况，安排所有切削刀具、夹具、机器人、机床及物料运输设备的预防性维修，以及其他辅助性工作。

(2) 资源分配模块：负责分配单元级进行各项目具体加工时所需的工作站、储存区、托盘、刀具及材料等。它还根据“按需”原则，把一些工作站分配给特定的“虚拟”单元，动态地改变 AMRF 的组织结构。

3) 单元级控制系统

这一级负责相似零件分批通过工作站的顺序和管理物料储运、检验及其他有关辅助工作。它的规划时间范围可以从几小时到几周。具体的工作内容是完成任务分解、资源需求分析，向车间级报告作业进展和系统状态，决定分批零件的动态加工路线，安排工作站的工序，给工作站分配任务以及监控任务的进展情况。

4) 工作站级控制系统

这一级控制系统负责指挥和协调车间中一个设备小组的活动。它的规划时间范围可以从几分钟到几小时。

5) 设备级控制系统

该控制系统是机器人、机床、测量仪、小车、传送装置等各种设备的控制器。采用这种控制是为了加工过程中的改善修正、质量检测等方面的自动计量和自动在线检测、监控。这一级控制系统向上与工作站控制系统接口连接，向下与厂家供应的设备控制器连接。

3. CIMS 的主要功能模块

从技术的角度而言，CIMS 的组成一般可分成四个应用系统和两个支撑系统。这四个应用系统分别是工程设计系统、管理信息系统、制造自动化系统和质量保证系统；两个支撑系统是数据库系统和网络系统，图 10.3 表示了上述六个分系统之间的逻辑关系。

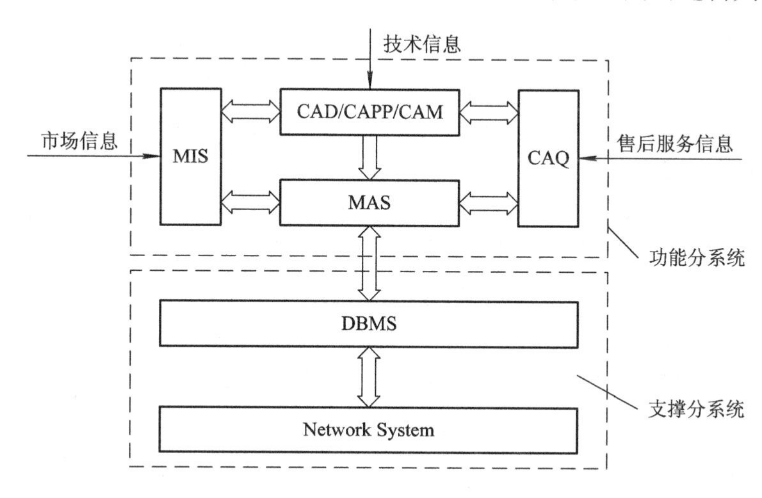

图 10.3　CIMS 的功能和支撑系统之间的逻辑关系

(1) 管理信息系统(MIS)：以 MRPⅡ为核心，包括预测、经营决策、各级生产计划、生产技术准备、销售、供应、财务、成本、设备、工具、人力资源等管理信息功能。该系统通过信息的集成，达到缩短产品生产周期，降低流动资金占用，提高企业应变能力的目的。

(2) 工程设计系统(CAD/CAPP/CAM/CAE)：用计算机来辅助产品设计、工艺、制造及性能测试等工作，目的是使产品开发活动更高效、更优质、更自动化地进行。

(3) 制造自动化系统(MAS)：由数控机床、加工中心、清洗机、测量机、运输小车、立体仓库、机器人以及多级分布式控制(管理)计算机等设备及相应的支持软件组成。该系统根据产品的工程技术信息、车间层的加工指令，完成对零件毛坯加工的作业调度及制造，使产品制造活动优化，具有周期短、成本低、柔性高的特点。

(4) 质量保证系统(CAQ)：包括质量决策，质量检测与数据采集，质量评价、控制与跟踪等功能。CAQ 系统伴随从产品设计、制造、检验到售后服务的整个过程，以实现产品的高质量、低成本，达到提高企业竞争力的目的。

(5) 数据库系统(DBMS)：支持 CIMS 各个分系统，是覆盖企业全部信息的数据管理系统。它在逻辑上是统一的，在物理上可以是分布的全局数据管理系统，以实现企业数据的共享和信息集成。

(6) 网络系统(Network System)：是支持 CIMS 各分系统的开放型网络通信系统，采用国际标准和工业标准规定的网络协议，可以实现异种机互联。它以分布为手段，满足各应用分系统对网络支持服务的不同需求，支持资源共享、分布处理、分布数据库、分层递阶和实时控制。

10.1.3　CIMS 的关键技术

CIMS 的关键技术包括：信息集成、过程集成、管理集成和企业集成。

1．信息集成

针对设计、管理和加工制造中大量存在的自动化孤岛，实现信息正确、高效的共享和交换，是改善企业技术和管理水平必须首先解决的问题。

信息集成的主要内容有：

(1) 企业建模和系统设计方法。没有企业模型就很难科学地分析和综合企业各部分的功能关系、信息关系以至动态关系。企业建模及设计方法解决了一个制造企业的物流、信息流、价值流(如资金流)、决策流的关系，这是企业信息集成的基础。

(2) 异构环境下的信息集成。所谓异构，是指系统中包含了不同的操作系统、控制系统、数据库及应用软件。如果各个部分的信息不能自动地交换，则很难保证信息传送和交换的效率与质量。异构信息集成主要解决三个问题：不同通信协议的共存及向 ISO/OR 的过渡；不同数据库的相互访问；不同商用应用软件之间的接口。

2．过程集成

企业为了提高 T(Time)、Q(Quality)、C(Cost)、S(Serve)方面的水平，除了信息集成这一技术手段之外，还可以对过程进行重构(process reengineering)。要将产品开发设计中的各个串行过程尽可能多地转变为并行过程，在设计时应考虑到下游工作中的可制造性、可装配性，并在设计时考虑质量(质量功能分配)，这样可以减少开发过程的反复现象，从而缩短开发时间。

3．管理集成

企业中的各种管理信息系统日趋完善，如：企业资源计划(Enterprise Resource Planning，ERP)以实现企业产、供、销、人、财、物的管理为目标；供应链管理(Supply Chain Management，SCM)以实现企业内部与上游企业之间的物流管理；客户关系管理(Customer Relationship Management，CRM)则可帮助企业建立、挖掘和改善与客户之间的关系。以实现产品的设计、工艺和制造过程为主要任务的 CAD/CAM 与它们之间的集成可以将企业的业务流程紧密地连接起来，对产品开发的所有环节(如订单、采购、库存、计划、制造、质量控制、运输、销售、服务、维护、财务、成本和人力资源等)进行高效、有序的管理，做到由内而外地整合企业的管理，建立从企业的供应决策到企业内部技术、工艺、制造和管理部门，再到用户之间的信息集成，从而实现企业与外界的信息流、物流和资金流的顺畅传递，有效地提高企业的市场反应速度和产品开发速度，确保企业在竞争中取得优势。

4．企业集成

为充分利用全球制造资源，把企业调整成具有适应全球经济、全球制造的新模式，CIMS 必须解决资源共享、信息服务、虚拟制造、并行工程、资源优化、网络平台等关键技术，以更快、更好、更经济地响应市场。

10.2 并行工程

10.2.1 并行工程的概念

产品的开发过程是指从产品需求分析到产品最终定型的全过程，包括产品的设计、测试、制造和装配过程。传统的产品的开发方式是一种串行的过程，各阶段的工作是按顺序方式进行的，即一种"抛过墙"的产品开发过程，如图 10.4 所示。这种开发方法在设计的早期不能全面地考虑其下游的可制造性、可装配性和质量可靠性等多种因素，设计错误往往要在设计后期，甚至在制造阶段才被发现，形成了设计—制造—修改设计—重新制造的大循环，导致产品开发周期较长，开发成本过高，质量无法保证等问题。

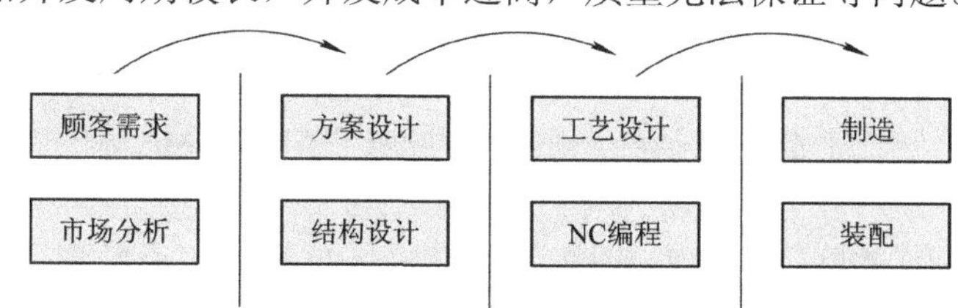

图 10.4　传统的产品串行开发方式

为了克服串行开发方式的固有缺点，人们提出了并行工程的概念。应用并行工程对产品的开发采用并行模式，该模式力图使开发者从一开始就考虑到整个产品的生命周期，将下游环节的可靠性、技术、生产条件等作为设计环节的约束条件加以考虑，开发过程的各阶段工作交叉进行，及早发现与其相关过程不相匹配的地方，及时评估、决策，以达到缩短产品开发周期、提高质量、降低成本的目的。其过程如图 10.5 所示。由图可看出，并行开发过程与串行开发过程之间存在着明显区别。两者在产品创新、质量、生产成本和柔性方面的比较如表 10.1 所示。

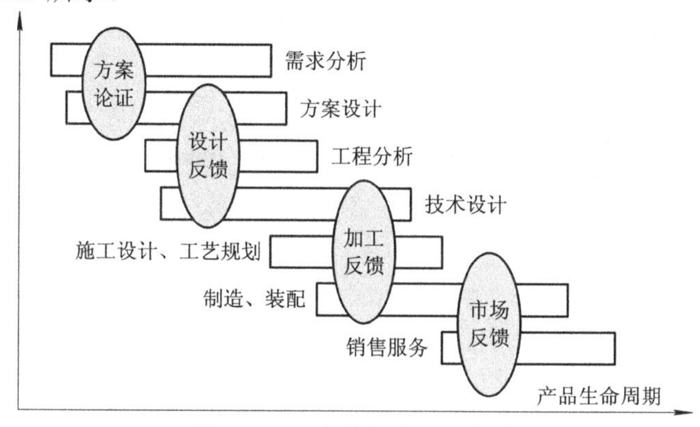

图 10.5　产品的并行开发模式

表 10.1　串行工程和并行工程的比较

竞争优势	并行工程	串行工程
产品质量	在生产前已考虑到产品的制造问题，容易获得满意的质量	设计和制造之间沟通不足，致使产品质量无法达到最优化
生产成本	产品的制造更为容易，生产成本降低	新产品开发成本较低，制造成本可能较高
生产柔性	适于小批量、多品种生产和高新技术产业的产品	适于大批量、少品种、技术含量较低的产品
产品创新	较快地推出新产品，能从产品开发中学习到及时修正的方法及创新意识，新产品投放市场快，竞争能力强	不易获得最新技术以及市场需求变化趋势，不利于产品创新

美国国防分析研究所在 1988 年给出的并行工程的定义是：“并行工程(Concurrent Engineering，CE)是一种系统的集成方法，它采用并行方法处理产品设计及其相关过程，包括制造过程和支持过程。这种方法可以使产品开发人员从一开始就能考虑到产品从概念设计到消亡的整个生命周期里的所有因素，包括质量、成本、作业调度及用户需求等。”

由此可见，并行工程是一种以加速产品开发过程为目的，集成和并行地设计产品及其相关的各种过程(包括制造过程和支持过程)的系统方法。它以信息的集成为基础，通过组织多学科的产品开发小组，利用各种计算机辅助手段，实现产品开发过程的集成。

从根本上讲，CE 是一种制造哲理，这种哲理把人们对制造系统的集成从信息上升到过程。同时，CE 也是一种企业制造战略，这种战略把 CAD/CAM/CAE 的集成化和面向工程的设计结合起来。

近几年来，随着互联网和电子商务技术的发展，CE 向着更高的层次发展，即协同工程(Collaborative Engineering，CE)，协同工程又被称做新一代并行工程。协同工程是在产品开发过程中通过并行开发产品及其相关过程，反映消费者期望，控制产品生命周期、成本、产品质量及产品推向市场的时间的一种系统方法，并且利用信息技术(IT)支持其信息交换。

10.2.2　并行工程的特点

1. 并行性

并行工程克服了产品串行开发方式的固有弊病，把时间上有先有后的知识处理和作业实施变为同时考虑和尽可能同时处理或并行处理，可使开发产品的周期大大短于传统的串行工程，而且在并行方式中信息流是双向的，而不是串行方式中那样的单向的信息流。

2. 整体性

并行工程把产品开发过程看成是一个有机整体。实际上，在空间中似乎是相互独立的各项作业和知识处理单元之间都存在着不可分割的内在联系，特别是有丰富的双向信息联系。所以，并行工程强调从全局考虑问题，产品开发者从一开始就考虑到产品整个生命周期中的所有因素。

3. 协同性

并行工程特别强调人们的群体协同工作。这是因为，现代产品的特性已越来越复杂，产品开发过程涉及的学科门类和专业人员也越来越多，如何取得产品开发过程的整体最优是并行工程追求的目标，其中关键是如何很好地发挥人们的群体作用。

(1) 强调有效的组织模式。拥有一个有较强的管理才能、组织才能，熟悉产品开发过程的多学科知识，懂得系统工程的理论和方法的项目负责人，由具备合理的人才结构的各部门人员组成小组协同工作。

(2) 强调一体化。并行地进行产品及有关过程的设计，尤其要注意早期概念设计阶段的并行协调。

(3) 强调协同效率，消除串行模式中各部门之间的壁垒，使各部门能协调一致地工作，提高整体效益。

4. 集成性

并行工程是一种系统的集成方法。其集成特性主要包括：

(1) 人员集成：设计者、制造者、管理者、后勤保障人员(负责质量、销售、采购、服务等人员)以及用户应集成为一整体。

(2) 信息集成：产品全生命周期中各类信息的获取、表示、存储和操作工具都集成在一起，并组成统一的信息管理系统、产品信息模型和产品数据模型。

(3) 功能集成：企业内部各部门间的功能集成以及产品主开发企业与外部协作企业间的功能集成。

(4) 技术集成：产品开发全过程中涉及的多学科知识以及各种技术、方法的集成，形成集成的知识库和方法库。

10.2.3　并行工程的关键技术

1. 产品开发过程重组

并行工程与传统生产方式的本质区别在于，它把产品开发的各种活动作为一个集成的、并行的开发过程，该过程中强调下游过程在产品开发的早期参与设计过程；从全局优化的角度出发，对产品的开发过程进行管理和控制，进行产品开发过程建模、仿真和优化，不断地改善产品开发过程，减少不必要的重复设计环节，使产品开发过程更合理、更有效。

2. 并行工程协同工作环境

在并行产品开发模式下，产品的开发是由分布在异地的采用一种计算机软件工作的多学科小组之间完成的。多学科小组之间及小组内部各组成人员之间存在着大量的相互依赖关系，并行工程协同环境应能支持集成产品开发团队(Integrated Product Team，IPT)的异地协同工作。协调系统用于各类设计人员协调和修改设计、传递设计信息，便于做出有效的群体决策，解决相应的矛盾。计算机支持的协同工作是并行工程最重要的一种实施方式，也是并行工程发展的必然途径与趋势。

3. 数字化产品建模与 CAX/DFX 使能工具

基于一定的数据标准，建立产品全生命周期的数字化产品模型，特别是基于 STEP 标准的特征模型，是高效快速实现不同设计工具之间信息交换的基础，也是完成计算机模拟仿真的基础。产品设计的主模型是产品开发过程中唯一的数据源，用于定义覆盖产品开发各个环节的信息模型。数字化定义工具是指广义的计算机辅助工具集，最典型的有 CAD、CAE、CAPP、CAM、CAFD(计算机辅助工装系统设计)等。

面向工程的设计(DFX)是支持设计的工具总称，它的概念覆盖了产品设计、制造、使用、报废回收的整个生命周期，使产品在设计阶段就能考虑到生产制造阶段的问题。面向工程的设计方法提倡在设计中考虑后续阶段的问题，即通过各方信息的综合，使其设计能反映正确的过程，而不是反复地、大循环地修改直到形成正确的过程。目前，面向工程的设计有面向装配的设计(DFM)、面向质量的设计(DFQ)、面向可靠性的设计(DFR)和面向拆卸的设计(DFD)等，它们广泛应用于并行工程产品开发的各个环节，被称为并行工程的使能工具。

10.3 敏捷制造

10.3.1 敏捷制造的概念

1. 敏捷制造提出的背景

20 世纪 80 年代以来，市场变化越来越快，竞争也日益激烈，企业的生存与发展更多地取决于其响应市场需求的敏捷能力。20 世纪 80 年代，原西德和日本已经可以生产出高质量的工业品和高档的消费品而与美国的产品竞争，并源源不断地推向美国市场，面对日本强大的竞争优势，美国和西欧都在总结经营不利的教训，调整各自的技术路线。随着美国产品在世界市场中所占份额不断下降，美国人已清楚地认识到制造业是一个国家国民经济的支柱，为了使美国保持领先地位，重振其制造能力，美国国防部根据国会指令，委托美国里海大学(Lehigh University)的亚科卡(Ioacoca)研究所，于 1991 年在研究和总结美国制造业的现状和潜力后，发表了具有划时代意义的《21 世纪制造企业发展战略》报告，其中提出一种新的制造模式——敏捷制造(Agile Manufacturing，AM)。敏捷制造一问世就得到美国政府、工业界以及学术界的重视和支持，美国国防部高级研究计划局(DARPA)和美国自然科学基金(NSF)先后资助了多项与敏捷制造相关的研究，并建立了敏捷制造协会(Agility Forum)。这一新的制造哲理在全世界产生了巨大的反响，并取得了引人注目的实际效果。

2. 敏捷制造的概念

敏捷制造的基本定义为：以先进的柔性生产技术和动态组织结构为特点，以高素质协同良好的工作人员为核心，实行企业间的网络集成，形成快速响应市场的社会化制造体系。

敏捷制造的基本思想是通过把动态灵活的虚拟组织结构、先进的柔性生产技术和高素质的人员进行全方位的集成，从而使企业能够从容应付快速变化和不可预测的市场需求。

敏捷制造是一种提高企业竞争能力的全新制造组织模式，于概念上在下列方面具有重要的突破：

(1) 全新的企业概念。将制造系统空间扩展到全国乃至全世界，通过企业网络建立信息交流高速公路，建立虚拟企业，以竞争能力和信誉为依据选择合作伙伴，组成动态公司。它不同于传统观念上的有围墙的有形空间构成的实体空间。虚拟企业从策略上讲不强调企业全能，也不强调一个产品从头到尾都由自己开发、制造。

(2) 全新的组织管理概念。简化过程，不断改进过程，提倡以人为中心，用分散决策代替集中控制，用协商机制代替递阶控制机制，提高经营管理目标，精益求精，尽善尽美地满足用户的特殊需要。敏捷企业强调技术和管理的结合，在先进柔性制造技术的基础上，通过企业内部的多功能项目组与企业外部的多功能项目组——虚拟公司，把全球范围内的各种资源集成在一起，实现技术、管理和人的集成。敏捷企业的基层组织是多学科群体，是以任务为中心的一种动态组合。

(3) 全新的产品概念。敏捷制造的产品进入市场以后，可以根据用户的需要进行改变，得到新的功能和性能，即使用柔性的、模块化的产品设计方法，依靠极其丰富的通信资源和软件资源，进行性能和制造过程仿真。敏捷制造的产品保证其在整个产品生命周期内都能让用户满意，企业的这种质量跟踪将持续到产品报废为止，甚至包括产品的更新换代。

(4) 全新的生产概念。产品成本与批量无关，从产品看是单件生产，而从具体的实际和制造部门看，却是大批量生产。高度柔性的、模块化的、可伸缩的制造系统的规模是有限的，但在同一系统内可生产出产品的品种却是无限的。

3. 敏捷制造的实现技术

为了推进敏捷制造的实施，1994 年由美国能源部制定了一个实施敏捷制造技术(Technologies Enabling Agile Manufacturing，TEAM)的 5 年计划(1994—1999 年)，该项目涉及联邦政府机构、著名公司、研究机构和大学等 100 多个单位。从敏捷制造哲理到敏捷制造实践依赖于相应的实现技术，如图 10.6 所示。敏捷制造实现技术包括敏捷制造方法论、敏捷制造基础结构以及敏捷制造使能技术三部分。其中，敏捷制造方法论是由在敏捷制造哲理指导下的敏捷制造模式与敏捷制造实施方法构成的，而敏捷制造实施方法则是在敏捷制造模式的指导下，采用敏捷制造基础结构与依附到该基础结构中的敏捷制造使能技术来具体操作的。

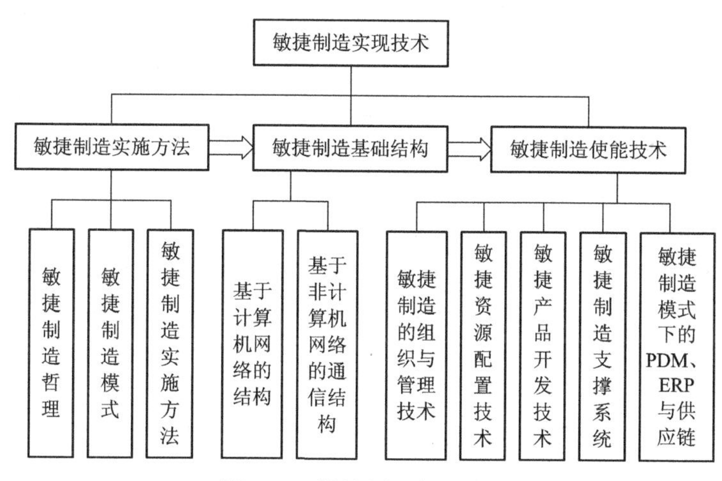

图 10.6　敏捷制造实现技术

10.3.2　动态联盟

敏捷制造是一种新的制造哲理。敏捷制造并不意味着需要以高额的投资为前提，也不需要抛弃所有过去的生产过程和结构，而是强调如何利用旧的、可靠的生产过程和生产要素来构成新系统，生产出更多的新产品。动态联盟就是利用已有的社会技术基础，通过重组来实现敏捷制造的有效方式。

动态联盟是敏捷制造的基本组织形态，其含义是指企业群体为了赢得某一机遇性市场竞争，围绕某种新产品开发，通过选用不同组织/企业的优势资源，综合成单一的靠网络通信联系的阶段性经营实体。动态联盟具有集成性和时效性两大特点。它实质上是不同组织/企业间的动态集成，随市场机遇的存亡而聚散。在具体的表现上，结盟可以是同一大公司的不同组织部门，也可以是不同国家的不同公司。动态联盟的思想基础是双赢(Win-Win)，联盟中的各个组织/企业互补结盟，以整体的优势来应付多变的市场，从而共同获利。

动态联盟的建立基础和运作特点不同于现有的大公司集团，前者是面向机遇的临时结盟，是针对产品过程的部分有效资源的互补综合，后者则一般是各企业所有资源的永久简单叠加。

动态联盟需要相应的技术支撑。美国人在题为《21 世纪制造企业发展战略》的描述美国敏捷制造企业模式的报告中提出了 20 个技术使能子系统。一般认为，现有企业在向敏捷化转变过程中，应着重解决以下技术问题：

(1) 计算机集成制造(CIM)技术。CIM 技术是一种组织、管理与运行企业的生产技术。它借助于计算机硬、软件，综合应用现代管理技术、制造技术、信息技术、自动化技术、系统工程技术等，将企业生产全过程中有关人、技术、经营管理三要素及信息流、物料流有机集成并优化运行。它为实现敏捷制造的集成环境打下坚实的基础，是敏捷制造的基础技术。

(2) 网络技术。要实现敏捷制造，企业需要具有通信连通性，网络环境是必备的。利用企业网可实现企业内部工作小组之间的交流和并行工作，而利用全国网、全球网共享资源可实现异地设计和异地制造，且及时、有效地建立动态联盟。

(3) 标准化技术。以网络和集成为基础的制造离不开信息的交流，交流的前提是有统一的交流规则，这就是标准化的工作。要建立、完善和贯彻产品数据交换标准 STEP、电子数据交换标准 EDI 以及超文本数据交换标准 SGML 等一系列统一的信息交换标准。

(4) 虚拟技术。敏捷制造通过动态联盟和虚拟制造来实现，因而对产品经营过程进行建模和仿真，采用虚拟技术进行产品设计与制造是十分必要的。要对产品生命周期中的各项原型和步骤进行模拟和仿真，实现虚拟制造。

(5) 协同技术。通过组成多学科的产品开发小组协同工作，利用各种计算机辅助工具，可使产品开发的各阶段既有一定的顺序又能并行，而在产品开发的早期又能及时发现设计和制造中的问题。

(6) 过程技术。动态联盟是面向具体产品而动态创建的虚拟公司，其组织结构具有临时性和动态性，加上其产品研制过程的创新性和协同特性，使得动态联盟的管理应采用基于项目的管理方式进行。因此，它能有效支持企业业务重组、业务过程集成、项目管理和群组协同的过程管理，对实施动态联盟具有重要的支持作用。

此外，企业资源管理计划系统(ERP)、人工智能、决策支持系统、集成平台技术等也是支持敏捷制造和动态联盟的重要技术。

10.3.3　动态联盟的远程协同设计系统

动态联盟的远程协同设计是指通过计算机网络技术组织和管理各种异地的设计资源(设计知识、设计工具、设计人员)，对其进行优化配置，最终形成一种支持产品快速设计的工程设计方法。

1．设计系统构成

远程异地协同设计系统的实现要依靠基于 Internet 的网络技术。由于 Internet 的发展，它为网络用户提供了标准的网络底层协议和功能众多的服务，这些服务能够满足网络数据共享和通信的要求。远程协同设计系统的结构如图 10.7 所示。图中只列出了一个客户端和一个服务器端，实际运行时客户端的数量是不受限制的，服务器端可由多个企业或单位结成联盟。

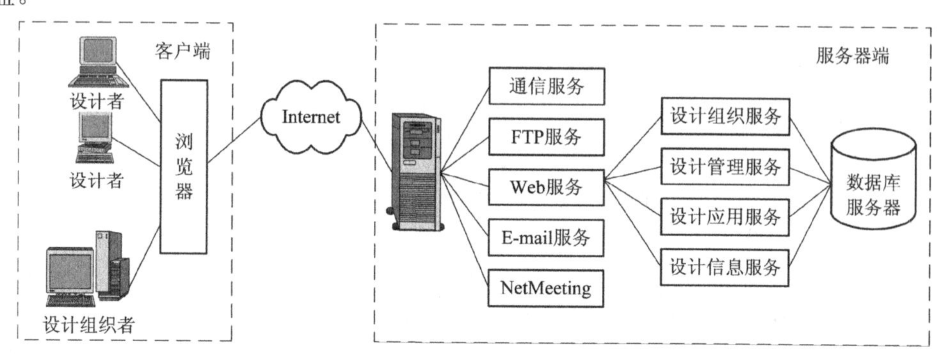

图 10.7　远程协同设计系统

该系统采用 Browser/Server 结构，以 Internet 的 Web 服务器为中心。在服务器端基于 Web 服务器开发出为设计组织者和设计者提供各种服务功能的服务程序，这些服务程序由超文本标记语言(HTML)编写，通过使用活动服务器页(ASP)或其他 Web 服务扩展方法来实现各项网络应用功能。对数据库的访问可采用 ODBC 或 JDBC 技术。通过 Internet 还可提供 E-mail、FTP 等多项服务。在客户端，协作者通过浏览器与服务器连接，使用服务器提供的各项功能，访问数据库，实现各种形式的信息交流。

2．设计系统的功能模块

根据功能作用的不同，可以将远程协同设计系统划分为系统管理模块、设计组织模块、通信模块、数据管理模块、流程管理模块和权限管理模块，如图 10.8 所示。

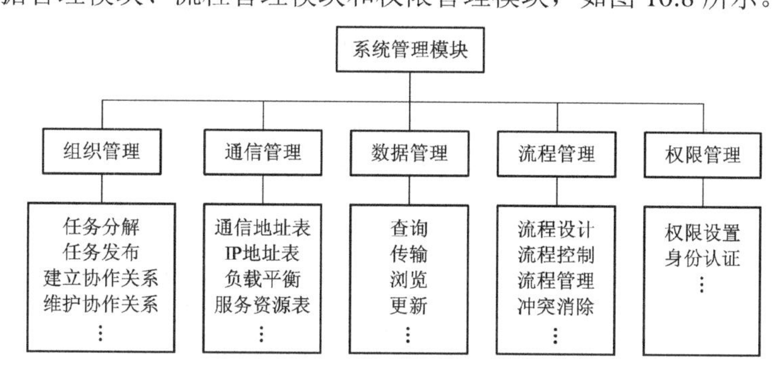

图 10.8　远程协同设计系统

设计组织模块的主要功能是完成远程协同设计系统的组织工作。主要功能包括：① 在设计组织者完成任务分解后进行任务的发布，让其他的设计者通过浏览任务发布页面来得到协作设计信息；② 将任务以网页的方式提供给设计者，由设计者进行设计申请，同时建立协作关系；③ 在设计的整个过程中维护协作关系。

通信模块的主要功能是在设计者和设计组织者之间建立通信联系，包括建立通信地址表，建立电子邮件联系、多媒体联系以及维持系统负载平衡等。

数据管理模块的主要功能是文档的传输和管理。文档传输可采用 FTP 的方式。在数据文档中可设置专门的数据位标识文档的设计状态(未设计、未审核、已审核)。客户在 Web 浏览器中可使用各种方式来查看文档数据(三维图形采用三维图形浏览器观察，其他数据采用表格进行观察)。

流程管理模块的功能是管理设计流程。主要功能包括：① 在设计的初始阶段制定设计流程，分发给各设计者；② 在设计中根据设计者的反馈来修改设计流程，并将其通知各设计者；③ 当设计者之间发生设计冲突时，建立冲突解决协商机制，解决设计冲突。

权限管理模块的主要功能是对设计者和设计组织者进行权限的设置，并将权限设置信息保存在权限设置表中。另外，还用它来建立身份认证制度，通过 Web 提供的身份认证机制查询权限设置信息，给不同的客户以不同的访问权限。

3．协同设计与开发

相关企业可以通过网络组建动态联盟，进行远程协同设计、开发。利用动态联盟提供的服务，这些企业能快速并行地组织不同的部门或集团成员将产品从设计转入生产，快速地将产品制造厂家和零、部件供应厂家组合成虚拟企业，形成高效经济的供应链。同时，在产品实现过程中，各参与单位能够就用户需求、计划、设计、模型、生产进度、质量以及其他数据进行实时交换和通信。

图 10.9 所示为利用远程协同设计的基本原理建立的动态联盟的运行模式。利用网络控制中心提供的联盟动态标区，发起联盟的企业(盟主)和相关企业进行项目咨询、价格投标、资格审查等系列操作，以便确定盟友。联盟组成后，盟主和盟友共同负责进度管理和诸如版本、工艺图等相关档案的管理。在整个产品生命周期内，联盟内部和外部企业可以通过在线技术讨论区对相关问题进行探讨。

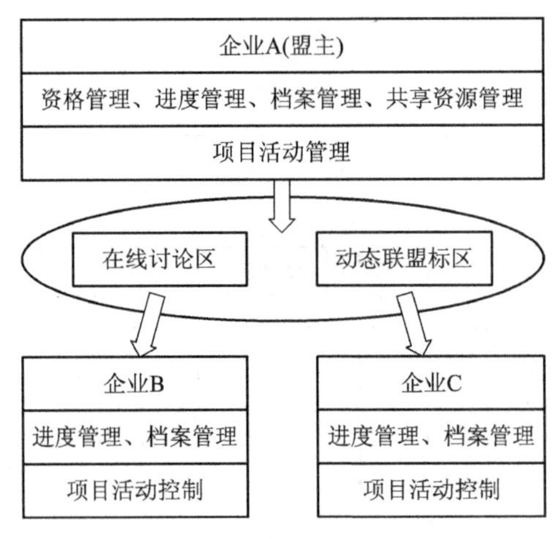

图 10.9　动态联盟的运行模式

制造企业应用网络体系的建设将大大加强企业与企业、企业与科研机构之间的信息交流，同时还能有效地将国内外相关领域连接起来。此外，它还将为进一步实施先进制造网络化工程、远程设计与制造、远程合作研究和联合技术开发等现代化企业运行模式积累经验。可以相信，随着网络体系的进一步发展和完善，其支持的敏捷制造内涵也将发生相应的变化。通过对敏捷制造和远程协同设计技术的进一步深入研究，更加先进的敏捷制造模式将会被不断开发出来并得以实施。

10.4　虚 拟 制 造

10.4.1　虚拟制造的概念

1. 虚拟制造产生的背景

随着计算机技术、建模与仿真技术和虚拟现实技术的飞速发展，可以为机电产品的设计、加工、分析以及生产的组织和管理提供一个虚拟的仿真环境，从而实现"在计算机上模拟制造的全过程"，在产品投入实际生产前即对其可制造性及其他性能进行论证，保证一次生产就能成功，以此达到节约生产成本、加快上市时间，快速响应用户需求和市场变化的目的。虚拟制造就是在这种情况下于 20 世纪 90 年代由美国首先提出的，并立即引起了大学科研机构及企业界的高度重视。

2. 虚拟制造的定义

虚拟制造是一种全新概念，许多学者从不同角度对虚拟制造的内涵进行了描述，并给出相应的定义。

美国空军 Wright 实验室会同一些技术领域的专家，提出了虚拟制造的初步定义，认为："虚拟制造是一个集成的、综合的建模与仿真环境，以增强各层次的决策与控制水平。"

佛罗里达大学的 Gloria J.Wiens 等人认为："虚拟制造是与实际一样在计算机上执行的制造过程，其中虚拟样机能够在实际制造前对产品的功能及可制造性的潜在问题进行预测。"

马里兰大学的 Edward Lin 等人认为："虚拟制造是一个利用计算机模型和仿真技术来增强产品与过程设计、工艺规划、生产规划和车间控制等各级决策与控制水平的一体化的、综合性的制造环境。"

综上所述，虚拟制造是实际制造在计算机上的本质实现，即采用计算机仿真与虚拟现实技术，在高性能计算机及高速网络的支持下，在计算机上群组协同工作，实现产品设计、工艺规划、加工制造、性能分析、质量检验以及企业各级过程的管理与控制等产品制造的本质过程，以增强制造过程各级的决策与控制能力。

3. 虚拟制造技术与虚拟制造系统

虚拟制造技术(Virtual Manufacturing Technology，VMT)是由多学科先进知识形成的综合系统技术，是以计算机支持的仿真技术为前提，对设计、制造等生产过程进行统一建模，在产品设计阶段，实时地、并行地模拟出产品未来制造全过程及其对产品设计的影响，预测产品性能、产品制造成本、产品的可制造性，从而更有效、更经济、更灵活地组织制造生产，使工厂和车间的资源得到合理配置，以达到产品的开发周期和成本最小化，产品设计质量最优化，生产效率最高的目的。

虚拟制造系统(Virtual Manufacturing System，VMS)是基于虚拟制造技术实现的制造系统，是现实制造系统(Real Manufacturing System，RMS)在虚拟环境下的映射。虚拟制造系统生产的产品是可视的虚拟产品，是一个数字化产品，它具有真实产品所必须具有的特征，并具有动态结构及决策、控制、调度、管理等四个机制。虚拟制造技术和虚拟制造系统涉及整个产品开发和制造过程的方方面面：对于产品来说，涉及整个产品生命周期的各个方面；对于制造过程来说，涉及整个工厂的各个方面。

4．虚拟制造的特点

(1) 全数字化的产品。通过数字化产品模型反映产品从无到有再到消亡的整个演变过程，与数字化的最终产品相关的全部信息(包括产品配置结构、零件信息 CAD/CAPP/CAM/CAE 文件、材料清单等)是电子化文档；采用数字样机代替传统的物理样机，具有真实产品所具有的特征，技术人员和用户可以进行分析和评价。

(2) 基于模型的集成。通过模型集成实现制造系统中人员、组织管理、物流、信息流和能量流的高度集成，通过产品模型、过程模型、活动模型和资源模型的组合与匹配，仿真特定制造系统中的设备布置、生产活动、经营活动等行为，从而确保产品开发的可能性、合理性、经济性和高适应性。

(3) 柔性的组织模式。虚拟制造系统提供的环境不是针对某个特定的制造系统建立的，但能够对特定制造系统的产品开发、流程管理与控制模式、生产组织的原则等提供决策依据。因此，虚拟制造系统必然具有柔性的组织模式。

(4) 分布式的协同工作环境。分布在不同地点、不同部门、不同专业背景的人员，可以在同一产品模型上协同工作，交流和共享信息；与产品有关的各种信息、过程信息、资源信息以及各种知识，均可以分布式存放和异地获取；技术人员可以使用位于不同地点上的各种工具软件。

(5) 仿真结果的高可信度。虚拟制造的目标是通过仿真技术来检验设计出的产品或制定出的生产规划等，使得产品开发或生产组织一次成功，这就要求模型能够真实地反映实际对象。

(6) 人与虚拟制造环境交互的自然化。虚拟制造环境以人为中心，使研究者能够沉浸在由模型创建的虚拟环境中，通过多种感知渠道直接感受不同媒体映射的模型运行信息，并利用人本身的智能进行信息融合，产生综合映射，从而深刻把握事物的内在本质。

5．虚拟制造的分类

按照与生产各个阶段的关系，将虚拟制造分成 3 类，即以设计为核心的虚拟制造、以生产为核心的虚拟制造和以控制为中心的虚拟制造，如图 10.10 所示。

(1) 以设计为核心的虚拟制造把制造信息引入到整个设计过程中，利用制造仿真来优化产品设计，从而在产品设计阶段就可以对所设计的零件甚至整机进行可制造性分析，包括加工过程的工艺分析，铸造过程的热力学分析，运动部件的运动学分析，甚至包括加工时间、加工费用、加工精度分析等。该虚拟制造通过在计算机上制造产生许多“软”样机，来解决“设计出来的产品是什么样”的问题。

(2) 以生产为核心的虚拟制造将仿真技术引入到生产过程中，通过建立生产过程模型来评估和优化生产过程，以便低费用、快速地评估不同的工艺方案、资源需求计划和优选生产过程，例如组织与重新组织技术。该虚拟制造主要解决“这样组织生产是否合理”的问题。

(3) 以控制为中心的虚拟制造的核心是通过对制造设备和制造过程进行仿真，来建立虚拟的制造单元，对各种制造单元的控制策略和制造设备的控制策略进行评估，从而实现车间级的基于仿真的最优控制。该虚拟制造主要解决“这样控制是否合理、是否最优”的问题。

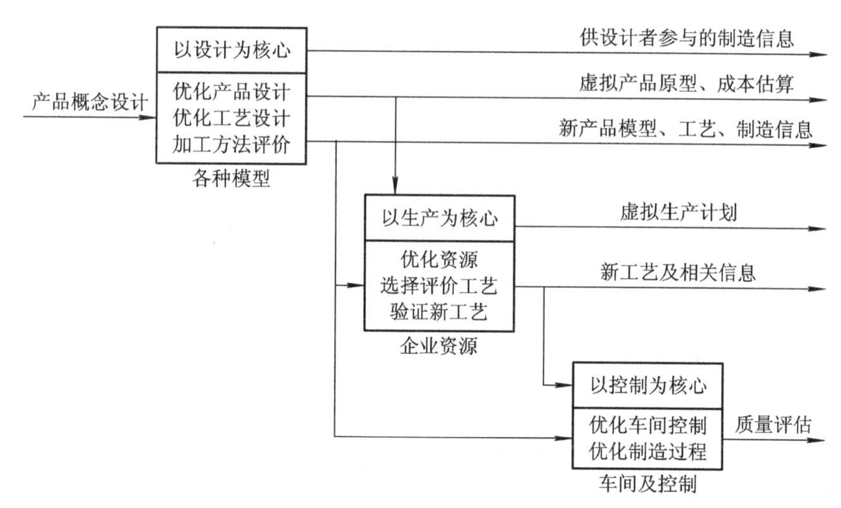

图 10.10　虚拟制造的分类

10.4.2　虚拟制造的关键技术

虚拟制造涉及整个产品生命周期中的各个方面，即产品设计和制造的所有活动，不仅要用到制造行业的所有传统技术，而且还需要开发虚拟制造系统所特有的新技术与新方法，尤其需要虚拟制造环境下新的建模与仿真技术。其关键技术如下：

1. 建模技术

建模技术指用来开发虚拟制造系统中各种模型的技术，也是虚拟制造的关键技术之一。建模技术包括：基于约束的参数化特征的三维建模技术、具有变量推理的产品定义模型技术、面向并行工程适用于虚拟制造系统的产生式工艺设计技术、基于物理学的过程建模技术、面向对象的动态功能语言和基于事件的建模技术、制造过程的计算机特征化技术。

根据建模对象的不同，建模技术可以分为产品和过程模型的建模技术、虚拟车间模型的建模技术和虚拟公司的建模技术。

1) *产品和过程模型的建模技术*

产品和过程建模是虚拟制造技术与系统的核心技术之一。在虚拟制造系统中，产品和过程模型以虚拟产品主模型的方式构造与组织。

产品模型是动态的，它是制造过程中各类实体对象模型的集合，包括物料、半成品、成品等。这些制造对象有许多方面(即产品模型的不同视图)，在某一阶段只有其中一部分与某一特定的实际应用有关，如在总体设计阶段只有概念化的形状信息是重要的，而在详细设计阶段必须具备工程分析的结构模型。这些方面相互关联并以适当的方式表示，一般采用对象层次和语义网络模型表示。

过程模型表示所有用于代表产品行为和制造过程的物理过程。在虚拟制造系统中，过程模型的主要目的是预测未来的产品行为和评估生产过程中产品的可制造性。

2) 虚拟车间模型的建模技术

虚拟车间模型主要由设备模型、车间布局模型、生产调度模型、制造过程模型、过程监控模型以及这些模型之间的关联模型(元模型)等组成。

虚拟车间模型的建模技术主要包括现实制造系统与虚拟制造系统之间的映射，虚拟设备、虚拟传感器、虚拟单元、虚拟生产线、虚拟车间的建立，以及各种虚拟设备的重用性和重组性技术。

3) 虚拟公司的建模技术

虚拟公司的建模技术指开发、建立经营决策模型、生产决策模型、产品决策模型以及决策评价模型、组织管理模型、市场预测与分析模型、产品性能分析与评价模型、成本分析与评价模型、效益/风险分析与评价模型等的方法与技术。

2．仿真技术

仿真技术指运行和操作构成虚拟制造系统中各种模型的方法与技术。仿真指通过对系统模型的运算来表达或研究一个存在或正在设计中的系统。计算机仿真就是利用计算机运算系统的数学模型来表达对被仿真系统的分析、研究、设计、培训等。

3．虚拟现实技术

虚拟现实技术是在为改善人与计算机的交互方式，提高计算机可操作性的过程中产生的，是人的想象力和电子学等相结合而产生的一项综合技术。它综合利用计算机图形系统、各种显示和控制等接口设备及多媒体计算机仿真技术，在计算机上生成一种特殊的、可交互的三维环境(称为虚拟环境)。虚拟现实系统(VRS)包括操作者、机器和人机接口三个基本要素，用户可以通过各种传感系统与这种环境进行自然交互，使人产生身临其境的沉浸感觉。它不仅提高了人与计算机之间的和谐程度，也成为了一种有力的仿真工具。

4．控制技术

控制技术指建模过程、仿真过程所用到的各种管理、组织与控制技术与方法。控制技术主要包括：模型部件的组织、调度策略及交换技术，仿真过程的工作流程与信息流程控制，虚拟制造方法、加工过程、成本估计集成技术，集成动态的、分布式的、协作模型的集成技术，实现最佳设计的冲突求解技术，基于仿真的推理技术，模型及仿真结果的验证、确认技术。

5．支撑技术

支撑技术指支持虚拟制造系统开发、控制与运行的基础性技术。支撑技术主要包括数据库技术、人工智能技术、系统集成技术、分布式并行智能协同求解技术和综合可视化技术等。

习题与思考题

1. 简述 CIMS 的概念，并解释 CIMS 的基本构成及功能。
2. 简述 CIMS 的关键技术。

3. 简述并行工程的内涵和关键支撑技术。
4. 并行工程与串行工程各有什么特点?
5. 简述敏捷制造的概念。
6. 实现敏捷制造的关键技术有哪些?
7. 简述虚拟制造的概念。
8. 虚拟制造的关键技术有哪些?

参 考 文 献

[1] 欧长劲．CAD/CAM 技术．杭州：浙江科技出版社，2003.
[2] 宁汝新，赵如嘉，欧宗瑛．CAD/CAM 技术．2 版．北京：机械工业出版社，2006.
[3] 蔡颖，薛庆，徐弘山．CAD/CAM 原理与应用．北京：机械工业出版社，1998.
[4] 姚英学，蔡颖．计算机辅助设计与制造．北京：高等教育出版社，2002.
[5] 吴澄．现代集成制造系统导论．北京：清华大学出版社，2002.
[6] 刘雄伟，等．数控加工理论与编程技术. 2 版．北京：机械工业出版社，2000.
[7] 宗志坚，陈新度．CAD/CAM 技术．北京：机械工业出版社，2001.
[8] Spur G，Krause F L(德国)．虚拟产品开发技术．宁汝新，等译．北京：机械工业出版社，1999.
[9] 文福安．最新计算机辅助设计．北京：北京邮电大学出版社，2000.
[10] 黄翔，李迎光．数控编程理论技术与应用．北京：清华大学出版社，2006.
[11] 郁鼎文，陈恳．现代制造技术．北京：清华大学出版社，2006.
[12] 江平宇．网络化计算机辅助设计与制造技术．北京：机械工业出版社，2004.
[13] 杨文玉，尹周平，孙容磊．数字制造基础．北京：北京理工大学出版社．2005.
[14] 马秋成，等．UNIGRAPHICS-CAE 篇．北京：机械工业出版社，2002.
[15] Unigraphics Solutions． Manufacturing User Manual Vol.1～3
[16] Unigraphics Solutions． Modeling User Manual Vol.1～2
[17] 杨岳，罗意平．CAD/CAM 原理与实践．北京：中国铁道出版社，2002.
[18] 殷国富，杨随先．计算机辅助设计与制造技术原理及应用．成都：四川大学出版社，2001.
[19] 周济，周艳红．数控加工技术．北京：国防工业出版社，2002.
[20] 魏生民，等．机械 CAD/CAM．武汉：武汉工业大学出版社，2001.
[21] 刘文剑，常伟，等．CAD/CAM 集成技术．哈尔滨：哈尔滨工业大学出版社，2000.
[22] 欧长劲．数控加工技术工程训练教程．杭州：浙江科学技术出版社，2007.
[23] 苏春．数字化设计与制造．北京：机械工业出版社，2006.
[24] 刘极峰．计算机辅助设计与制造．北京：高等教育出版社，2004.
[25] 李佳．计算机辅助设计与制造．天津：天津大学出版社，2002
[26] 许鹤峰，闫光荣．数字化模具制造技术．北京：化学工业出版社．2001.
[27] 熊光楞，郭斌，陈晓波，等．协同仿真与虚拟样机技术．北京：清华大学出版社，2004.